注二氧化碳提高石油采收率技术

胡永乐　郝明强　陈国利　等著

U0353673

石油工业出版社

内 容 提 要

　　本书详细阐明了注二氧化碳提高石油采收率和地质埋存机理，系统论述了二氧化碳驱油藏工程、采油工程和地面工程三项主体技术，同时介绍了二氧化碳驱油藏监测、动态分析、注采调控、潜力评价和战略规划等五项配套技术，并通过现场试验剖析了二氧化碳驱油技术的应用。

　　本书既有理论、方法和技术的介绍，也有实践经验的总结，可供从事二氧化碳驱油技术工作的科研人员、工程技术人员参考使用，也可作为高等院校相关专业师生的教学用书。

图书在版编目（CIP）数据

　　注二氧化碳提高石油采收率技术／胡永乐等著 . —
北京：石油工业出版社，2018.1
　　ISBN 978-7-5183-2112-4

　　Ⅰ . ①注… Ⅱ . ①胡… Ⅲ . ①注二氧化碳-提高采收
率-研究 Ⅳ . ①TE357.7

　　中国版本图书馆 CIP 数据核字（2017）第 225206 号

　　出版发行：石油工业出版社
　　　　　　　（北京安定门外安华里 2 区 1 号楼　100011）
　　　　　　　网　　址：www.petropub.com
　　　　　　　编辑部：（010）64523562
　　　　　　　图书营销中心：（010）64523633
　　经　　销：全国新华书店
　　印　　刷：北京中石油彩色印刷有限责任公司

2018 年 1 月第 1 版　2018 年 1 月第 1 次印刷
787×1092 毫米　开本：1/16　印张：23.75
字数：590 千字

定价：128.00 元
（如出现印装质量问题，我社图书营销中心负责调换）
版权所有，翻印必究

前　　言

随着国民经济的高速发展，我国对油气能源需求日益迫切。而我国已开发油田陆续进入高含水、高采出程度阶段，新发现油田又以特低、超低渗透油藏和致密油藏等难采储量为主，原油稳产上产面临严峻挑战，急需寻求新的开发方式来进一步提高老油田的采收率和新油田的动用率。与此同时，我国环境问题也愈加突出，从 2008 年开始超过美国成为世界上最大的温室气体排放国家，我国政府面临着较大的社会和政治压力。

实践证明，二氧化碳驱油技术能够在提高石油采收率的同时达到二氧化碳减排的目的，是目前经济技术条件下实现二氧化碳效益减排的最佳方式。因此，该项技术引起了世界各大石油公司和一些政府组织的密切关注。

美国早在 1972 年就成功实施了二氧化碳驱油商业项目，目前已有近 140 个二氧化碳驱油项目，年产油量达到 1600×10^4t。我国在 20 世纪 60 年代中期，曾在大庆油田和胜利油田开展过二氧化碳驱油的室内实验研究，并于 90 年代中期在大庆油田、江苏油田、中原油田和胜利油田开展了一些现场先导试验，但终因我国二氧化碳资源缺乏、油藏气窜矛盾突出、系统防腐措施不完善等原因，二氧化碳驱油技术与应用一直发展缓慢。"十五"期间，我国在松辽盆地发现大量含二氧化碳天然气藏，在开采天然气的同时，需要将伴生二氧化碳气分离并回注到地下，为此专门设立了国家、集团公司和油田公司级项目，针对我国陆相油藏特点，再次对二氧化碳驱油技术进行重点攻关。

为了系统梳理二氧化碳驱油技术，同时展示近 10 年来科研项目取得的主要成果，特编写此书。本书按学科类别分八章对部分研究成果进行了总结和论述，首先阐明了二氧化碳驱油与埋存机理、流体相态特征和物理模拟实验技术；在此基础上重点论述了二氧化碳驱油藏工程、采油工程和地面工程三项主体技术，具体包括油藏数值模拟、油藏工程设计、分层注气、高效举升、井筒防腐及监测、地面输送与注入、循环注气和地面防腐等技术；书中还介绍了二氧化碳驱油提高石油采收率的一些配套技术，如油藏监测、动态分析与效果评价、注采调控、潜力评价和战略规划等；最后，以吉林大情字井油田黑 59、黑 79 南、黑 79 北、黑 46 等 4 个矿场试验区块为例，展示了二氧化碳驱油技术的应用及效果。本书集理论、方法、技术和实践于一体，具有较强的实用性和可操作性。

本书由胡永乐教授级高级工程师、郝明强高级工程师拟定提纲，由各学科专家共同担纲撰写。第一章由李实、陈兴隆、张可、胡永乐撰写；第二章由胡永乐、郝明强、汤勇、陈国利、王长权撰写；第三章由杨思玉、杨永智、史彦尧、胡永乐撰写；第四章由裴晓含、陈琳、付涛、郝明强撰写；第五章由孙锐艳、翁玉武、王世刚、郝明强撰写；第六章由胡永乐、陈国利、张华、郝明强撰写；第七章由郝明强、胡永乐、王高峰、廖新维、杨雪雁撰写；第八章由陈国利、李金龙、张华、胡永乐撰写。全书由胡永乐、郝明强统稿、审定完成。

本书在撰写过程中，得到了中国石油勘探开发研究院和中国石油吉林油田分公司领导的关心和支持，以及中国石油大学（北京）、中国石油大学（华东）、西南石油大学、东北石油大学、哈尔滨工业大学、北京科技大学等高校专家的帮助。黄新生教授和弓麟高级工程师对本书部分章节提出了宝贵意见。谨在此书付梓出版之际，特向以上单位和专家表示衷心感谢！

注二氧化碳提高石油采收率技术是一项复杂的系统工程，专业跨度大、涉及学科广，而且目前这项技术仍正处于快速发展阶段，加之笔者学识和专业水平有限，书中错误和疏漏之处在所难免，敬请广大同仁不吝批评和指正。

目　　录

第一章 二氧化碳驱油机理

CO_2驱油技术是指将CO_2注入油层保持地层压力，驱替原油到采油井，并借助CO_2自身特性提高原油采收率的技术。与水介质相比，CO_2具有黏度小、萃取能力强、注入能力强等诸多优势。CO_2能与地下流体发生一系列物理化学作用，产生原油体积膨胀、原油黏度降低和水黏度增加等现象。在一定条件下，CO_2可与原油混相，大幅度降低界面张力，从而提高原油采收率。提高驱油效率和扩大波及体积是CO_2驱油提高原油采收率的两个方面，是CO_2驱油技术研究的重点。

CO_2驱油技术涉及复杂的微观作用机理和岩石孔隙内的渗流机理，认识机理和获取渗流参数需要以大量实验结果为基础。经过不断发展，目前已形成了一系列CO_2驱油特性测试技术：以密度、黏度、组分等为代表的基础物性测试；以体积系数、压缩系数、饱和压力、PV关系、Y函数等为代表的相态参数测试；以微观、一维岩心、三维尺度物理模型为代表的渗流参数测试。综合应用各项实验研究结果，满足了CO_2驱油藏工程设计的需求。

第一节 二氧化碳性质及驱油特征

CO_2驱油作为气驱的一种驱替方式，不仅具备常规的气驱能力和特征，而且还具备了一些特殊的驱替功能，这是由于CO_2特有的物理化学性质所致。例如，CO_2处于超临界状态时，其密度近于液体，而黏度仍近于气体；CO_2能萃取原油中的轻质组分，与原油进行不同程度的组分传质等。通过向油层注入CO_2改善油藏流体性质、降低界面张力、调节油水流度比以扩大波及体积等方式，达到大幅度提高油藏原油采收率的目的。

一、二氧化碳的物理化学性质

1. 二氧化碳的基本性质

常温常压下，CO_2为无色无味气体，相对密度约为空气的1.53倍。当压力为1atm[❶]、温度为0℃时，CO_2密度为1.98kg/m³，导热系数为0.01745cal[❷]/（m·℃），动力黏度为0.0138mPa·s。CO_2化学性质不活泼，通常条件下既不可燃，也不助燃；无毒，但具有腐蚀性。CO_2与强碱强烈作用，生成碳酸盐。在一定条件及催化剂作用下，CO_2具有一定的化学活性。

2. 二氧化碳的超临界性质

CO_2在不同的压力和温度条件下具有不同的物理特性。超临界条件下，CO_2的相态特性、密度、黏度以及溶解特性等都会对其接触的原油性质产生一定的影响，因此受到关注。

---

❶ 1atm=0.101325MPa。

❷ 1cal=4.1868J。

1）相态特征

CO_2 的临界温度为 31.1℃，对应的临界压力为 7.38MPa。低于临界温度和临界压力时，CO_2 有 3 种存在状态，即气态、液态和固态。

如图 1-1-1 所示，相图中 CO_2 的状态可以被气液、气固和液固 3 条分界线分隔，且 3 条线交于三相点。温度足够低，CO_2 会以固态形式（干冰）存在。超过临界温度和临界压力时，CO_2 进入超临界态，变成类似于液体的黏稠状流体。CO_2 输送及驱油过程大多是在超临界条件下进行的。

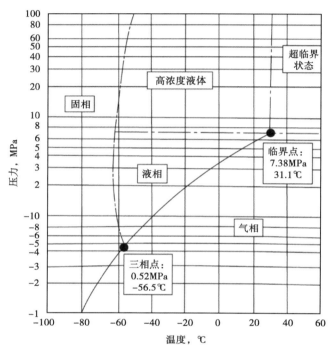

图 1-1-1 CO_2 单组分相图

2）密度

与氮气、烃类气体相比，CO_2 的临界压力明显偏低。油藏条件下，CO_2 多处于超临界态，此时 CO_2 为高密度气（流）体，其密度与温度和压力呈非线性关系，如图 1-1-2 所示。总体上，密度随着压力的升高而增大，随着温度的升高而减小。当 CO_2 处于临界点附近时，密度对压力和温度变化十分敏感，微小的压力或温度变化导致密度的急剧变化。由临界温度（31℃）以上的曲线可知，通过控制压力和温度，可以在较大范围内调整 CO_2 的密度。

3）黏度

黏度是影响 CO_2 驱油效果的关键参数之一，主要受温度和压力影响。以临界压力为界，CO_2 黏度随温度的变化规律存在明显差异。如图 1-1-3 所示，临界压力以下，CO_2 的黏度随着温度的增加而增大，但增加幅度很小；而临界压力以上，CO_2 的黏度随着温度升高而大幅度减小。

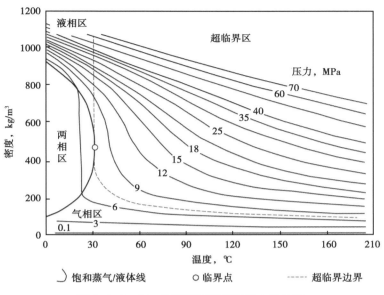

图 1-1-2 CO_2 的密度与温度和压力的关系

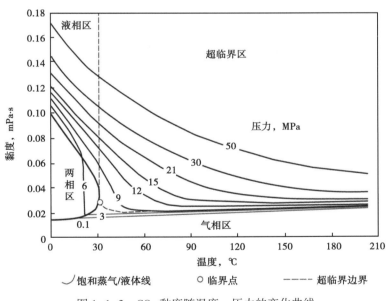

图 1-1-3 CO_2 黏度随温度、压力的变化曲线

4）溶解特征

CO_2 驱油过程中，CO_2 与原油和水之间具有复杂的相互作用，其中溶解作用是基本特征之一。CO_2 在水中的溶解规律如图 1-1-4 所示。CO_2 可以较大幅度地在水中溶解，溶解度随着压力增加而增加，随着温度的增加而减小。油藏的地层水中常常富含大量的矿物质，对 CO_2 的溶解产生影响。如图 1-1-5 所示，在一定温度下，CO_2 的溶解度会随着水矿化度的增加而减小。

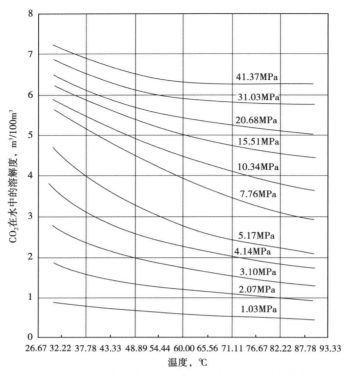

图 1-1-4　CO_2 在水中的溶解度随温度、压力的变化曲线

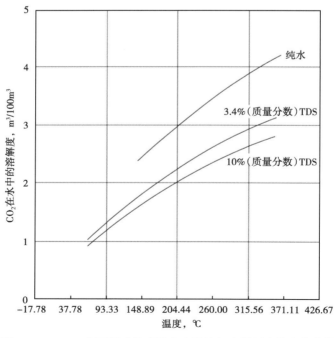

图 1-1-5　CO_2 在不同矿化度的水中的溶解度随压力的变化曲线

TDS—（含矿物质水的）总溶解固体量

CO_2 在油中的溶解作用非常复杂，将在本章第二节和第二章第三节中分别进行专门介绍。

二、二氧化碳驱油微观和宏观机理

受油藏条件影响，CO_2 驱油方式可分为非混相驱替和混相驱替两种方式。非混相驱替方式是指在油藏温度和压力条件下，注入的 CO_2 与原油接触后，不能完全混合形成单相流体，部分 CO_2 溶于原油后使得原油膨胀和黏度降低，改善流动能力的驱油方式。当注入的 CO_2 与原油接触后，改变两相接触带的组成，两种流体间的界面张力消失，能以任意比例一次完全混合形成单相流体或者通过多次接触最终形成单相流体时，称该方式为混相驱替。实验及油田开发效果证实，在同等条件下，混相驱替比非混相驱替提高原油采收率更显著。以下从微观和宏观两个尺度来分析 CO_2 驱油提高采收率的原理。

1. 微观作用机理

原油由不同含量的多种烃类组分组成，通常将碳数低的烃类组分称为轻质组分，碳数高的烃类组分称为重质组分。

1）萃取和汽化作用

在一定的压力条件下，与原油接触的 CO_2 逐渐萃取和汽化原油中的轻质组分，表现为与轻质烃有很好的互溶性，轻质组分含量越高，互溶性越强。萃取和汽化作用有利于减弱乃至消除 CO_2 与原油间的界面张力，互溶性也使原油体积膨胀，这为提高原油采收率奠定了基础。

2）分子扩散和对流弥散作用

由于组分浓度的差异，CO_2 与原油在油藏孔隙内产生组分交互作用，微观层面上表现为分子扩散作用和对流弥散作用。其中，分子扩散作用是分子随机热运动的结果，而对流弥散作用则是由岩石的微观非均质而导致的流动不均衡。

分子扩散作用引起的组分交换可以用菲克扩散方程表示：

$$\frac{\mathrm{d}G_i}{\mathrm{d}t} = -D_{oi}A\frac{\partial C_i}{\partial x} \tag{1-1-1}$$

式中，G_i 为界面处物质扩散流动量，mol；D_{oi} 为分子扩散系数，m^2/h；A 为扩散面积，m^2；C_i 为浓度，mol/m^3；x 为距离，m；t 为时间，h。

由对流弥散作用引起的流体通过孔隙介质的总迁移和混合量，可用扩散—对流方程（1-1-2）表示：

$$v\nabla C + \nabla(\overline{K}\nabla C) = \frac{\partial C}{\partial t} \tag{1-1-2}$$

其中：

$$\overline{K} = D + E$$

式中，C 为浓度，mol/m^3；∇ 为拉普拉斯算子；v 为孔隙间流速，m/h；$\overline{K}$ 为扩散系数张量；D 为分子扩散系数，m^2/h；E 为对流弥散系数，m^2/h；t 为时间，h。系数 D 和 E 取决于流体混合物的组成和岩石孔隙结构。

2. 宏观作用机理

CO_2 驱油提高原油采收率机理是以 CO_2 与原油、水以及岩石的综合作用为基础，并以提高驱油效率和扩大波及体积的方式表现出来。CO_2 对原油主要起膨胀作用和降黏作用，CO_2 对地层水主要起改善油水流度比和降低油水界面张力作用，CO_2 与岩石间作用包括酸化解堵等。

1）膨胀作用

CO_2 溶解在原油中，使原油体积膨胀，一般可增加 10%～40%。这种膨胀作用对驱油非常重要：第一，CO_2 驱油层中的剩余油与膨胀系数成反比，即膨胀越大，油层中残留的油量就越少；第二，原油体积膨胀后一方面可显著增加地层的弹性能量，另一方面，膨胀后的剩余油脱离或部分脱离地层水的束缚，变成可动油。

2）降黏作用

CO_2 溶解在原油中，能大幅度降低原油黏度。压力越高，CO_2 在原油中的溶解度就越高，原油黏度降低越显著，通常可使其黏度减少 40%～70%。一般情况下，原油黏度越高，其黏度百分比降得就越多，即 CO_2 溶解在重质原油中引起的黏度下降幅度比在轻质原油中引起的黏度下降幅度大得多。因此，CO_2 对开采重质原油主要起降黏作用。

3）改善油水流度比、降低油水界面张力

CO_2 溶于水后，可使水黏度增加 20%～30%，油水流度比进一步减小。CO_2 溶解在原油和水中，使油水界面张力下降。两种作用增强了原油流动性，促进 CO_2 驱油扩大波及体积并提高驱替效率。

4）提高注入能力和酸化解堵作用

CO_2 和水的混合物呈酸性，压力越高酸性越强。其与地层基质反应生成易溶于水的碳酸氢盐，增加了储层渗透率，提高了 CO_2 在油藏的注入能力，这种酸化作用在井筒周围尤其明显。同时，酸化作用可以在一定程度上解除无机垢堵塞、疏通油流通道，有利于单井产能的恢复。

5）溶解气驱作用

由于 CO_2 在原油中的溶解度与压力密切相关。地层压力高，溶解的 CO_2 量多。停止注入后，开发过程中随着油藏压力逐步降低，原油中溶解的 CO_2 逐步分离出来，形成类似于天然类型的溶解气驱。

6）宏观弥散作用

宏观弥散作用是由地层宏观非均质性所引起的，其作用大小与储层的非均质程度和渗透率分布函数有关。非均质严重的储层中发生的宏观弥散比仅根据分子扩散和微观对流弥散预计的结果要大得多。在非均质厚油层中，更多的注入流体进入高渗透层，造成各层驱替前缘参差不齐。非混相条件下的 CO_2 与原油密度差较大，宏观弥散作用明显，因而合理控制及利用宏观弥散作用对提高原油采收率非常重要。

三、二氧化碳驱油渗流特征

受油藏流体流度的影响，CO_2 驱替过程中容易出现指进现象，可形成多种流动形态以及在孔隙间形成水锁现象等。

1. 流度和流度比

流度是指流体在岩石中的有效渗透率与其黏度的比值，见式（1-1-3）。

$$\lambda_i = \frac{K_i}{\mu_i} \qquad (1-1-3)$$

式中，λ 为流度，$D/(mPa \cdot s)$；K 为渗透率，D；μ 为黏度，$mPa \cdot s$；下角 i 为某种流体。

当一种流体驱替另一种流体时，流度比定义为驱替流体与被驱替流体的流度比值，气驱油过程的流度比见式（1-1-4）。

$$M = \frac{\lambda_g}{\lambda_o} \qquad (1-1-4)$$

式中，M 为流度比；下角 g 为气体；下角 o 为油。

流度比可以表示为有效渗透率比与黏度比两部分。流度比是驱替过程中重要的参数之一，对驱替流体的波及体积和界面稳定性均会产生显著影响。CO_2 驱油过程的流度比见式（1-1-5），其中有效渗透率比主要受到储层中水相的影响，在驱替过程中变化幅度较小。而油、CO_2、水三相间接触混合后会发生显著的相间传质，流体性质显著变化，黏度比变化幅度大。通常，CO_2 使原油黏度降低，使水黏度增加，而 CO_2 从原油中萃取部分轻质组分，黏度明显增大。综合作用结果是油气黏度比和油水黏度比均明显降低，这有利于扩大波及体积，提高原油采收率。

$$M = \frac{\lambda_{CO_2}}{\lambda_o} = \frac{K_{CO_2}}{K_o} \cdot \frac{\mu_o}{\mu_{CO_2}} \qquad (1-1-5)$$

2. 黏性指进

若地层压力大于最小混相压力，CO_2 与原油混相，可形成稳定的混相驱。此时，驱替前缘稳定，CO_2 不会发生指进，驱替效率高。如果是非混相状态，油和 CO_2 的流度比明显大于 1，驱替前缘变得十分不稳定，CO_2 以一种不规则的指状形态进入油相，即发生指进。指进现象会导致 CO_2 的提前突破，油藏采出程度低。图 1-1-6 显示了 CO_2 驱油过程中的油气界面形态，流度比增大加剧了 CO_2 在平面上的指进程度。

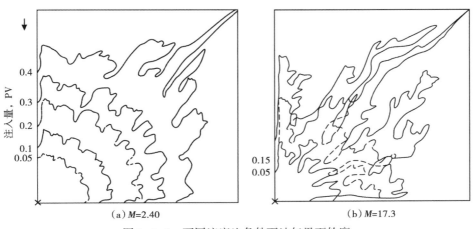

（a）$M=2.40$　　　　　　（b）$M=17.3$

图 1-1-6　不同流度比条件下油气界面轮廓

3. 流态

在 CO_2 驱油过程中，受驱替速度和黏度变化等影响，CO_2 与原油可形成复杂的流态。Crane 等利用均质模型模拟了混相驱过程中可能出现的 4 种流态，并利用黏滞力与重力的比值 F 和流度比 M 确定了不同流态的出现时机。图 1-1-7 显示了两个参数对波及体积的影响，对应区域的流体分布形态如图 1-1-8 所示。当 F 值很低时 [区域 I，图 1-1-8 (a)]，流态表现为单一的重力超覆指进，该流态垂向波及体积的大小与 F 值相关；当 F 值略大时，驱替仍然表现为单一的重力超覆指进（区域 II）；当 F 值高于临界值时（临界值是区域 II 和区域 III 拐点所对应的 F 值)，出现过渡流态 [区域 III，图 1-1-8 (b)]，在重力超覆指进的下方出现一系列二级指进。该区域，在 CO_2 注入量相同的条件下，指进随着 F 值的增大而显著增大。当 F 值进一步增大时，流态表现为多重指进 [区域 IV，图 1-1-8 (c)]。

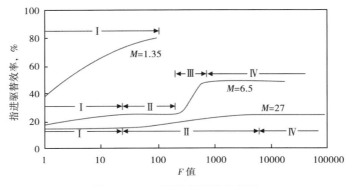

图 1-1-7　4 种流态界限分布图

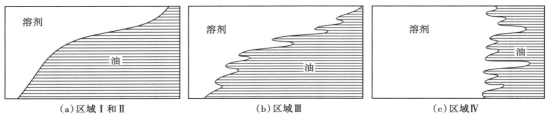

（a）区域 I 和 II　　　　（b）区域 III　　　　（c）区域 IV

图 1-1-8　混相驱替过程中的不同流态

4. 水锁

为了控制流度以及减少黏性指进，可在 CO_2 驱油过程中使用水气交替注入的方式。理论上，水气交替方式会使水和气在孔隙内隔离成微小段塞，产生水锁或气锁现象，造成注入困难。这种现象在室内模拟实验中可以观察到，即水锁会造成微观上的滞留油。Thomas Miller 等对水锁现象的深入研究认为，CO_2 通过扩散作用穿过水膜并使油膜膨胀，提高了滞留油被采出的程度。因而合理控制 CO_2 接触时间以及流速可以降低水锁现象的影响。

第二节　二氧化碳—原油体系流体相态特征

CO_2 在原油中溶解使原油体积膨胀、黏度降低、界面张力减小等机理与原油的组成、地层压力、温度密切相关。将 CO_2 与地层原油作为一个体系来研究，更能全面分析 CO_2 注入过程中流体性质的变化。CO_2—地层原油体系的相态特征研究是注气可行性研究、注气开发方式选择、动态分析以及混相驱机理认识的关键。

一、常规流体相态

烃类体系内任何均匀部分称为相，一个体系由一定数量的相构成，相与相之间有明显的界面分隔。相态是指由于压力、温度的变化而引起的相的变化。在地层流体体系组成不变的前提下，流体的相态特征主要受地层压力和温度控制，通过高压物性实验（或称 PVT 测试）研究确定。PVT 测试分析参照国家标准 GB/T 26981—2011《油气藏流体物性分析方法》进行。

1. 地层原油常规物性分析

地层原油常规物性分析的主要设备为油气藏流体相态分析仪（简称 PVT 仪），在实验室使用效果较好的有美国 RUCKA 公司、加拿大 DBR 公司、法国 VINCI 公司和法国 ST 公司生产的 PVT 仪，如图 1-2-1 所示。

目前，法国 ST 公司生产的 PVT 仪具有较好的测试性能。最高压力为 150MPa，精度为 0.01MPa；最高温度为 200℃，精度为 ±0.1℃；高压釜体积为 240mL，精度为 0.001mL；高压釜一端为蓝宝石可视窗，便于观察、拍摄。以上性能指标基本满足了国内外各种类型的油气藏流体样品的分析测试需求。PVT 仪常用的辅助仪器还包括气相色谱仪、黏度计、密度计、分子量仪、气量计和天平等。

地层原油常规物性分析主要包括以下 5 部分：

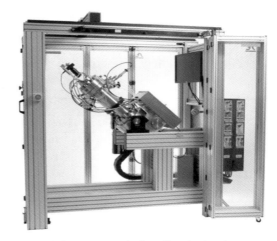

图 1-2-1　油气藏流体相态分析仪

（1）饱和压力测试。将一定量的地层原油样品保持单相转移至 PVT 仪中，加压至地层压力并充分搅拌使样品呈稳定的单相状态，缓慢降压进行饱和压力测试。

（2）恒质膨胀实验。恒质膨胀实验又称 p—V 关系测试，是指在地层温度下测定恒定质量的地层原油的体积与压力之间的关系，得到地层流体的饱和压力、压缩系数、相对体积、单相流体密度和 Y 函数等参数。

（3）闪蒸分离实验。闪蒸分离实验又称单次脱气实验，在保持油气分离过程中体系的总组成恒定不变的条件下，将处于地层温度、压力条件下的单相地层原油瞬间闪蒸到大气条件，测量其体积和气液量变化，由此获得地层原油的组分组成、单次脱气溶解气油比、地层原油体积系数等参数。

（4）差异脱气实验。差异脱气实验又称多次脱气实验，是在地层温度下，将地层原油分级降压脱气、排气，测量油、气性质和组成随压力的变化关系。

（5）p—T 相图计算。根据地层原油组成、恒质膨胀和闪蒸分离实验数据，利用相态软件对实验结果进行拟合，在此基础上计算得到地层原油的 p—T 相图。

2. 测试分析示例

以某油田 A 区块地层原油样品为例，简要介绍流体相态参数测试分析过程。

（1）基础物性参数。获取油藏基本条件，并由密度仪、黏度计和气量计测量相关参数，见表 1-2-1。

表 1-2-1　基础参数

井号	A-01
地层原油类型	井下样
取样时间	2013 年 6 月
原始地层压力，MPa	24.20
原始地层温度，℃	98.9
溶解气油比（闪蒸气、闪蒸油），m^3/m^3	36.7
地层原油密度（地层温度、压力），g/cm^3	0.7615
地层原油黏度（地层温度、压力），$mPa \cdot s$	1.85
脱气油密度（0.101MPa，20℃），g/cm^3	0.8503

（2）组分组成。由色谱仪测试井下样品的组分及含量，见表 1-2-2。

表 1-2-2　地层原油组分组成数据

组分	A-01 井下样 % （摩尔分数）	A-01 井下样 % （质量分数）	组分	A-01 井下样 % （摩尔分数）	A-01 井下样 % （质量分数）
CO_2（二氧化碳）	0.343	0.084	C_{18}（十八烷）	2.170	3.018
N_2（氮气）	1.971	0.306	C_{19}（十九烷）	1.962	2.859
C_1（甲烷）	16.739	1.488	C_{20}（二十烷）	1.877	2.859
C_2（乙烷）	5.901	0.983	C_{21}（二十一烷）	1.773	2.859
C_3（丙烷）	3.843	0.939	C_{22}（二十二烷）	1.598	2.700
iC_4（异丁烷）	0.401	0.129	C_{23}（二十三烷）	1.533	2.700
nC_4（正丁烷）	1.295	0.417	C_{24}（二十四烷）	1.438	2.637
iC_5（异戊烷）	1.769	0.707	C_{25}（二十五烷）	1.271	2.430
nC_5（正戊烷）	0.604	0.241	C_{26}（二十六烷）	1.198	2.383
C_6（己烷）	1.576	0.733	C_{27}（二十七烷）	1.161	2.407
C_7（庚烷）	2.253	1.198	C_{28}（二十八烷）	1.053	2.264
C_8（辛烷）	5.319	3.153	C_{29}（二十九烷）	0.963	2.144
C_9（壬烷）	5.349	3.586	C_{30}（三十烷）	0.930	2.144
C_{10}（癸烷）	4.264	3.166	C_{31}（三十一烷）	0.750	1.787
C_{11}（十一烷）	3.663	2.983	C_{32}（三十二烷）	0.668	1.644
C_{12}（十二烷）	3.710	3.309	C_{33}（三十三烷）	0.620	1.573
C_{13}（十三烷）	3.167	3.071	C_{34}（三十四烷）	0.547	1.430
C_{14}（十四烷）	2.676	2.817	C_{35}（三十五烷）	0.511	1.376
C_{15}（十五烷）	2.881	3.288	C_{36+}（三十六烷以上）	5.605	20.276
C_{16}（十六烷）	2.325	2.859	合计	100.00	100.00
C_{17}（十七烷）	2.323	3.050			

（3）相对体积。通过恒质膨胀实验获得相对体积等参数，见表1-2-3。

表1-2-3 相对体积和密度数据

压力 MPa	相对体积 V_i/V_b	油密度 g/cm³	压力 MPa	相对体积 V_i/V_b	油密度 g/cm³
36.00	0.9653	0.7721	10.00	0.9962	0.7482
34.00	0.9675	0.7704	8.00	0.9987	0.7463
32.00	0.9698	0.7686	7.01②	1.0000	0.7453
30.00	0.9720	0.7668	6.82	1.0080	—
28.00	0.9743	0.7650	6.64	1.0162	—
26.00	0.9766	0.7632	6.45	1.0256	—
24.20①	0.9788	0.7615	6.20	1.0393	—
22.00	0.9814	0.7595	5.50	1.0872	—
20.00	0.9838	0.7577	4.70	1.1677	—
18.00	0.9862	0.7558	3.69	1.3370	—
16.00	0.9886	0.7539	2.55	1.7337	—
14.00	0.9911	0.7520	1.55	2.6268	—
12.00	0.9936	0.7501	—	—	—

注：测试样品为A-01井下样，原始地层温度为98.9℃。
①地层压力。
②饱和压力。

（4）差异脱气实验数据。通过差异脱气实验获得气油比、体积系数等多项参数，见表1-2-4。

表1-2-4 差异脱气实验数据

压力 MPa	气油比① m³/m³	地层原油体积系数②	双相体积系数③	油密度 g/cm³	气体压缩因子Z	气体体积系数④	气体相对密度 （空气=1）
7.01⑤	36.1	1.1917		0.7453			
5.00	26.4	1.1654	1.3900	0.7539	0.9228	0.0232	0.820
2.50	13.7	1.1215	2.2266	0.7715	1.0006	0.0493	0.875
0.00	0.0	1.0625		0.7990			0.988

注：测试样品为A-01井下样，原始地层温度为98.9℃。
①20℃下每立方米残余油溶解气体立方米数。
②油藏温度、分级压力下油体积与20℃下残余油体积之比。
③油藏温度、分级压力下油气两相体积与20℃下残余油体积之比。
④油藏温度、分级压力下气体与20℃、0.101MPa下气体体积之比。
⑤饱和压力。

（5）绘制p—T相图。综合上述测试数据，利用相态软件包对实验数据拟合后计算得出p—T相图，如图1-2-2所示。

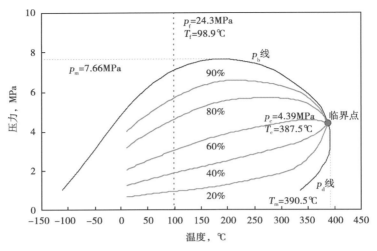

图 1-2-2　地层原油 p—T 相图（A-01 井）

p_f—地层压力；T_f—地层温度；p_c—临界压力；T_c—临界温度；p_b—泡点压力；

p_d—露点压力；p_m—最高临界压力；T_m—最高临界温度

二、二氧化碳与流体相态

CO_2—地层原油体系相态研究是 CO_2 驱油机理的重要内容，也是为数值模拟提供参数的重要途径。该研究主要有两种方法：一是描述 CO_2 和地层原油动态接触的多次接触实验；二是基于流体膨胀和饱和压力升高的加气膨胀实验。

1. 多次接触实验

1）多次接触相图

在一定的温度和压力条件下，注入流体与原油充分接触后界面消失，此时称注入流体与原油混相，对应的驱油过程称为混相驱替。混相方式又可分为一次接触混相和多次接触混相两种。

一次接触混相是指注入流体能按任何比例直接与地层原油相混合并保持单相的方式。多次接触混相是指注入流体无法与地层原油一次接触混相，但在流动过程中，两相流体反复接触，进行充分的相间传质作用并最终达到混相的方式。

多次接触混相过程可以利用三元相图进行理论解释。如图 1-2-3 所示，代表原油组成的 C 点和代表注入气组成的 D 点位于两相区的两侧，二者的连线与两相区存在交点。当初始原油与一定量的注入气充分混合时，平衡后形成新的油相 E_1 和新的气相 F_1，将平衡后的油、气组成连接形成系线 L_1；新形成的气相 F_1 进一步与原油 C 混合，会形成新的气相 F_2，将平衡后的油、气组成连接形成系线 L_2；通过多次接触，新形成的气相会包含越来越多的重组分，越来越趋近于临界点处的组成。一旦到达临界点，无论油、气以何种比例混合，混合物均为单相，这个过程就是多次接触混相。

理论和实践都已证明，只要压力、温度条件满足，CO_2、天然气、烟道气、氮气以及富烃气等都能与地层原油达到多次接触混相。

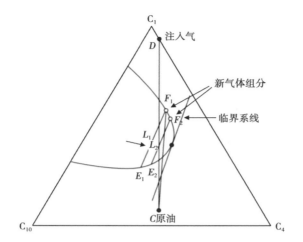

图 1-2-3　原油 C 与注入气 D 多次接触混相的三元相图

F_1—油气第一次接触后的气体组分；F_2—油气第二次接触后的气体组分；L_1—油气第一次接触后的系线；

L_2—油气第二次接触后的系线；E_1—油气第一次接触后的油相组成；E_2—油气第二次接触后的油相组成

2）CO_2—地层原油多次接触实验

在多次接触实验中，用体积系数表征油相和气相体积的变化，体积系数为每次接触后的平衡油相和气相体积与两相接触前的初始体积之比。体积系数反映了动态接触过程中，CO_2 对地层原油的膨胀能力。

利用原油样品 B 进行 CO_2 多次接触实验，温度为 101.6℃，实验压力为 30MPa，原始地层压力为 21.2MPa。

图 1-2-4 显示了体积系数随 CO_2 与地层原油接触次数的变化过程。在高压条件下，CO_2 与地层原油接触后，油相体积显著膨胀，气相体积则收缩，从第 3 次油气接触后，油相体积变化渐缓趋于稳定。经过 5 次接触，油相体积膨胀了 61.85%，气相收缩了 97.01%；

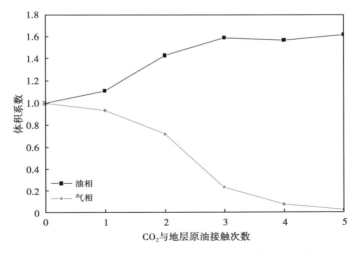

图 1-2-4　平衡油气相体积系数随 CO_2 与地层原油接触次数的变化曲线（30MPa，101.6℃）

不同的压力条件测试还表明，CO_2 与地层原油多次接触，油气体积变化随着体系压力的升高而加剧。

实验中还观察到，在 CO_2 与地层原油第 6 次接触后，气相体积完全消失，只存在单一均相，说明 CO_2 与地层原油达到混相状态。CO_2 对地层原油的膨胀作用对提高驱油效率十分有利。

分析多次接触后油气相组成的变化，可研究 CO_2—地层原油体系油气相间传质组分的变化规律，认识混相机理。对 CO_2—地层原油前 4 次接触后的油气相组分组成数据进行分析，发现与原始地层原油相比，平衡油相组成中的 C_1—C_{36+} 烃组分明显减少，CO_2 则大量增加，如图 1-2-5 所示；而平衡气相组成中的 C_1—C_{32+} 烃组分大量增加，CO_2 则明显减少，如图 1-2-6 所示。说明 CO_2—地层原油体系的相间传质涉及地层原油中的 C_1—C_{32+} 组分和气中的 CO_2，其中油相 C_1—C_{32+} 组分被蒸发到气相，气中的 CO_2 大量溶入油相。

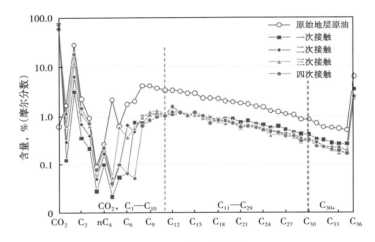

图 1-2-5　多次接触后油相组分组成曲线（30MPa，101.6℃）

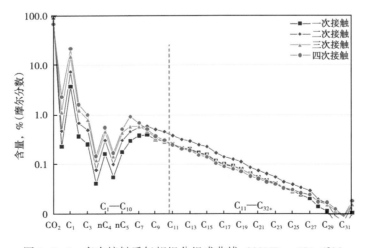

图 1-2-6　多次接触后气相组分组成曲线（30MPa，101.6℃）

2. CO_2—地层原油体系互溶膨胀

CO_2—地层原油体系的互溶膨胀分析是基于流体膨胀和饱和压力升高的加气膨胀实验。

仍采用原油样品 B 进行互溶膨胀实验，温度为 101.6℃，共进行了 8 次注 CO_2 的加气膨胀实验。油气互溶后，CO_2—地层原油体系的饱和压力、体积系数、黏度等物性参数变化过程如图 1-2-7 至图 1-2-9 所示。

1）相态变化

根据注入 CO_2 后油气体系的饱和压力和气液相态的实验数据，绘制了 CO_2—地层原油体系的两相 p—x 相图，如图 1-2-7 所示。分析相图可知，CO_2—地层原油体系的饱和压力随着体系中的 CO_2 含量增加而明显升高。地层原油初始饱和压力为 10.73MPa，当体系中的 CO_2 含量升为 48.30%（摩尔分数）时，CO_2—地层原油体系的饱和压力等于原始地层压力；当体系中 CO_2 含量增加到 83.68%（摩尔分数）时，体系的饱和压力达到 53.39MPa，是未注入 CO_2 时的 4.98 倍。CO_2—地层原油体系饱和压力的变化规律也反映了 CO_2 在油中的溶解能力：注气压力越高，CO_2 在地层原油中的溶解能力越强。

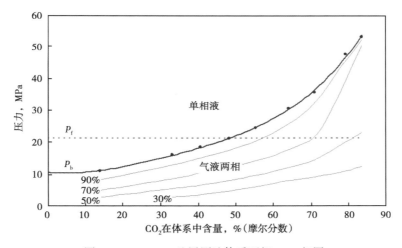

图 1-2-7 CO_2—地层原油体系两相 p—x 相图

2）体积变化

体积膨胀系数是指溶入 CO_2 后地层原油在饱和压力下的体积与未溶入 CO_2 时地层原油在饱和压力下的体积之比。体积膨胀系数反映了 CO_2 对地层原油的体积膨胀能力。

CO_2—地层原油体系的体积膨胀系数随溶解 CO_2 量的变化曲线如图 1-2-8 所示。从图 1-2-8 中可以看到，CO_2 溶入地层原油后，油体积膨胀明显。原始地层压力下 CO_2 在油中达到饱和时，地层原油膨胀系数为 1.2270，即体积膨胀了 22.70%。当 CO_2 在体系中的溶解度达到 83.68%（摩尔分数）时，体积膨胀了 97.16%，膨胀效果十分明显。

3）黏度变化

CO_2—地层原油体系在饱和压力和原始地层压力下的黏度变化反映了 CO_2 对地层原油的降黏能力。如图 1-2-9 所示，一旦注入的 CO_2 溶入地层原油，其黏度就大幅度下降，且随着溶入量的增多而持续降低，但降黏幅度逐渐趋小。当注入 CO_2 使地层原油在原始地层压力达到饱和时，油黏度由初始的 1.87mPa·s 下降到 0.81mPa·s，降低了 56.68%，CO_2 降黏效果明显。

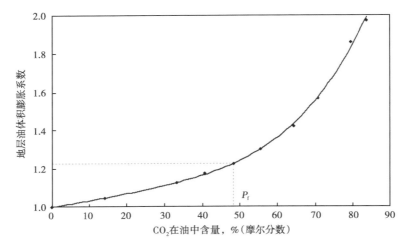

图 1-2-8　地层原油体积膨胀系数随溶入 CO_2 量变化的关系曲线

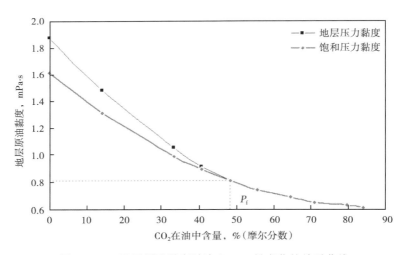

图 1-2-9　地层原油黏度随溶入 CO_2 量变化的关系曲线

三、二氧化碳与流体间的组分传质

以上分析表明，CO_2 与地层原油间的组分传质作用引起体系物性的大幅改变。通过 PVT 仪的可视观察并结合色谱的定量分析，深化对组分传质过程的认识。

1. CO_2—原油体系组分传质过程

在高压条件下将地层原油和 CO_2 注入高压釜内，初始状态的 CO_2 与原油间存在一个清晰界面，上部为 CO_2，下部为原油。静置一段时间后，在 CO_2 与原油之间形成一个缓慢增厚的中间层，如图 1-2-10 所示，其透光能力介于 CO_2 层和原油层之间，该现象显示了 CO_2 与原油之间组分传质的动态过程。

1）传质过程

选择透光性由好变差的煤油、凝析油和松辽盆地原油 3 种油样，显然 3 种油样的组分含量不同，对比烃类组分对 CO_2—原油体系混相过程的影响，如图 1-2-11 至图 1-2-13 所示。

3 种油样与 CO_2 的传质过程具有相同规律，可分为 4 个阶段：（1）初始条件下样品油与 CO_2 分为两层，油气界面清晰可见，如图 1-2-11（a）、图 1-2-12（a）和图 1-2-13（a）所示；（2）随着压力的增加，气相 CO_2 逐渐溶解到油中，油样体积开始膨胀，此阶段以 CO_2 溶解为主、油组分挥发为辅，油样中的少量气体组分被萃取，如图 1-2-11（b）、图 1-2-12（b）和图 1-2-13（b）所示；（3）压力继续增加，气相 CO_2 不断地被油中挥发出的轻质组分富化，密度和黏度逐渐升高，气相逐渐表现出液体性质，同时液相也出现气体特征，油中溶解的 CO_2 量逐渐增加，导致油样密度和黏度逐渐降低，轻质组分连同更高碳数的组分挥发至 CO_2 富化气中，此阶段以油中组分大量被萃取为主、CO_2 溶解为辅，如图 1-2-11（c）、图 1-2-12（c）和图 1-2-13（c）所示；（4）继续增

图 1-2-10　CO_2 与地层原油静置过程中的传质现象

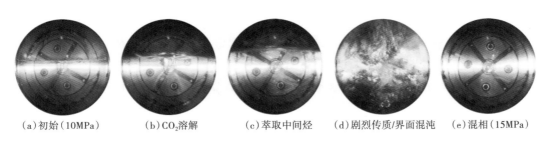

（a）初始（10MPa）　（b）CO_2溶解　（c）萃取中间烃　（d）剧烈传质/界面混沌　（e）混相（15MPa）

图 1-2-11　CO_2 与煤油动态混相过程

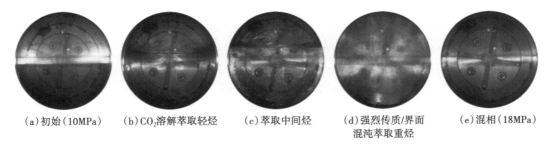

（a）初始（10MPa）　（b）CO_2溶解萃取轻烃　（c）萃取中间烃　（d）强烈传质/界面混沌萃取重烃　（e）混相（18MPa）

图 1-2-12　CO_2 与凝析油动态混相过程

加压力，油气界面剧烈传质，气相的液体性质逐渐显著，而液相的气体特征进一步增强，如图 1-2-11（d）、图 1-2-12（d）和图 1-2-13（d）所示；当 CO_2 富化气密度与地层原油密度相当时，二者实现传质混相，油气界面完全消失，如图 1-2-11（e）、图 1-2-12（e）和图 1-2-13（e）所示。

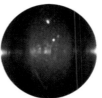

（a）初始（10MPa）　（b）CO_2溶解萃取　（c）萃取中间烃/　（d）传质加剧/界面　（e）混相（25MPa）
　　　　　　　　　　　　轻烃（12.5MPa）　　形成富烃相（15.2MPa）　混沌/重烃传质

图 1-2-13　CO_2 与松辽盆地原油动态混相过程

由于不同原油的组分组成存在较大差异，混相过程持续时间、传质剧烈程度有所不同，富化层组分组成差异也较大。

2）组分分析

借助色谱分析技术，对每个阶段的样品取样分析，定量研究原油组分对传质过程的影响。以图 1-2-13 为例，对比分析地层原油与 CO_2 间的传质过程。传质过程可分为 4 个阶段，每个阶段对应着不同的作用机理。

（1）相间接触传质：CO_2 溶解，液相相对轻化，有助于轻组分蒸发和气相富化；此时超临界 CO_2 的萃取作用明显，如图 1-2-13（a）所示。

（2）气相富化与液相轻化使传质增强：由于气相富化和液相相对轻化，气液相组分差异相对变小；按照相近相容的原理，气液体系的相间传质能力增强；其结果是富化气萃取原油的中间烃组分形成富烃相，如图 1-2-13（b）和图 1-2-13（c）所示。

（3）富烃相产生使传质剧烈：气相经历了从富化气到富烃相的变化，具备了萃取原油中较重组分的能力，如图 1-2-13（d）所示。

（4）体系混相趋于新的平衡：由于重组分参与相间传质，最终气液混相，体系达到新的平衡，如图 1-2-13（e）所示。

结合油样组分数据，如图 1-2-14 所示，分析影响混相的原油关键组分。

（1）轻组分（C_2—C_5）：传质能力强，较利于混相。

（2）中间组分（C_5—C_{12}）：传质能力较强，利于混相。

（3）重组分（C_{20+}、胶质/沥青质）：传质能力弱，不利于混相。

以地层原油样品为例，分析气相组分变化过程。图 1-2-15 标注了取样位置及对应气相组成，图 1-2-16 则显示了组分测试结果及变化过程。

基于系统油气传质实验，归纳分析可以得到：C_7—C_{15} 组分及其含量也是影响 CO_2—原油体系混相的重要因素。这一认识拓展了国际上普遍认为的 C_2—C_6 组分决定混相的观点。

2. CO_2—原油最小混相压力测试方法

CO_2 与地层原油间组分传质过程也表现为两者之间界面张力的变化。随着体系压力升高，界面张力逐步降低。当压力升高至某值时，油气界面消失即界面张力为零，体系达到混相状态，则该压力为最小混相压力，简称 MMP。理论及实践均证实，油气界面张力越低，气驱油效率越高，在混相时达到最大。因此，在油藏条件下能否实现 CO_2 与地层原油混相备受关注。

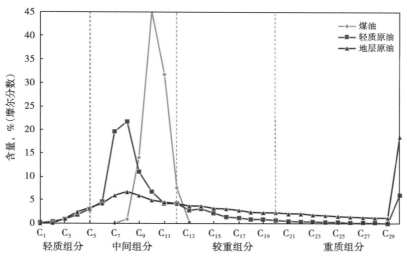

图 1-2-14 煤油、轻质原油和地层原油的烃组分分布

（a）12.5MPa   （b）23.5MPa

图 1-2-15 气相取样位置示意图

1—气相中以 CO_2 为主，有少量 C_2—C_5 组分；2—气相中 C_2—C_6 组分含量明显增加；

3—气相颜色加深，轻质组分扩展为 C_2—C_{10}；4—气相中组分扩展为 C_2—C_{15}

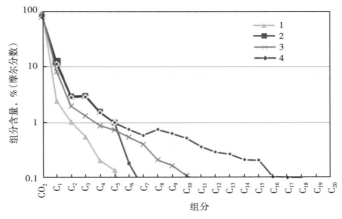

图 1-2-16 不同取样位置的气相组分变化

混相状态的控制因素较多，主要有体系压力、油藏温度、地层原油的组成及性质等。在油藏条件下，只有当驱替压力高于 MMP 时才能实现混相驱替。

最小混相压力的确定方法分为实验测量和理论计算两种，实验测量被认为是较准确和可靠的方法。实验测量的常用方法包括细管实验法、组分分析计算法、升泡仪法、蒸气密度测定法和界面张力消失法，其中细管实验法和组分分析计算法应用较为广泛。

1）细管实验法

细管实验法确定的是多次接触最小混相压力。在细管模型提供的多孔介质条件下，通过改变驱替压力，获得 CO_2 驱油效率与驱替压力关系曲线，确定 CO_2 驱油最小混相压力。判定混相的准则为：在某一压力下，注入 CO_2 达到 1.2 倍孔隙体积（PV）时的原油采出程度大于 90%，而且在此压力基础上升高驱替压力，驱油效率没有明显的增加；同时，在观察窗中可以观察到混相流体（即在 CO_2 和原油间不存在明显的界面），则该压力称为 CO_2 驱油最小混相压力。

实验流程如图 1-2-17 所示，在保证细管实验实现混相驱替和非混相驱替各 3 次的情况下，得到综合的原油采出程度与驱替压力关系曲线图，非混相段与混相段曲线交点所对应的压力即为最小混相压力。如图 1-2-18 所示，B 油样在地层温度为 101.6℃时的最小混相压力（MMP）为 27.45MPa。

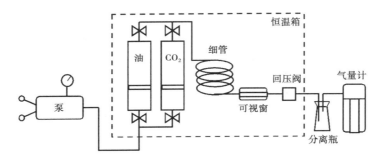

图 1-2-17　细管实验流程图

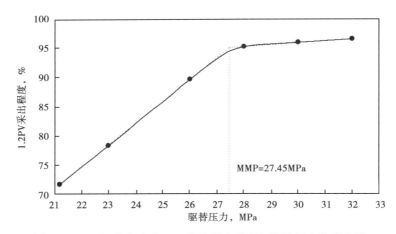

图 1-2-18　细管实验法 CO_2 驱油采出程度与驱替压力关系曲线

2）组分分析计算法

在研究传质过程中，发现了烃类组分对混相过程的影响。结合大量的最小混相压力测试数据，经统计分析可得到不同烃组分段与油气体系混相压力的表征关系。统计数据涉及国内 25 个油田（区块）的 37 个原油样品。

将原油组成分为强挥发性组分 C_1+N_2、轻烃组分 C_2—C_6、中间烃（液态烃）组分 C_7—C_{15}、重烃组分 C_{16}—C_{29}、超重烃组分 C_{30+}、极性重质组分（胶质、沥青质）6 个特征组分段，深入分析组分组成分布特征。统计显示：

（1）强挥发性组分 C_1+N_2 含量多在 15%~25%（摩尔分数）之间；

（2）轻烃组分 C_2—C_6 含量多在 10%~20%（摩尔分数）之间；

（3）中间烃（液态烃）组分 C_7—C_{15} 含量多在 25%~35%（摩尔分数）之间；

（4）重烃组分 C_{16}—C_{29} 含量多在 15%~25%（摩尔分数）之间；

（5）超重烃组分 C_{30+} 含量多在 5%~15%（摩尔分数）之间；

（6）极性重质组分（胶质、沥青质），含量在 5%（摩尔分数）以下。

基于确定出的原油不同组分段烃组分与油气体系混相压力的关系，将轻烃组分 C_2—C_6 与中间烃（液态烃）组分 C_7—C_{15} 合并，确定为有利于油气体系混相的关键组分，建立关键组分含量 x_i 与油气体系混相压力的线性关系，见图 1-2-19 和式（1-2-1）。

$$F(\mathrm{MMP})_e = a - b \cdot \sum_{i=2}^{15} x_i \qquad (1-2-1)$$

式中，x_i 为关键烃组分含量，%（摩尔分数）；a 为截距；b 为斜率。

类似地，将重烃组分 C_{16}—C_{29} 与超重烃组分 C_{30+} 合并，定为不利于油气体系混相压力的关键组分，建立不利于混相关键烃组分含量与油气体系混相压力的线性关系，见图 1-2-20 和式（1-2-2）。

$$F(\mathrm{MMP})_n = a + b \cdot \left(\sum_{i=16}^{n} x_i + C_1 + N_2 \right) \qquad (1-2-2)$$

式中，x_i 为关键烃组分含量，%（摩尔分数）；a 为截距；b 为斜率。

将对应混相压力条件下的有利于降低 MMP 的关键组分（C_2—C_{15}）的含量值与对应的

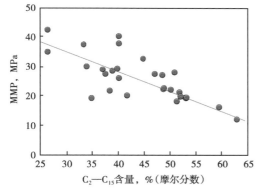

图 1-2-19　利于混相关键烃组分含量与油气体系最小混相压力的关系

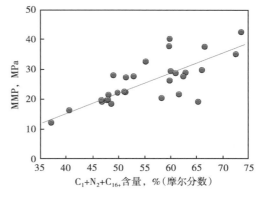

图 1-2-20　不利于混相关键烃组分含量与油气体系最小混相压力的关系

升高 MMP 的关键组分（$C_1+N_2+C_{16+}$）含量值相比，构成烃组分系数 x_f，见式（1-2-3）。

$$x_f = \sum_{i=2}^{15} x_i / x_{(C_1+N_2+C_{16+})} \qquad (1-2-3)$$

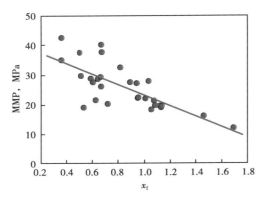

图 1-2-21　烃组分系数与油气体系最小
混相压力的线性关系

建立烃组分系数与油气体系最小混相压力的线性关系，如图 1-2-21 所示：

$$F(\text{MMP}) = A - Bx_f \qquad (1-2-4)$$

式中，x_f 为烃组分系数；A 为截距；B 为斜率。

式（1-2-4）显示了油气体系最小混相压力随组分系数增大而降低的线性关系，如图 1-2-21 所示。利用组分分析方法可便捷地估测国内某油藏原油与 CO_2 的最小混相压力。

3. 降低最小混相压力方法

由于混相条件下的 CO_2 驱油效果是最为理想的，因而如何降低最小混相压力使 CO_2 驱油达到混相状态是努力的方向。近年来，降低最小混相压力的方法主要有两个方向：一是增加烃类组分的方法，二是分子溶剂方法。分子溶剂方法是以分子设计为核心的技术，具有较好的发展前景，但目前在经济及技术评价上均有很多难点。增加烃类组分的方法是以组分研究为基础的、较为成熟的方法。若以某油田区块为 CO_2 驱油对象，则需要前期研究油气体系烃类组分含量对该区块最小混相压力的影响，可在地层原油物性和 CO_2 注入气组成这两个方面来寻求降低最小混相压力的方法，如前置轻烃段塞方法和富化 CO_2 方法。

1）前置轻烃段塞方法

前置轻烃段塞方法是指在注入 CO_2 前首先注入一定体积的轻烃（组分在 C_5—C_{12} 之间），之后再进行 CO_2 驱油的驱替方法。

实验室内采用细管模型评价该方法的 CO_2 驱油效果。以地层温度为 108.4℃、原始地层压力为 21.26MPa、最小混相压力为 27.90MPa 的原油样品为例，分别设计了 5 次实验，实验压力为 21.26MPa，前置轻烃段塞的体积分别为 0PV、0.02PV、0.05PV、0.11PV 和 0.22PV。图 1-2-22 是 5 次驱替对应的采出程度曲线，可知设计 0.02PV 前置轻烃段塞即可实现原始地层压力条件下的混相驱替。图 1-2-22 中，MMS 是指实现混相驱替需要的前置段塞最小体积。

2）富化 CO_2 方法

富化 CO_2 方法是指用液化石油气富化 CO_2 注入气的方法，相当于加入一定量液化石油气的 CO_2 驱油方法。

同样用细管实验评价，实验 6 次，对应的液化石油气的含量（摩尔分数）分别为 0、5.50%、10.82%、17.22%、24.00% 和 31.64%。如图 1-2-23 所示，如果向 CO_2 中添加 14.90%（摩尔分数）的液化石油气，即可使 MMP 从 27.90MPa 降至 21.26MPa，说明该区块在地层压力下实现混相驱油至少需向 CO_2 气中加入 14.90%（摩尔分数）的液化石油气。

图 1-2-23 中，MMC 是实现混相驱需向 CO_2 中加入液化石油气的最低浓度。

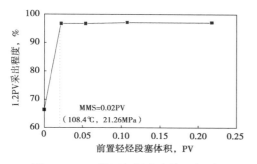

图 1-2-22　前置轻烃段塞体积与采出
程度的关系曲线

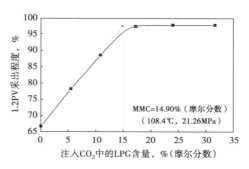

图 1-2-23　液化石油气含量与采出
程度的关系曲线

第三节　二氧化碳驱油物理模拟实验

　　物理模拟实验是 CO_2 驱油提高原油采收率基础研究方法，得到的 CO_2 驱油机理、CO_2 驱油混相条件、渗流和传质规律以及注气方式等认识为 CO_2 驱油藏开发设计及开发方案编制提供参考依据。

　　常规的物理模拟实验可分为微观驱油实验、一维长岩心驱替实验和三维模型驱替实验，这 3 类实验在尺度上实现了由微观向宏观的过渡。微观驱油实验侧重于微观机理研究，认识流体间、流固间相互作用特征以及驱替过程中的流体分布规律等；一维长岩心驱替实验侧重于在真实岩石孔隙结构影响下的驱油过程，认识驱替特征，定量分析实验条件对采收率的影响程度；三维模型驱替实验则考虑了非均质性等岩石性质、重力分异作用等影响，认识流体的渗流规律以及定量分析井网设计、开发方式等对驱油效果的影响。

一、微观驱油实验

　　微观驱油实验是研究微观驱油机理的重要手段。CO_2 驱油微观实验借助直观的观察方式，记录高温高压条件下的 CO_2 驱油过程，研究 CO_2 的微观渗流特征及其与原油间传质、界面膜的动态变化过程。

1. 微观模型的种类

　　微观模型是微观驱油实验的核心，因研究目的不同而选用不同种类的模型。通常微观模型分为孔隙级的玻璃刻蚀模型和岩心级的填砂模型，具有真实岩石性质的薄片模型正处于开发阶段。

　　应用较广泛的模型是玻璃刻蚀模型，即在玻璃表面腐蚀、刻蚀出设计图样，再经过特殊的粘接处理制成的模型。玻璃刻蚀模型具有自行设计图样的优点，能满足不同的研究目的，如图 1-3-1（a）所示。由于玻璃刻蚀模型仍无法模拟真实岩石的孔隙结构、润湿性等特性，因而具有一定相似性的填砂模型也在研究中应用，如图 1-3-1（b）所示。近年来，可视化真实岩石模型的制作技术正在逐步发展，如图 1-3-1（c）所示。

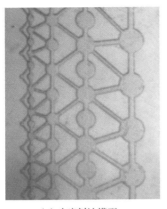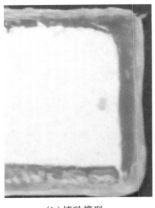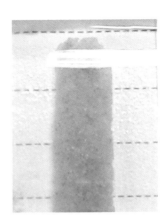

（a）玻璃刻蚀模型　　　　　（b）填砂模型　　　　　（c）岩石薄片模型

图 1-3-1　微观模型种类

2. 实验装置

微观驱油实验装置需具备以下功能：观察釜体能够承受高温高压；渗流模型处于围压保护环境；配备有清晰的观察系统、快速的数据记录系统以及能实现微量控制的流体驱替系统。CO_2 驱油实验的特殊性是要求装置及密封部位采用耐 CO_2 腐蚀措施。

1）装置构成

实验装置通常由动力模块、物理模型模块、信息采集模块、主控模块和辅助设备五部分组成，如图 1-3-2 所示。其中：QUZIX 驱替泵、平流泵属于动力模块；玻璃刻蚀模型、环压系统属于物理模型模块；显示、摄像系统属于信息采集模块；控制系统属于主控模块；恒温系统、多通道阀组、中间容器、过滤器和传输电缆等属于辅助设备。

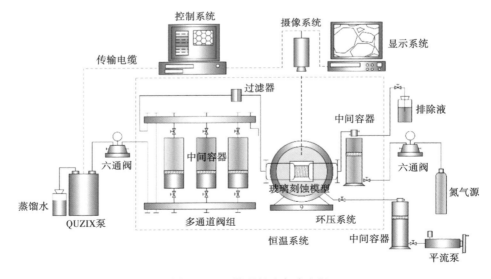

图 1-3-2　微观驱油实验流程

2）装置性能要求

根据 CO_2 驱油的特点，要求实验装置满足以下条件：

（1）温压指标。模型耐压能力不低于 10MPa，耐温能力不低于 50℃。

（2）微观模型。有效观察范围不低于 20mm×20mm；喉道半径介于 0.01~0.1mm 之间。

（3）放大性能。光学放大 1~80 倍；物镜物距不低于 50mm。

（4）图像显示。观察频率不低于 100 帧/s。

（5）驱替系统。流量控制精度不低于 0.001mL/min。

微观驱油实验装置如图 1-3-3 所示。

3. 微观 CO_2 驱油实验设计

CO_2 驱油与常规水驱油方法在实验设计上有一定相似性，这里简要介绍实验准备及实验步骤。

1）实验准备

根据原油参数进行模型的选择及实验条件的确定，以某地层原油样品为例说明如下：

（1）根据地层条件，选择实验油样、水样和气样。原油密度为 0.7464g/cm^3，黏度为 1.67mPa·s；实验用水的矿化度为 8615.7mg/L；CO_2 气体纯度为 99.9%。

图 1-3-3 微观驱油实验装置

（2）根据油藏孔隙特点，选择微观模型。采用玻璃刻蚀模型，孔隙平均深度为 30μm，孔隙平均宽度为 200μm。

（3）由油藏流体渗流条件，确定实验的温压条件：实验压力为 10.0MPa，温度为 50℃。

（4）确定驱替方式。饱和油后水驱，之后实施 CO_2 驱。

2）实验步骤

通常微观驱油实验包括模型清洗、润湿性处理、饱和水、饱和油以及驱替等步骤。

（1）模型清洗及润湿性处理。以 0.01mL/min 的流量将二丙醇或酒精注入模型并清洗大约 18h。如果实验对模型孔隙表面有润湿性要求，则需要注入亲油、亲水试剂进行表面处理。

（2）饱和水。模型清洗后，用配好的水样以 1mL/min 的流量驱替二丙醇或酒精。如果要求严格区分流体种类，则需要提前对水样进行染色、过滤。

（3）饱和油及控制温压条件。饱和油也是造束缚水的过程，以 0.05mL/min 的流量慢速饱和，并逐渐升压升温至设计值。

（4）驱替。根据实验设计实施驱替过程。

4. CO_2 驱油特征

1）压力对 CO_2 驱油采出程度的影响

保持恒温 50℃，在不同压力条件下进行微观 CO_2 驱油实验，实验结果如图 1-3-4 所示。饱和油的初始状态如图 1-3-4（a）所示；低压下注入 CO_2，原油与 CO_2 间的界面明显；中压下注入 CO_2，原油与 CO_2 间出现一个浅色液体段塞，段塞与原油及段塞与 CO_2 间均存在界面；高压下注入 CO_2，原油与 CO_2 间出现一个连续过渡带，界面消失。与初始状态相比，提高 CO_2 驱替压力，原油采出程度提高；压力升至混相压力后，原油采出程度增幅变缓。

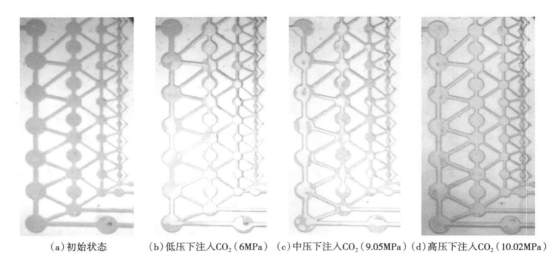

（a）初始状态　（b）低压下注入CO_2（6MPa）　（c）中压下注入CO_2（9.05MPa）（d）高压下注入CO_2（10.02MPa）

图 1-3-4　不同压力下的 CO_2 驱油效果

2）压力对 CO_2—原油界面性质的影响

保持恒温50℃，不同压力条件下 CO_2—原油体系的界面特性如图1-3-5所示。低压下，原油与 CO_2 间的界面明显［图1-3-5（a）至图1-3-5（c）］；接近混相压力时，原油的颜色明显变淡，原油以油膜形式被剥离［图1-3-5（d）和图1-3-5（e）］；继续升压，原油与 CO_2 间的界面消失，呈糊状漂浮在 CO_2 中［图1-3-5（f）］。

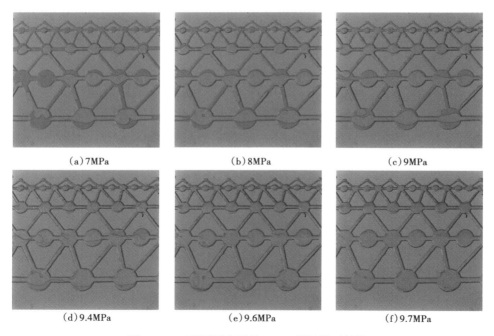

（a）7MPa　　　　　　（b）8MPa　　　　　　（c）9MPa

（d）9.4MPa　　　　　（e）9.6MPa　　　　　（f）9.7MPa

图 1-3-5　不同压力下的 CO_2—原油界面特性

3）孔隙大小对 CO_2—原油作用的影响

模型的孔隙和喉道的尺寸分为 $20\mu m$、$100\mu m$、$200\mu m$、$300\mu m$ 和 $400\mu m$ 5 个级别，如图 1-3-6 所示。

不同压力条件下的 CO_2—原油体系界面特性观察显示：当压力超过 9.5MPa 时，开始逐渐混相，油呈雾状或膜状进入 CO_2 中，如图 1-3-7 所示。随着压力的升高，孔隙由大到小逐步完成混相，但混相压力的增加幅度不大，如 50℃ 时 $20\mu m$ 孔隙出现混相的压力较 $400\mu m$ 孔隙大约高出 0.2MPa。这主要是由于当 CO_2—原油体系的界面张力降到较低水平（约 1.5mN/m 以下）时，作为凝聚相的油分子间的相互作用相对较弱，油容易被 CO_2 逐层剥离，CO_2 流速越快，油被剥离程度越大。与小孔隙相比，大孔隙中 CO_2 的流速更快，CO_2 对油的剥离作用更强，因而大孔隙中的油在与 CO_2 完全混相之前就已被采出，而小孔隙中的油需更接近混相状态才能被采出，如图 1-3-8 所示。由此可推断：在同等条件下，致密的多孔介质会使最小混相压力增大。

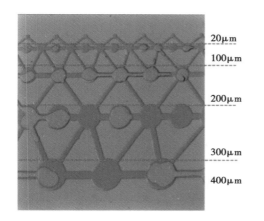

图 1-3-6 模型的孔隙和喉道尺度

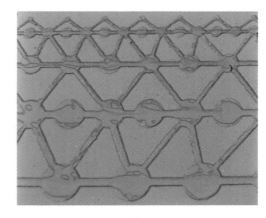

图 1-3-7 CO_2—原油体系界面特性（9.7MPa）

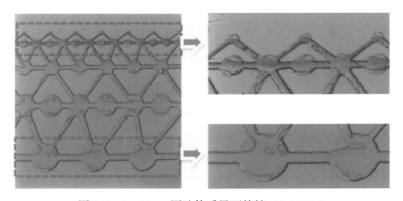

图 1-3-8 CO_2—原油体系界面特性（9.8MPa）

由图 1-3-9 可见，当界面张力大于 1.5mN/m 时，不同级别孔隙中的原油采出程度变化趋势是：孔隙越大，原油采出程度越高。$400\mu m$ 孔隙中的原油采出程度可以达到 60% 左右，而 $20\mu m$ 孔隙中的原油几乎没有动用。当界面张力小于 1.5mN/m 时，不同级别孔隙中

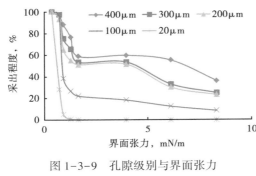

图 1-3-9 孔隙级别与界面张力
对应的原油采出程度

的原油采出程度均快速上升，孔隙尺度越小，原油采出程度上升速度越快。

由以上研究可以看出，原油采出程度随界面张力的变化曲线存在明显拐点，原油采出程度之所以会发生如此变化，主要有三方面的原因：一是界面张力的减小会引起毛细管压力下降，CO_2 更容易进入小孔隙，小孔隙中的原油采出程度明显提高；二是界面张力的降低会增强原油组分与 CO_2 的传质作用，一部分组分进入 CO_2 被带出，同时由于 CO_2 在油相中溶解，原油黏度降低，流动性增强，被 CO_2 驱

出；三是盲端孔隙中的原油受 CO_2 作用而显著膨胀，随 CO_2 被采出。因而，为了获取较高的原油采收率，在进行 CO_2 驱油时，对于能够达到混相状态的油藏，尽量使油藏保持在混相条件以上；如果不能达到混相，CO_2—原油体系界面张力的影响程度应给予考虑。

4）溶解作用对 CO_2—原油黏度的影响

CO_2 在油相中的溶解是油相黏度降低的主要机理。由 PR 状态方程、LBC 黏度模型可预测不同界面张力条件下 CO_2—原油体系界面层两侧油相和气相的黏度。预测结果显示，气液相黏度均与体系界面张力呈较好的线性关系。随着界面张力降低，气相黏度上升，液相黏度下降，油气黏度比下降。界面张力越小，油相的颜色越浅，与 CO_2 黏度的增加相一致，如图 1-3-10 所示；而油气黏度比的下降可以减少气体窜流程度，增大气驱的波及体积，从而提高原油采收率。

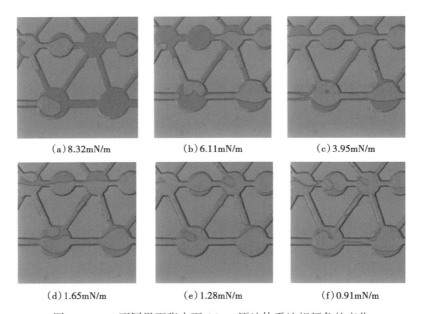

（a）8.32mN/m   （b）6.11mN/m   （c）3.95mN/m

（d）1.65mN/m   （e）1.28mN/m   （f）0.91mN/m

图 1-3-10 不同界面张力下 CO_2—原油体系油相颜色的变化

5）不同界面张力条件下的 CO_2 驱油特征

对比分析不同界面张力条件下微观 CO_2 驱油实验结果，如图 1-3-11 和图 1-3-12 所示。在高界面张力（8.32mN/m）条件下，作为非润湿相，CO_2 会占据孔隙的中央，将孔隙中央的原油首先驱替出来，二者界面明显，呈段塞状流动。同时，界面张力的存在会使得 CO_2 很难进入小孔隙，致使小孔隙中的原油动用程度低。而在低界面张力（0.91mN/m）条件下，作为凝聚相的油分子间的相互作用较弱，CO_2 容易将孔隙边缘的油膜逐层剥离下来，呈分散态漂浮在 CO_2 中。同时，界面张力的变小使得 CO_2 容易进入小孔隙，小孔隙中的原油动用程度明显提高。

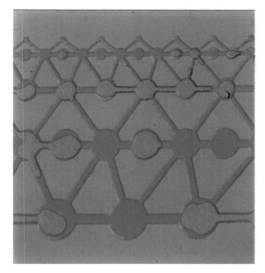
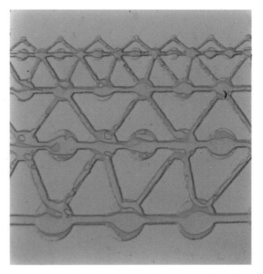

图 1-3-11　8.32mN/m 下的 CO_2 驱油现象　　　图 1-3-12　0.91mN/m 下的 CO_2 驱油现象

6）水驱后 CO_2 驱油与直接 CO_2 驱油的效果差异

CO_2 驱油时机有不同选择，如油藏先开展水驱，到高含水阶段后再转 CO_2 驱提高原油采收率；或是油藏开采伊始就采用 CO_2 驱。哪种方式更有利，可通过实验分析判断。保持恒温 50℃，CO_2—原油体系混相条件下进行水驱后转 CO_2 驱油实验和直接 CO_2 驱油实验对比，水驱后 CO_2 驱油方式 CO_2、水、油的分布如图 1-3-13 所示，直接 CO_2 驱油方式 CO_2、水、油的分布如图 1-3-14 所示。对比发现采用水驱后 CO_2 驱油方式，早期的水驱会使油水分布变得十分复杂，部分油会被水包裹住，阻碍了后期注入的 CO_2 与油的接触，使得该部分油无法驱出；而直接 CO_2 驱油时，孔隙中的油几乎被全部驱出。对比两种方式下 CO_2—原油界面消失时的压力发现，直接 CO_2 驱油时的最小混相压力为 9.7MPa，水驱后转 CO_2 驱油时的最小混相压力为 10.27MPa，说明水相的存在增大了 CO_2—原油的混相难度。

二、一维长岩心驱替实验

一维长岩心驱替实验可开展 CO_2 驱油效率和注气方式研究，是 CO_2 驱油室内研究必不可少的组成部分。长岩心是相对于常规岩心柱而言的，岩心在达到一定长度后，能有效避免驱替气体因指进、窜流现象而导致实验失败。长岩心驱替实验可用于注气驱油机理、驱

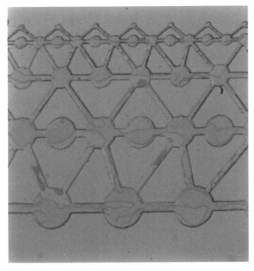 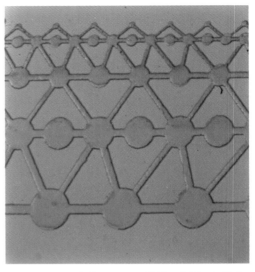

图 1-3-13　水驱后 CO_2 驱油混相时油气水分布　　　　图 1-3-14　直接 CO_2 驱油混相时油气水分布

油效率、驱替特征以及工艺控制等方面的研究，为 CO_2 驱油开发方案的合理编制提供科学依据。

1. 长岩心模型的种类

常规岩心驱替实验所用的岩心模型是在取样岩心柱上钻取下来的样品，经切割、磨平等工艺后，其长度均小于 10cm。对应地，将长度大于 30cm 的岩心称为一维长岩心。按照外形尺寸分类，长岩心模型通常包括直径 2.5cm、3.8cm、全直径（10cm）柱状岩心和长方体岩心，如图 1-3-15 所示；按照岩心性质，长岩心模型又可分为均质、非均质模型；高、中、低（超低）渗透率岩心等，如图 1-3-16 所示。

2. 实验装置

1）装置构成

一维长岩心实验装置通常由动力模块、物理模型模块、信息采集模块、主控模块和辅助设备五部分组成。其特点是：一维长岩心夹持器的长度大于 1m，可以设计多个岩心夹持器进行串联、并联使用；夹持器耐压高，可达 70MPa；可在岩心轴线上布设多个压力测点或取样点；自动控制系统可对实验过程精细调控。高温高压长岩心驱替实验装置如图 1-3-17 所示，图中即含有两个岩心夹持器。

2）装置性能要求

一维长岩心模型实验装置的设计原理与普通短岩心驱替装置相同，但由于长度增加，装置组成的部件及连接节点的复杂性明显增加，实验装置需达到以下性能。

（1）温压指标：模型耐压能力不低于 70MPa，耐温能力不低于 120℃。

（2）模型尺寸：直径通常为 2.5cm、3.8cm 或全直径岩心尺寸，长度达到 1m。

（3）监测能力：压差/压力监测点、温度监测点、饱和度监测点等。

（4）数据采集分析性能：由于监测参数复杂、监测点数量较多，要求装置具备较强的自动化采集和分析数据能力。

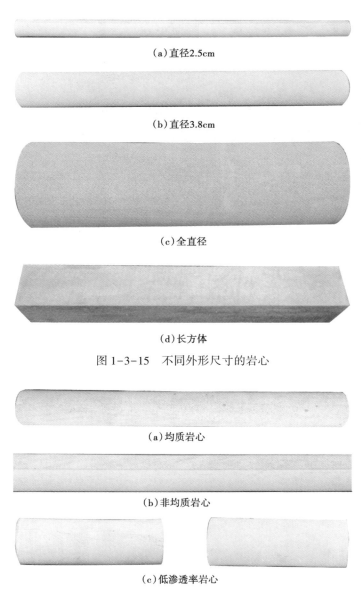

（a）直径2.5cm

（b）直径3.8cm

（c）全直径

（d）长方体

图1-3-15 不同外形尺寸的岩心

（a）均质岩心

（b）非均质岩心

（c）低渗透率岩心

图1-3-16 不同性质的岩心

（5）安全性能：装置润湿件具有防CO_2腐蚀能力。

3. 一维长岩心CO_2驱油实验设计

一维长岩心模型CO_2驱油实验与常规短岩心驱替实验相比，由于模型长度的增加和多种监测技术的应用，驱替实验操作及测试过程的难度明显增加。

1）实验准备

（1）模型的准备。根据实验方案选择岩心模型；经切割、清洗、干燥后的模型进行安装；设置饱和度等监测部件。

（2）流体样品的准备。根据地层条件，选择实验油样、水样；根据驱替设计选择气样。

（a）实物图

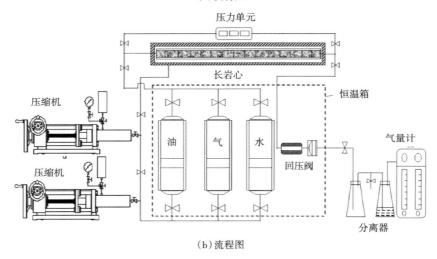

（b）流程图

图 1-3-17　高温高压长岩心驱替实验装置

（3）根据油藏储层与开采特征，确定实验的温压条件。

2）实验步骤

在一维长岩心模型安装后，系统升温升压，之后进行饱和水、饱和油以及驱替等操作。

（1）饱和水。模型抽真空 24h 以上，用配好的水样自然吸入；待自吸入停止后，以 1mL/min 的流量饱和水。

（2）饱和油。饱和油也是造束缚水的过程，以 0.05mL/min 的流量慢速饱和，操作过程与饱和水类似，直至产出端不再含水，饱和油总体积应不低于 2 倍孔隙体积。

（3）驱替。根据实验设计实施驱替过程。在 CO_2 驱油过程中，可布设压力测量点及取样点，以便掌握该位置的取样组成，为判断 CO_2 前缘位置提供参考。

4. 特低渗透率岩心 CO_2 驱替特征和驱油效率

以特低渗透率岩心模型为例，介绍 CO_2 不同压力条件下的驱替特征及驱油效率。

实验模拟的地层条件：压力为 20MPa，温度为 80℃；驱替方式为先水驱油后再转 CO_2

驱油。在不同压力条件下进行驱替实验，对比驱替效果，分析驱替特征。实验参数及过程见表1-3-1。

表 1-3-1　CO_2 驱替实验设计

岩心渗透率 mD	岩心长度 m	实验温度 ℃	CO_2—油最小混相 压力，MPa	驱替方式
1.43	1	80	27	（1）地层条件下，水驱后 CO_2 驱； （2）低压条件下，水驱后 CO_2 驱； （3）高压条件下，水驱后 CO_2 驱

1）水驱后 CO_2 驱油

在80℃、20MPa条件下进行的特低渗透率长岩心注水驱替实验，驱替过程中的累计采出程度、驱替压差、产液含水率的变化曲线见图1-3-18中的水驱阶段。

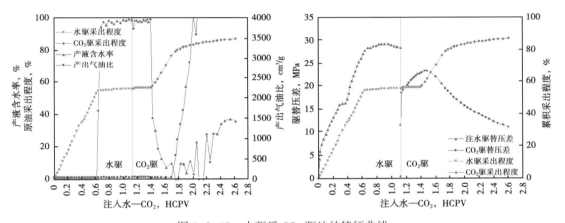

图 1-3-18　水驱后 CO_2 驱油的特征曲线

从原油累计采出程度和产液含水率变化曲线看，水驱至0.64HCPV（烃类孔隙体积）时注入水突破，突破后产出液中的含水率快速上升，而产油量则急剧下降，突破点的原油采出程度为54.45%。持续注水至1.13HCPV后基本不再产油，此时采出程度为55.75%。

从水驱油的驱替压差（长岩心进/出口端的压力差）曲线的变化趋势看，尽管水驱油的速度已经很低（0.65cm³/h），可是一旦注入水进入特低渗透率岩心，注入压力上升很快，驱替压差随着注水量的增加而持续快速增大，直到注入水在岩心出口端突破后，驱替压差的增大趋势才趋于平缓，水驱油过程中的最大驱替压差为29.42MPa。实验结果表明：特低渗透率岩心注水驱油的难点在于，水的注入极为困难，注入能力随着注水量增加而持续下降。

水驱油完成后，恒速注入 CO_2 驱替长岩心中的剩余油，驱替速度由水驱时的0.65cm³/h提高到1.30cm³/h，直到基本不产油时才停止驱替。驱替特征曲线见图1-3-18中的 CO_2 驱油阶段。

实验结果表明，CO_2 驱油开始阶段产出油很少，产液含水率高于98%，主要是受到前期水驱油的影响；注 CO_2 至0.3HCPV（总注入1.42HCPV）后产油量增多，同时产液含水率快速下降，增油效果显现。当 CO_2 突破后产油量逐渐减少，气油比迅速上升，产液含水率波动上升。突破时的累计采出程度为 79.39%，最终采出程度为 87.24%，比水驱油高出 31.49%。说明特低渗透率岩心实施水驱油后再进行 CO_2 驱替的方式能够采出部分水驱剩余油，可有效提高原油采收率。

驱替压差曲线显示了压力特征，即水驱油后进行 CO_2 驱替，存在一个启动压差，驱替压差大于该压差后才能形成连续的驱替过程。

2）低压 CO_2 非混相驱油

在 80℃、12MPa 条件下进行的 CO_2 低压非混相驱替实验，驱替过程中的特征曲线如图 1-3-19 所示。

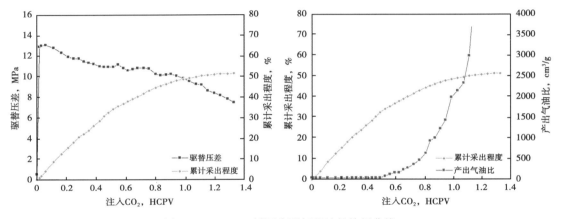

图 1-3-19　CO_2 低压非混相驱油的特征曲线

从原油采出程度和气油比变化曲线看，注 CO_2 至 0.51HCPV 时即发生突破，突破时间较早。CO_2 突破后，气油比迅速上升，但仍有不少油产出，约 1HCPV 后产油量逐渐减少。CO_2 突破时的原油采出程度为 34.23%，最终采出程度为 51.50%，低于地层条件下水驱原油采出程度 4.25%，说明在低压下进行 CO_2 非混相驱油采收率有可能低于水驱油采收率。

从驱替压差曲线的变化趋势看，CO_2 驱替初期同样存在一个启动压差，形成连续驱替后压差呈持续快速下降趋势。恒速 1.30cm³/h 驱替的最大压差为 13.09MPa，注入能力远高于水驱油。CO_2 注入能力随着注气量的增加而持续提高，注 CO_2 至 1.33HCPV 时的驱替压差降低到 7.49MPa，约为最高时的 57%。

3）高压 CO_2 混相驱油

在 80℃、30MPa 条件下进行 CO_2 驱替实验，特征曲线如图 1-3-20 所示。由于 CO_2—原油体系的最小混相压力为 27MPa，因此在 30MPa 压力下进行的 CO_2 驱为混相驱替。

从原油采出程度和产出气油比变化曲线看，注 CO_2 至 0.65HCPV 时发生突破，混相驱替的突破时间明显晚于非混相驱。CO_2 突破后，气油比迅速上升，但仍有不少油产出。突破时的原油采出程度为 63.11%，最终原油采出程度为 80.26%，高于相同条件下水驱采出程度 24.51%，CO_2 混相驱油效率远高于水驱和 CO_2 非混相驱的驱油效率。

驱替压差曲线的变化趋势显示，CO_2 混相驱替同样存在一个启动压差，但与 CO_2 非混相驱替过程不同，CO_2 混相驱替压差并没有随着 CO_2 注入量的增加很快下降，而是在高位

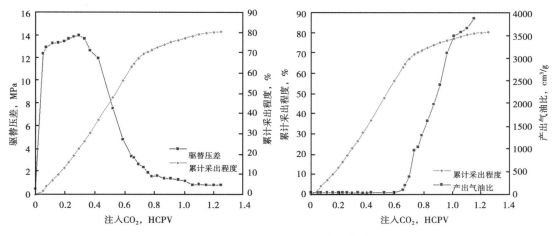

图 1-3-20 CO_2 混相驱的特征曲线

持续稳定一段时间后才急剧下降。分析认为，驱替压差在高位持续的过程，是 CO_2 与地层原油动态接触混相的过程。恒速 1.30cm³/h 时的最大驱替压差为 13.95MPa，注入至 0.3HCPV 后，CO_2 注入能力随着注气量的增加而急剧提高，注 CO_2 至 1.25HCPV 时的驱替压差降低到 0.85MPa，仅为最高时的 6%，注入能力远高于水驱油。

4）驱替特征

分析特低渗透率岩心 CO_2 驱替实验数据，得到如下认识：

（1）与水驱油相比，CO_2 混相驱油能大幅度提高驱油效率；低压非混相驱油效率有可能低于水驱，但驱油效率随着压力的升高而提高。

（2）CO_2 的注入能力远高于水的注入能力。CO_2 注入能力随着注气量的增加而持续提高，而水的注入能力则随着注水量的增加持续下降。

（3）水驱油后再进行 CO_2 驱油能有效提高原油采收率，但注入能力比直接 CO_2 驱油低很多。

需要指出的是，长岩心驱替实验是在一维模型中进行的，原油采出程度的绝对值并不能等效于油藏开发的实际原油采收率。对实际油藏而言，应综合考虑油藏地质条件、渗流特性、波及体积、水气资源、生产能力、注入能力、驱油效率、注气方式、注气周期、注气量、注气速度、井网形式以及采油工艺和地面工程设施等诸多因素，制订出合理的注气开发方案。

三、三维模型驱替实验

三维模型驱替实验采用的岩心来自天然露头或胶结砂岩，尺寸差异较大，如果考虑重力影响，则岩石厚度不宜低于 5cm。模型的平面尺寸，需由具体实验目的确定，如研究不同井网的油藏开发效果，则流体渗流通过岩心长度不宜低于 30cm。三维模型驱替实验能有效模拟油气藏条件下流体的复杂渗流过程，能显示岩石及流体之间的相互作用效果，获取压力及饱和度分布规律、流体浓度变化规律等信息。

1. 实验装置

1）装置构成

装置构成与长岩心驱替系统相似，驱替系统、围压系统、回压控制、温度控制、计量系统及配套装置是通用的，主要区别是高压釜的形状与模型密封方式不同。高温高压三维胶结物理模型装置流程如图 1-3-21 所示。

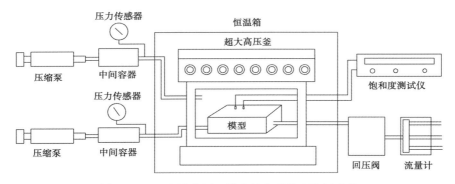

图 1-3-21　高温高压三维胶结物理模型装置流程

2）装置性能要求

三维模型驱替实验装置的体积显著增加，整体耐压能力低于一维岩心装置，实验装置应能达到如下性能。

（1）温压指标：模型耐压能力不高于 15MPa，耐温能力不高于 80℃。

（2）模型尺寸：最大尺寸为 500mm×500mm×200mm。

（3）监测能力：压差/压力监测、温度监测、饱和度监测等。

（4）数据采集分析性能：由于模型体积增大、监测参数复杂、监测点数量多等特点，装置应具备自动化采集和分析数据的能力。

（5）安全性能：装置润湿件具有防 CO_2 腐蚀能力。

2. 三维模型的 CO_2 驱油实验设计

三维模型驱油设计在方法上与一维长岩心驱替相似，但由于模型体积的增大、监测技术的应用，使模型准备、安装、实验、测试以及整理等操作难度增加。

1）实验准备

（1）模型的准备。根据实验方案选择岩心模型；经切割、清洗、干燥后的模型进行多点渗透率等基础参数测试；设置饱和度、压差/压力监测探头。

模型封装：通常用自行调制的环氧树脂材料进行封装。

模型在高压釜内的安装及线路对接，完成后的状态是：岩石模型处于高压釜内，控制部分在外部。

（2）流体样品的准备。根据地层条件，选择实验油样、水样；根据驱替设计选择气样。

（3）根据油藏流体渗流条件，确定实验的温压条件。

2）实验步骤

在三维模型安装完毕后，通常直接进行饱和水、饱和油以及驱替等步骤。

（1）饱和水。模型抽真空 24h 以上，用配好的水样自然吸入；待自吸入停止后，以不高于1mL/min的流量饱和水。饱和过程需要多次调整注入、产出点；饱和过程中逐步升压至实验设计压力，升温至设计值。

（2）饱和油。饱和油也是造束缚水的过程，以不高于0.05mL/min的流量慢速饱和，操作过程与饱和水类似，直至产出端不再含水，饱和油总体积应不低于2倍孔隙体积。

（3）驱替。根据实验设计实施驱替过程。在CO_2驱油过程中，自动采集的监测数据能实时显示出剩余油分布、压力分布、CO_2含量分布等，为方案设计提供参考。

3. 三维模型中的CO_2驱油特征

三维模型驱替实验可以获得的参数较多，如驱油效率、压力/压差、饱和度等场图特征。

1）CO_2驱油过程中驱油效率特征

示例实验在水驱油基础上进行CO_2驱油，对比显示了其驱油效率的特点。实验基本条件：正方形板状模型，边长30cm，厚度5cm；岩石渗透率为10mD；对角驱替；温度为50℃；实验驱替压力分别为8MPa和10MPa，出口端压力由回压阀控制调节；油样为不含气的轻质油。

经测试该油样与CO_2混相压力为9.4MPa，则8MPa压力条件对应的是CO_2非混相驱，10MPa压力条件对应的是CO_2混相驱。

实验结果对比见表1-3-2、图1-3-22和图1-3-23。

表1-3-2 水驱+CO_2驱原油采出程度和压差

实　　验	水驱 采出程度 %	CO_2驱 采出程度 %	提高 采出程度 %	水驱 最大压差 MPa	CO_2驱 最大压差 MPa	压差差值 MPa
水驱+CO_2非混相驱	26.5	36.0	9.5	6.7	7.8	1.1
水驱+CO_2混相驱	27.0	40.2	12.8	6.6	7.6	1.0

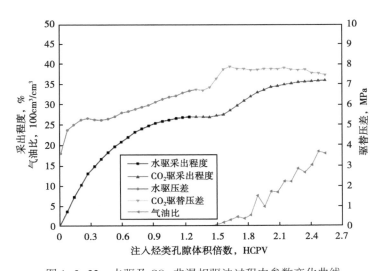

图1-3-22 水驱及CO_2非混相驱油过程中参数变化曲线

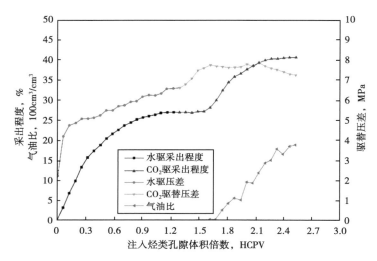

图 1-3-23　水驱及 CO_2 混相驱油过程中参数变化曲线

两组实验水驱油采出程度分别为 26.5% 和 27.0%，CO_2 非混相驱油能够提高原油采收率，增幅为 9.5%；而 CO_2 混相驱油提高原油采出程度的增幅达到 12.8%。在两实验的后期，CO_2 驱替压差都呈先上升后下降的趋势。

对比分析得到以下认识：

（1）水驱油后 CO_2 混相驱油比非混相驱油采出程度提高 3.3%。

（2）见气初期，非混相驱油气油比缓慢增加，而混相驱油见气后的气油比相对较高，这与混相前缘气液传质速度有关。

（3）无论哪种压力条件，CO_2 驱油见气后仍有一段较长时间的平稳生产期。

2）CO_2 驱油过程中含油饱和度的监测

含油饱和度一直是三维模型驱替实验研究的重要参数。通常对水等有导电性的液体驱油方式，可采用电阻率方法测量含水率进而得到含油饱和度。由于气体不导电或导电性微弱，因此电阻率方法不再适用。目前，逐渐发展的声波测试法能有效监测气体驱替过程中的含气、含油饱和度。

（1）声波法测定 CO_2 分布的原理。

声波在固体中的传播速度与固体弹性性能有关，固体介质的弹性特性越强，密度越小，则声速越慢。无限大各向同性均匀固体的声速公式如式（1-3-1）和式（1-3-2）所示，通常用纵波声速来监测固体的密度变化。

纵波声速：

$$c = \sqrt{\frac{\varphi + 2\mu}{\rho_0}}$$

（1-3-1）

横波波速：

$$c = \sqrt{\frac{\mu}{\rho_0}}$$

（1-3-2）

式中，μ 为弹性系数；φ 为拉梅常数。

适用于 CO_2 驱油实验的岩石通常为砂岩，其纵波声速在 $3000\sim5000m/s$ 之间。在驱替过程中，岩心内部流体含量及分布随时间而改变，表现为声速的变化，即声波穿透岩心所用的时间变化。例如，CO_2 驱油过程中某一监测点的声波信号随时间变化情况，如图 1-3-24 所示。可以看到，随着时间的增加，声波的首波逐渐延迟，即声速降低，这与该处 CO_2 含量逐渐升高相对应。

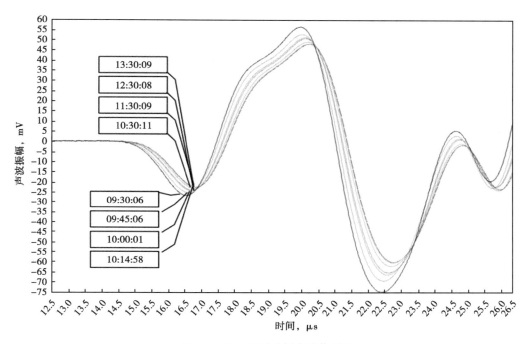

图 1-3-24　不同时刻声波信号图

（2）CO_2 驱油过程中的剩余油分布。

通过声波测速方法可以计算得到流体含率场图，通过对油驱水、CO_2 驱油过程的场图变化来观察驱替进程。场图中，上部是注入端，下部是采出端；图 1-3-25 反映了油驱水过程，而图 1-3-26 为 CO_2 驱油过程。

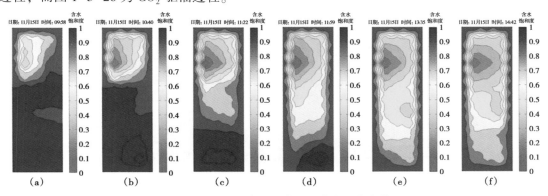

图 1-3-25　油驱水过程中的含水饱和度变化

图 1-3-25 显示了油驱水实验时岩心内水被油逐渐取代的过程，图 1-3-26 显示了 CO_2 驱油实验时岩心内油被 CO_2 逐渐取代的过程。由图 1-3-25（d）和图 1-3-25（e）底部含水饱和度对比可以看到，注入水前缘有明显的变向过程，由高渗透方向转为出口方向；而由图 1-3-26（d）和图 1-3-26（e）底部含油饱和度对比可以看到，CO_2 几乎是均匀驱替油相，在出口低压区表现为明显的指进、快速突破。

以上对比说明，声波测速法能对 CO_2 驱油过程进行有效监测，为定量研究 CO_2 驱油过程及工程监测提供手段。

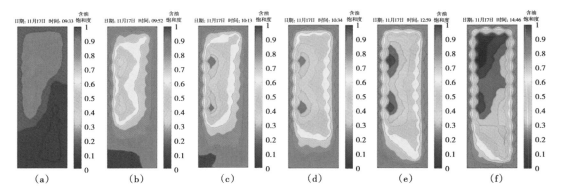

图 1-3-26　CO_2 驱油过程中的含油饱和度变化

第二章 油藏储层二氧化碳埋存机理及物理模拟技术

CO_2 埋存类型包括海洋埋存、地质埋存和植被埋存，其中地质埋存技术相对成熟。可开展 CO_2 地质埋存的场所主要包括地下含水层、不可开采的煤层、油气藏等，在目前的经济技术条件下，油气藏是 CO_2 地质埋存的最主要载体。

本章主要介绍油藏储层 CO_2 埋存的机理以及室内物理模拟技术，可为 CO_2 埋存潜力评价及埋存方案设计提供理论基础。

第一节 油藏储层二氧化碳埋存潜力评价实验方法

一、油藏储层二氧化碳埋存机理

碳埋存领导人论坛（the Carbon Sequestration Leadership Forum，CSLF）对 CO_2 地质埋存机理进行了详细的描述，将 CO_2 地下埋存机理分为物理埋存和化学埋存两大类。其中：物理埋存包括构造地层静态埋存、束缚气埋存和水动力埋存；化学埋存包括溶解埋存和矿化埋存。

众所周知，油藏是一个高温、高压、存在原油和高矿化度地层水等多相流体的多孔介质环境。由于岩石性质在地下储层条件下完全不同于大气条件，CO_2 注入储层后，温度和压力都将逐渐实现重新平衡，CO_2 与原油、地层水和储层之间的相态、热动力学和地球化学作用也需重新平衡。CO_2 注入油藏后主要的存在方式有：占据地层水和原油的空间，溶解在剩余油和地层水中，与岩石、地层水发生地球化学反应生成新的矿物，由于毛细管压力作用部分 CO_2 被束缚不能流动，未溶解的 CO_2 将以游离态的方式存在。图 2-1-1 给出了

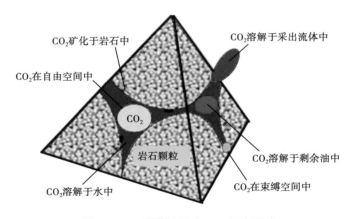

图 2-1-1 油藏储层中 CO_2 埋存形式

油藏储层中 CO_2 埋存的主要方式。从图中可以看出：CO_2 注入油藏后与原油接触溶解到原油中，改变了原油的高温高压物性；与地层水接触，CO_2 溶于地层水生成的碳酸，溶解岩石矿物成分到地层水中，改变了 CO_2 在地层水中的溶解能力；与储层岩石发生矿化反应后，改变了储层孔隙结构和渗透率。

结合油藏实际，可将 CO_2 在油藏中的埋存机制分为以下几类：

（1）油藏储层中游离态 CO_2 埋存机制。注入 CO_2 驱替原油，从而占据原油的孔隙空间，形成自由气；受构造作用，一部分气体被束缚在微小孔隙空间中形成束缚气，这两种气体在储层空间中均以游离态形式存在。

（2）油藏储层中超临界 CO_2 增溶埋存机制。注入油藏中的 CO_2 与原油接触，以超临界状态溶解到剩余油中，使原油黏度下降，流动系数增加，有利于部分剩余油被采出，另一部分则留于地下。

（3）CO_2 在地层水中溶解及化学埋存机制。注入油藏中的 CO_2 与地层水接触并溶解到地层水中，使地层水黏度增加，水油流度比下降，有利于提高原油采收率；并且 CO_2 与地层水发生化学反应生成碳酸氢根。

（4）CO_2 的矿化埋存机制。CO_2 与地层水、储层岩石接触并发生化学反应，溶解岩石中的部分矿物成分，生成一些新的矿物，从而达到永久埋存 CO_2 的目的。

油藏中 CO_2 埋存机理及主控因素见表 2-1-1。

表 2-1-1　油藏储层 CO_2 埋存机理及主控因素

埋存形式	埋存机理	主控因素
构造埋存	部分 CO_2 进入微小孔道被永久埋存	毛细管压力
溶解埋存	CO_2 部分溶解于盐水和原油，增加其体积，同时也增加埋存量	盐水矿化度、原油和盐水组成、温度、压力
游离埋存	CO_2 过饱和后，部分 CO_2 游离存在；盖层是埋存的关键	温度、压力、岩石压缩系数、盖层封闭性
矿物埋存	CO_2—地层水—岩石相互作用，最终以矿物形式固结	矿物组成、反应时间、CO_2 含量、温度、压力

二、油藏储层中二氧化碳埋存物理模拟实验方法

油藏储层中 CO_2 埋存物理模拟实验的主要目的是研究各主控因素对 CO_2 埋存的影响规律。基于 CO_2 在油藏中的埋存机理，实验内容主要包括：（1）利用 PVT 仪和高温高压反应釜，开展 CO_2 在原油、地层水中的溶解埋存实验；（2）利用 X 射线衍射仪、扫描电镜仪及离子色谱仪，测试 CO_2—水—岩石相互作用前后的离子、矿物成分和孔隙结构变化；（3）利用一维多孔介质 CO_2 驱替实验，模拟不同注入参数和注入方式对油藏储层 CO_2 埋存的影响，可分析 CO_2 的自由气及束缚气埋存机理。

油藏储层中 CO_2 埋存机理实验方法及分析内容见表 2-1-2。

表 2-1-2 油藏储层 CO_2 埋存物理模拟实验方法

埋存机理	实验方法	实验装置	实验分析内容
(1) 构造埋存; (2) 自由气埋存; (3) 溶解埋存; (4) 束缚气埋存; (5) 矿化埋存	(1) CO_2 溶解度测试; (2) 岩心驱替; (3) 相对渗透率测试; (4) PVT 测试; (5) 地层水分析; (6) CT 扫描; (7) X 射线衍射; (8) 扫描电镜	(1) 溶解度测试模型; (2) 长岩心装置; (3) 相对渗透率装置; (4) DBR—PVT; (5) 离子色谱仪; (6) CT 扫描仪; (7) X 射线衍射仪; (8) 环境扫描电镜	(1) 多相渗流 CO_2 临界流动饱和度; (2) 不同温度、压力条件下含油饱和度及地层水矿化度, CO_2 在油、水中的溶解度; (3) 地层水—超临界 CO_2 的离子埋存, CO_2—岩石—地层水矿化反应

第二节 地层水中二氧化碳增溶评价实验

CO_2 在地层水中的溶解规律是计算地层水对 CO_2 增溶封存潜力的基础。同时, CO_2 与地层水发生化学反应会影响地层水中离子成分和矿化度。本节利用物理模拟实验方法测试了不同温度、压力和矿化度条件下地层水中的 CO_2 溶解度, 并分析了该溶解度的变化规律。

一、二氧化碳在地层水中溶解度实验

1. 实验方法及条件

1) 实验方法

利用高温高压反应釜, 开展过饱和 CO_2 水溶液的单次脱气实验, 测定不同温度、压力、矿化度条件下地层水中 CO_2 的溶解度, 并通过离子分析仪, 测定地层水与 CO_2 反应前后的离子成分和矿化度变化规律。

2) 实验条件

温度、压力条件: 35~135℃, 8~50MPa。

水样品的矿化度分别为 0、4128mg/L、25000mg/L 和 50000mg/L。

2. 实验设备

CO_2 在地层水中溶解规律实验的主要设备包括高温高压反应釜、高压驱替泵、气液分离装置、气量计、离子分析仪及密度计等, 如图 2-2-1 所示。

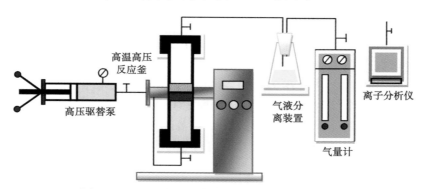

图 2-2-1 CO_2 在地层水中溶解度实验装置示意图

3. 实验样品

CO_2 样品：分析纯 CO_2，其纯度为 99.999%。

地层水样品：考虑到 CO_2 与地层水接触后发生化学反应，主要生成碳酸氢根离子，因此，实验过程中采用实际地层水和改变水样品中的碳酸氢根离子浓度的实验室复配盐水样品，具体指标见表 2-2-1。气液样品数据见表 2-2-2。

表 2-2-1　4 种水样矿物组成表

样品编号	pH 值	$Na^+ + K^+$ mg/L	Ca^{2+} mg/L	Mg^{2+} mg/L	Cl^- mg/L	SO_4^{2-} mg/L	HCO_3^- mg/L	CO_3^{2-} mg/L	总矿化度 mg/L
水样 1	7	0	0	0	0	0	0	0	0
水样 2	7	352.0	34.8	3.0	3250.0	484.6	0	0	4128
水样 3	7	1369.0	3603.0	2526.0	13870.0	0	3630.0	0	24998
水样 4	7	2738.0	7206.0	5052.0	27740.0	0	7260.0	0	49996

表 2-2-2　CO_2—地层水相互作用溶解度实验样品

样品名称	CO_2	水样 1	水样 2	水样 3	水样 4
规格	99.999%	纯水	4128mg/L	$1\%CaCl_2 + 1\%MgCl_2$ $+0.5\%NaHCO_3$	$2\%CaCl_2 + 2\%MgCl_2$ $+1\%NaHCO_3$
来源	分析纯	实验室自制	吉林油田	实验室配制	实验室配制

二、实验结果

不同温度、压力条件下，CO_2 在不同矿化度地层水中的溶解度测试结果如图 2-2-2 所示。从图 2-2-2 中可以看出：

（1）压力影响。CO_2 在地层水中的溶解度随着压力的增加而增加，且低压下 CO_2 在地层水中的溶解度随着压力变化增加幅度较大；当压力达到一定值以后，溶解度的增加幅度趋于一条直线；在本节实验条件下，溶解度曲线在 20MPa 左右出现变平缓的拐点。

（2）温度影响。CO_2 在地层水中的溶解度随着温度的增加而降低，温度越低，溶解度越高；当温度大于 100℃、压力在 22MPa 左右时，CO_2 在地层水中的溶解度发生异常，即在低压时随着温度的增加而降低，但在高压时 CO_2 在地层水中的溶解度将会超过低于 100℃ 时的溶解度。说明高压高温（超过 100℃）条件下，CO_2 在地层水中的溶解能力随着温度的升高而增强，这一性质可为 CO_2 在地层水中的溶解埋存提供更大的潜力。

（3）矿化度影响。CO_2 在地层水中的溶解度随着矿化度的增加而降低，且高压下矿化度对溶解度的影响更加明显。

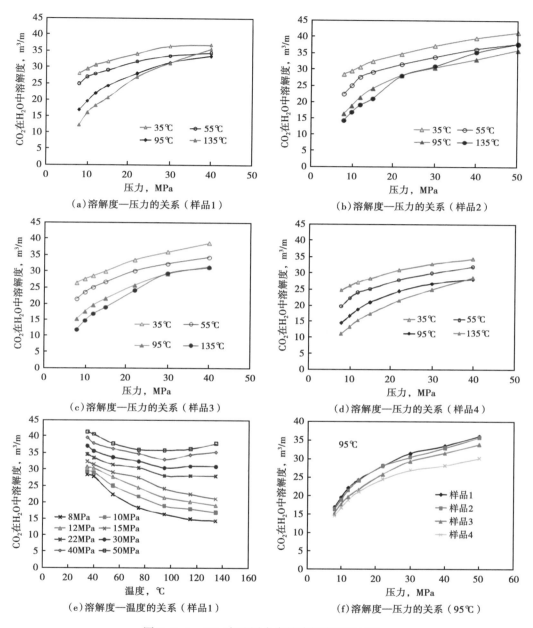

图 2-2-2　CO_2 在地层水中的溶解度实验结果

第三节　地层原油中超临界二氧化碳增溶评价实验

　　油藏中注 CO_2 驱油与埋存过程中，CO_2 不断溶解到原油中，使得原油饱和压力增加、体积膨胀、黏度降低。CO_2 在不同地层原油中溶解度的大小直接影响油藏储层中 CO_2 溶解埋存的潜力。

一、二氧化碳在地层原油中的溶解度实验

1. 实验方法、原理及条件

1）实验方法

利用高温高压 PVT 仪，开展地层原油相态特征分析及原油注气相态特征实验，分析 CO_2 在原油中的溶解规律。

2）实验原理

（1）实验过程中假设 CO_2 在地层原油中的溶解在瞬间达到平衡，忽略实际注入过程中 CO_2 在多孔介质中的浓度变化及扩散、抽提过程。

（2）通过地层原油 PVT 实验测试，研究地层原油高温高压物性特征。

（3）通过原油注气膨胀实验，得到不同物质的量比例及注入气条件下的气油比、体积系数和饱和压力等高温高压物性参数变化规律，以及不同压力条件下原油中的 CO_2 溶解度数据。CO_2—原油相互作用溶解和膨胀实验过程如图 2-3-1 所示。

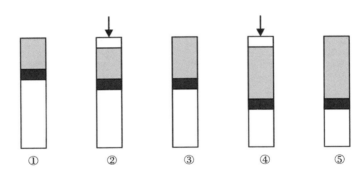

图 2-3-1　CO_2—地层原油相互作用溶解和膨胀实验过程

①$p = p_b$（泡点压力），体积恒定；②注入气，压力逐渐升高；③压力进一步升高，直到新的泡点压力；
④在新的泡点压力下加入气量，压力又逐渐升高；⑤逐步升高压力，直到新的泡点

通过向地层原油中注入 CO_2，测定 CO_2—原油两相平衡时 CO_2 在原油中的溶解度，以及注气原油的高温高压物性变化特征，实验结果将为开展油藏储层中 CO_2 增溶封存潜力评价、计算注 CO_2 提高原油采收率，以及油藏储层中游离态 CO_2 封存潜力研究提供基础数据。

3）实验条件

模拟吉林油田黑 95 井地层条件：温度为 94.7℃，压力为 22.5MPa。

2. 实验设备

主要的实验设备是由加拿大 DBR 公司研制生产的 JEFRI 全可视无汞高温高压多功能地层流体分析仪，实验装置如图 2-3-2 所示。

3. 实验样品

1）地层原油样品

地层原油样品来自吉林大情字井油田黑 79 区块黑 95 井现场取得的落地油样品。按照石油天然气行业标准 SY/T 5542—2009《油气藏流体物性分析方法》，在原始地层条件复配得到实验用油。复配条件见表 2-3-1。

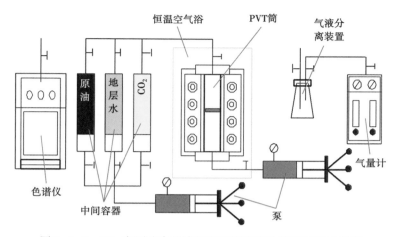

图 2-3-2　CO_2 在原油中的溶解度及膨胀实验测试装置示意图

表 2-3-1　吉林油田黑 95 井地层原油复配数据

区块	井号	配样温度，℃	配样压力，MPa	配样气油比，m^3/m^3
黑 79 区块	黑 95 井	94.7	22.5	32.7

2）注入气样品

注入气样品选用工业纯 CO_2，其纯度为 99.999%。

二、二氧化碳在地层原油中的增溶实验

1. 单次脱气及 PV 关系测试

利用复配原油测试单次脱气和 PV 关系，并对脱出气及脱气后原油进行色谱分析，计算井流物组成，得到吉林油田黑 95 井地层流体组分组成（表 2-3-2），PV 关系结果见表 2-3-3 和表 2-3-4 以及图 2-3-3 至图 2-3-6。

表 2-3-2　吉林油田黑 95 井井流物组分组成

组分	含量		组分	含量	
	%（摩尔分数）	%（质量分数）		%（摩尔分数）	%（质量分数）
CO_2	0.10	0.02	nC_4	1.92	0.64
N_2	2.62	0.42	iC_5	0.69	0.29
C_1	16.46	1.51	nC_5	1.88	0.78
C_2	4.29	0.74	C_6	2.99	1.44
C_3	3.24	0.82	C_{7+}	65.32	93.18
iC_4	0.49	0.16	C_{7+} 性质：相对密度为 0.8437；相对分子质量为 230		

表 2-3-3　黑 95 井地层原油测试数据

测试参数	测试结果	测试参数	测试结果
单脱气油比，m^3/m^3	34.00	脱气油相对分子质量	230
体积系数	1.1222	收缩率，%	11.42
泡点压力，MPa	7.83	热膨胀系数，$10^{-4}K^{-1}$	1.0509
气体平均溶解系数，$m^3/(m^3 \cdot MPa)$	4.12	地层压力下黏度，$mPa \cdot s$	1.740
地层原油密度，g/cm^3	0.7861	脱气油密度，g/cm^3	0.8437

表 2-3-4　PV 关系测试结果

压力，MPa	相对体积	体积系数	密度，g/cm^3	黏度，$mPa \cdot s$
22.5[①]	0.9785	1.1222	0.7861	1.740
20	0.9816	1.1258	0.7836	1.688
16	0.9870	1.1319	0.7794	1.604
12	0.9930	1.1388	0.7747	1.515
8	0.9997	1.1465	0.7694	1.424
7.83[②]	1.0000	1.1469	0.7692	1.420
4	1.3343	1.1143	0.7803	1.491
1	4.0212	1.0780	0.7944	1.559
0.5	8.1654	1.0694	0.7991	1.576
0.1	49.4073	1.0406	0.8093	1.608

①原始地层压力。

②泡点压力。

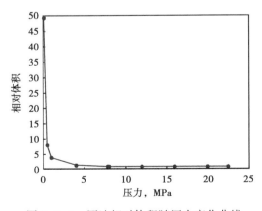

图 2-3-3　原油相对体积随压力变化曲线

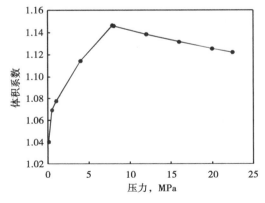

图 2-3-4　原油体积系数随压力变化曲线

从实验结果可以看出，黑 95 井井流物中，C_1 含量为 16.46%（摩尔分数），C_2—C_6 含量为 15.5%（摩尔分数），C_{7+} 含量为 65.32%（摩尔分数），C_{7+} 相对密度为 0.8437，属于普通黑油的流体组成。

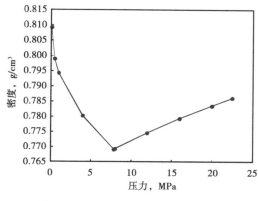

图 2-3-5　原油密度随压力变化曲线

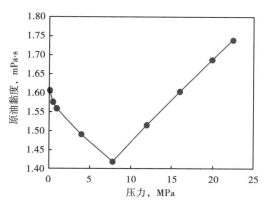

图 2-3-6　原油黏度随压力变化曲线

黑 95 井地层原油气油比为 34.0m^3/m^3，泡点压力为 7.83MPa，原油体积系数为 1.1222，原油收缩率为 11.42%，气体平均溶解系数为 4.12$m^3/(m^3 \cdot MPa)$，地层原油和地面脱气油的密度分别为 0.7861g/cm^3 和 0.8437g/cm^3，均属中等水平；地层温度条件下，原始地层压力和泡点压力时的原油黏度分别为 1.740mPa·s 和 1.420mPa·s，地层温度下脱气油黏度为 1.608mPa·s，表明地层原油黏度较低；地层压力条件下，温度从 37℃ 到 94.7℃ 原油的热膨胀系数为 1.0509×$10^{-4}K^{-1}$，表明原油的热膨胀能力较低。

2. 二氧化碳—原油溶解膨胀实验

1）注二氧化碳膨胀过程对原油物性的影响

注 CO_2 后，黑 95 井地层原油相态特征和 PVT 高压物性参数的变化规律，见表 2-3-5 以及图 2-3-7 至图 2-3-14。

（1）注入 CO_2 后，原油饱和压力逐渐增加，随着注入量的增大，上升幅度也不断变大；当体系中 CO_2 含量达到 50%（摩尔分数）时，原油的泡点压力上升至 20.46MPa。

（2）注入 CO_2 后，原油体积系数和膨胀因子均增加，并随着注入气比例的增大，原油体积系数和膨胀因子的增加幅度也不断变大；当注入 CO_2 含量达到 50%（摩尔分数）时，原油膨胀了 1.248 倍，说明注入气后原油的膨胀效果比较明显，即注入气增溶膨胀驱油效果明显。

（3）随着注气量的增加，原油的饱和压力不断上升，原油溶解气的能力不断增强，溶解气油比也逐渐增大，而且随着 CO_2 在体系中含量的增加，溶解气油比增加幅度不断变大。由此表明，在增加相同 CO_2 含量条件下，原油体系中 CO_2 含量越高，CO_2 在原油中的溶解埋存量也越大。

（4）在饱和压力下注入 CO_2 后，原油的密度随着 CO_2 注入量的增加先逐渐变小，但减小的幅度有限。当 CO_2 注入量超过 30%（摩尔分数）时，饱和压力下原油密度开始逐渐变大，并且随着原油中 CO_2 含量的继续增加，原油密度增大的幅度也迅速变大；当注入量达到 60%（摩尔分数）时，饱和压力下密度达到 785.57kg/m^3。其主要原因是高饱和压力条件下，导致溶解 CO_2 后的原油密度增加，且含 CO_2 原油体系中 CO_2 含量越高，体系的饱和压力增加越大，原油密度增加幅度也越大。由此说明，在高压条件下进行 CO_2 驱油后，CO_2 占据被排驱的相同原油体积时，CO_2 的埋存质量更大。

（5）随着原油中 CO_2 含量的增加，地层原油黏度不断减小。当 CO_2 含量达到一定程度时，随着含量的继续增加，原油黏度再下降的趋势有所变缓。其主要原因是原油中 CO_2 含量的增加引起原油饱和压力增大，导致原油被压缩，但受压力变化的影响远小于 CO_2 含量的影响。由此说明，高压下可更多地溶解 CO_2，原油黏度更小，可流动性更大，继续进行 CO_2 驱或转成其他方式驱油时，原油更容易被采出，从而提高原油的采收率，同时也为 CO_2 的埋存提供了更大的空间。

（6）随着注气量的增加，饱和压力增加，CO_2 在原油中的溶解度呈线性上升。当饱和压力为 28.46MPa 时，CO_2 的溶解度达到 192.16m^3/m^3，比饱和压力在 20.46MPa 时的溶解度高 64m^3/m^3。表明油藏压力越高，原油中可溶解 CO_2 量越大，当油藏被废弃时，尽可能地提高 CO_2 的埋存压力，以增加 CO_2 的埋存量。

（7）CO_2—原油体系的相对体积随着压力的降低而逐渐升高，高压时相对体积变化很小，低压时变化幅度逐渐变大；低压条件下，体系相对体积随着 CO_2 在原油中的含量增加而增加，在相同压力下，CO_2 含量越大，相对体积相差也越大。主要是由于在低压下原油溶解 CO_2 的量达到饱和以后，再注入的 CO_2 将无法再溶于原油，而是与原油形成两相，从而导致相对体积变大。然而，在高压条件下，相对体积逐渐趋于 1，说明在高压条件下，CO_2 更多地溶解于原油，直至 CO_2 与原油完全溶解后形成单相，因此相对体积不断下降。

表 2-3-5　注 CO_2 对黑 95 井地层原油相态的影响

注入气含量 %（摩尔分数）	饱和压力 MPa	膨胀因子	体积系数 B_o	溶解气油比 m^3/m^3	原油黏度 $mPa \cdot s$	CO_2 溶解度 m^3/m^3	原油密度 kg/m^3
0	7.83	1.000	1.1222	32.38	1.42	0	769.22
10	9.43	1.028	1.1540	46.80	1.39	14.42	769.14
20	11.27	1.064	1.1937	64.67	1.33	32.29	769.08
30	13.48	1.109	1.2444	87.54	1.22	55.16	769.21
40	16.31	1.168	1.3110	117.96	1.09	85.58	769.98
50	20.46	1.248	1.4003	160.54	0.95	128.16	773.11

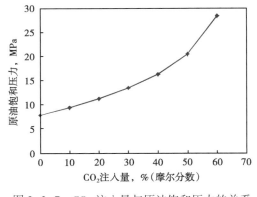

图 2-3-7　CO_2 注入量与原油饱和压力的关系

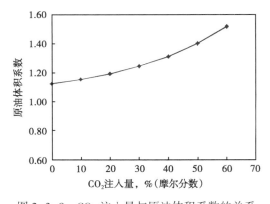

图 2-3-8　CO_2 注入量与原油体积系数的关系

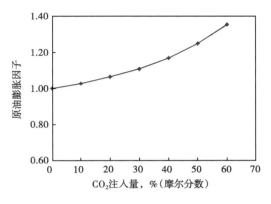

图 2-3-9　CO_2 注入量与原油膨胀因子的关系

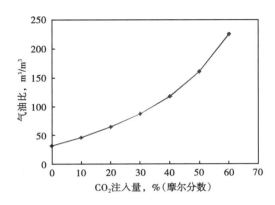

图 2-3-10　CO_2 注入量与气油比的关系

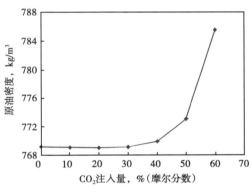

图 2-3-11　饱和压力下 CO_2 注入量
与原油密度的关系

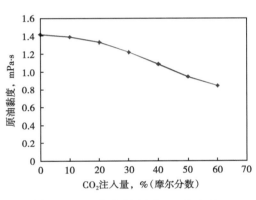

图 2-3-12　饱和压力下 CO_2 注入量
与原油黏度的关系

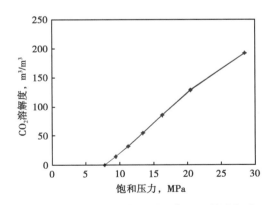

图 2-3-13　饱和压力下原油中 CO_2 的溶解度

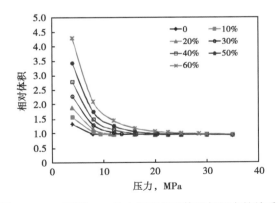

图 2-3-14　不同 CO_2 注入量下相对体积与压力的关系

2）原油物性对二氧化碳在原油中溶解度的影响

原油性质不同，CO_2 的溶解度也将有所不同。为了进一步研究 CO_2 在原油中的溶解规律，基于不同原油体系中 CO_2 溶解实验，对比分析了 8 个油田区块中不同原油性质对 CO_2

溶解度的影响，这些油藏的原油基本性质见表 2-3-6，实验分析结果如图 2-3-15 至图 2-3-22 所示。

（1）CO_2 在原油中的溶解度和原始地层压力下 CO_2 的溶解摩尔分数受原油性质影响较大。原油体系的中间烃组分含量越高，CO_2 溶解度和原始地层压力下 CO_2 溶解摩尔分数也越大，说明中间烃组分对原油中 CO_2 溶解度的影响较大。

（2）CO_2 在原油中的溶解度随着压力和注入量的增加而增加，曲线斜率越大，溶解能力越强；原始地层压力下，不同原油样品中 CO_2 的最大溶解度（福山油田莲 8 井原油样品）达到 $344m^3/m^3$，平均值介于 $70\sim170m^3/m^3$ 之间。

（3）在地层压力条件下，溶解在原油中的 CO_2 摩尔分数与地饱压差呈线性关系。地饱压差越大，CO_2 溶解在原油中的量也越大；从图 2-3-20 可以看出，8 个油区的原油样品 CO_2 溶解摩尔分数主要在 $0.4\sim0.6$ 之间。

（4）CO_2 平均溶解系数与地层原油原始溶解气油比和饱和压力呈较好的线性正相关关系，相关性 R^2 均为 0.89。从图 2-3-21 和图 2-3-22 中可以看出，8 个原油样品的 CO_2 平均溶解系数主要在 $5\sim10m^3/(m^3\cdot MPa)$ 之间，最高可达 $25\sim45m^3/(m^3\cdot MPa)$。

表 2-3-6 原油性质对比表

油田	新疆	福山	中国海油	吉林	大庆	江苏	草舍	吉林
区块	北三台	莲 8	NB35-2CEP	腰英台	芳 48	高 11	泰州组	黑 59
井号	B2025	莲 8X	A25	DB33-3-3	187-124	高 11-6	苏 198	黑 95
地层温度，℃	65.15	110.3	59.1	89.7	85.9	79	110	94.7
地层压力，MPa	23.74	23.12	9.86	20.15	20.4	18	32	22.5
饱和压力，MPa	11.79	9.34	5.7	7.1	5.3	2.3	4	7.83
溶解气油比，m^3/m^3	40.6	85	21	33	15.2	10	11.4	32.38
体积系数	1.1025	1.3415	1.0724	1.1356	1.0890	1.0553	1.0880	1.1222
脱气油密度，g/cm^3	0.8840	0.8321	0.9522	0.8502	0.8690	0.8473	0.8660	0.8320
原始地层压力下原油黏度，$mPa\cdot s$	22.32	1.11	62.13	2.12	6.60	9.72	4.64	1.74
C_1 含量，%（摩尔分数）	27.129	26.37	15.56	13.21	13.232	6.26	10.29	16.46
N_2 含量，%（摩尔分数）	0	0.31	0	0.56	0.362	0.46	0.97	2.62
CO_2 含量，%（摩尔分数）	0	1.45	0	0.38	0.003	0.15	0.34	0.001
$C_2—C_6$ 含量，%（摩尔分数）	7.869	26.38	2.76	24.09	15.554	14.9	4.37	15.5
C_{7+} 含量，%（摩尔分数）	65.002	45.49	80.78	61.76	70.83	78.23	84.03	65.33
C_{11+} 含量，%（摩尔分数）	—	15.32	—	36.58	58.36	45.56	64.97	44.54
原始地层压力下 CO_2 溶解度，m^3/m^3	94.4	344	8	119.3	135	75.4	176	128.16
原始地层压力下 CO_2 溶解摩尔分数	0.4	0.5841	0.132	0.45	0.565	0.4	0.7098	0.5
CO_2 平均溶解系数 $m^3/(m^3\cdot MPa)$	7.05	24.18	1.32	8.95	7.22	10.88	8.57	9.27
地饱压差，MPa	11.95	13.78	4.16	13.05	15.1	15.7	28	14.67

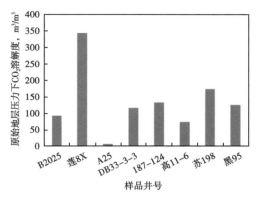

图 2-3-15　原始地层压力下 CO_2 溶解度

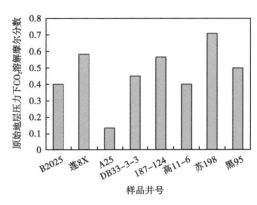

图 2-3-16　原始地层压力下 CO_2 溶解摩尔分数

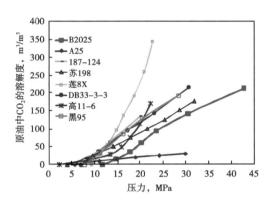

图 2-3-17　原油中 CO_2 的溶解度与压力的关系

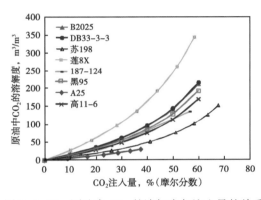

图 2-3-18　原油中 CO_2 的溶解度与注入量的关系

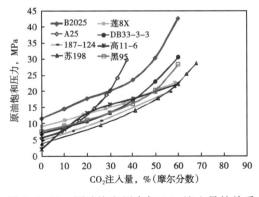

图 2-3-19　原油饱和压力与 CO_2 注入量的关系

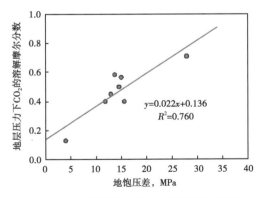

图 2-3-20　地层压力下 CO_2 溶解摩尔分数与
地饱压差的关系

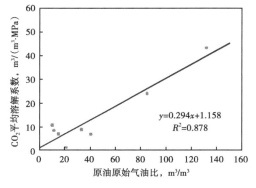

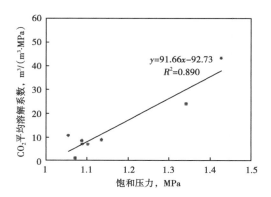

图 2-3-21　CO_2 平均溶解系数与原油
原始气油比的关系

图 2-3-22　CO_2 平均溶解系数与饱和压力的关系

三、二氧化碳—原油—地层水三相溶解实验

1. 实验目的及条件

1）实验目的

通过测试地层水存在时 CO_2 在原油和地层水中的溶解规律，以及降压过程中的相态变化和膨胀特征，掌握地层条件下 CO_2—原油—地层水体系中油气水三相相态和溶解特征。

2）实验条件

CO_2—原油—地层水相互作用溶解实验条件为：温度 94.7℃，地层压力 22.5MPa，考虑 30%，50% 和 70%3 个不同的含水饱和度。

2. 实验方法及步骤

具体的实验方法为：在原油注气膨胀实验的基础上，通过增加水相的含量，测试不同含水饱和度下 CO_2 在原油及地层水中的溶解量，并测定在油水共存时 CO_2 溶解后的饱和压力、体积系数的变化规律，为 CO_2 在油藏中的溶解埋存潜力评价提供可靠依据。

实验测试步骤为：在 CO_2—地层原油相互作用膨胀实验的基础上，根据设置的含水饱和度大小向 PVT 筒中转入一定体积的水量，测试不同含水饱和度、不同 CO_2 注入比例下 CO_2—原油—地层水体系的饱和压力和地层压力条件下 CO_2 分别溶于原油和地层水的量。

3. 实验结果

1）地层水存在对 CO_2 溶解度的影响

通过向溶解有 CO_2 的原油中再补充地层水，开展 CO_2—原油—地层水相互作用溶解性测试实验，分析 CO_2 同时对原油和地层水共存体系的溶解能力，并对比分析含水饱和度对 CO_2 溶解能力的影响规律。关于 CO_2—原油—地层水相互作用溶解实验过程的饱和压力、地层压力下气油比、气水比以及不同含水饱和度下的单脱油相时的单脱气中 CO_2 的含量变化情况等实验结果如图 2-3-23 至图 2-3-26 所示。

从图 2-3-23 至图 2-3-26 中可以看出：

（1）随着注气量的增加，CO_2—原油—地层水体系的饱和压力不断增大，但受地层水饱和度的影响，在相同注气量的情况下，CO_2—原油—地层水体系的饱和压力比 CO_2—原油体系的饱和压力低，且含水饱和度越大，体系饱和压力降低程度也越大。

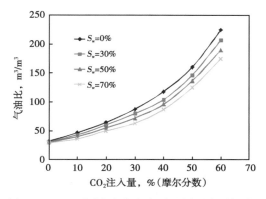

图 2-3-23　不同含水饱和度时地层压力下气油比
与 CO_2 注入量的关系

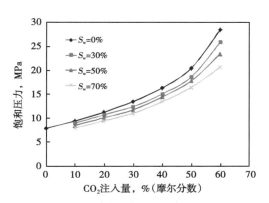

图 2-3-24　不同含水饱和度时饱和压力
与 CO_2 注入量的关系

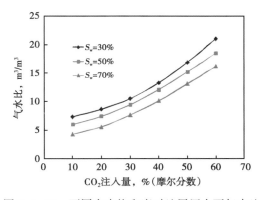

图 2-3-25　不同含水饱和度时地层压力下气水比
与 CO_2 注入量的关系

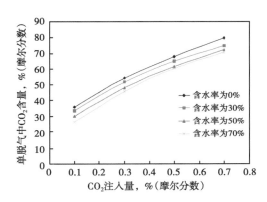

图 2-3-26　不同含水率下原油单脱气中 CO_2 含量
与注入量的关系

（2）随着注气量的增加，CO_2—原油—地层水体系中原油溶解气油比不断增加；随着含水饱和度的增加，在相同注气量的情况下，体系中原油溶解气油比不断降低，说明 CO_2 溶解在水中的量增加，导致原油饱和压力降低，原油中溶解的 CO_2 量也随之降低。

（3）随着注气量的增加，CO_2—原油—地层水体系中地层水溶解的气量不断上升，但随着体系中含水饱和度的增加，CO_2 在地层水中的溶解量也不断下降。

（4）当原油和地层水共存时，原油中的 CO_2 含量减少，导致单次脱气原油实验的气体中 CO_2 含量降低，而且含水率越高，CO_2 含量下降幅度越大。

2）CO_2—原油—地层水体系降压膨胀相态特征

在油水同存和纯水相时，CO_2—原油—地层水体系在降压过程中的 CO_2 释放特征如图 2-3-27 和图 2-3-28 所示，可以看出：

（1）降压过程中 CO_2—地层水体系总体积增加速度较慢，CO_2 释放少，互溶能力强。

（2）当压力降低到体系的饱和压力以下时，因水中的气体被快速释放出来，在图中显示出玻璃筒的透光性急剧变化而导致图片变成黑色（粉色圈内的颜色）。

（3）当压力降至体系的饱和压力以下时，受 CO_2 抽提作用影响，降压过程中的原油体积逐渐减小。

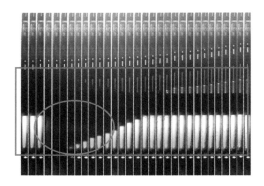

图 2-3-27 CO₂—原油—地层水相互作用实验
降压过程体系相态变化直观图

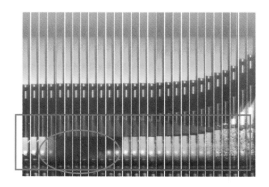

图 2-3-28 CO₂—地层水相互作用实验
降压过程体系相态变化直观图

第四节　二氧化碳—地层水—岩石化学及矿化埋存评价实验

CO_2 与地层水接触后形成碳酸根离子，可与储层岩石发生化学反应生成新的矿物，这一过程就是矿化埋存过程，其反应的变化量即为矿化埋存量。以吉林油田黑 79 区块岩石样品为对象，开展 CO_2 与岩石之间的矿化反应埋存实验，主要包括 X 射线衍射实验测定岩石矿物组成含量变化，环境扫描电镜实验测定岩石表面层及孔隙结构等变化情况，离子色谱仪测试分析反应前后地层水中矿物离子成分的变化情况，最后综合分析 CO_2 与岩石的相互作用和矿化埋存潜力。

一、二氧化碳—地层水—岩石的化学及矿化反应机理

CO_2 与岩石发生矿化反应前，先溶解于地层水形成碳酸氢根离子，其化学反应方程式如下：

$$CO_2 + H_2O \Longrightarrow H^+ + HCO_3^- \Longrightarrow 2H^+ + CO_3^{2-} \qquad (2-4-1)$$

研究发现，大约有 1% 的 CO_2 以 H_2CO_3 的形式存在。然后 CO_3^{2-} 与地层水中的阳离子发生反应生成碳酸盐矿物：

$$CO_3^{2-} + Ca^{2+} =\!=\!= CaCO_3 \downarrow \qquad (2-4-2)$$

$$CO_3^{2-} + Mg^{2+} =\!=\!= MgCO_3 \downarrow \qquad (2-4-3)$$

当这些碳酸盐矿物遇到酸性溶液时又溶解于其中，所发生的化学反应主要取决于储层岩石中的矿物组分组成。常见的岩石矿物与 H^+ 的反应方程式见式（2-4-4）至式（2-4-11）。

Illite（伊利石）$+ 8H^+ \longrightarrow 5H_2O + 0.6K^+ + 0.25Mg^{2+} + 2.3Al^{3+} + 3.5SiO_2$（aq）

$$(2-4-4)$$

$$\text{K-feldspar（钾长石）} + 4H^+ \longrightarrow 2H_2O + K^+ + Al^{3+} + 3SiO_2（aq） \tag{2-4-5}$$

$$\text{Calcite（方解石）} + H^+ \longrightarrow Ca^{2+} + HCO_3^- \tag{2-4-6}$$

$$\text{Dolomite（白云石）} + 2H^+ \longrightarrow Ca^{2+} + Mg^{2+} + 2HCO_3^- \tag{2-4-7}$$

$$\text{Kaolinite（高岭石）} + 6H^+ \longrightarrow 5H_2O + 2Al^{3+} + 2SiO_2（aq） \tag{2-4-8}$$

$$\text{Magnesite（菱镁矿）} + H^+ \longrightarrow Mg^{2+} + HCO_3^- \tag{2-4-9}$$

$$\text{Siderite（菱铁矿）} + H^+ \longrightarrow Fe^{2+} + HCO_3^- \tag{2-4-10}$$

$$\text{Quartz（石英石）} \longrightarrow SiO_2（aq） \tag{2-4-11}$$

伊利石、钾长石、方解石、白云石、高岭石、菱镁矿和菱铁矿等都可溶解于酸性溶液中并生成 HCO_3^-。储层矿物中含有的石英矿物将逐步转化为溶液态，但是这些化学反应的速度都非常慢。

二、二氧化碳—地层水—岩石化学及矿化封存潜力评价实验

1. 实验方法及条件

1）实验方法

利用 X'Pert MPD PRO 型 X 射线衍射仪和扫描电镜，对岩石样品（取自吉林油田）进行了全岩分析、孔隙类型及孔隙结构分析，然后在高温高压反应釜内将岩屑、地层水和 CO_2 进行充分接触，密封 60d 以上，再进行 X 射线衍射全岩分析和电镜扫描实验，对比分析实验前后岩石矿物成分以及孔隙结构的变化情况等。

2）实验条件

矿化埋存实验条件：温度为 94.7℃，压力为 20MPa。

2. 实验设备

CO_2—岩石相互作用矿化实验在高温高压反应釜中进行。反应前后的岩屑样品要利用扫描电镜对孔隙结构和孔隙大小等进行测试分析；并利用 X 射线衍射仪进行矿物组分组成分析，以测定 CO_2—岩石之间的反应变化情况；利用离子分析仪测试地层水中离子含量变化情况。主要实验设备和仪器如图 2-4-1 至图 2-4-4 所示。

图 2-4-1　高温高压反应釜

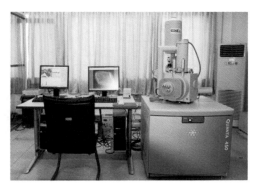

图 2-4-2　环境扫描电镜

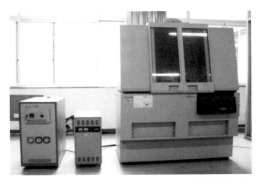

图 2-4-3　X'Pert MPD PRO 型 X 射线衍射仪

图 2-4-4　离子色谱仪

3. 实验样品

（1）岩屑样品：来自于吉林油田黑 79 区块。

（2）CO_2 样品：来自于工业纯 CO_2，纯度为 99.999%。

（3）地层水样品：来自于吉林油田黑 79 区块，在实验室进行杂质过滤。

三、二氧化碳—地层水—岩石化学及矿化封存潜力实验结果及分析

1. 岩石矿物含量结果及分析

利用 X'Pert MPD PRO 型 X 射线衍射仪，对反应前后的岩样进行了全岩分析，结果见表 2-4-1、表 2-4-2 和图 2-4-5。

表 2-4-1　CO_2 与岩屑反应前的 X 射线衍射结果

样品编号	矿物含量,%（质量分数）						
	黏土总量	黄铁矿	石英	正长石	斜长石	方解石	白云石
1	2.93	0	40.41	6.14	31.73	12.80	5.99
2	1.92	0	32.74	3.52	36.75	11.94	13.12
平均	2.43	0	36.58	4.83	34.24	12.37	9.56

表 2-4-2　CO_2 与岩屑反应后的 X 射线衍射结果

样品编号	矿物含量,%（质量分数）						
	黏土总量	黄铁矿	石英	正长石	斜长石	方解石	白云石
1	4.30	0.00	32.64	4.54	38.19	7.84	12.49
2	1.69	1.66	34.54	5.08	40.62	6.85	9.58
平均	2.99	0.83	33.59	4.81	39.40	7.34	11.03

（1）整体上，CO_2 与岩石发生反应前后岩石中的矿物含量变化相对较小，主要原因为所选择的岩石样品为砂岩岩样，岩石矿物中可与 CO_2 发生反应的矿物成分较少，而且 CO_2 与岩石的相互作用较短，需要更长的时间才会有明显的变化。

（2）对比反应前后的 X 射线衍射结果发现，反应后增加的矿物成分主要为黏土矿物、斜长石和白云石，新生成（或反应前未检测出）了极少量的黄铁矿。其中：黏土总量增加相对较少，仅为 0.56%；斜长石增加较多，达到 5.16%；白云石增加了 1.48%。反应后矿物含量的增加有两种可能原因：一是 CO_2—地层水—岩石直接反应生成的矿物含量增加；二是岩样在烘干过程中地层水中的矿物析出。

（3）反应后减少的矿物成分主要为石英和方解石，分别减少了 2.99% 和 5.03%，正长石的含量基本没变，说明方解石被 CO_2 与地层水生成的碳酸所溶解。主要化学反应方程式为：

$$CaCO_3+CO_2+H_2O \Longrightarrow Ca（HCO_3）_2$$

$$MgCO_3+CO_2+H_2O \Longrightarrow Mg（HCO_3）_2$$

$$Ca（HCO_3）_2+Mg（HCO_3）_2 \Longrightarrow Ca·Mg·（CO_3）_2\downarrow+2H_2O+2CO_2\uparrow$$

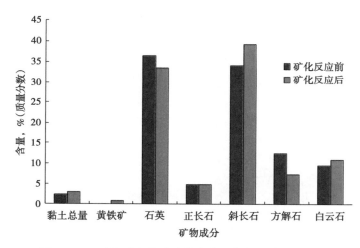

图 2-4-5　矿化反应前后矿物成分百分含量对比柱状图

2. 扫描电镜结果及分析

利用 Quanta 450 的环境扫描电子显微镜，对反应前后的岩石样品进行了扫描电镜分析，结果如图 2-4-6 至图 2-4-13 所示。可以看出：

（1）反应前的岩石颗粒表面比较干净，颗粒轮廓清晰，孔隙空间形态明显；反应后，受 CO_2 与地层水形成的碳酸水的蚀变作用，蚀变产物附着于岩石颗粒表面，使得岩石矿物颗粒形态、边界及孔隙结构变得非常模糊，难以分辨。

（2）反应前矿物颗粒较少，杂基不具有蚀变现象；反应后，矿物颗粒变多，杂基有很强的蚀变现象。

（3）反应前粒间孔隙较小且明显，石英表面层干净，矿物含量很少；反应后矿物颗粒表面分布有分散状的蚀变产物，粒间孔隙空间明显增大。

（4）反应前少量簇状产出的黏土矿物明显；反应后未发现簇状产出的黏土矿物。

（5）CO_2—地层水对岩石的蚀变作用具有明显的选择性，主要表现在如下几个方面：

① 成岩过程中由交代作用形成晶型较好的方解石晶体或自生形成的石英晶体，一般不

图 2-4-6　反应前岩样的扫描电镜结果（150 倍）　　图 2-4-7　反应后岩样的扫描电镜结果（150 倍）

图 2-4-8　反应前岩样的扫描电镜结果（500 倍）　　图 2-4-9　反应后岩样的扫描电镜结果（500 倍）

图 2-4-10　反应前岩样的扫描电镜结果（1000 倍）

图 2-4-11　反应后岩样的扫描电镜结果（1000 倍）

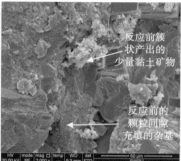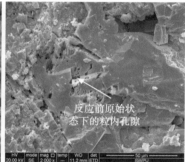

图 2-4-12　反应前岩样的扫描电镜结果（2000 倍）

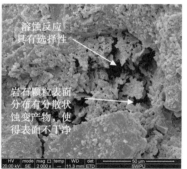

图 2-4-13　反应后岩样的扫描电镜结果（2000 倍）

具有蚀变现象。

②粒径较大的石英、长石、方解石矿物由于不具有微孔隙和微裂缝，溶液很难进入颗粒内部，很难形成溶蚀现象。颗粒表面发现分散状的溶蚀产物，其原因可能为其他部位的矿物溶蚀后在颗粒表面再次沉淀形成的。

③ 一些粒内孔较为发育的方解石等矿物颗粒，由于微裂缝、微孔隙增加了矿物颗粒比表面，增加了与碳酸的接触程度，故溶蚀现象较为明显且使颗粒内孔隙进一步增大。

④ 粒间孔隙内的填隙物——杂基，由于矿物粒径小，比表面积大，泥质和灰质含量较高，故与溶液接触后具有较强的蚀变现象。

3. 地层水离子成分分析

利用离子色谱仪对反应前后的地层水样品进行矿物离子含量分析，并对反应前后的地层水进行 pH 值测试，其结果见表2-4-3。可以看出：

（1）CO_2—地层水—岩石相互作用后，CO_2 溶解于地层水后生成的碳酸溶解了岩石中的矿物成分，使地层水的总矿化度明显升高，从反应前的4124.4mg/L升至13239.1mg/L。

（2）Na^+、K^+ 和 HCO_3^- 浓度大幅度增加，Ca^{2+} 和 Mg^{2+} 浓度增加的幅度也较大。主要是因为 CO_2 溶于地层水后发生反应生成 H^+ 和 HCO_3^- 而呈酸性，再与岩石接触后会与岩石矿物发生反应，使以前不溶于水的矿物成为溶于水的矿物。另外，岩石中部分本身可以溶于地层水的矿物，再次在高温高压条件下溶于地层水中，从而导致地层水中的矿物含量增加。

（3）地层水中阴离子总含量增加5126.7mg/L，其中 Cl^- 浓度增加956.1mg/L，SO_4^{2-} 浓度增加154.8mg/L，HCO_3^- 浓度增加较大，达到4015.8mg/L，由于 CO_3^{2-} 在常温常压下性质不稳定，实验中未测出。阳离子总含量增加3998mg/L，其中 Na^+ 和 K^+ 共增加3716.8mg/L，Ca^{2+} 增加202.9mg/L，Mg^{2+} 增加68.3mg/L。

（4）地层水 pH 值小幅降低，反应后的地层水呈弱酸性。

表2-4-3 CO_2—地层水—岩石相互作用地层水性质变化结果

项目	pH 值	Na^++K^+ mg/L	Ca^{2+} mg/L	Mg^{2+} mg/L	Cl^- mg/L	SO_4^{2-} mg/L	HCO_3^- mg/L	CO_3^{2-} mg/L	总矿化度 mg/L
实验前	7	352	34.8	3	3250	484.6	0	0	4124.4
溶解实验后	6.5	645.4	41.7	4.4	3250	501	1757.3	0	6199.8
矿化埋存实验后	6.5	4068.8	237.7	71.3	4206.1	639.4	4015.8	0	13239.1

第五节　油藏储层二氧化碳埋存长岩心评价实验

利用长岩心实验装置模拟注 CO_2 驱油及地质埋存过程中驱油效率与 CO_2 滞留量之间的关系，实验过程同时测定束缚气埋存量。通过实验结果分析 CO_2 驱油效率、CO_2 利用率和多孔介质中 CO_2 饱和度的变化，分析注 CO_2 驱油过程中 CO_2 的埋存效率与驱油效率之间的关系。该实验过程可为 CO_2 埋存机理分析和方案优化设计提供基础。

一、实验方法与流程

长岩心实验采用两种介质模拟一维驱替过程：第一种采用填砂管模型模拟均质油藏，第二种采用现场岩心模型模拟非均质油藏。

1. 实验方法及条件

1）实验方法

先采用填砂管模拟研究渗透率和地层倾角对 CO_2 驱油与地质埋存潜力的影响。然后再采用组合的长岩心模拟真实储层不同驱替方式、注入压力和 CO_2 纯度对 CO_2 驱油效率与埋存潜力的影响规律，对比分析 CO_2 在油藏中的埋存潜力。

2）实验条件

实验温度为 94.7℃，压力分别为 15MPa、22.5MPa 和 30MPa。

2. 实验设备

CO_2 埋存潜力物理模拟实验装置如图 2-5-1 所示。

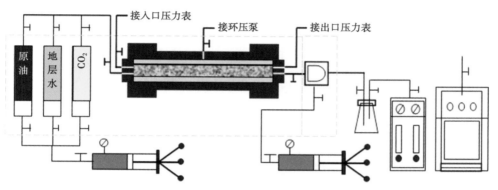

图 2-5-1　CO_2 埋存潜力物理模拟实验装置示意图

3. 实验样品

1）岩心样品

多孔介质分为两组：一组是在填砂管中充填石英砂模拟而成，其基本物性见表 2-5-1；另一组为油田现场取得的岩心按调和平均排列方式拼接而成，其基本物性参数及排序结果见表 2-5-2。

表 2-5-1　填砂管基础物性参数

填砂管编号	长度 cm	直径 cm	孔隙体积 cm³	孔隙度 %	渗透率 mD	束缚水饱和度 %
1 号管	27.000	2.500	43.00	32.46	115	22.18
2 号管	27.000	2.500	44.24	33.40	693	21.58
3 号管	27.000	2.500	46.62	36.19	3123	18.00

2）流体样品

地层原油样品：选用本章第三节中实验复配的黑 95 井原油样品。

地层水样品：吉林油田黑 95 井现场取得的经实验室过滤处理后的地层水样品。

注入气样品：注入气样的组分组成见表 2-5-3。

表 2-5-2　岩心基础物性数据及排序表（从出口到入口）

岩心编号	岩心长度 cm	岩心直径 cm	孔隙体积 cm³	孔隙度 %	渗透率 mD	方向
26-1	5.737	2.486	7.654	27.50	65.69	出口
26-2	5.733	2.505	6.337	22.44	67.72	
29-2	5.723	2.493	6.277	22.48	63.57	
30-1	5.624	2.503	6.063	21.92	69.66	
30-2	5.639	2.486	6.005	21.95	69.86	
30-3	5.650	2.506	6.234	22.38	62.24	
28-1	5.700	2.512	6.404	22.68	70.08	
25-3	5.684	2.530	6.423	22.49	72.24	
29-3	5.687	2.520	6.177	21.79	57.74	
31-3	5.623	2.500	6.044	21.91	56.34	
31-4	5.695	2.510	6.165	21.89	79.08	
28-4	5.715	2.520	6.558	23.02	79.37	
28-3	5.700	2.515	6.294	22.24	50.42	
25-2	5.685	2.512	6.294	22.35	83.55	
合计/平均	79.595	2.507	88.929	22.65	61.68	入口

表 2-5-3　注入气样品组分组成表

注入气样品编号	气样 1	气样 2	气样 3
CO_2 含量,%（摩尔分数）	99.999	97	95
N_2 含量,%（摩尔分数）	0.001	3	5

二、实验结果及分析

1. 均质油藏模型二氧化碳埋存潜力评价实验结果及分析

填砂管实验方案在温度为 94.7℃、压力为 22.5MPa 下注纯 CO_2 驱替原油，测试原油采出程度、CO_2 在多孔介质中的埋存滞留率和饱和度的变化规律。具体方案为：采用渗透率分别为 115mD（对应 1 号管）、693mD（对应 2 号管）和 3123mD（对应 3 号管）的 3 个填砂管，分别在 0°，15° 和 30° 条件下，持续注 CO_2 驱替原油，同时监测 CO_2 注入量、出口端产出物的液量和气量，以及相应的注入压力、入口压力、出口压力和回压。通过对比评价，得到渗透率及倾角对 CO_2 驱油效率和埋存滞留率的影响规律。

1）二氧化碳驱油效率

不同地层渗透率和倾角时原油采出程度随 CO_2 注入量的变化规律如图 2-5-2 所示，可以看出：

（1）相同渗透率条件下，倾角越大，原油采出程度越高。当 CO_2 注入量达到 1.55HCPV 以后，1 号管在 0° 倾角时的采出程度为 62.43%，倾角为 30° 时的采出程度达 66.92%，增加 4.49 个百分点；2 号管 30° 倾角时的采出程度比 0° 倾角时的采出程度高 6.58

个百分点；3 号管 30°倾角时的采出程度比 0°倾角时的采出程度高 6.85 个百分点。

（2）相同倾角条件下，渗透率越大，原油采出程度越高。当 CO_2 注入量达到 1.55HCPV 以后，0°倾角时 3 号管的采出程度为 77.64%，比 1 号管高 15.21 个百分点，比 2 号管高 6.47 个百分点；15°倾角时 3 号管的采出程度比 1 号管高 11.77 个百分点；倾角为 30°时 3 号管的采出程度比 1 号管高 10.96 个百分点。

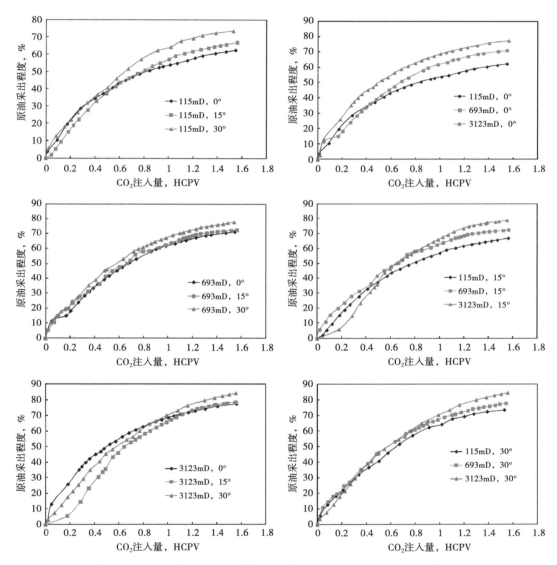

图 2-5-2　不同渗透率、不同倾角时原油采出程度与 CO_2 注入量的关系

2）二氧化碳滞留率

CO_2 滞留率是指在 CO_2 注入过程中，滞留在多孔介质中的 CO_2 量与 CO_2 总注入量之比，最终的 CO_2 滞留率即为埋存率。图 2-5-3 和图 2-5-4 分别为不同地层渗透率和倾角时，CO_2 驱油过程中 CO_2 滞留率随注入量和原油采出程度的变化规律。从实验结果可以

看出：

（1）注入的 CO_2 突破以前，CO_2 完全滞留；突破以后，CO_2 滞留率随着注入量的继续增加而不断下降，当注入量达到 1.5HCPV 时，CO_2 滞留率下降到 50% 左右。

（2）相同渗透率条件下，倾角越大，CO_2 滞留率也越高。说明地层倾角越大，重力排驱效应越明显，CO_2 驱油效率越高，CO_2 滞留量也越大。

（3）相同地层倾角条件下，2 号管的 CO_2 滞留率比 1 号管和 3 号管都高，说明 CO_2 驱油过程中，渗透率过高，容易导致 CO_2 过早突破从而影响滞留率；渗透率过低，CO_2 驱油效果变差，CO_2 滞留空间也相对变小。因此，当地层渗透率适中时，CO_2 滞留率最高。

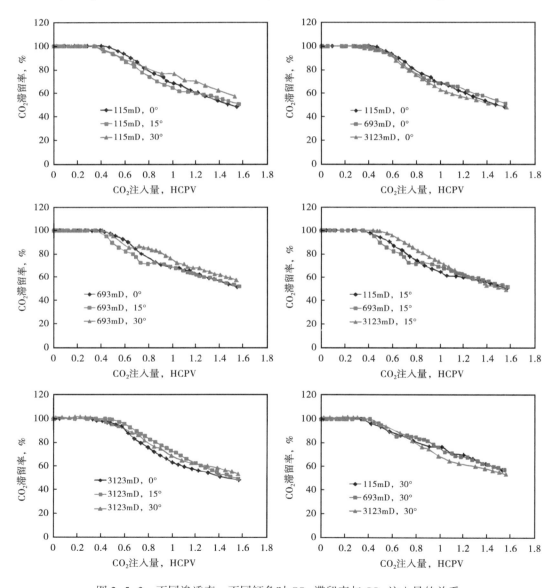

图 2-5-3　不同渗透率、不同倾角时 CO_2 滞留率与 CO_2 注入量的关系

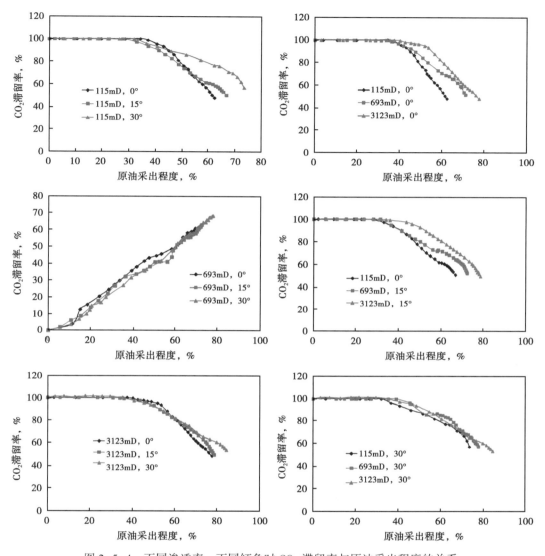

图 2-5-4 不同渗透率、不同倾角时 CO_2 滞留率与原油采出程度的关系

3）二氧化碳饱和度

不同地层渗透率和倾角时，CO_2 驱油与埋存过程中 CO_2 饱和度随注入量和原油采出程度的变化规律如图 2-5-5 和图 2-5-6 所示。从图 2-5-5 和图 2-5-6 中可以看出：

（1）CO_2 注入后，CO_2 饱和度随着注入气量的增加而增大；CO_2 突破以前，CO_2 饱和度随着注入量增加呈直线上升；CO_2 突破以后，CO_2 饱和度上升速度变缓，当注入量达到 1.5HCPV 时，CO_2 饱和度约为 60%。

（2）相同渗透率条件下，倾角越大，CO_2 饱和度越大；相同倾角条件下，CO_2 饱和度先随着渗透率的增加而增大，之后随着渗透率的增加而上升幅度变缓。主要原因为：渗透率过高，容易在高渗透带形成优势渗流通道，导致 CO_2 过早过快被排出，从而造成滞留率快速下降。

（3）CO_2 饱和度与原油采出程度的变化关系基本为线性关系，且采出程度越高，CO_2 的饱和度越大。因为纯 CO_2 气驱过程中采出原油的体积被 CO_2 所占据，小部分 CO_2 溶解在剩余原油和地层水中，主要部分则以超临界态形式存在于多孔介质孔隙中。

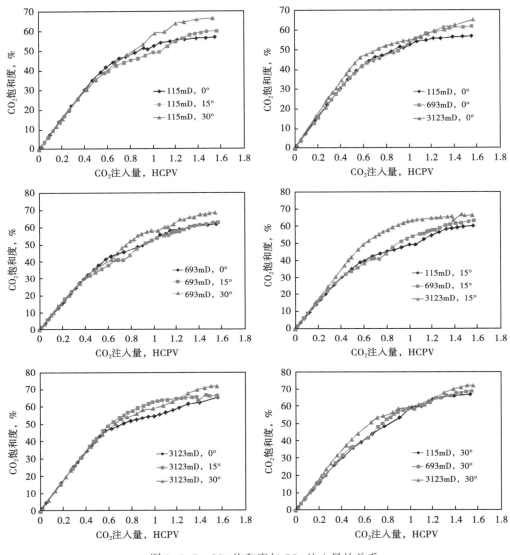

图 2-5-5　CO_2 饱和度与 CO_2 注入量的关系

4）二氧化碳饱和度、累计采出原油饱和度和原油采出程度之间的关系

累计采出原油饱和度定义为采出原油量按体积系数折算到地下体积后，再除以孔隙体积。不同地层渗透率和倾角时，CO_2 驱油与埋存过程中 CO_2 饱和度、累计采出原油饱和度和原油采出程度与 CO_2 注入量之间的关系如图 2-5-7 所示。从图 2-5-7 中可以看出：

（1）随着注气量的增加，CO_2 饱和度逐渐高于累计采出原油饱和度。说明 CO_2 驱油过

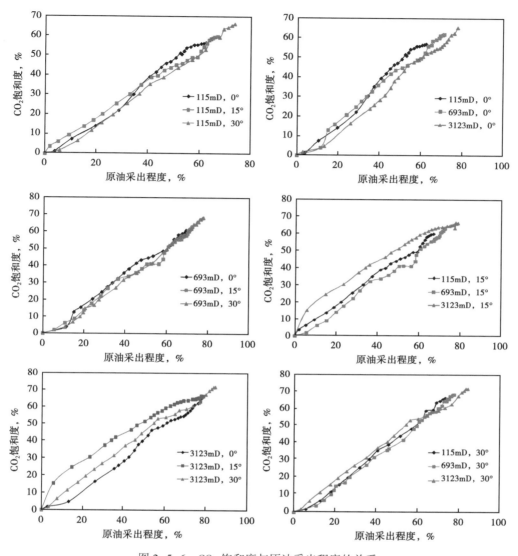

图 2-5-6　CO_2 饱和度与原油采出程度的关系

程中不仅占据被排驱原油的体积空间，同时还溶解于油藏流体中，证实 CO_2 的自由气埋存和溶解埋存同时存在。

（2）渗透率越大，原油采出程度越高，剩余油中溶解 CO_2 的量越小，因此 CO_2 饱和度与累计采出原油饱和度之差越小。CO_2 注入过程中，CO_2 饱和度随着注入量的增加而不断发生变化。

2. 真实岩心二氧化碳埋存潜力评价实验结果及分析

主要目的是对比水驱至不同含水率后转 CO_2 驱、气水交替驱不同周期后转 CO_2 驱和纯 CO_2 驱等驱替方式下，不同注气压力、注气纯度对原油采出程度和 CO_2 埋存量的影响规律。

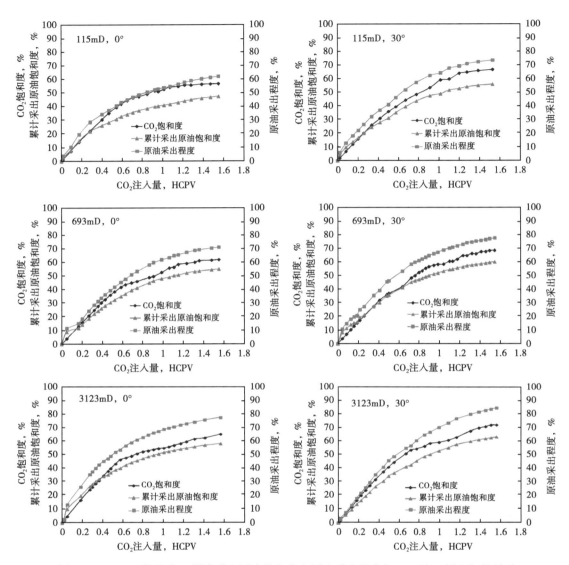

图 2-5-7　CO_2 饱和度、累计采出原油饱和度和原油采出程度与 CO_2 注入量之间的关系

1）驱替方式的影响

不同驱替方式下驱油效率、气油比、CO_2 滞留率及 CO_2 饱和度等参数的变化规律如图 2-5-8 至图 2-5-13 所示。从图 2-5-8 至图 2-5-13 中可以看出：

（1）驱替方式对驱油效率的影响。

①气水交替驱油后再转气驱油效果最好，且交替周期越长，驱油效率越高，在交替 3 个周期后转 CO_2 驱油时，最终采收率可达到 84.4%，比单纯水驱油高 21.7 个百分点。

②水驱油后转 CO_2 驱油可进一步提高原油采收率，当水驱油至出口端产液含水率达到 98% 左右时转 CO_2 驱油，原油采收率可再提高 14.1 个百分点，转注气时机越早，效果越好，含水率为 50% 时转 CO_2 驱油可比含水率为 80% 时提高采收率 7.8 个百分点，比含水率

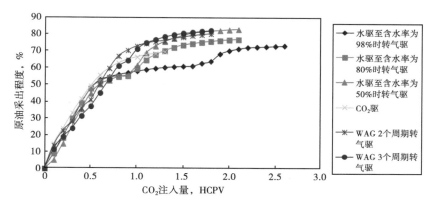

图 2-5-8 原油采出程度与 CO_2 注入量的关系

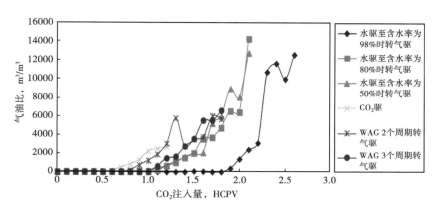

图 2-5-9 气油比与 CO_2 注入量的关系

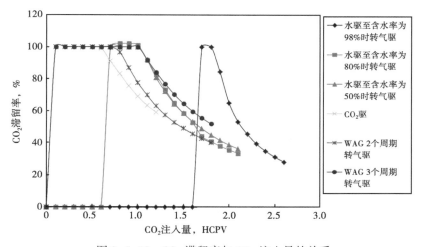

图 2-5-10 CO_2 滞留率与 CO_2 注入量的关系

为 98% 时提高 8.1 个百分点。

③单纯气驱油效果较差，采收率仅为 70.22%，比气水交替驱油低 10 个百分点左右。

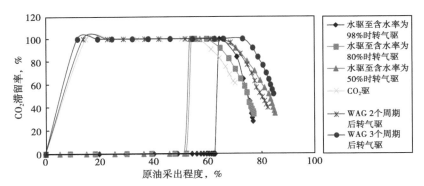

图 2-5-11　CO_2 滞留率与原油采出程度的关系

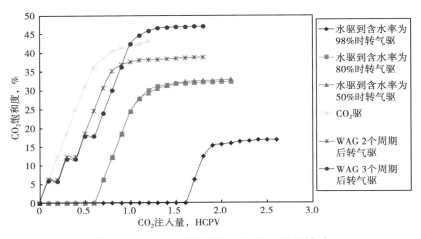

图 2-5-12　CO_2 饱和度与 CO_2 注入量的关系

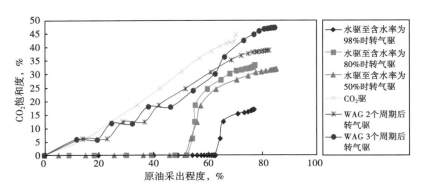

图 2-5-13　CO_2 饱和度与原油采出程度的关系

（2）驱替方式对气油比的影响。

①原始地层压力下，因不同驱替方式下转注 CO_2 的时机不同，其气油比变化差异较大。但总的趋势是当转注气后 CO_2 一旦突破，气油比将迅速上升，说明气体突破后 CO_2 将快速从优势渗流通道窜出。对比采出程度的结果可知，CO_2 突破前，原油采出程度增加趋

势较大；CO_2 突破后，气油比迅速上升，原油采出程度增加变缓。

②水驱油后转 CO_2 驱油，气油比上升速度较快，尤其是气体突破后气油比上升速度将进一步增加；而 CO_2/水交替 2~3 个周期后转 CO_2 驱油，气油比上升速度较水驱至一定含水率时转 CO_2 驱油的气油比上升速度要缓，而且最终气油比增加幅度也较低，这不仅有利于采油，也有利于提高 CO_2 的埋存量。

（3）驱替方式对 CO_2 滞留率的影响。

从图 2-5-10 中可以看出：水驱后转 CO_2 驱时机越晚，CO_2 突破越快，说明 CO_2 驱水效果较差，CO_2 排驱水而占据的空间小，造成 CO_2 滞留率降低；但 CO_2 滞留率下降幅度越缓，CO_2 的利用率越高，越有利于 CO_2 埋存在油藏孔隙中；气水交替方式的 CO_2 滞留率下降最缓，说明气水交替方式可有效延缓 CO_2 产出速度，有利于 CO_2 埋存。

（4）驱替方式对 CO_2 饱和度的影响。

①不同的驱替方式下 CO_2 饱和度变化差别很大，其中气水交替 3 个周期后转 CO_2 驱油的最终 CO_2 饱和度最高，达到 46.99%，比气水交替 2 个周期再转 CO_2 驱油的饱和度值高8.19 个百分点；而注水达到一定含水率时再转气驱油的 CO_2 饱和度相对较低，并且当含水率达到 98% 时再转气驱油效果最差。主要原因为 CO_2 驱水效果较差，导致 CO_2 占据被排驱水的体积较小，造成 CO_2 饱和度相对较低。

②单纯 CO_2 驱油方式下 CO_2 饱和度较高，最终 CO_2 饱和度可达到 43.07%。主要是由于 CO_2 驱替过程中，CO_2 占据了所有被排驱的原油体积空间，因此 CO_2 饱和度随原油采出程度的变化关系在图中呈现为一条上升的直线。

2）二氧化碳纯度的影响

通过不同纯度 CO_2 驱油与埋存的长岩心实验，对比分析注入的 CO_2 纯度对 CO_2 驱油效率与埋存率的影响规律，实验结果如图 2-5-14 至图 2-5-19 所示。从图 2-5-14 至图 2-5-19 中可以看出：

（1）CO_2 纯度对驱油效率的影响。

相同驱替压力下，CO_2 纯度越高，驱油效率越高；当注入量都达到 1.5HCPV 时，纯 CO_2 驱的原油采出程度为 73.14%，比氮气含量为 3%（摩尔分数）时采出程度高 4.12 个百分点，比氮气含量为 5%（摩尔分数）时高 7.36 个百分点。

（2）CO_2 纯度对气油比的影响。

压力为 22.5MPa 时不同氮气含量的 CO_2 驱替实验中，含有氮气的 CO_2 突破时间略早于纯 CO_2，主要是由于氮气含量越高，气油两相的混相压力也越高，导致气体在相同压力下混相能力变差，越容易发生指进现象。

（3）CO_2 纯度对二氧化碳滞留率的影响。

氮气含量越高，气驱油过程中气体突破越早，当氮气含量达到 5%（摩尔分数）时，注气量达到 0.4HCPV 时气体就开始突破，而采用纯 CO_2 驱油时，注气量达到 0.6HCPV 时气体才开始突破，说明 CO_2 气体中氮气含量越高，气驱油过程中指进现象越严重，导致驱油效率和 CO_2 埋存效率变差。

（4）CO_2 纯度对二氧化碳饱和度的影响。

CO_2 饱和度与原油采出程度呈线性关系，CO_2 纯度越高，CO_2 饱和度也越高，但对最终的效果影响不大；从实验结果可以看出，纯 CO_2 驱油至 1.2 倍 HCPV 时，CO_2 饱和度为

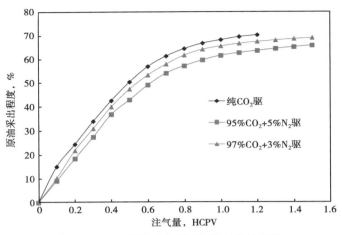

图 2-5-14　原油采出程度与注气量的关系

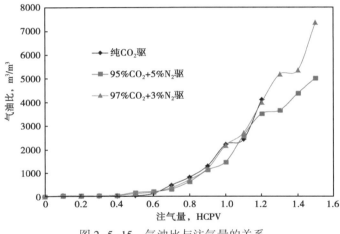

图 2-5-15　气油比与注气量的关系

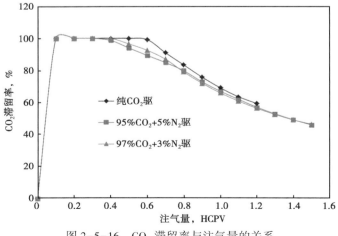

图 2-5-16　CO_2 滞留率与注气量的关系

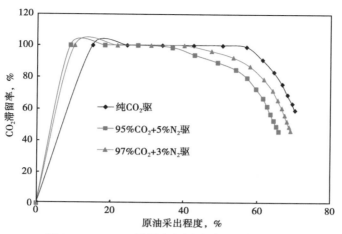

图 2-5-17　CO_2 滞留率与原油采出程度的关系

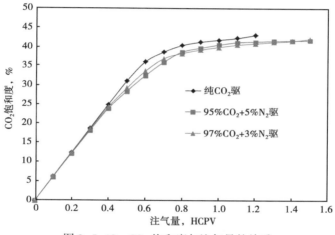

图 2-5-18　CO_2 饱和度与注气量的关系

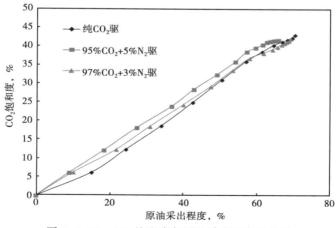

图 2-5-19　CO_2 饱和度与原油采出程度的关系

43.07%，而氮气含量为3%（摩尔分数）时的CO_2饱和度为40.87%，氮气含量为5%（摩尔分数）时的CO_2饱和度为41.36%。

3）注入压力的影响

通过采用不同驱替压力进行CO_2驱油与埋存长岩心实验，对比分析不同注入压力对CO_2驱油与埋存过程中的埋存潜力和驱油效率的影响规律，实验结果如图2-5-20至图2-5-25所示。由图2-5-20至图2-5-25可以看出：

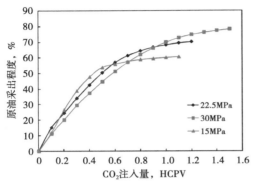

图2-5-20　原油采出程度与CO_2注入量的关系

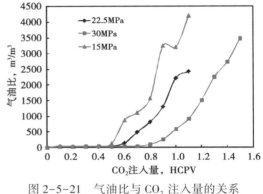

图2-5-21　气油比与CO_2注入量的关系

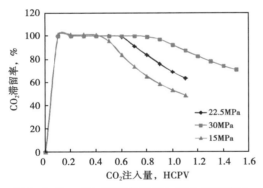

图2-5-22　CO_2滞留率与CO_2注入量的关系

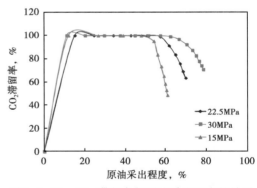

图2-5-23　CO_2滞留率与原油采出程度的关系

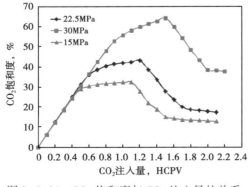

图2-5-24　CO_2饱和度与CO_2注入量的关系

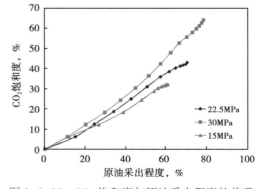

图2-5-25　CO_2饱和度与原油采出程度的关系

（1）注入压力对驱油效率的影响。

驱替压力不同，CO_2 与原油的混相程度不同。注入压力越高，混相效果越好，驱油效率也越高；原油采出程度随着 CO_2 注入量的增加而增加，但增加速度逐渐变缓，说明在注 CO_2 过程中，压力越高，CO_2 首先溶解于原油中与之混相，从而导致压力波传播较慢，出口端流体反应速度较慢，原油采出程度增加幅度先期较小；而在低压条件下，尤其是非混相驱过程中，CO_2 虽然也会溶于原油，但很快达到饱和状态呈现油气两相，压力波传播速度较快，出口端流体反应速度也较敏感，原油采出程度增幅先快后慢，CO_2 气体的指进现象突出，导致 CO_2 气体更容易从优势渗流通道突破。

（2）注入压力对气油比的影响。

不同注入压力下，气油比增加的速度也会不同。压力越大，气油比上升速度越小，而且气体突破时间也越晚，说明压力越高，越有利于 CO_2 驱油与埋存。但实际注入过程中应考虑储层流体压力、地层破裂压力、注入设备和注入井管柱等的承受能力，以此综合确定 CO_2 的注入压力。

（3）注入压力对 CO_2 滞留率的影响。

①相同注入孔隙体积倍数下，注入压力越高，CO_2 滞留率也越大。

②CO_2 突破时间随着注入压力的增加而不断延缓，30MPa 下 CO_2 突破时的注入量为 0.7HCPV，而 15MPa 下 CO_2 突破时的注入量为 0.4HCPV 左右。

③注入压力越高，原油采出程度越大，CO_2 滞留率也越大。说明 CO_2 在多孔介质中排驱原油所占据的孔隙体积大，埋存效率与利用率高。

④气体突破以后，压力越小，CO_2 滞留率下降越快，说明注入压力越小，混相程度越差，气驱过程指进越严重，注入气更容易被产出而影响 CO_2 的埋存效率。

（4）注入压力对 CO_2 饱和度的影响。

①CO_2 突破以前，CO_2 饱和度与注入量之比为 45° 的斜直线，当气体突破以后，CO_2 饱和度随着注入量增加而开始变缓，最后慢慢趋于水平，且注入压力越大，CO_2 饱和度随着注入量的增加变缓的趋势也越小，说明油藏储层 CO_2 埋存潜力受注入压力影响较大。

②CO_2 饱和度随着原油采出程度的增加而以直线趋势增加，并且注入压力越大，直线的斜率也越大，即增加速度越快。

（5）注入压力对束缚气饱和度的影响。

为了测定 CO_2 在多孔介质中的束缚气埋存量，在每个注入压力下连续注 CO_2 后再转水驱 CO_2，直到出口不产气为止。该测试方法的假设条件为：CO_2 驱油过程中剩余油的组分组成不变，CO_2 在剩余油中的溶解度不变。最终 CO_2 饱和度值体现的是溶解在残余油、束缚水和注入水中的 CO_2 量以及束缚气量。因此，根据 CO_2 在油、水中的溶解性质可以计算出 CO_2 束缚量，计算公式见下式，计算结果见表 2-5-4。

$$S_{CO_2i} = S_{CO_2} - S_{CO_2w_i} - S_{CO_2w} - S_{CO_2o}$$

式中，S_{CO_2i} 为束缚 CO_2 饱和度，%；S_{CO_2} 为水驱 CO_2 后的最终 CO_2 饱和度，%；$S_{CO_2w_i}$ 为溶解在束缚水中的 CO_2 饱和度，%；S_{CO_2w} 为溶解在注入水中的 CO_2 饱和度，%；S_{CO_2o} 为溶解在残余油中的 CO_2 饱和度，%。

表 2-5-4 给出了在不同驱替压力下，气驱油后转水驱气测试的束缚气饱和度情况。从

中可以看出：在 CO_2 驱油结束转水驱气后，CO_2 饱和度不断下降，不同驱替压力下 CO_2 饱和度下降的速率基本一致，驱替压力越高，最终 CO_2 饱和度也越大，束缚气饱和度也相应较大。

表 2-5-4　不同注入压力下束缚 CO_2 饱和度结果

注入压力 MPa	S_{CO_2i} ,%	S_{CO_2} ,%	$S_{CO_2w_i}$,%	S_{CO_2w} ,%	S_{CO_2o} ,%
22.5	5.03	16.92	3.72	4.34	3.83
30	25.74	37.56	3.23	3.77	4.82
15	2.71	12.58	3.00	3.83	3.04

第三章　二氧化碳驱油藏工程设计

CO$_2$ 驱油藏工程设计是综合 CO$_2$ 驱油机理实验、精细油藏描述、油藏开发规律等认识，针对 CO$_2$ 驱油开发区块的注气时机、注气规模及注采参数等进行优化和设计，对采油速度、提高原油采收率幅度等进行预测，是油田开发过程中钻采工程方案、地面工程方案设计的依据和基础。

第一节　二氧化碳驱油相态表征与数值模拟方法

CO$_2$ 驱油技术的油藏工程内容包括油藏描述、开发方案设计、生产动态跟踪与监测、中后期开发调整等，其中 CO$_2$ 驱油相态表征与数值模拟方法是以上研究的基础和关键。

一、二氧化碳驱油相态及流体特征表征方法

CO$_2$ 驱油过程中存在着相间组分传质，CO$_2$—原油体系在不同的油藏温度、压力和原油组成条件下，相态和泡点、溶解度、体积系数、密度、压缩性、黏度等流体性质的准确表征是提高 CO$_2$ 驱油藏数值模拟精度、有效制订 CO$_2$ 驱油开发方案的基础。

1. 二氧化碳—原油体系状态方程相态平衡计算

CO$_2$ 与原油之间的相态特征是注气机理和流体特征计算的关键，由实验数据给出的相图虽然能够直观给出油气烃类体系的相态特征变化并被普遍采用，但由于受实验仪器工作温度、压力范围所限，仅依靠油气体系 PVT 相态实验测试，还不能得到完整的相图和全部的相态参数。通过建立流体相平衡物理方程和热力学平衡方程，开发和应用状态方程拟合相态实验数据并预测 CO$_2$ 驱油过程中，CO$_2$—烃类体系的 PVT 相态特征和变化规律，这也是 CO$_2$—原油相态平衡计算的可行方法和发展方向。

CO$_2$ 分子为线性、四偶极距分子结构，特殊的结构导致 CO$_2$ 同烃类物质作用时具有特殊性，CO$_2$—烃类体系相态平衡计算的不准确性是由于状态方程本身固有缺陷和 CO$_2$ 驱油机理的特殊性造成的。我国石蜡基原油本身重组分含量高，CO$_2$ 汽化抽提轻质组分后，原油组成以重组分为主，而目前状态方程中关键参数引力项与轻组分的汽化数据相关联，对重组分化合物的相态或流体性质预测偏差大；临界点附近，相间发生严重组分交换，微小的压力变化会使相体积（尤其是液相）发生较大改变，预测流体性质产生偏差。用状态方程计算 CO$_2$—烃体系相态的关键是状态方程形式和相应的混合规则的选择。要求状态方程能同时满足广阔的流体密度范围，适用于极性和非极性化合物、理想混合物和非理想混合物，有较高的计算精度，且形式简单，在此基础上还可较方便地计算其他重要的热力学性质，如焓、熵及给定温度、压力及组成下的密度等。

要建立适合油气藏烃类体系相平衡的物质平衡方程，首先应给出以下基本假设条件：

（1）在整个开采过程中，油气层温度保持不变。

（2）油气藏开采前后，烃孔隙空间是定容的，即忽略岩石膨胀对烃孔隙空间的影响。

（3）孔隙介质表面润湿性吸附和毛细管凝聚作用对油气体系相态变化的影响可忽略不计。

（4）开采过程中，油气藏任一点处油气两相间的相平衡可在瞬间完成。

设已知一个由 n 个组分构成的烃类体系，取 1mol 的物质作为分析单元，那么当其在开发过程中处于任一气液相平衡状态时应有以下特征：

（1）平衡气液相的摩尔分数 n_g 和 n_L 分别在 0 和 1 之间变化，且满足质量数归一化条件：

$$n_g + n_L = 1 \qquad (3-1-1)$$

（2）平衡气、液相的组成（y_1，y_2，…，y_i，…，y_n 及 x_1，x_2，…，x_i，…，x_n）应分别满足组成归一化条件：

$$\begin{cases} \sum x_i = 1 \\ \sum y_i = 1 \\ \sum (y_i - x_i) = 0 \end{cases} \qquad (3-1-2)$$

（3）平衡气、液相各组分的摩尔分数应满足物质平衡条件：

$$y_i n_g + x_i n_L = z_i \qquad (3-1-3)$$

（4）任一组分在平衡气、液相中的分配比例可用平衡常数来描述：

$$K_i = y_i / x_i \qquad (3-1-4)$$

以上特征经数学处理，即可得到由平衡气、液相组成方程和物质平衡方程所构成的方程组。

气相组成方程：

$$y_i = \frac{z_i K_i}{1 + (K_i - 1) n_g} \qquad (3-1-5)$$

气相物质平衡方程组：

$$\sum y_i = \sum \frac{z_i K_i}{1 + (K_i - 1) n_g} = 1 \qquad (3-1-6)$$

液相组成方程：

$$x_i = \frac{z_i}{1 + (K_i - 1) n_g} \qquad (3-1-7)$$

液相物质平衡方程组：

$$\sum x_i = \sum \frac{z_i}{1 + (K_i - 1) n_g} = 1 \qquad (3-1-8)$$

气液两相总物质平衡方程组：

$$\sum (y_i - x_i) = \sum \frac{z_i(K_i - 1)}{1 + (K_i - 1)n_g} = 0 \tag{3-1-9}$$

仅建立相态计算所需的物质平衡条件方程组，尚不能完全实现相平衡计算，分析物质平衡方程中变量间的关系可知，计算的关键在于能否准确确定气液两相达到相平衡后各组分的分配比例常数 k_i，k_i 通常是温度、压力和体系组成的函数，用状态方程和热力学平衡理论求解相平衡问题，则是把 k_i 的求解转化为热力学平衡条件的计算。

根据流体热力学平衡理论，当油气体系达到气液平衡时，体系中各组分在气液相中的逸度 f_i^V 和 f_i^L 应相等。

气相：

$$f_i^V = y_i \phi_i^V p \tag{3-1-10}$$

液相：

$$f_i^L = x_i \phi_i^L p \tag{3-1-11}$$

由平衡常数定义可得：

$$K_i = \frac{y_i}{x_i} = \frac{\phi_i^L}{\phi_i^V} = \frac{f_i^L/x_i}{f_i^V/y_i} \tag{3-1-12}$$

根据热力学原理，求解 f_i^V、f_i^L 的积分方程为：

$$RT \ln \left(\frac{f_i^V}{y_i p} \right) = \int_g^\infty \left[\left(\frac{\partial p}{\partial n_{gi}} \right)_{V_g, T, n_{gi}} - \frac{RT}{V_g} \right] dV_g - RT \ln Z_g \tag{3-1-13}$$

$$RT \ln \left(\frac{f_i^L}{x_i p} \right) = \int_l^\infty \left[\left(\frac{\partial p}{\partial n_{Li}} \right)_{V_L, T, n_{Lj}} - \frac{RT}{V_L} \right] dV_L - RT \ln Z_L \tag{3-1-14}$$

相态计算的热力学平衡条件目标方程组为：

$$\begin{cases} F_1(x_i, y_i, p, T) = f_1^L - f_1^V = 0 \\ F_2(x_i, y_i, p, T) = f_2^L - f_2^V = 0 \\ \quad\quad\vdots \\ F_i(x_i, y_i, p, T) = f_i^L - f_i^V = 0 \\ \quad\quad\vdots \\ F_n(x_i, y_i, p, T \cdots) = f_n^L - f_n^V = 0 \end{cases} \tag{3-1-15}$$

上述式中，p 为油藏压力，MPa；T 为油藏温度，℃；F_i 为气液相逸度相等平衡条件目标函数（$i = 1, \cdots, n$，i 为组分数）；x_i、y_i 为气液相中 i 组分的物质的量组成；z_i 为油气体系中 i 组分组成；K_i 为平衡常数（$K_i = y_i/x_i$）；n_g、n_L 为气液相摩尔分数；Z_g、Z_L 为平衡气液相偏差因子。

1873 年，范德华考虑分子间力的作用，提出第一个真实气体状态方程（简称 VDW 方程）。范德华方程由于可以展开为体积的三次多项式，不仅能够解析求根，而且用数值方法计算往往更为简便。因此，该方程被提出后即受到研究人员的重视。但是由于 VDW 方程本身的局限性（斥力项只反映了低密度下两个分子碰撞的情况，引力项中的参数 α 与密度、温度均无关），导致该方程计算精度与实际偏差较大，因而没有被广泛应用。在随后的一百多年时间里，状态方程研究迅速发展，并被广泛应用于气液相平衡计算。同时，由于混合规则的发展，状态方程可直接应用于高压气液、高压液液以及混合组分平衡等高度非理想体系中。近年来，多数学者基于范德华方程的研究思想，对状态方程进行了改进，可以大致归结为引力项改进、斥力项改进等。

通过综合分析主要状态方程（即 RK-EOS 方程、PR-EOS 方程和 SRK-EOS 方程）计算 CO_2 驱油相态平衡的适应性，优选出 PR-EOS 方程，并对其进行修正，以计算和预测 CO_2—原油体系相态参数。

将 RK-EOS 方程、PR-EOS 方程和 SRK-EOS 方程归纳统一为一个通式：

$$p = \frac{RT}{V - b} - \frac{a\alpha(T_r, \ \omega)}{(V + mb)(V - nb)} \qquad (3-1-16)$$

式中，m 和 n 分别为反映非球形不对称、分子偏心程度影响的相关系数。

1）纯组分体系

PR-EOS 方程能满足范德华方程所具有的临界点条件，即一种物质在临界点时，临界等温线上的压力对体积的一阶和二阶导数等于零。

$$\left(\frac{\partial p}{\partial V}\right)_{T_c} = 0 \qquad (3-1-17)$$

$$\left(\frac{\partial^2 p}{\partial V^2}\right)_{T_c} = 0 \qquad (3-1-18)$$

因此，可以得到式（3-1-16）中的 a、b 值为：

$$a_i = \Omega_a \frac{R^2 T_{ci}^2}{p_{ci}} \qquad (3-1-19)$$

$$b_i = \Omega_b \frac{RT_{ci}}{p_{ci}} \qquad (3-1-20)$$

$$a(T) = \left[1 + m_i(1 - T_{ri}^{0.5})\right]^2 \qquad (3-1-21)$$

$$m_i = 0.37464 + 1.48503\omega_i - 0.26992\omega_i^2 \qquad (3-1-22)$$

式中，$\Omega_a = 0.45724$，$\Omega_b = 0.7780$。

2）多组分体系

$$p = \frac{RT}{V - b_m} - \frac{a_m}{(V + mb_m)(V - nb_m)} \qquad (3-1-23)$$

范德华从微观分子间相互作用规律出发，定义 a_m、b_m 分别为混合体系平均引力系数和平均斥力系数。影响 a_m、b_m 的因素为 i 组分、j 组分的变化以及体系中两两分子间相互吸引产生的引力和体系中两两分子间相互碰撞产生的斥力。

$$a_m = \sum_i \sum_j y_i y_j (a_i a_j)^{1/2} (1 - k_{ij}) \qquad (3-1-24)$$

式中，k_{ij} 为二元交互作用系数。

用状态方程求解最小混相压力步骤如下：

（1）求出注入气与地层原油混合后，i 组分的摩尔分数 z_i。取 1mol 原油，$n$mol 注入气（n 为气油摩尔比，）$0<n<1$。若原油中 i 组分的摩尔分数为 $a\%$，注入气中为 $b\%$，则混合后 i 组分的摩尔分数 $z_i=(a\%\times1+b\%\times n)(1+n)$。

（2）给定一个初始压力值，利用 Wilson 方程计算 k_i 初值。Wilson 方程为：

$$k_i = \frac{p_{ci}}{p}\exp\left[5.373(1+\omega_i)\left(1-\frac{T_{ci}}{T}\right)\right] \tag{3-1-25}$$

（3）利用 k_i，根据两相闪蒸方程计算 x_i、y_i。

（4）根据 $k_i^n = \frac{f_i^L}{f_i^V} k_i^{n-1}$ 更新 k_i 值，并重复第二步到第四步，最后当 $k_i^n = k_i^{n-1}$ 时进行下一步。

（5）将计算得到的 z_i 与 k_i 的值代入混相准则函数，如果 $|F_m(n)-F_m(n-1)|<\xi$ 成立，则此时的压力即为最小混相压力；否则，让压力增大到另一新值，重复第二到第四步，直到满足混相准则函数要求为止。

混相准则函数为：

$$F_m = \sum_{i=1}^{n}\left[z_i^2(k_i-1)^2\right] = 0 \tag{3-1-26}$$

2. 二氧化碳—原油体系流体密度特征

利用磁悬浮天平测量方法，研究 CO_2 溶液与盐水和癸烷体系的密度特征。

在各种温度条件下，CO_2 溶液的密度随着压力的增加呈线性增加，而且不同温度条件下密度随压力的增加率几乎一致，如图 3-1-1 所示。随着 CO_2 质量分数的增加，CO_2 水溶液的密度呈增加趋势。随着温度的升高，相同 CO_2 质量分数的 CO_2 水溶液的密度变化曲线，呈现整体下移趋势，即 CO_2 水溶液的密度随着温度的升高而减小。

如图 3-1-2 所示，温度从 40℃ 升高到 80℃，CO_2 盐水溶液密度随着 CO_2 质量分数变化迅速降低，即在温度较低的地质条件下，CO_2 溶解越多，盐水溶液密度增加越快，也更

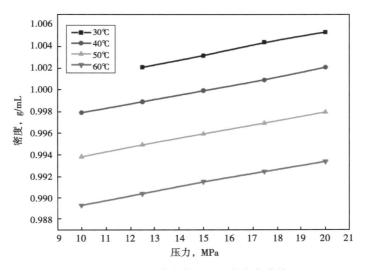

图 3-1-1 CO_2 溶液密度随压力变化曲线

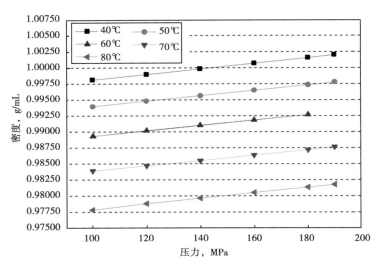

图 3-1-2　CO_2 盐水密度随压力变化曲线

加有利于 CO_2 的地质埋存。通过理论与实验回归相结合的方法，得到 CO_2—盐水溶液状态方程：

$$\rho = \sum_{i=0}^{2} (c_i + d_i p + e_i w') T^i \tag{3-1-27}$$

式中，ρ 为溶液密度，g/mL；T 为温度，℃；w 为 CO_2 质量分数；c_i、d_i 和 e_i 为状态方程拟合常数，无量纲。

密度模型计算值与实验数据相比，在 40~80℃、8~18MPa 范围内，最大误差为 0.03%。

随着压力的增大，CO_2 癸烷溶液密度也随之增加，如图 3-1-3 所示。但不同 CO_2 质量分数下溶液密度增加的幅度不同，溶液中 CO_2 质量分数较小时（如质量分数为 8%，24% 时），溶液密度变化与癸烷类似，增加很小而且呈线性增加，当溶液中 CO_2 溶解量较大时，

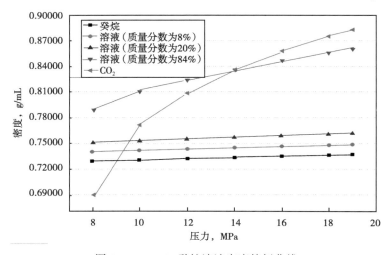

图 3-1-3　CO_2 癸烷溶液密度特征曲线

溶液密度增加较大。通过理论与实验回归相结合的方法，得到 CO_2 癸烷溶液状态方程：

$$\rho = \sum_{i=0}^{2} (a_i + b_i p + c_i T) w^i \tag{3-1-28}$$

式中，ρ 为溶液密度，g/mL；T 为温度，℃；w 为 CO_2 质量分数；a_i、b_i 和 c_i 为状态方程拟合常数，无量纲。

对于状态方程中的 3 个系数，不同状态所取数值不同，见表 3-1-1。

表 3-1-1 CO_2 癸烷溶液状态方程系数值

系数	数值	系数	数值	系数	数值
a_0	0.744048	a_1	0.001222	a_2	2.03×10^{-7}
b_0	8.61×10^{-5}	b_1	-2.90×10^{-8}	b_2	9.77×10^{-8}
c_0	-0.00073	c_1	-1.70×10^{-6}	c_2	-4.40×10^{-7}

密度模型计算值与实验数据相比，在 40~80℃、8~18MPa 范围内，最大误差为 0.03%。

3. 二氧化碳—地层原油体系互溶膨胀物性变化计算

结合国内吉林、冀东等多个油田区块地层原油样品的系统测试资料，对 CO_2 在地层原油中的溶解度和含 CO_2 地层原油的体积膨胀系数进行了研究，并建立了 CO_2—地层原油体系关键相态参数的经验关系式。

饱和压力：

$$p_b = p_0 + A_p e^{(x/t)} \tag{3-1-29}$$

体积膨胀系数：

$$B = 1 + A_b e^{(x/t)} \tag{3-1-30}$$

CO_2 溶解度：

$$S = S_0 + A_{s_1} [1 - e^{(p/t_1)}] + A_{s_2} [1 - e^{(p/t_2)}] \tag{3-1-31}$$

以上 3 式中，p_b 为饱和压力，MPa；p_0 为拟合压力，MPa；x 为溶解的 CO_2 摩尔分数，%；Δp 和 t 为拟合常数，无量纲；B 为体积膨胀系数，小数；A_b 为拟合常数，无量纲；S 为 CO_2 溶解度，%（摩尔分数）；S_0 为拟合的 CO_2 溶解度，%（摩尔分数）；p 为压力，MPa；A_{s_1}、A_{s_2}、t_1 和 T_2 为拟合常数，无量纲。

得到压力与 CO_2 含量和 CO_2 溶解度之间的关系，如图 3-1-4 和图 3-1-5 所示。

4. 二氧化碳—原油体系流体黏度表征

在综合分析各种预测模型适用性及复杂程度基础上，推荐使用 LBC 黏度模型预测 CO_2—原油体系黏度。

LBC 模型是由 Lorenz-Bray-Clark 提出的，该模型把剩余黏度与流体体系的密度相关联：

$$[(\mu^{LBC} - \mu^0) \lambda + 0.0001]^{\frac{1}{4}} = \alpha_1 + a_2 \rho_r + a_3 \rho_r^2 + a_4 \rho_r^3 + a_5 \rho_r^4 \tag{3-1-32}$$

其中，混合物剩余黏度 μ^0、系数 λ 采用摩尔混合定律确定：

$$\mu^0 = \left(\sum_{i=1}^{N} x_i \mu_i^0 M_i^{\frac{1}{2}} \right) / \left(\sum_{i=1}^{N} x_i M_i^{\frac{1}{2}} \right) \tag{3-1-33}$$

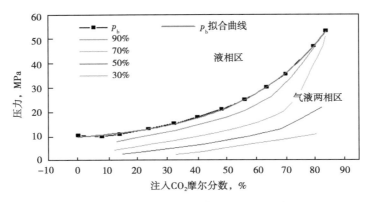

图 3-1-4 CO_2—地层原油体系两相 p-x 关系图

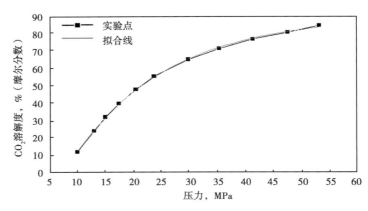

图 3-1-5 CO_2 溶解度与压力的关系

$$\lambda = \left(\sum_{i=1}^{N} x_i T_{ci} \right)^{\frac{1}{6}} \left(\sum_{i=1}^{N} x_i M_i \right)^{-\frac{1}{2}} \left(\sum_{i=1}^{N} x_i p_{ci} \right)^{-\frac{2}{3}} \qquad (3-1-34)$$

式中，x_i 为组分 i 的摩尔分数，M_i 为组分 i 的分子量，无量纲；T_{ci} 为组分 i 的临界温度，K；p_{ci} 为组分 i 的临界压力，MPa。

LBC 模型对流体体积较为敏感，需与能可靠预测流体密度的状态方程结合使用。

实际应用中，在状态方程参数确定的基础上，用 LBC 模型对实验室实际测试的体系黏度进行拟合，符合率较高，说明 LBC 模型预测的流体黏度能满足实际工程需要（图 3-1-6 至图 3-1-8）。

5. 二氧化碳驱油相对渗透率计算

CO_2 驱油过程中，油藏中会出现三相或多相流动，而且会出现多种驱油机理，且伴随相间组分传质、相变及其他复杂相行为发生，流体体系相态、流态及流动性都随温度、压力变化。在三相流动影响显著的情况下，需要选择一个适合的相对渗透率模型。

经验表明，从实验室确定具有代表性的相对渗透率曲线是比较困难的，而且随着开发时间的延长，相对渗透率曲线要发生变化，可能与早期测试值相差较大。在计算过程中，

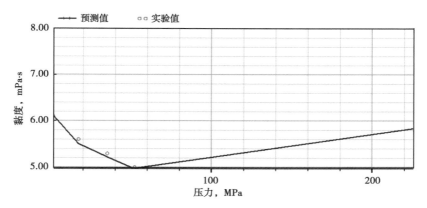

图 3-1-6　F187-129 井油相黏度预测值与实验拟合值对比

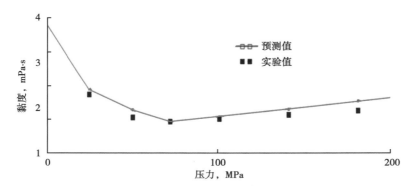

图 3-1-7　H79-29-41 井油相黏度预测值与实验拟合值对比

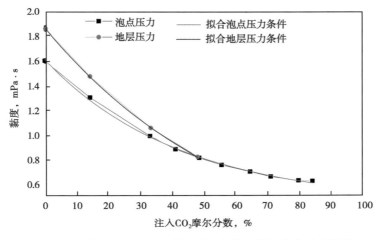

图 3-1-8　实测 CO_2—原油体系黏度与模型计算黏度对比曲线

只使用一条固定的相对渗透率曲线，或只是按模拟区域、沉积相带的不同使用几条相对渗透率曲线，其计算结果都存在偏差。

为寻求 CO_2—原油体系在不同混相状态下的相对渗透率变化规律，分析了现有的求解相对渗透率的各种方法和模型，通过比较它们的模型参数、适用范围及计算结果的准确性，最终选用 Corey 三相相对渗透率模型，并对其进行改进。

高压注 CO_2 驱油过程中，随着多次混相接触的发展，即使在有水存在的情况下，气相和油相间产生低油气界面张力带。已有的实验数据表明，三相相对渗透率受界面张力的影响，尤其是当界面张力小于 $0.1mN/m$ 时，Bardon 和 Longeron 发现随着油气界面张力从 $12.5mN/m$ 下降至 $0.04mN/m$，原油相对渗透率直线上升。当油气界面张力小于 $0.04mN/m$ 以后，随着油气界面张力进一步下降，原油相对渗透率曲线变化更快。孙长宇等利用高压界面张力装置，发现随着压力升高，CO_2 在油滴中的溶解度增大，气、油密度差减少，油气间相溶性增强，油藏流体—CO_2 界面张力不断降低。彭宝仔采用悬滴法，发现 CO_2 与原油间的界面张力随着压力的增加近似呈线性下降趋势。Amin 和 Smith 发表的实验数据表明，盐水、油和气相混合物的界面张力随着压力增加而变化：油—气界面张力随着压力增加而降低，油—盐水和气—盐水界面张力互相接近。气驱过程中相间会出现类似的变化。

在以上认识的基础上，通过将界面张力与边界相对渗透率曲线相关联，建立改进的 Corey 三相相对渗透率模型。模型的改进有三方面：一是利用测试或计算的界面张力，确定边界相对渗透率曲线对应的压力；二是确定边界相对渗透率曲线对应的 Corey 相对渗透率指数，给出边界相对渗透率曲线，假设 Corey 相对渗透率指数与压力呈线性函数关系，建立改进的 Corey 三相相对渗透率模型；三是改进模型在数值模拟中的应用方法。通过改进模型，能给出不同混相条件（或油藏压力）下的 CO_2 驱油多相相对渗透率曲线，为油、气、水渗流动态预测提供基础。

Leverett 和 Lewis（1941）在石油开采工作的早期研究中就观察到，在油—水—气三相系统中，水的相对渗透率只与水的饱和度有关，气的相对渗透率只与气的饱和度有关，而油的相对渗透率既与水的饱和度有关，也与气的饱和度有关，这一结论得到了随后的三相流体实验的验证，已被广泛地接受。Corey 三相相对渗透率模型假定润湿相、非润湿相的相对渗透率独立于其他相的饱和度。水的润湿性最强，占据最小孔隙，且不管是否有油、气存在。气的润湿性最差并占据大的孔隙。油（中间润湿）占据中间大小的孔隙，它的流动受润湿流体和非润湿流体的干扰，其相对渗透率与本身占据的孔隙面积和相对饱和度有关。Corey 三相相对渗透率模型可写成如下形式：

$$K_{rw} = K_{rw}^0 \left(\frac{S_w - S_{wc}}{1 - S_{wc}} \right)^{n_{rw}} \qquad (3-1-35)$$

$$K_{row} = \left(\frac{S_o - S_{orw}}{1 - S_{wc} - S_{orw}} \right)^{n_{row}} \qquad (3-1-36)$$

$$K_{rg} = \left(\frac{S_g - S_{gc}}{1 - S_{wc} - S_{gc}} \right)^{n_{rg}} \qquad (3-1-37)$$

$$K_{rog} = \left(\frac{S_o - S_{org}}{1 - S_{wc} - S_{org}} \right)^{n_{rog}} \qquad (3-1-38)$$

式中，K_{rw} 为油水两相流时水相相对渗透率；K_{rw}^0 为在残余油饱和度状态下水相的端点相对渗透率；K_{row} 为油水两相流时原生水条件下的油相相对渗透率；K_{rg} 为油气两相流时气相相对渗透率；K_{rog} 为油气两相流在原始气条件下的油相相对渗透率；S_w 为含水饱和度；S_o 为含油饱和度；S_g 为含气饱和度；S_{wc} 为束缚水饱和度；S_{wg} 为临界气体饱和度；S_{orw} 为残余油饱和度；S_{org} 为原始气油界面张力下的残余油饱和度；n_{rw} 为 K_{rw} 指数；n_{row} 为 K_{row} 指数；n_{rg} 为 K_{rg} 指数；n_{rog} 为 K_{rog} 指数。

改进的 Corey 三相相对渗透率模型中，油水气三相渗流时水相相对渗透率和油水两相渗流时水相相对渗透率相等，油水气三相渗流时气相相对渗透率和油气两相渗流时气相相对渗透率相等，关键是油相相对渗透率的确定。

对于油和水两相相对流动来说，Corey 三相相对渗透率模型中的相对渗透率指数（n_{rw}、n_{row}）的变化范围一般为（2，4）；在气驱替过程中达到完全混相时，残余油饱和度可逐渐降为 0，油相相对渗透率 K_{rog} 变成一条直线，达到混相时的 Corey 相对渗透率指数 $n_{rog} = 1$。根据经验可确定混相和非混相气驱过程中典型 Corey 三相相对渗透率模型的指数值，以及水驱和气驱过程中油藏饱和度的端点取值范围。

表 3-1-2 给出了混相、非混相状态下相对渗透率对应的指数及临界饱和度，根据 Corey 三相相对渗透率模型公式可以确定混相、非混相状态下的边界相对渗透率曲线。可以看出，只有气液相对渗透率中油相的 n_{rog} 指数，在混相、非混相状态下有不同的取值，其余的 Corey 相对渗透率指数不随混相状态而改变，对应的相对渗透率基本不发生变化。

表 3-1-2 典型混相、非混相气驱 Corey 相对渗透率指数和常用边界或端点饱和度表

相对渗透率	常用边界或端点饱和度	Corey 相对渗透率指数		
			混相	非混相
K_{rog}	$S_{org} = 0.10 \sim 0.15$	n_{rog}	1	3
K_{rg}	$S_{rg} = 0.05 \sim 0.1$	n_{rg}	4	4
K_{row}	$S_{row} = 0.20 \sim 0.35$	n_{row}	2	2
K_{rw}	$S_{rw} = 0.3 \sim 0.4$	n_{rw}	4	4

对某一具体油藏来说，在注入气确定的情况下，存在一个最小混相压力 p_{mmp}，对应的相对渗透率曲线是混相状态下的边界相对渗透率曲线；存在一个压力 p_{nm}，对应的相对渗透率曲线是非混相状态下的边界相对渗透率曲线；对于压力介于（p_{nm}，p_{mmp}）的状态，指数 n_{rog} 的取值在（1，3）之间。因此，推断指数 n_{rog} 与驱替压力是一种函数关系，在此假设是一种线性函数关系：

$$n_{rog} = \begin{cases} 1 & p \geqslant p_{mmp} \\ \dfrac{2p + p_{nm} - 3p_{mmp}}{p_{nm} - p_{mmp}} & p_{nm} < p < p_{mmp} \\ 3 & p = p_{nm} \end{cases} \qquad (3-1-39)$$

式中，p_{nm} 为可由实验室测定或相态软件计算的 CO_2—原油间的非混相对应的压力；p_{mmp} 为细管实验确定的最小混相压力。

总结得到改进的 Corey 三相相对渗透率模型如下：

$$K_{rw} = K_{rw}^0 \left(\frac{s_w - s_{wc}}{1 - s_{wc}} \right)^4 \tag{3-1-40}$$

$$K_{row} = \left(\frac{s_o - s_{orw}}{1 - s_{wc} - s_{orw}} \right)^2 \tag{3-1-41}$$

$$K_{rg} = \left(\frac{s_g - s_{gc}}{1 - s_{wc} - s_{gc}} \right)^4 \tag{3-1-42}$$

$$K_{rog} = \left(\frac{s_o - s_{org}}{1 - s_{wc} - s_{org}} \right)^{n_{rog}} \tag{3-1-43}$$

在 CO_2 驱油藏工程模拟计算时，应用改进的 Corey 三相相对渗透率模型建立油水、气液相对渗透率曲线的方法如下：

（1）首先确定 CO_2—原油间的最小混相压力，记作 p_{mmp}。

（2）根据原油及注入气体的性质，用相态软件计算 CO_2—原油非混相对应的压力 p_{nm}。

（3）利用 n_{rog} 与压力之间的关系，计算注入压力对应的指数，确定 Corey 三相相对渗透率模型的 4 个指数。

（4）根据给定的油藏实际资料，利用公式给出油水相对渗透率曲线、气液相对渗透率曲线，就可以对 CO_2 驱替进行模拟计算。

二、二氧化碳驱油多相多组分油藏数值模拟方法及软件

1. 二氧化碳驱油多相多组分数学模型

室内机理实验表明，CO_2 驱油过程中发生频繁的相间传质现象，相态和相的物理化学性质随着温度、压力及原油组成的改变而变化。描述这一变化过程需建立多相多组分模型，并综合考虑 CO_2 在地层及地层流体中的弥散、扩散和溶解过程，以及与地层岩石、流体的物理与化学反应等因素。

因此，CO_2 驱油数值模拟方法和软件应具有如下特点和步骤：

（1）多相多组分模型可描述多孔介质中 CO_2、原油、水及多相混合物的等温复杂渗流驱替过程。孔隙中相平衡能够瞬时完成，多相流动符合多相流达西定律。

（2）考虑 CO_2 在地层中的分子扩散及吸附效应，考虑 CO_2 在水中的溶解与沉淀效应。

（3）根据 CO_2—原油体系相态及驱油实验认识和结果，利用 PR-EOS 状态方程修正方法描述和表征相态及流体特征。

（4）采用先进的积分有限差分法及全隐式格式对模型进行离散和求解。

（5）编制程序代码，形成 CO_2 驱油数值模拟方法和软件平台。

根据质量和能量守恒定律，考虑油—水—CO_2 间对流、扩散相互作用，建立多相多组分渗流模型：

$$\frac{\partial M^k}{\partial t} = F^k + q^k \tag{3-1-44}$$

式中，k 为组分标示上角标，$k = 1, 2, 3, \cdots, N_c$；N_c 为组分数；$k = N_c + 1$ 表示能量守恒方程；M^k 为某单元体内组分的 k 质量项；$k = N_c + 1$ 时，M^k 为某单元体内的能量项；F^k

为质量交换项；q^k 为某单元体内的源汇项。

守恒方程中质量项 M^k 为：

$$M^k = \phi \sum_{\beta} (\rho_{\beta} S_{\beta} X_{\beta}^k) + R_s^k + R_p^k (k = 1, \quad 2, \quad 3, \quad \cdots, \quad N_c) \qquad (3-1-45)$$

式中，β 为相标志；g 为 CO_2；w 为水相；o 为油相；ϕ 为孔隙度，%；ρ_{β} 为 β 相的密度，g/cm^3；S_{β} 为 β 相的饱和度，%；X_{β}^k 为 β 相中的组分质量分数，%；R_p^k 为组分 k 在岩石上的沉积项；R_s^k 为组分 k 在岩石上的吸附项。

R_s^k 可以表示为：

$$R_s^k = (1 - \phi) \rho_s \rho_{\beta} X_{\beta}^k K_d^k (k = 1, \quad 2, \quad 3, \quad \cdots, \quad N_c) \qquad (3-1-46)$$

式中，K_d^k 为分配系数，在化学平衡条件下为常数或是 k 组分的液相浓度/质量分数的函数。

CO_2 在岩石或黏土固体颗粒上的吸附是一个动态的过程，假设吸附完成的速度相对于油藏中其他物理过程来说足够快，则这一吸附过程可用瞬时、可逆、等温吸附来描述。

守恒方程中质量交换项 F^k 为：

$$F^k = - \sum_{\beta} \nabla \cdot (\rho_{\beta} X_{\beta}^k v_{\beta}) + \sum_{\beta} \nabla \cdot [d_{\beta}^k \cdot \nabla (\rho_{\beta} X_{\beta}^k)] (k = 1, \quad 2, \quad 3, \quad \cdots, \quad N_c)$$

$$(3-1-47)$$

其中，相流动渗流速度用扩展的 Darcy 定律描述为：

$$v_{\beta} = - \frac{k K_{r\beta}}{\mu_{\beta}} (\nabla p_{\beta} - \rho_{\beta} g \nabla z) \qquad (3-1-48)$$

组分 k 在多孔介质中的弥散和扩散采用扩展的 Fick 定律描述，扩散系数为：

$$\underline{D}_{\beta}^k = a_T^{\beta} |v_{\beta}| \delta_{ij} + (\alpha_L^{\beta} - \alpha_T^{\beta}) \frac{v_{\beta} v_{\beta}}{|v_{\beta}|} + \phi S_{\beta} \tau d_{\beta}^k \delta_{ij} (k = 1, \quad 2, \quad 3, \quad \cdots, \quad N_c) \qquad (3-1-49)$$

式中，α_T^{β} 和 α_L^{β} 分别为横向和纵向扩散系数，m^2/s；τ 为迁曲度；d_{β}^k 为组分 k 的扩散系数，m^2/s；δ_{ij} 为 Kronecker delta 函数（当 $i=j$ 时，$\delta_{ij}=1$，否则 $\delta_{ij}=0$）。

热量累积项包括流体和介质中内能的累积：

$$M^{N_c+1} = \sum_{\beta} (\phi \rho_{\beta} S_{\beta} U_{\beta}) + (1 - \phi) \rho_s U_s \qquad (3-1-50)$$

式中，ρ_s 为固体岩石密度，g/cm^3；U_{β} 和 U_s 分别为流体和岩石的内能，J。

能量流动项包括对流和传导导致的能量流动，其表达式为：

$$F^{N_c+1} = - \sum_{\beta} \nabla \cdot (H_{\beta} \rho_b v_{\beta}) + \sum_{\beta} \sum_k \nabla \cdot [H_{\beta}^k \underline{D}_{\beta}^k \cdot \nabla (\rho_{\beta} X_{\beta}^k)] + \nabla \cdot (K_T \nabla T) \qquad (3-1-51)$$

式中，H_{β}，H_{β}^k 分别为相 β 和组分 k 在相 β 中的比焓，J/mol；K_T 为总热传导系数，W/(m·K)；T 为温度，K。

本构关系用来确定多相多组分流体，流动相关各个物理过程中的变量和参数等之间的内在关系和约束。

多相多组分流动体系中，各相流体饱和度及各组分的摩尔分数应当满足如下的约束方程：

$$\sum_{\beta} S_{\beta} = 1 \qquad (3-1-52)$$

$$\sum_{k} x_{\beta}^{k} = 1 \qquad (3-1-53)$$

气—水—油的三相体系中，毛细管压力和相对渗透率由流体相的饱和度来确定。如果选择气相为参考相，则水相和油相的压力由式（3-1-54）和式（3-1-55）来计算：

$$p_{w} = p_{g} - p_{cgw}(S_{w}, S_{g}) \qquad (3-1-54)$$

$$p_{n} = p_{g} - p_{cgn}(S_{w}, S_{g}) \qquad (3-1-55)$$

式中，p_g 为气相压力，MPa；p_w 为水相压力，MPa；p_n 为油相压力，MPa；p_{cgw} 为气水毛细管压力，MPa；p_{cgn} 为气油毛细管压力，MPa。p_{cgw} 和 p_{cgn} 是水相饱和度 S_w 和油相饱和度 S_n 的函数。

油水毛细管压力由式（3-1-56）确定：

$$p_{cnw} = p_{cgw} - p_{cgn} = p_{n} - p_{w} \qquad (3-1-56)$$

气—水—油三相体系中相 β 的相对渗透率可表示为水相和气相饱和度的函数：

$$K_{r\beta} = K_{r\beta}(S_{w}, S_{g}) \qquad (3-1-57)$$

2. 数学模型的离散和求解

为了增加网格的灵活性，提高数值模拟结果的精确度，引入控制体有限网格系统方法（CVFE）对模型进行数值离散。

利用 Bowyer—Waston 算法，将油藏按不同形状（垂直井、裂缝、断层、水平井、边界、普通）布点，以 Delaunay 性质作为优化约束条件，利用三角网格化算法进行网格剖分。在生成的 Delaunay 三角网格基础上，将三角形重心和各边中点连接起来就形成 CVFE 网格系统（图 3-1-9）。采用有限体积法将模拟区域离散成任意形状的多面控制体，将方程在控制体网格上进行积分，反映物理量的积分守恒。离散时只需单元的体积、面积及单元中心到各个面的垂直距离，不必考虑总体坐标系统，也不受单元块邻近单元数限制。无流量边界的处理通过设置穿过该边界没有任何流量连接来实现，一类狄里克里边界采用无效计算单元办法实现。

CVFE 数值离散方法具有网格剖分灵活、模拟精度高、可描述复杂油藏形态（边界、断层、尖灭）、可描述非均质性（岩石和流体物性空间变化）、保证井位于网格中心及粗细网格间过渡衔接性好等优点。

将守恒方程在控制体积内进行积分，可得到下述方程形式：

$$\int_{V_{n}} \frac{\partial M^{k}}{\partial t} dV = \int_{V_{n}} F^{k} dV + \int_{V_{n}} q^{k} dV \qquad (3-1-58)$$

对累积项守恒方程进行体积空间离散（图 3-1-10）：

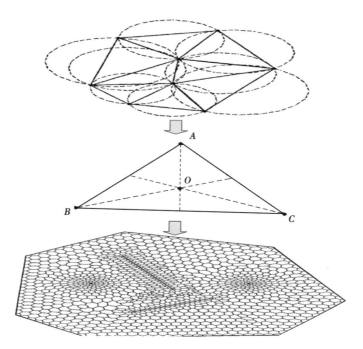

图 3-1-9 CVFE 网格生成示意图

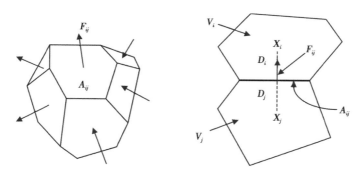

图 3-1-10 体积空间离散

$$\int_{V_n} \frac{\partial M^k}{\partial t} dV = V_n \frac{dM_n^k}{dt} \qquad (3-1-59)$$

式中，M 为单位体积内的外延量；M_n 为 M 在 V_n 上的平均值。

对于流动项，利用高斯散度定理将体积积分转换为体积表面上的面积分：

$$\int_{V_n} F^k dV = \int_{\Gamma_n} \boldsymbol{F}^k \cdot \boldsymbol{n} d\Gamma \qquad (3-1-60)$$

进一步将 Γ_n 上的面积分近似为其所包含的表面 A_{nm} 上平均值的离散和：

$$\int_{\Gamma_n} \boldsymbol{F}^k \cdot \boldsymbol{n} d\Gamma = \sum_m A_{nm} F_{nm} \qquad (3-1-61)$$

式中，m 为与单元 n 相连的所有单元；A_{nm} 为体积单元 V_m 和 V_m 交界面；F_{nm} 为向量 $\boldsymbol{F}$ 在面 A_{nm} 上内法线方向上的平均值；k 为原油的第 k 个组分。

于是，可得到方程的离散形式：

$$\left[(M_\beta)_i^{n+1} - (M_\beta)_i^n\right]\frac{V_i}{\Delta t} = \sum_{j \in \eta_i} F_{\beta,\ ij}^{n+1} + Q_{\beta i}^{n+1} \tag{3-1-62}$$

其中：

$$\begin{aligned}
F_{\beta,\ ij} &= A_{ij}\left(\frac{\rho_\beta k K_{r\beta}}{\mu_\beta}\right)_{ij+1/2} \frac{\left[(P_{\beta j} - \rho_{\beta,\ ij+1/2}gD_j) - (P_{\beta j} - \rho_{\beta,\ ij+1/2}gD_j)\right]}{d_i + d_j} \\
&= \left(\frac{\rho_\beta K_{r\beta}}{\mu_\beta}\right)_{ij+1/2}\left(\frac{A_{ij}k_{ij+1/2}}{d_i + d_j}\right)\left[(P_{\beta j} - \rho_{\beta,\ ij+1/2}gD_j) - (P_{\beta i} - \rho_{\beta,\ ij+1/2}gD_i)\right]
\end{aligned}$$

对式（3-1-62）采用一阶向后差分进行时间离散，可写成如下的残差形式：

$$R_n^{\kappa,\ t+\Delta t} = M_n^{\kappa,\ t+\Delta t} - M_n^{\kappa,\ t} - \frac{\Delta t}{V_n}\left(\sum_m A_{nm}F_{nm}^{\kappa,\ t+\Delta t} + V_n q_n^{\kappa,\ t+\Delta t}\right) = 0 \tag{3-1-63}$$

式中，$M_n^{\kappa,t}$ 为单元 n 内组分 κ 在 t 时刻的质量；A_{nm} 为单元 n 同其相邻单元 m 的输运接触面积，$F_{nm}^{\kappa,t+\Delta t}$ 为在 $t+\Delta t$ 时刻通过 A_{nm} 输运的组分 k 的质量通量。

可采用 Newton-Raphson 迭代法对方程（3-1-63）进行求解，即：

$$-\sum_i \frac{\partial R_n^{\kappa,\ t+\Delta t}}{\partial x_i}\Big|_p(x_{i,\ p+1} - x_{i,\ p}) = R_n^{\kappa,\ t+\Delta t}(x_{i,\ p}) \tag{3-1-64}$$

式中，x_i 为体系的主变量；p 为 Newton-Raphson 迭代的步数。

在数值模型求解过程中，需要进行的计算工作包括所有网格块热物性的求解、残差向量和雅克比矩阵的整合以及每一个 Newton-Raphson 迭代步中线性方程系统的求解。

最可靠的线性方程求解方法是直接法，而迭代法的性能一般是与具体问题相关并且缺少直接法的可预测性。直接法的稳健性是以大储存要求和长运行时间为代价的。直接法的储存及运行时间与 N^3 成正比，其中 N 是待求解方程的个数。迭代法的内存要求较低，与 N^ω 成正比，其中 $\omega = 1.4 \sim 1.6$。因此对于大尺度问题，尤其是具有几千个或更多网格块的三维问题，迭代共轭梯度（CG）类型的方法是首选。

3. 二氧化碳—地层原油体系相态及物性计算

CO_2—地层原油体系相态及物性的正确描述及表征是油藏数模方法和软件能否有效应用于油藏计算和模拟的前提。在"CO_2 驱油相态及流体特征表征方法"部分，针对油藏流体特征及 CO_2 驱油特征，对状态方程相态计算、CO_2 驱油相对渗透率计算、黏度计算等关键问题已做了讨论，在此仅对状态方程闪蒸计算相态及物性的方法和步骤做一阐述。

1）相态平衡计算步骤

如图 3-1-11 所示，用状态方程进行相态平衡计算，步骤如下：

（1）给定一个初始压力值，利用 Wilson 方程计算 k_i 初值。Wilson 方程为：

$$k_i = \exp\left[5.37(1 + w_i)(1 - 1/T_{ri})\right]/p_{ri} \tag{3-1-65}$$

（2）对于给定的平衡常数值，计算 A_1、A_2，判断所处的相态。$A_1>1$ 且 $A_2>1$ 则两相平衡；否则为单相。若同时处于单相，则结束相平衡计算；若处于两相，则继续计算。

$$A_1 = \sum Z_m K_m \quad A_2 = \sum Z_m / K_m \qquad (3-1-66)$$

（3）利用物质平衡式，采用牛顿迭代法求解气相摩尔分数 V，计算液相组成 X_m 与气相组成 Y_m。

（4）利用状态方程分别对液相、气相计算各自的偏差因子 Z_L、Z_V，逸度系数 ϕ_m^L、ϕ_m^V 及 F_m^L、F_m^V。

（5）判断是否满足热力学平衡，若 $\max\left[\text{ABS}\left(\dfrac{F_m^L}{F_m^V}-1.0\right)\right] \leqslant \varepsilon$，则结束相平衡计算；若不满足，则继续计算。

（6）重新校正各组分的平衡常数值，重复（2）至（5）工作。

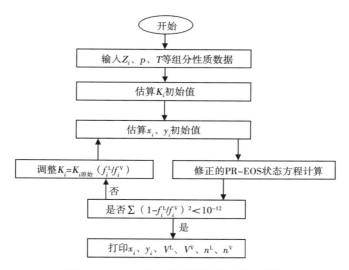

图 3-1-11　状态方程进行闪蒸计算流程图

2）拟组分划分及物性参数计算步骤

（1）根据开发方式要求，采取合适方式进行拟组分组合。

（2）利用 Kesler-Lee 混合规则，计算各个组合混合物的临界特征参数。

（3）针对泡点或露点进行拟合，利用弦隔法校正，直到获得满意的泡点和露点为止。

（4）通过上述步骤后，可以将拟组分视为真实组分，将其用于相平衡及物性参数计算。

（5）物性参数计算。

①液、气视分子量：

$$M_L = \sum X_i M_i \qquad (3-1-67)$$

$$M_V = \sum Y_i M_i \qquad (3-1-68)$$

②液、气摩尔密度：

$$\rho_{mol}^{L} = p/(1000Z_{L}RT) \tag{3-1-69}$$

$$\rho_{mol}^{V} = p/(1000Z_{V}RT) \tag{3-1-70}$$

③液、气质量密度：

$$\rho_{M}^{L} = p^{*}/(1000Z_{L}RT) \tag{3-1-71}$$

$$\rho_{M}^{V} = p^{*}/(1000Z_{V}RT) \tag{3-1-72}$$

④两相流体界面张力。

由于体系是非水溶的，利用 Madeod-Sugden 方程计算两相流体界面张力：

$$\sigma_{m}^{1/4} = \sum [p_{i}](\rho_{mol}^{L}X_{i} - \rho_{mol}^{V}Y_{i}) \tag{3-1-73}$$

式中，σ_{m} 为混合体系液、气两相界面张力，mN/m；$[p_{i}]$ 为组分的等张比容。

4. 数值模拟软件

数值模拟的基础是数学模型，由于 CO_2 驱油整个流动过程比较复杂，基本上是多组分多相的流动，这种流动方程式通常是非线性的偏微分方程，用数值方法对这些流动方程离散化，常见的方法有有限差分法、有限元法和边界元法。因为有限差分法在油藏数值模拟中应用最早也最多，技术比较成熟完善，所以有限差分法在 CO_2 驱油模型数值解法中更为常见。至于选择隐式的还是显式的方法根据具体情况确定。有限元法、边界元法在一些 CO_2 驱油研究的文献中也有采用，不过这两种方法比较少见，应用不是很广泛。将差分方程线性化后得到线性方程组，线性方程组求解常用的方法有直接法和迭代法。

从油藏数值模拟软件发展至今，各种软件大多包含气驱模拟的功能，对于混相驱模拟的软件也有不少，但是在油气能源领域通用的能够模拟气驱的软件只有 VIP、Sure、CMG 和 Eclipse 等少数几种。Eclipse 对于气驱具有较好的模拟精度，是斯伦贝谢公司开发的一套用于油藏数值模拟的软件。

这些软件在模拟过程中也存在不完善之处。由于 CO_2—原油体系的复杂性，闪蒸计算可能会有一定问题，并且要精确计算流体相特性需要大量组分，大大增加了计算工作量；计算过程中采用的方法以及回归出的公式参数主要针对国外油藏条件，这些软件用于计算我国油田 CO_2 驱油过程时，需要做修改完善。

软件研发时，将任务分解为不同的功能模块（图 3-1-12），按模块化结构设计模拟程序，便于程序的管理和升级。

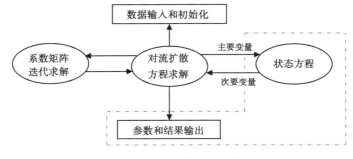

图 3-1-12　程序结构示意图

第二节　二氧化碳驱油藏地质描述

影响低渗透油藏 CO_2 驱油开发效果的关键地质因素包括单砂体的连通性、储层非均质性、裂缝和高渗透带。其中，砂体的连通性是低渗透油藏 CO_2 驱油开发的基础，而裂缝和高渗透带的分布是决定 CO_2 驱油波及体积的关键。尤其是砂体连通性和裂缝之间的相互匹配关系，对 CO_2 驱油开发效果影响更为显著。

一、裂缝影响及描述

储层中裂缝发育方向和发育程度严重影响注入 CO_2 气体的流动路径、波及范围、突破时间以及产油动态，在裂缝发育的部位和层位，容易造成 CO_2 气体的早期突破，影响注气开发效果。

精细描述裂缝的分布及其连通情况，对指导 CO_2 驱油开发设计十分重要。在研究和应用基础上，建立储层裂缝研究和评价流程，如图 3-2-1 所示。

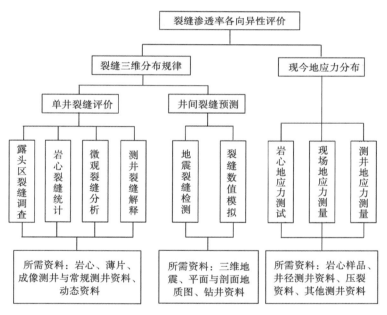

图 3-2-1　储层裂缝研究与评价流程图

1. 裂缝类型

储层裂缝主要分为构造裂缝和成岩裂缝两种类型。构造裂缝广泛分布于各种岩性中，切穿深度一般较大，具有方向性明显、分布规则及相应裂缝面宽平的特征。构造裂缝主要是在构造反转期挤压应力作用下形成的剪切裂缝（图 3-2-2），它们表现出雁列式排列的特点，在裂缝面上常有明显的擦痕等特征，裂缝产状稳定，缝面平直光滑，在裂缝尾端常以尾折或菱形结环状消失。成岩裂缝主要沿微层面分布，尤其是分布在泥质岩中，它们沿微层面具有弯曲、断续、分叉、尖灭、合并等特征，受沉积微相和成岩作用控制。

图 3-2-2　岩心高角度构造裂缝的剪切裂缝特征

2. 裂缝基本参数及主要影响因素

储层中裂缝的发育程度通过裂缝密度来表征。裂缝在不同构造部位和不同层位的发育程度差别较大。

裂缝的发育规模一般通过裂缝的高度和延伸长度来表征。由于裂缝以高角度为主，裂缝的形成与分布受岩石力学层控制，裂缝的高度通常可在划分岩石力学层后，在岩心上进行统计。根据裂缝的间距、高度及延伸长度等参数之间的相关性，利用裂缝的间距或高度分布，来大致推断裂缝在平面上的延伸长度。

裂缝的发育程度受岩性、层厚和断层等地质因素的影响。影响储层裂缝发育的岩性因素包括岩石成分、颗粒大小及孔隙度等。由于不同岩性的岩石成分及结构、构造不同，使岩石的力学性质各异。因此，在相同的构造应力场作用下，裂缝的发育程度不一致。强硬岩层通常表现为脆性，它在岩石破裂变形前经受不住更多的应变，裂缝一般比软弱岩石更发育。岩石矿物成分主要是指岩石中的石英、长石和白云石等脆性矿物。在相同条件下，具有较高脆性组分的岩石比含低脆性组分岩石裂缝的发育程度更高。砂岩中高角度构造裂缝比泥岩发育，而低角度裂缝在泥岩和碳质砂岩密度更大，主要与近水平成岩裂缝和滑脱裂缝发育有关。岩石颗粒及孔隙度大小影响着裂缝发育程度。随着岩石颗粒和孔隙体积减小变得致密，岩石强度增大，在经过弹性变形以后，在较小应变时就表现出破裂变形，更容易形成裂缝。因此，具低孔隙度和较细颗粒岩石裂缝更发育。

储层裂缝的形成与分布受岩层控制。裂缝通常分布在岩层内，与岩层垂直，并终止于岩性界面上。在一定层厚范围内，裂缝的平均间距与裂隙化的岩层厚度之间呈较好的线性相关关系（图 3-2-3），即随着裂隙化岩层厚度增大，其裂缝的平均间距相应增大，裂缝密度减小，因此，可以运用裂缝间距指数法来计算和评价地下裂缝的发育程度。

断层也是影响储层裂缝发育程度的重要因素。断层通过影响其周围局部构造应力的分布来影响储层构造裂缝的发育规律。在断层附近，由于断层活动造成的应力扰动，存在明

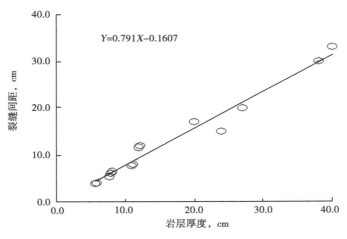

$Y=0.791X-0.1607$

图 3-2-3　裂缝间距与岩层厚度关系图

显的应力集中，因而其构造裂缝明显发育，通常形成与断层平行的一组张裂缝和与断层斜交的两组剪切裂缝（图 3-2-4），远离断层，构造裂缝的密度呈递减的变化趋势。在断层两侧，储层裂缝发育程度也不一致，其中上盘较下盘裂缝更发育。

（a）南北断层附近发育的近南北向裂缝　　　　　　　（b）正断层上盘发育的3组构造裂缝

图 3-2-4　哈达山露头区断层附近的裂缝

3. 裂缝识别方法

岩心观测是最直观、最可靠的储层裂缝识别方法。通过岩心观测，可以对裂缝的几何形态、充填特征、力学性质等获得一个基本的认识。但在取心过程中由于受机械和人工因素的影响，会在岩心上产生一些人工诱导裂缝（或称人工裂缝）。在岩心观测裂缝时，首先要剔除这些人工诱导裂缝，通过天然裂缝特征进行识别，同时对天然裂缝的产状和力学性质等加以描述。

根据测井资料分析裂缝发育情况的方法一般有成像测井和双侧向电阻率测井。

成像测井资料井壁覆盖面积大（可达井壁 80%），纵向分辨率高，可以利用地层微电阻率成像（FMI）测井资料确定裂缝层。图 3-2-5 是 Q7-09 井的成像测井资料，分析确定在 1792.8~1841.8m 井段中共存有 6 条高角度的天然裂缝，而且裂缝的方位基本为东西向，具体描述可参见表 3-2-1。

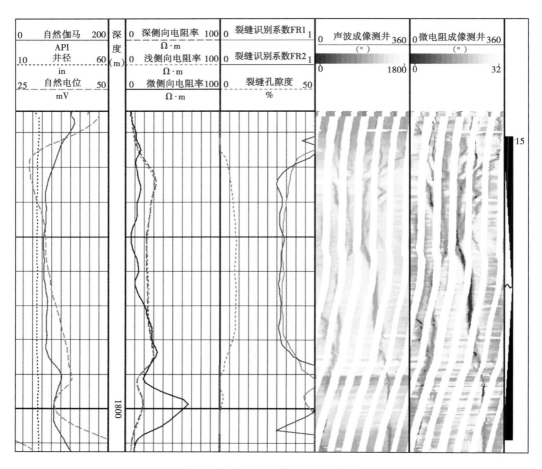

图 3-2-5　Q7-09 井 5700 测井图

表 3-2-1　V 区 Q7-09 井 5700 测井资料的分析结果

裂缝发育井段 m	厚度 m	岩性	裂缝条数	裂缝孔隙度 %	裂缝性质	裂缝方向	微侧向裂缝 特征
1792.8~1799.0	6.2	粉砂岩	2	8.0	高角度天然缝	东—西	有
1803.0~1808.0	5.0	粉砂岩	2	6.5	垂直天然缝	东北—西南	有
1826.0~1828.0	2.0	粉砂岩	1	5.0	近垂直天然缝	东—西	有
1837.0~1841.8	4.8	粉砂岩	1	5.0	垂直天然缝	近东—西	有

　　双侧向电阻率测井是目前探测裂缝最常用的一种常规测井序列。如图 3-2-6 所示，岩心观测的天然裂缝发育段（用红色填充）与深浅侧向测井的绝对差值之间具有很好的相关性。利用双侧向测井资料可以有效地对储层裂缝进行识别。

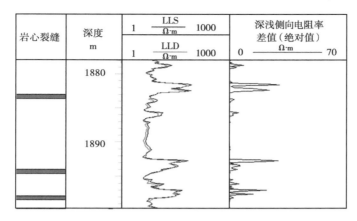

图 3-2-6 Q5-11 井双侧向电阻率测井

二、储层非均质性

储层非均质性是影响注气开发效果的主要因素之一，也是确定注入气量时必须考虑的地质因素。与常规注水开发相比，注气开发纵向非均质效应更加显著，特别是注溶剂段塞混相驱，由于渗透率差异，进入高渗透层的段塞将会远大于进入低渗透层的段塞，而且低渗透层段塞又由于横向及纵向分散作用而被稀释。对于正韵律储层的纵向非均质性，可抑制混相溶剂因重力超覆带来的危害，有助于水平驱替，但对于垂向驱替，它将阻碍溶剂向下运动，并且由于低渗透率屏障的截流作用，会造成溶剂大量损失。

注气开发过程中的宏观弥散作用和黏性指进现象都与储层非均质性有关。宏观弥散作用的大小与储层非均质程度和渗透率分布关系密切，强非均质地层中发生的宏观弥散混合，比仅根据分子扩散和微观对流弥散预计的结果要大得多。在非均质性强的储层中，注入CO_2更多地进入高渗透层，造成驱替前缘参差不齐。黏性指进会使溶剂过早突破，从而增大注入溶剂的消耗量，导致原油采收率降低。

注气开发必须要对隔夹层进行精细描述，进而与砂体的连通性联系起来，综合考虑注气开发的注采系统设计。另外，与注水开发相比，微观非均质性对于注气开发影响较小，主要是由于宏观非均质性对注气开发效果具有很大影响，包括层间非均质性、平面非均质性和层内非均质性。此外，隔层、夹层和致密砂岩层可作为储层宏观非均质性的重要内容。储层非均质性研究流程如图 3-2-7 所示。

1）层间非均质性

层间非均质性是指砂体之间的差异，包括层系的旋回性、砂层间的非均质程度、隔层分布及层间裂缝特征等，可以用沉积旋回性、分层系数、砂岩密度、剖面上的配置关系、层间隔层、层间渗透率变化（渗透率分布特征、渗透率变异系数、渗透率级差、单层突进系数）来表征。

在储层内部，由于砂体沉积环境和成岩变化的差异，可能导致不同砂体渗透率的差异较大，造成层间非均质性，影响 CO_2 气驱效果。层间非均质性程度的评价可采用以下参数来描述。

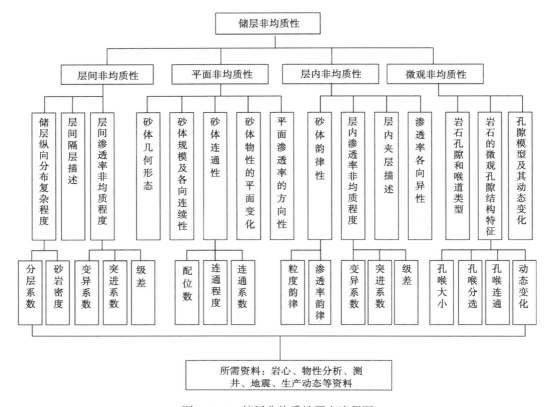

图 3-2-7　储层非均质性研究流程图

（1）渗透率变异系数。

渗透率变异系数指的是渗透率标准偏差与渗透率平均值的比值，反映各层渗透率变化程度。渗透率变异系数计算方法为：

$$V_K = \frac{\sqrt{\sum_{i=1}^{n} (K_i - \overline{K})^2 / n}}{\overline{K}} \tag{3-2-1}$$

式中，K_i 为第 i 层的渗透率（以层平均估计），$i = 1, 2, 3, \cdots, n$；$\overline{K}$ 为所有层渗透率的平均值，mD；n 为砂层总层数；V_K 为渗透率变异系数，该值越大，非均质性越强。

（2）渗透率突进系数。

渗透率突进系数是指一定井段内渗透率最大值与其平均值的比值：

$$T_K = \frac{K_{\max}}{\overline{K}'} \tag{3-2-2}$$

式中，T_K 为渗透率突进系数；$K_{\max}$ 为单层最大渗透率，mD；$\overline{K}'$ 为单层渗透率的平均值，mD。

渗透率突进系数越小，反映其垂向上渗透率变化小，驱油效果越好；反之，渗透率突进系数越大，说明垂向上渗透率变化越大，非均质性越强，波及体积小，驱油效果越差。

（3）渗透率级差。

渗透率级差是指渗透率绝对值的差异程度，可用一定井段内渗透率最大值与最小值之间的比值来表示：

$$J_K = \frac{K_{\max}}{K_{\min}} \tag{3-2-3}$$

式中，J_K 为层间渗透率级差；$K_{\max}$ 为单层最大渗透率，mD；$K_{\min}$ 为单层最小渗透率，mD。

渗透率级差越大，非均质性越强，数值越接近于1，储层越均质。

2）平面非均质性

平面非均质性是指一个储层砂岩体的几何形态、规模、连续性以及砂体内孔隙度、渗透率等参数的空间变化所引起的非均质性。

（1）砂体连通性。

砂体连通性是指不同砂体间的接触关系。砂体连通形式有两种：一种是侧向或垂向接触连通，另一种是通过断层连通。可以通过分析不同沉积类型砂体之间的连通关系，结合动态反应来分析砂体的连通性，例如在三角洲沉积环境中，河道与河口坝主体以及坝主体与坝主体的砂体连通性较好，而坝主体与坝缘的连通性中等，坝缘与坝缘的砂体连通性较差。

（2）砂体平面的物性变化。

砂体平面的物性变化受控于沉积相和成岩过程的差异性，使得储层物性在平面上表现出非均质性特征。砂体平面的孔隙度与渗透率通常受沉积相控制，在储层沉积相研究的基础上，用相控结合储层参数的岩心解释，确定砂体平面的物性变化，例如在三角洲沉积环境中，河道与河口坝砂体发育的地方，孔隙度与渗透率值一般较高，而其他地区往往表现为低值。

三、储层单砂体及高渗透带精细刻画

当储层中发育天然裂缝时，裂缝的存在容易造成注入 CO_2 沿裂缝方向气窜，进而导致波及体积的减少，尤其在不能混相驱油的情况下更是如此。但驱替效果与裂缝特征及相应的开发方式有关，如果井网部署得合适，可以有效利用存在的裂缝。裂缝可作为增加气体与油层接触面积的通道，气体在裂缝中通过扩散和对流作用进入岩石，降低原油黏度，并使基岩中油排到裂缝中而被采出。利用重力稳定驱时，在垂向剖面上间断性出现的垂向裂缝延伸越长，驱替效果越好。其原因是裂缝延伸越长，注入气驱替过程中产生的重力分异作用越有利于提高纵向驱扫效率，从而取得较好的驱替效果。由于低渗透油藏中存在相对高渗透带，也容易造成早期注气优先沿高渗透带方向形成气体突破，起到类似于裂缝的作用，影响注气波及体积。如果高渗透带与储层裂缝同时存在，将会影响 CO_2 驱油开发的效果。

高渗透带是指由于沉积、成岩或构造因素在储层中局部形成的低阻渗流通道，它们往往是流体流动的优势通道。当储层非均质性较强时，储层物性差异变化引起的 CO_2 窜流比

注水更严重。在同一砂体内部，渗透性相对较高的部分容易成为 CO_2 快速流动的"高速公路"，注入 CO_2 气体容易沿此通道产生气体突破，从而影响低渗透油藏注气开发效果。因此，描述低渗透储层相对高渗透带的展布对指导注气开发具有重要意义。高渗透带精细刻画研究流程如图 3-2-8 所示。

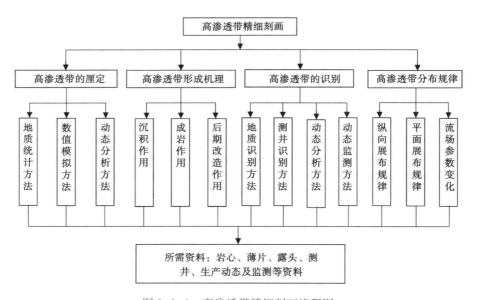

图 3-2-8　高渗透带精细刻画流程图

1. 高渗透带形成机理

1) 沉积作用

沉积作用是形成储层并造成储层物性差异的主要因素之一。在低渗透储层中，物性相对较好的高渗透层段，一般岩石成分成熟度相对较高，颗粒分选性和磨圆度也相对好，即表现为岩石成分成熟度和结构成熟度都相对高，杂基和填隙物含量相对较少，造成储层的孔隙结构相对较好、渗透性相对较高，从而形成高渗流通道。

2) 成岩作用

强烈的成岩作用（尤其是压实作用和胶结作用）是形成次生低渗透储层的关键因素，差异成岩作用也是造成储层非均质性的关键因素之一，储层成岩作用的欠压实弱胶结也会形成高渗透带。

3) 后期改造作用

低渗透储层非均质性严重，绝大多数油井经过重复压裂投产，而且压裂作业对象都是主力油层，而主力油层一般为高渗透层段发育密集区域，这类高渗流通道多为垂向裂缝为主的孔道。另外，如果储层在注气前进行了注水，在长期的注水开发过程中，与流体（原油、地层水）性质不同的注入水长期对储层浸泡、驱替，对储层进行改造，使储层的微观属性发生物理、化学变化，致使储层参数也发生变化，注入水的驱动力与冲刷力对储层颗粒、粒间胶结物及矿物颗粒产生侵蚀、剥蚀作用可使孔喉变光滑或扩大喉道空间，增加孔喉配位数，并在喉道增加较大的高渗透储层区域形成"优势通道"，逐步演化为高渗流通道。

2. 高渗透带的识别方法

1）地质识别方法

储层非均质性受沉积作用和成岩作用的影响，它们综合反映在储层的岩性、结构、构造等特征上，因而可以通过地质方法来描述高渗透带的分布。根据岩心观察表明，高渗透段一般表现为孔隙结构好、裂缝（微裂缝）发育、具有明显的测井响应特征。在沉积微相上，高渗透段常常分布在水道的中下部（图3-2-9），少数分布在河口坝上部。但受水动力条件影响，并不是每期河道都发育有高渗透带。

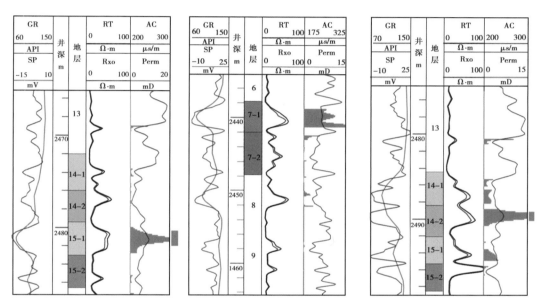

图3-2-9 高渗透带及其对应的测井曲线特点

2）测井识别方法

高渗透带在测井曲线上有明显的反映。由于高渗透带的物性好，声波时差明显增大，微电极曲线幅度差大，并且油气充注程度高，表现为高电阻率。因而利用取心井的实验分析数据可以标定出高渗透段的测井曲线特征，然后建立高渗透带的测井曲线模式，指导非取心井的高渗透带识别。在测井双侧向和微球聚焦组合测井曲线上，高渗透层段电阻率曲线 RT、RI 和 RXO 三者有明显幅度差，结合单井的疏松层段岩石（泥岩除外）钻井钻速快、钻时小（min/m）的特点进行综合判别。对于没有双侧向的老井，可以利用微电极曲线进行判断，高渗透层段在微电极曲线上幅度差变大，变得更加光滑。通常高渗透带在电测曲线上表现为自然电位、自然伽马测井曲线低值，而声波时差、电阻率曲线表现为高值的特征。

3）动态分析方法

高渗透井段在注气或注水开发过程中的动态响应明显，因此动态分析是确定高渗透带最直接证据和途径。如果注气前经历过注水开发，则在注水开发初期表现为见水快、见水之后水淹快的特点。在注气开发初期也具有明显的见气快特征，而且往往有明显的气体突破现象。

4）动态监测方法

对于开展了示踪剂或试井测试的井组，还可以利用这些动态监测资料，来有效地识别高渗透带以及它们的分布位置，评价隔夹层渗透能力和储层砂体的连通状况。

3. 高渗透带划分标准

对于注气驱油提高原油采收率来说，储层非均质性的综合表现就是注气时会出现气窜层（也就是贼层），贼层就是储层的相对高渗透储层。因此，制定相对高渗透储层的划分标准，刻画储层在平面上的分布特征，对于注气防止气窜、提高气驱的波及系数，从而提高气驱原油的最终采收率具有重要意义。

1）高渗透储层划分标准

岩心、测井及动态资料研究相结合，以渗透率为主要判别参数，同时优选岩性、孔隙度、相关电测曲线为综合判别参数，建立高渗透通道的判别标准。依据此标准，并结合动态资料即可明确可能形成 CO_2 窜流通道的分布规律。

2）刻画高渗透层分布特征

依据相对高渗透储层的划分标准，在单砂体精细解剖的基础上，通过单井综合判别指数进行储层渗透率分级，识别高渗透层，结合砂体的空间构型特征，刻画相对高渗透储层的空间分布特征。

四、二氧化碳驱油井组储层各向异性多参数定量表征

尝试将构造倾角、砂体连通性、储层厚度、储层物性等多种影响因素进行综合考虑，同时结合 CO_2 驱油动态见效情况，通过软件实现井组注采连通关系分析，并以图件形式直观呈现，为后期注采调控提供直观、实用的依据。

现有井网注采井井距不同，井组平面及纵向非均质性导致注气过程中气体渗流方向存在差异，定量刻画井组层间及平面差异，为分层注气、有效控制各生产井井底流压、防止单向气窜提供依据。综合考虑注采井间孔隙度、渗透率、有效厚度、井距、构造倾角差异，导致注气井组渗流能力各向异性，提出采用气驱渗流综合指数刻画平面渗流差异的方法（图 3-2-10）。

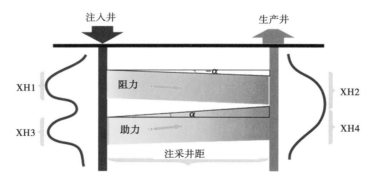

图 3-2-10 注采井间各向差异综合指数影响因素示意图

渗流能力各向差异综合指数：综合考虑注入井的孔隙度、渗透率、相对注采井距、注入井生产井平均有效厚度、相对地层倾角等参数。通过该指数在平面上刻画井组各注采井

间差异性，指导采油井生产压差调控（图3-2-11）。

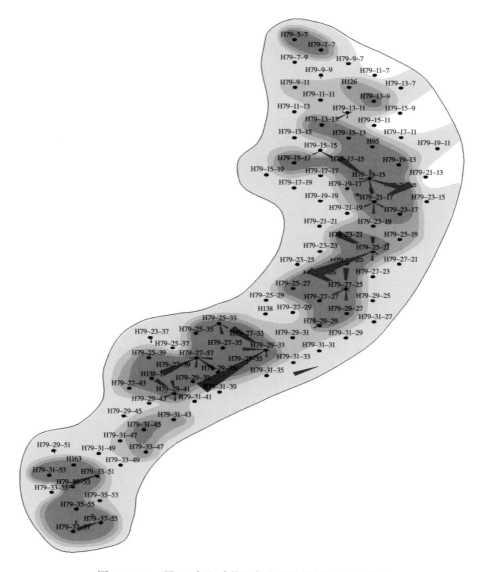

图3-2-11　黑79南注采井组各向异性指数平面示意图

$$渗流能力各向差异综合指数 = POR \times K \times \frac{L}{L_{max}} \times \frac{XH(inj) + XH(pro)}{2} \times \frac{\alpha}{\alpha_{max}}$$

$$（3-2-4）$$

式中，POR为储层孔隙度；K为储层渗透率，mD；L_{max}为注采井间最大井距，m；L为注采井间距，m；XH为储层单层厚度，m；α_{max}为地层最大倾角，（°）；α为地层倾角，（°）。

五、二氧化碳驱油地质建模

1. 层内夹层精细表征

密闭取心、动态监测以及数值模拟统计等资料表明，夹层的存在使储层非均质性增强，

107

在开发后期，夹层对剩余油分布起着明显的控制作用。

吉林大情字井油田 CO_2 驱油示范区块主要发育泥质夹层和钙质夹层，泥质夹层岩性为泥质粉砂岩和粉砂质泥岩，厚度为 0.2～1.2m，分布范围较大，测井曲线特征明显，微电极幅度回返低值，自然伽马值变高，电阻率降低；钙质夹层岩性为含灰质粉砂岩，厚度为0.6～1.5m，分布范围局限，识别主要依靠微电极和声波曲线，在微电极曲线上表现为幅度很高，正幅度差特别大，声波时差明显变小（图3-2-12）。

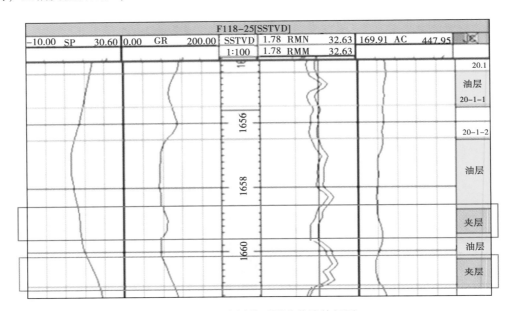

图 3-2-12　夹层类型测井曲线特征图

根据夹层空间分布情况，将夹层分成稳定夹层和不稳定夹层。其中，稳定夹层多为小层之间沉积时间单元界面，水动力条件稳定，利于夹层充分沉积成层；而不稳定夹层多为单砂体内部水动力变化残留的细粒沉积物，分布面积小（图3-2-13）。

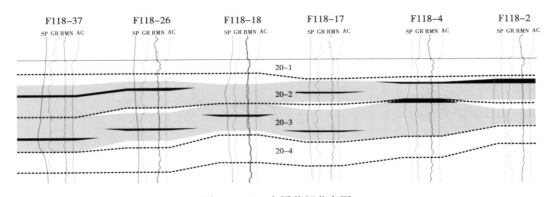

图 3-2-13　夹层井间分布图

考虑两种类型夹层成因不同，井间对比也要分而治之。其中，稳定夹层（连续型夹层）通过井间韵律层对比模式预测井间分布；不稳定夹层（随机型夹层）根据储层规模及井点夹层厚度预测夹层分布趋势。

　　不稳定夹层形态以长条状为主，走向平行于物源方向。夹层延伸长度与夹层厚度有关，夹层厚度越厚，延伸长度越长。通过研究，建立了不稳定夹层长度与厚度统计关系(图3-2-14)，可作为平面趋势约束条件应用于随机性夹层的建模中。

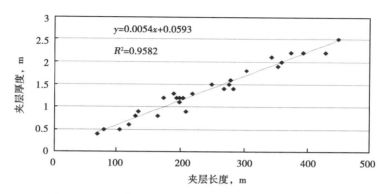

图3-2-14　三角洲相储层不稳定夹层长度与厚度关系图

　　以往，针对这两种类型夹层主要采用了以下两种方法：

　　（1）稳定夹层镶嵌法。首先建立储层模型，然后根据夹层识别的结果将夹层嵌入得到夹层模型，但是夹层描述精度受纵向网格大小制约。

　　（2）非稳定夹层物性截断法。建立储层参数模型，根据物性下限值进行截断，从而进行夹层分布预测，但是储层参数预测可靠程度和物性下限值影响夹层预测精度。

　　把夹层作为一个基本建模单元（隔夹层纵向上单独一个网格），以井点描述夹层为控制点，以不同类型夹层平面展布规律为约束，稳定夹层采用确定性建模方法，不稳定夹层采用随机模拟方法，最终建立不同类型夹层的三维空间展布模型。

　　确定性建模的主要做法，用韵律层对比技术定性预测井间夹层分布，并把夹层作为一个基本建模单元，建立稳定夹层三维空间分布模型（图3-2-15），特别注意无夹层井点要有虚拟位置。

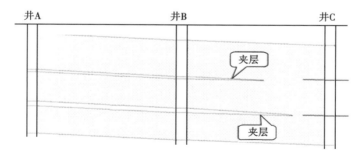

图3-2-15　稳定夹层描述示意图

　　随机性建模适用于规律性差的不稳定夹层，依据井点夹层识别结果及夹层展布与厚度统计关系作为约束条件，对各类夹层进行变差函数统计分析（图3-2-16），采用序贯指示模拟得到表征夹层三维空间分布的预测模型。

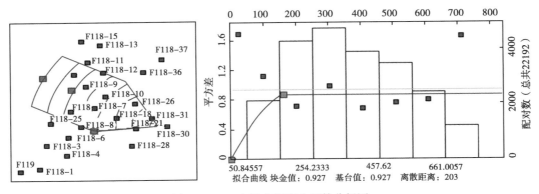

图 3-2-16 夹层空间变差函数分析图

　　夹层模型建立后，分类统计储层、泥质夹层、灰质夹层及物性夹层物性参数界限，并在模型中赋值，指导数值模拟中夹层传导参数设定，真实体现其在油藏中的剩余油控制作用（图 3-2-17）。

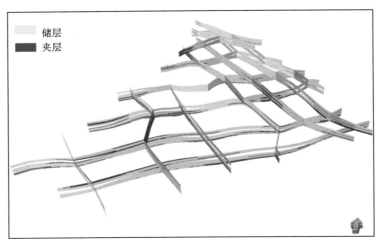

图 3-2-17 吉林油田 F118 青一段夹层过井栅状图

2. 井间储层连通性重建

　　确定吸气物性下限对评价气驱可采储量具有重要意义，也可重新构建气驱储层连通性。

　　自 2008 年注气试验至今，吉林大情字井油田黑 59 CO_2 驱油试验区开展了 7 口井 32 井次的吸气测试，其中 6 口井开展了多轮次测试，采用了 3 种测试方法，存储式涡轮流量计测试 26 井次，氧活化测试 5 井次，直读式涡轮流量计测试 1 井次，3 种测试方法对比测试 2 口井 5 井次；吉林大情字井油田黑 79 CO_2 驱油试验区开展了 3 口井 5 井次，全部为存储式涡轮流量计测试方法（表 3-2-2）。

　　大量测试资料为从动态入手研究吸气物性下限提供坚实基础。目前，吸气测试资料显示，声波时差在 200μs/m 左右储层基本上不吸气，主要根据是黑 79-25-21 井的 36 号层声波时差为 199.7μs/m，黑 59-10-8 井的 37 号层声波时差为 201.1μs/m，测试 6 次均不吸气，在声波时差为 $210\mu s/m$ 上下的储层吸与不吸并存，其中两井层吸气，一井层不吸气，由于 $210\sim200\mu s/m$ 之间没有连续的测试数据，因此为了寻找物性下限，充分结合动静态微观参数和物性分析，建立了两种论证方法。

表 3-2-2　大情字井油田 CO_2 驱油试验区吸气测试统计表

井号	井次	测试时间									
黑 59-4-2	4	2008.09.22	2009.07.06	2010.10.24	2011.11.16						
黑 59-6-6	10	2008.09.22	2009.07.05	2010.09.19	2011.03.12	2011.11.17	2012.04.21	2012.11.9	2012.11.03	2012.11.11	2013.07.16
黑 59-10-8	7	2008.09.22	2009.07.05	2009.11.26	2010.05.03	2010.10.24	2011.11.17	2012.04.21			
黑 59-12-6	3	2008.09.23	2010.03.05	2010.08.20							
黑 59-14-6	3	2012.11.10	2012.11.11	2013.06.24							
黑 59-8-4₁	1	2009.01.08									
黑 59-1	4	2009.11.02	2010.09.19	2011.03.10	2011.11.16						
黑 79-33-55	2	2011.04.16	2011.11.25								
黑 79-27-37	2	2011.11.25	2001.03.21								
黑 79-25-21	1	2012.03.22									
合计	37										

注：▢ 存储式涡轮流量计测试；　▢ 氧活化测试；　▢ 直读式涡轮流量计测试。

1）微观参数交会法

通过物性参数解释模型，声波时差为 $200\mu s/m$ 的储层孔隙度为 6%左右，渗透率为 0.01mD，从微观参数来看，属于小孔细喉的四类储层，其排驱压力明显要高于其他类型储层一个数量级以上（表 3-2-3），这也是在压裂和复合射孔条件下，储层依然不吸气的原因。

表 3-2-3　大情字井油田青一段储层分类表

分类名称	样品数	渗透率，mD			孔隙度，%			喉道半径，μm			分选系数	歪度	排驱压力MPa
		最大	最小	平均	最大	最小	平均	最大	最小	平均			
一类	7	12.7	6.11	9.02	17.8	16.1	16.7	1.515	1.284	1.42	2.29	0.51	0.177
二类	7	5.88	0.57	2.84	14.8	13.2	13.97	1.294	0.458	0.97	2.64	0.49	0.269
三类	4	2.24	0.16	0.922	11.9	9.0	10.9	1.257	0.258	0.68	2.48	0.42	0.483
四类	4	0.04	0.03	0.035	7.1	4.5	6.1	0.105	0.046	0.07	1.85	0.395	4.155

孔隙度模型：$Por=0.2732AC-48.616$

渗透率模型：$Perm=0.0012EXP(0.5305Por)$

当数据有限时，可利用交会图来确定其下限值是石油工业常用办法。由于目前测井技术还不可能直接解释渗透率，都采用间接方法，存在较大累积误差，为此建立喉道半径与孔隙度关系图（图 3-2-18），可见两者具有非常明显的两段式线性关系，拐点对应孔隙度为 8.6%。

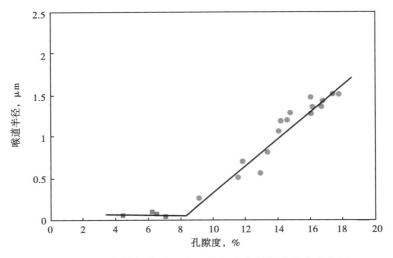

图 3-2-18　大情字井油田青一段喉道半径与孔隙度交会图

2）物性分析参数逐步逼近法

将黑 75、情 3-3 和黑 79-3-03 取心井物性分析数据点开展逐步逼近法来寻找物性的下限（图 3-2-19），具体方法是将大于 6% 的孔隙度切分成 1% 的孔隙度区间，按照小于 0.1mD、0.1~1mD、1~10mD 和大于 10mD 4 个渗透率区间，分别统计其所占样品百分比和平均渗透率，根据测试资料和微观资料大致推测不吸气渗透率可能小于 0.1mD。为进一步证实上述结论，对情 3-3 井含油饱和度进行校正。统计发现，渗透率小于 0.1mD 时校正后含油饱和度平均值为 30%，而渗透率为 0.1~1mD 时校正含油饱和度平均值为 47.7%。

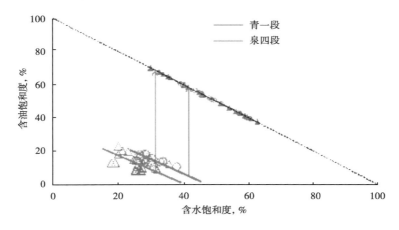

图 3-2-19　情 3-3 井含油饱和度校正图

将 3 口井 244 个数据点进行分析（图 3-2-20），认为 8%~9% 区间可能存在与之相对应的物性下限，在此将 8%~9% 进一步细分，发现 0.1mD 以下的渗透率数据主要集中在 8.7%~8% 之间，最终将孔隙度下限确定为 8.6%。

综合两种方法将孔隙度 8.6% 作为吸气物性下限，对应声波时差为 209.4μs/m，这样确定下限将方便操作和直观明了。

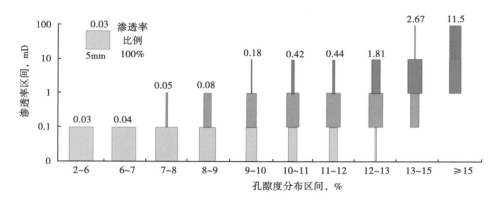

图 3-3-20　孔隙度与渗透率区间交会图

不同颜色代表不同的渗透率范围，例如绿色是 0~0.1mD；越宽的柱体代表在一定的孔隙度区间的
占比越大，比如横向轴是孔隙度区间值，6%~7% 这个区间；样品都是 0~0.1mD 的标注的数据
是区间孔隙度的渗透率平均值

大情字井地区上报储量时，常规水驱的物性下限为孔隙度 10.2%，对应声波时差为 215μs/m，对于储层连通性确定还沿用水驱下限，在模型里形成了若干独立连通体。在气驱地质认识加深基础上，对于过去认为部分井层不连通的情况重新进行了核实，满足条件的通过人机交互办法，进行连通关系重新确认和修改（图 3-2-21）。

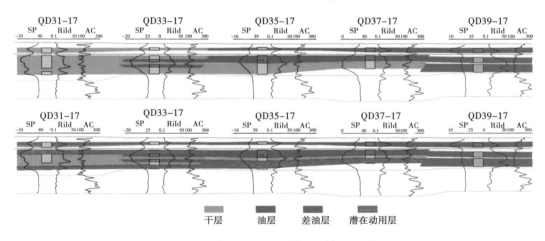

图 3-2-21　气驱下限认识前后砂体连通对比图

第三节　二氧化碳驱油藏工程设计与方案优选

CO_2 驱油藏工程设计主要依据油藏地质特征及注气开发特点，对层系组合、井网部署及注入方案等进行优化和设计。根据 CO_2 驱油先导试验研究及应用实践，提出以地层压力保持和流度控制为特色的 CO_2 驱油藏工程设计与优化方法。主要考虑压力保持水平和建立有效驱替压差，以实现混相驱油为目的，以早期注气提升地层压力，地层压力和注采比的最佳匹配控制注采工作制度，水气交替控制气体突破以及扩大波及体积为特色。

一、流体组分分组及状态方程参数拟合调整

CO$_2$ 驱油涉及相间组分传质，需用组分模型数值模拟器来描述和模拟驱油过程，建立合格的流体模型是进行模拟的基础。图 3-3-1 是建立流体模型的流程图，其中流体组分分组和状态方程调整是关键。

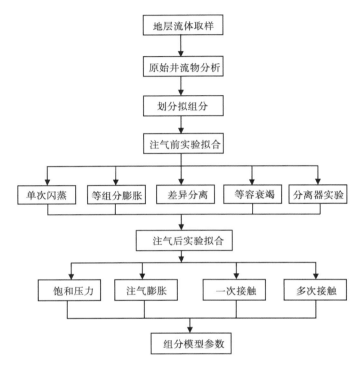

图 3-3-1　油藏流体模型建立流程图

1. 油藏流体组分分组

1）流体组分划分的原则

原油体系是以数十种碳氢化合物为主，同时含有部分 N$_2$ 和 H$_2$S 等非烃组分组成的复杂混合物，有些组分对流体相态的影响并不十分明显，并且各组分在原油体系中的含量并不相同，因此在对原油体系组分划分时应该考虑以下因素：

（1）各组分在整个体系中所占的摩尔分数及分布特征。

（2）各组分对原油体系相态和物性影响的敏感性。

（3）将原油体系划分为若干拟组分，物性相近的组分尽量划分到同一拟组分中。

（4）单独考虑易挥发的组分。

（5）CO$_2$—原油体系中，重点考虑对最小混相压力影响显著的组分。

划分流体组分一般遵循以下原则：

（1）在相态和物性计算误差容许的前提下，划分的拟组分数应尽量少。

（2）组分劈分时应兼顾计算精度和计算速度，因为当油藏的模拟涉及百万节点数量级时，组分数的增加导致计算量急剧增加。

（3）拟组分的划分应兼顾各组分分子量大小及其在原油体系中的含量。

（4）拟组分的视物性计算所需的参数相对容易获得（确定）。

将原油体系划分为若干拟组分，对流体相态预测和多组分油藏数值模拟而言是可行的方法。目前组分划分的依据有：

（1）依据原油体系中组分和各组分的含量划分。

（2）依据油藏温度和压力条件下通过闪蒸计算得到的挥发组分的平衡常数划分。

（3）依据每个拟组分近似质量相等的原则划分。

（4）依据组分的含量和分子量进行划分。

表 3-3-1 是针对 H75-27-7 井原油与 CO_2 及 CH_4 接触实验结果，利用 PR-EOS 状态方程，计算不同分组方法时的饱和压力及液相体积与实验结果误差表。可以看出，由于统一考虑了含量及组分本身特性，依据组分的含量和分子量拟组分划分方法，较其他分组方法预测精度高。

表 3-3-1 PR-EOS 状态方程计算不同分组方法下的参数与接触实验结果对比

油样	H75-27-7 井原油			
注入气	CO_2		CH_4	
方法	p_b 预测相对误差	V_L 预测相对误差	p_b 预测相对误差	V_L 预测相对误差
等 $z_i \ln M_i$ 法	1.55	2.67	1.53	3.55
等摩尔法	27.65	6.84	2.20	4.21
等质量法	20.32	5.58	4.38	4.26
$\lg(K)-p$ 法	21.87	5.72	1.67	3.93

2）依据组分含量和分子量乘积进行流体组分划分方法

考虑到 CO_2 驱油特点，依据含量和分子量乘积进行流体组分划分方法：

（1）原油体系的真实组分数为 n，拟组分数为 n_p，原油组分按照沸点由低到高的顺序排列，z_i 为组分 i 的摩尔分数，M_i 为组分 i 的分子量，按 $\sum z_i \ln M_i$ 近似相等原则划分拟组分，每个拟组分 j 中的最后一个真组分为 V_L 和 V_{L+1} 中绝对值较小的一个对应组分号：

$$V_L = \sum_{i=1}^{L} z_i \ln M_i - (j/n_p) \sum_{i}^{n} z_i \ln M_i \leq 0 \qquad (3-3-1)$$

$$V_{L+1} = \sum_{i=1}^{L+1} z_i \ln M_i - (j/n_p) \sum_{i}^{n} z_i \ln M_i \geq 0 \qquad (3-3-2)$$

$$i = 1, 2, \cdots, n; \ j = 1, 2, \cdots, n_p \qquad (3-3-3)$$

（2）由于 CH_4 挥发性强，应单独作为一个组分，当 N_2 浓度非常低时，可以将 CH_4 和 N_2 作为一个组分。

（3）CO_2 单独作为一个组分。

表 3-3-2 是根据以上方法得到的红岗北试验区 H75-27-7 井油样组分劈分结果。

表 3-3-2　红岗北试验区 H75-27-7 井油样组分劈分结果

劈分前数据			劈分后结果		
组分号	组分名	摩尔分数	拟组分号	拟组分名	摩尔分数
1	N_2	1.695	1	pseudo-c1	28.801
2	C_1	27.106			
3	CO_2	0.627	2	pseudo-c2	0.627
4	C_2	2.204	3	pseudo-c3	14.074
5	C_3	0.904			
6	iC_4	0.09			
7	nC_4	0.27			
8	iC_5	2.144			
9	nC_5	0.612			
10	C_6	1.712			
11	C_7	2.047			
12	C_8	4.091			
13	C_9	4.133	4	pseudo-c4	11.175
14	C_{10}	3.763			
15	C_{11}	3.279			
16	C_{12}	3.378	5	pseudo-c5	12.325
17	C_{13}	3.232			
18	C_{14}	2.863			
19	C_{15}	2.852			
20	C_{16}	2.338	6	pseudo-c6	12.630
21	C_{17}	2.308			
22	C_{18}	2.254			
23	C_{19}	1.985			
24	C_{20}	1.951			
25	C_{21}	1.794			
26	C_{22}	1.712	7	pseudo-c7	10.262
27	C_{23}	1.551			
28	C_{24}	1.49			
29	C_{25}	1.261			
30	C_{26}	1.212			
31	C_{27}	1.105			
32	C_{28}	1.065			
33	C_{29}	0.866			

劈分前数据			劈分后结果		
组分号	组分名	摩尔分数	拟组分号	拟组分名	摩尔分数
34	C_{30}	0.837			
35	C_{31}	0.708			
36	C_{32}	0.588			
37	C_{33}	0.57	8	pseudo-c8	10.106
38	C_{34}	0.553			
39	C_{35}	0.507			
40	C_{36+}	6.343			

2. 状态方程参数拟合与调整

状态方程的预测结果精度，不仅依赖于方程本身的可信度，而且还依赖于它的参数混合规则、流体表征以及流体组分临界性质的估计等因素。针对我国原油特征，前面已经对状态方程及混合规则提出了相应的修正方法，也探讨了可行的流体组分表征方法，但由于状态方程的固有缺陷以及计算时输入参数的不确定性，都会进一步影响状态方程对实际油藏流体的预测。弥补这些不足的方法是依据相关条件下的实验数据，校正或调整状态方程模型，将某些不确定的输入数据输入模型并加以调整，使预测值与测定值之差降到最小。

1）调整所需的实验数据

调整状态方程模型，应使用可靠的实验数据。一般来说，常规 PVT 实验数据不能满足状态方程调整的需要，因为状态方程需用来模拟油藏开发的全过程，而不是简单的衰竭过程。除了常规 PVT 实验（单次脱气实验、恒质膨胀实验、多次脱气实验）外，目前针对 CO_2 驱油开展的特殊相态实验是加气膨胀实验。

加气膨胀实验是在泡点压力下对地层原油进行若干次注气，每次注气后测试体系饱和压力、体积系数、黏度、组成等参数变化。尽管加气膨胀实验不能模拟 CO_2 驱油过程中相间的动态接触，但它能够为状态方程模型的调整提供有价值的数据，在相对少量的实验工作下，便能得到完整的流体组成。

2）调整方法

用组分模型数值模拟器进行油藏模拟，模型要在很宽的范围内预测流体相态和各种流体性质，调整中涉及很多实验参数。状态方程模型调整的基本方法是把目标函数最小化。目标函数的定义是加权平方偏差之和：

$$\Delta = \sum_{j=1}^{N_{data}} \left\{ W_j \left[\frac{\Psi_j^{pred}(X_j) - \Psi_j^{exp}(X_i)}{\psi_j^{exp}(X_i)} \right] \right\}^2 \tag{3-3-4}$$

式中，目标函数的每个元素是预测值与实际值（分别为 Ψ^{pred} 和 Ψ^{exp}）之差的加权；W 为加权因子，N_{data} 为拟合的测试数据点数；X_i 为指定的回归（调整）变量。

变量的最佳值可通过使函数 Δ 最小化而获得。某个参数的重要性通过加权因子乘以偏差来表征。对流体相态研究来说，饱和压力是油藏流体的最重要参数，调整时需赋予较大的加权因子。同样，可靠的实验数据也应该给一个较大的加权因子。表 3-3-3 是应用过程中形成的加权因子的参考值。

表 3-3-3　状态方程调整中各参数的加权因子

性质	泡点	密度	体积	组成
权重因子	40	20	10	1

调整状态方程常用的参数有二元相互作用参数、拟组分性质（尤其是临界性质）以及状态方程的参数等。调整时，选取那些对预测结果最敏感的参数作为优先调整参数。令可调参数在初始值的 $-5\% \sim 5\%$ 之间，研究拟组分相对密度、分子量、参数 a、参数 b、二元相互作用参数（BIP）对液体密度变化的敏感性。由图 3-3-2 可以看到，二元相互作用参数是最敏感的参数。应用实践表明，在有大量实验数据的情况下，二元相互作用参数被选为最有效的参数之一，与物理性质相比，BIP 更适合作为拟合参数。

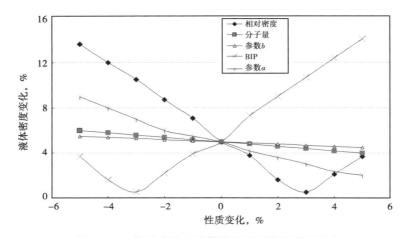

图 3-3-2　调整参数对液体密度预测的敏感性影响

二、生产历史拟合

必须强调生产阶段历史拟合对 CO_2 驱油藏工程设计的重要性。历史拟合不仅能获得油藏剩余油分布的情况，更为关键的是，历史拟合能改进对油藏地质条件的描述，从而更好地预测 CO_2 驱油的效果。历史拟合使用油藏的地质描述作为输入参数，通过比较模拟结果、使用一次开采和水驱时油藏的生产数据，来系统地修正和微调油藏数值模拟系统中使用的油藏描述参数，直到预测值和观测值一致。通过历史拟合后，这些改进的油藏地质条件就可以作为油藏数值模拟系统的输入参数，来较准确地预测 CO_2 驱油项目的效果。

三、层系组合及井网井距设计

1. 层系划分与组合

1）层系划分

根据油藏地质特点、开采工艺技术条件和经济效益等因素，确定是否需要划分层系开发。

2）层系组合

对于多层砂岩油藏，层系组合必须遵循下述原则：

（1）同一层系内的储层物性及流体性质、压力系统、构造形态、油水边界比较接近。

（2）一个独立的开发层系具备一定的地质储量，满足一定的采油速度，达到好的经济效益。

（3）各开发层系间必须具备良好的隔层，以防止注水、注气开发时发生层间水窜、气窜。

2. 井网和井距设计

1）总体设计原则

（1）水驱、CO_2 驱油控制程度达到有效开发的指标，一般应大于 70%。

（2）注采井距确定应满足油层对驱动压差的要求。

（3）单井控制可采储量高于经济极限值。

（4）井网、井距的确定应满足油田的合理采油速度、稳产年限、采收率及经济效益等各项指标的要求。

（5）根据注采能力和达到水驱、CO_2 驱油储量动用程度的要求设计合理的井网和井距。

2）不同类型油藏井网形式设计原则

根据砂体分布形态和规模、储量丰度大小、渗透率高低和水驱控制程度要求等条件，选择合理的井网形式。

（1）面积井网布井方式应考虑井网系统调整的灵活性和多套井网衔接配合问题。行列式井网应考虑切割距的大小及注水、注 CO_2、采油井排的合理排数，切割方向应垂直于油砂体的延伸方向和垂直于断层方向。

（2）对于小断块油藏，可采用灵活的井网开发。对于裂缝型油藏，注采井排的分布要与最大水平主应力方向保持合理的匹配关系，沿储层裂缝方向注水井排的井距应大于非裂缝方向的井距。

3）CO_2 驱油井网、井距设计应特别考虑的因素

（1）新投产区块水、CO_2 交替驱油时，应采用 CO_2 驱油和水驱油均可建立有效驱替压力系统的井网、井距。

（2）已有水驱井网系统的合理利用。

（3）天然裂缝、人工压裂裂缝及水驱动态裂缝等对 CO_2 驱油开发效果的影响。

（4）剩余油分布对 CO_2 驱油储量控制和开发效果的影响。

（5）整体构造与局部微构造对 CO_2 驱油开发效果的影响。

（6）断层、岩性、油水边界、水体等对 CO_2 驱油开发效果和埋存封闭性的影响。

（7）根据注采能力和达到 CO_2 驱油储量动用程度的要求，设计合理的井网、井距。

4）井网和井排距确定

（1）原始油藏注 CO_2 开发，以精细地质模型为基础，应用数值模拟技术为主要手段，在油藏流体 PVT 实验数据拟合的基础上，开展不同井网形式及井排距开发效果模拟比选，确定合理的井网形式及井排距。

（2）水驱开发油田转 CO_2 驱油，在原始油藏精细地质模型基础上，需应用数值模拟拟

合水驱油开发阶段的动态参数，修正地质模型，然后在油藏流体 PVT 实验数据拟合的基础上，开展不同井网形式及井排距开发效果模拟比选，确定合理的井网形式及井排距。

四、注采参数优化与设计

1. 注气时机

室内驱替实验结果和现场经验都表明，在 CO_2 驱油过程中保持驱替压力高于 CO_2—原油的最小混相压力（MMP），CO_2 与原油能互相溶解消除分界面，形成混相，由于混相后的增溶膨胀、降黏、闪蒸等作用，原油采收率接近于最大值，残余油饱和度降低，油藏开发能取得好效果。在油藏地质和生产操作条件允许下，压力恢复和保持最小混相压力是 CO_2 驱油藏工程设计的基本考虑因素。

压力恢复主要涉及恢复方式及注气时机的选择和优化。对于特低渗透油藏，天然能量低，在开采过程中，地层压力下降快，而地层压力下降后，储层渗流能力迅速下降，使得产量快速递减，储层渗透率下降后，即使恢复地层压力，渗透率也不能恢复到原始状态。从恢复地层压力到最小混相压力水平及减少应力敏感性影响要求出发，超前注气是可取的开采方式。至于注气具体时机需综合考虑各种因素之间的平衡关系，通过考察对采油速度和采收率的影响来确定。

2. 注入方式

我国油藏多属陆相沉积油藏，储层纵向及平面非均质性强，气驱油时溶剂和地层原油不利的流度比，导致的驱替剂突进可引起驱替波及效率低等问题，最终影响原油采收率提高幅度。在连续注 CO_2 驱油的基础上，考虑将水气交替注入作为气窜控制并提高驱替波及效率的开采方式。

水气交替注入方式（图 3-3-3）综合了水驱油提高宏观波及效率和气驱油提高微观驱替效率的优点，通过增加气体黏度降低流度比。通过水和气交替注入能够减小气相的流度，在一定程度上实现 CO_2 驱油流度控制，提高石油采收率。

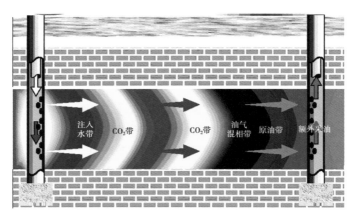

图 3-3-3　水气交替注入方式示意图

水气交替注入方式设计包括段塞尺寸和水气比的优化和确定，其主要受地质沉积类型、地层倾角、非均质程度、岩石润湿性、井网以及气源等因素影响，确定最优段塞尺寸和水气比需综合考虑这些因素影响，以室内岩心驱替实验认识为基础开展数值模拟敏感性研究评价。

与连续注气方式相比，水气交替注入方式有效控制了流度剖面，延长了 CO_2 驱油生产周期，相应地提高了原油采收率（图3-3-4）。与恒定水气交替注入比（WAG）的注入方式相比，渐变 WAG 水气交替注入方式表现出如下特点：先进行一个大的连续气驱段塞，再进行水气交替，把直接气驱的短期好处与水气交替的长期效益结合在一起；逐渐增加 WAG，降低 CO_2 产出量，从而提高注入 CO_2 的利用率。

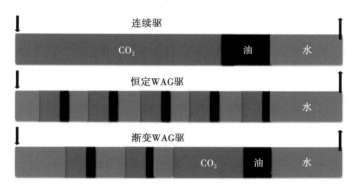

图3-3-4　水气交替注入方式与连续注气方式对比图

针对我国油藏多层、非均质性强的特点，在油藏注入能力及现场施工条件允许情况下，CO_2 驱油注入设计优先使用渐变 WAG 水气交替注入方式。

3. 注采参数优化和设计

1）注入参数

注入参数包括注入能力、注入压力和注入量等。混相驱 CO_2 油藏工程设计要求在驱替过程中油藏压力保持在最小混相压力之上，注入参数的设计和优化以满足这一要求为出发点，注采比等参数的优化和设计都是在此基础上开展的。

注入能力设计首先必须确定吸气强度。吸气强度可从实验室驱替、现场试注等过程中直接获得，也可类比水驱油吸水强度资料获得。一般来说，气驱油吸气强度是水驱油吸水强度的 4~6 倍。

注入压力首先不能大于地层破裂压力，再根据注气时井筒内 CO_2 密度，计算注气井最大井口注入压力。在具体注 CO_2 过程中，还要结合现场实际情况，根据 CO_2 的注入能力、地层压力保持水平以及注入压力进行适时调整。尤其是要根据不同注 CO_2 井各自地质特点及注入情况，结合周围油井产能及见气和油气比上升情况，适时调整注入压力，达到既能有效保持注入能力，又能控制气窜的目的。

注入时间长短或累计注入量的多少影响生产气油比和采收率。注入量越大，采收率也越高，但随着注入时间延长，气油比增加，CO_2 的驱油效率增加变缓，在某一时刻达到经济边际。最大累计注入量和最佳停注时机需考虑最终采收率及经济效益。

2）采出参数

采出参数优化和设计，最关键的是油井合理流动压力的确定。在注入量确定的前提下，注采比、压力保持水平和采油速度都与流动压力有关。

注气条件下，油井合理流动压力，一方面要保证扩大生产压差，使油藏具有较高的生产能力，采出较多的油量；另一方面要保持较高的地层压力，确保油藏压力维持在混相水平，提高驱油效率。油井合理流动压力即为使上述两方面达到最优的压力。

油井关井最低气油比界限，可根据投入产出平衡关系，利用"日产出油量的收入＝注入 CO_2 费用＋操作费用＋税金总支出"时的条件来确定。操作费用应该包括材料及燃料费、动力费及人工费等。若收入低于各项支出费用，则应该关井。其表达式为：

$$\frac{P_1 + P_2}{P} \cdot \frac{1}{C} + R\frac{P_3 + P_1}{P} + \frac{P_4}{P} \leqslant 1 \qquad (3-3-5)$$

式中，P 为油价，元/t；P_1 为 CO_2 价格，元/t；P_2 为注 CO_2 费用，元/t；P_3 为产出 CO_2 处理费，元/t；P_4 为操作成本，元/t；R 为气油比，m^3/t；C 为换油率。

五、方案开发指标预测

以油藏数值模拟方法为主，结合矿场试验及其他油藏工程方法，预测开发指标及埋存量。

至少提出 3 种方案，在各项指标比选及经济评价的基础上，确定最佳开发方案为推荐方案。预测开发评价期主要开发指标，包括单井日产油量、年产油量、年产水量、年产 CO_2 气量、年产烃类气量、综合含水率、年注水量、年注 CO_2 量、生产气油比、采油速度、采出程度、采收率、CO_2 埋存率等。

根据推荐方案预测的开发指标，确定油田各年度产能建设指标及规模和 CO_2 埋存量。

第四章　二氧化碳驱油注采工艺技术

CO$_2$ 驱油时采用笼统注气工艺，各层吸气状况不均匀，注入井分层配注能够有效缓解层间矛盾，扩大 CO$_2$ 波及体积。CO$_2$ 驱发生气窜后，采油井气油比升高、套压升高，一定程度上影响了油井正常生产，采用防气举升技术，可提高举升效率。CO$_2$ 易溶于水，形成酸液，接触钢铁表面会发生电化学腐蚀，腐蚀监测与防护是油气井生产过程中必须考虑的问题。

本章主要介绍 CO$_2$ 驱油过程中的分层注气技术、高效举升技术以及井筒腐蚀监测和防护技术。

第一节　二氧化碳驱油分层注气工艺技术

一、背景

特低渗透油藏储层平均渗透率小于 10mD，注水开发存在"注入难"问题。由于 CO$_2$ 具有易流动、降黏、体积膨胀、降低界面张力等作用，因此注 CO$_2$ 驱油在开发特低渗透油藏方面具有独特优势。自 1985 年以来，大庆、吉林、中原、华北、大港、吐哈等油田相继开展了针对低、特低渗透油藏的 CO$_2$ 驱油开发试验。试验结果显示，CO$_2$ 驱油可在水驱基础上进一步提高采收率。

CO$_2$ 驱油先导性试验区块采用笼统注气工艺，受储层非均质性影响，笼统注气储层吸气不均匀，层间矛盾较突出。吸气剖面测试结果表明，各层吸气状况不均匀。此外，储层层间矛盾导致部分油井出现 CO$_2$ 单层过早突破现象，对驱油效果影响较大。

借鉴分层注水开发的经验，分层配注是调整注入剖面最有效的技术，能够有效缓解层间矛盾，扩大 CO$_2$ 波及体积。目前，大庆油田和吉林油田都开展了 CO$_2$ 驱油分层注气工艺技术研究，部分替代了笼统注入工艺管柱，可适用于连续注入或水气交替注入。

二、分层注气工艺技术——以单管分层注气工艺技术为例

1. 管柱结构及技术原理

笼统注气工艺管柱由单向阀、Y443 封隔器、插入密封段和伸缩管组成，如图 4-1-1 所示。为了达到分层注气的目的，在分层注水工艺基础上，对注气管柱做了新的组合——增加 Y441 封隔器，并对工具进行防腐处理，以达到管柱锚定可靠、有效期长的目的。单管分注工艺及单管轮换注气管柱主要由防腐油管、Y441 封隔器、Y341 封隔器、交替注入调节器、配注器等组成（图 4-1-2），在井口安装止回装置。

主要工艺流程为：下入分注管柱，打液压同时坐封 Y441 封隔器和 Y341 封隔器，完成分注层段分隔；每个注入层对应一个配注器，配注器内有堵塞器，堵塞器内装节气嘴，可

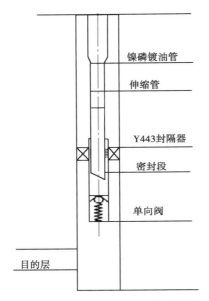

图 4-1-1　笼统注气工艺管柱结构

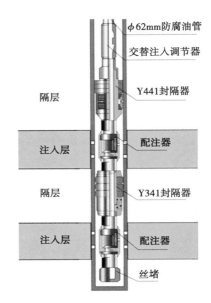

图 4-1-2　单管分注工艺及单管轮换
注气管柱结构

通过钢丝投捞堵塞器的方式更换不同尺寸、结构的节气嘴，实现井下分层注入量控制；通过对各配注层投捞带死嘴的堵塞器可打开、关闭各层配注器，实现各个注入层的轮换注气；通过钢丝下入测试堵塞器可以实现分层流量、压力测试；采用防腐油管、防腐封隔器，定期注入防腐液保护管柱及套管；采用止回装置防止停注时注入的高压 CO_2 返吐倒流至地面，采用交替注入调节器实现反循环作业。

2. 新型节流气嘴结构优化

由于超临界 CO_2 气体黏度小，节流压差建立困难，密度大，对气嘴冲蚀较大，影响气嘴使用寿命。为解决这一问题，采用了理论研究与室内实验研究相结合的方法进行气嘴优化，通过数值模拟软件对气嘴的结构进行优化，利用室内实验对数值模拟结果（图 4-1-3）进行验证，最终确定了优化后的气嘴结构（图 4-1-4）。

设计了多级文丘里管串联气嘴结构，数值模拟结果显示：在进口流量为 $7m^3/d$、温度为 $90℃$、压力为 $20MPa$ 下超临界 CO_2 通过气嘴时，4 级 1mm 同心气嘴进出口压差为 3.37MPa，4 级 1mm 偏心气嘴进出口压差为 4.72MPa。

采用多级串联结构水嘴进行了气体节流原理性实验。实验结果（表 4-1-1）表明，5 级 1mm 常规水嘴串联结构能够产生一定的节流压差。因此，优选的多级串联结构气嘴适合分层注气。

表 4-1-1　多级串联结构水嘴气体节流实验

实验条件					实验结果
实验介质	温度 ℃	压力 MPa	估算排量 m³/d	气嘴结构	气嘴前后压差 MPa
CO_2	90	20	4.3	5 级 1mm 常规水嘴	0.8~1.0

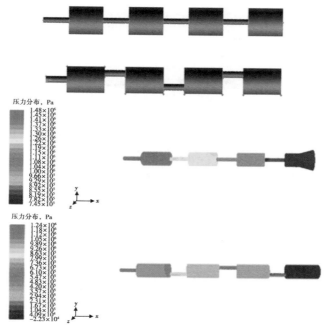

图4-1-3 气嘴优化设计数值模拟结果

图4-1-4 气嘴优化设计实物图

3. 气体密封检验系统

气体密封检验系统（图4-1-5）不仅用于工具气体密封检验，还可用于绕流气嘴实验；该设备具有安全监测及防护功能，自动化程度比较高，可实现复杂危险气体模拟实验的室内研究。

（1）实验条件：介质为N_2，室温，体积流量计，稳定供气20min。

（2）实验原理：利用中压或高压缓冲罐供气，通过设置缓冲罐压力调节注入排量，气体通过实验装置测定节流压差，结果如图4-1-6所示。

（3）实验步骤：

①在地面依次将组合气嘴按设计方案表组装在实验钢体内。

②将实验钢体连接到实验装置的进气、出气管线中间。

③打开实验阀门，以0.3m³/h排量让实验介质通过实验钢体。

④稳定1min后，测量实验钢体前后压力计读数后泄压。

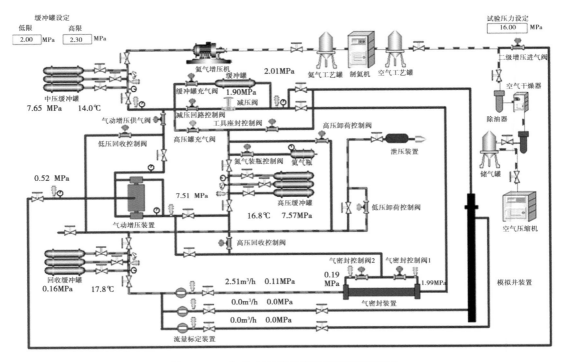

图 4-1-5　气体密封及性能检测实验装置图

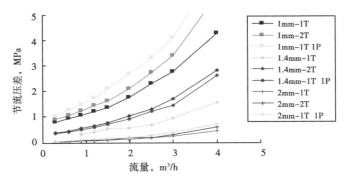

图 4-1-6　多级气嘴的排量与节流压差关系曲线

⑤打开实验阀门，分别以 0.6m³/h、0.9m³/h、1.2m³/h、1.5m³/h、2m³/h、2.5m³/h、3m³/h 和 4m³/h 排量让实验介质通过实验钢体，并重复步骤④。

⑥按实验表格要求更换实验工作筒内多级气嘴的级数和嘴径，重复步骤②至⑤。

⑦计算通过实验钢体前后介质压力差，做好记录，实验结束。

由实验结果可以看出，根据数值模拟结果设计的多级节流气嘴，可以有不同的级数及孔眼参数组合，能够在不同排量条件下产生足够的节流压差，从而得到满足现场地质配注要求的多级气嘴，并能够根据现场的要求进行每层的注入量调配。

4. 分注管柱的配套工具

（1）Y441 封隔器。封隔器采用双向卡瓦锚定，液压坐封上提解封。工具选用超级

13Cr 钢材加工，选择抗 CO_2 腐蚀橡胶制作胶件，具有坐封简单、锚定密封可靠、耐腐蚀、易解封的特点，耐温 120℃、承压 25MPa，满足悬挂封隔器的使用要求。

（2）交替注入调节器。交替注入调节器主要用于连通油套环形空间，可用于循环缓蚀剂或为反循环压井作业提供循环通道。正常注气时，交替注入调节器关闭，注气通道与油套环空隔绝。打套压，交替注入调节器打开，连通注气通道与油套环空，此时可进行加缓蚀剂或压井作业。

（3）止回配注器（图 4-1-7）。采用桥式偏心配注结构，堵塞器投入配注器偏孔内，注气时 CO_2 气体通过堵塞器内的气嘴注入地层；配注器主体设计止回结构，可防止地层高压 CO_2 流体回流，保证顺利投捞堵塞器。

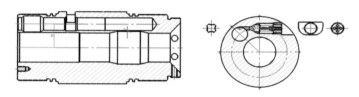

图 4-1-7　配注器结构示意图

5. 防腐材料的优选

气密扣型为宝钢 BGT-1 型气体密封螺纹，工具材质优选了超级 13Cr、2205 不锈钢防腐。为优选气密橡胶，进行了耐 CO_2 腐蚀橡胶密封件室内评价实验。将超临界状态的 CO_2 注入反应釜，将实验样品全部浸泡在 CO_2 之中 24h 后取出。实验结果（表 4-1-2）表明，氢化丁腈橡胶（HNBR）浸泡前后拉伸强度、定伸应力（撕裂强度、撕裂力）变化率小，耐 CO_2 腐蚀能力较好。为此，气密橡胶优选了氢化丁腈橡胶。

表 4-1-2　耐 CO_2 腐蚀橡胶密封件室内实验结果

橡胶名称	浸泡 CO_2 前		浸泡 CO_2 后		浸泡 CO_2 前后变化率，%	
	拉伸强度，MPa	定伸应力，MPa	拉伸强度，MPa	定伸应力，MPa	拉伸强度	定伸应力
阿氟拉斯	24.28	20.26	8.10	7.50	66.64	62.98
HNBR	26.45	9.69	23.78	9.81	10.09	1.24

6. 五参数法分层测试及调配工艺

CO_2 在井下状态为超临界高密度、低黏度流体，常规技术测调难度大；五参数法分层测试及调配工艺能实现分层流量测试及注气量调整。五参数测试工艺通过测量温度、压力、流量、伽马、磁定位 5 项参数，从而得到注入井完整的注入剖面资料。仪器由高能电池供电，温度测量采用 PT1000 作为传感器；压力测量采用静压传感器；流量测量采用涡轮流量计测中心流速的方法。注气量的调配可以采用更换不同尺寸配气嘴的方法实现，防喷装置采用 GSFP6-70 防硫型气井钢丝防喷装置，确保施工安全。

五参数测试工艺是根据油气田注气/水井监测特点开发的一项测试技术，仪器在井下按预定的程序测量不同深度的注气参数，测量结果存储在单片机数据采集电路中，测完后提到地面，通过微机将记录数据回放，软件自动生成解释报告，并进行处理、显示、打印。

技术指标：仪器外径为 $\phi 38mm$；仪器长度为 2095.5mm（含扶正器）；温度测量范围

为 -40 ~ 150℃，测量精度为 ±1%；压力测量范围为 0 ~ 60MPa，测量精度为 0.2%F.S；转速范围为 0 ~ 50000r/min，测量精度为 1%；磁定位测量范围为 0 ~ 4V；井下连续工作时间为 8h；采样间隔为 40ms；数据容量为 32MB。

仪器各参数零长（以下各点的零长均以仪器缆头为准）：

伽马为 1024mm，磁定位为 606.5mm，温度为 459mm，压力为 484mm，流量为 1923mm。

三、分层注气工艺研究与试验

1. 分层注气参数优化设计方法

通过对 CO_2 驱油注气井井筒流体流动与相态变化机理研究，建立了 CO_2 驱油注气井井筒流体剖面动态模型、注入井吸气能力计算模型，形成了一套 CO_2 驱油注入参数及分层注气优化设计方法。

1）注气井筒流体动态计算模型

（1）CO_2 相变下井筒流动温度、压力分布耦合模型。

CO_2 在注入过程中，随着井筒深度的增加，温度、压力都产生变化。根据 CO_2 相图，受温度、压力影响，液态 CO_2 在井筒中将发生相态变化，而 CO_2 相态的变化又会反过来对温度、压力的分布产生影响。目前，对 CO_2 注入井井筒温度、压力的描述较少考虑相态变化，这样将导致对温度、压力的预测发生误差，从而使注入参数设计不准确。

通过温度、压力、质量含气率等模型与预测流体密度和相态的 PR-EXP 状态方程相结合，建立了 CO_2 注入井筒温度、压力场精度比较高的耦合模型，见式（4-1-1）。该模型在前人研究的基础上，在计算时考虑了 CO_2 的相态变化，使 CO_2 注入井温度、压力的预测控制在合理误差范围内。

$$\begin{cases} \dfrac{\mathrm{d}T_f}{\mathrm{d}z} = \overline{J_t}\dfrac{\mathrm{d}p}{\mathrm{d}z} + \dfrac{T_{ei}-T_f}{M} - \dfrac{g\sin\theta}{C_{pm}} - \dfrac{1}{C_{pm}}\left(\dfrac{G}{A}\right)^2 \left[(v'_g - v'_1)\dfrac{\mathrm{d}x}{\mathrm{d}z} + x\dfrac{\mathrm{d}v'_g}{\mathrm{d}z} + (1-x)\dfrac{\mathrm{d}v'_1}{\mathrm{d}z}\right] \\[3mm] -\dfrac{\mathrm{d}p}{\mathrm{d}z} = \left(\dfrac{G}{A}\right)^2 \dfrac{2f_m}{d_{ti}}v'_m + \dfrac{g\sin\theta}{v'_m} + \left(\dfrac{G}{A}\right)^2 \left[(v'_g - v''_1)\dfrac{\mathrm{d}x}{\mathrm{d}z} + x\dfrac{\mathrm{d}v'_g}{\mathrm{d}z} + (1-x)\dfrac{\mathrm{d}v'_1}{\mathrm{d}z}\right] \\[3mm] -\dfrac{\mathrm{d}x}{\mathrm{d}z} = \dfrac{v'_m\left(\dfrac{G}{A}\right)^2\left[x\dfrac{\mathrm{d}v'_g}{\mathrm{d}z} + (1-x)\dfrac{\mathrm{d}v'_1}{\mathrm{d}z}\right]\dfrac{\mathrm{d}p}{\mathrm{d}z} + x\left(\dfrac{\mathrm{d}H_g}{\mathrm{d}z} - \dfrac{\mathrm{d}H_1}{\mathrm{d}z}\right) + \dfrac{\mathrm{d}H_1}{\mathrm{d}z} + g\sin\theta - \dfrac{\overline{C_{pm}}}{M}(T_f - T_{ei})}{\left[\Delta H + v'_m\left(\dfrac{G}{A}\right)^2(v'_g - v'_1)\right]} \end{cases}$$

$$(4-1-1)$$

该模型为常微分方程组，可用常规的求解方法求得井筒中任一位置处的压力、温度、质量含气率以及流体相态。其主要特点是将温度、压力耦合进行求解，主要体现在式（4-1-1）温度微分方程中引入压力项 $\dfrac{\mathrm{d}p}{\mathrm{d}z}$；通过引入质量含气率项 $\dfrac{\mathrm{d}x}{\mathrm{d}z}$，对 CO_2 在井筒中相变过程中气液混合段温度、压力进行求解。

应用该模型对典型试验井进行计算，计算结果（图 4-1-8）显示，井筒中 CO_2 主要呈液态和超临界态，在井段 800 ~ 1350m 处为液相、超临界相变混合段。

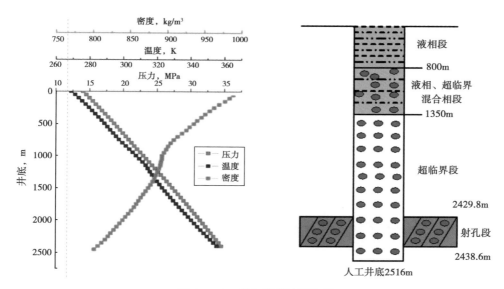

图 4-1-8　耦合模型计算结果

（2）CO_2 驱油注入井吸气能力模型。

利用 CO_2 驱油现场试验数据拟合了试验区的原油物性和相态，考虑地层压力、渗透率等的变化，对黑 59 区块、黑 79 区块分别进行了大量的数值模拟工作。在数值模拟结果的基础上，探索了不同的数据归一化处理方法，建立了普适性的注入动态方程。利用注入动态方程进行生产预测，并与数值模拟重新计算结果进行对比分析，显示误差较小。

CO_2 注入井吸气方程如下：

$$\frac{p_{wf}^2 - p_r^2}{p_F^2 - p_r^2} = 0.252 \frac{Q_g^2}{Q_{gmax}^2} + 0.748 \frac{Q_g}{Q_{gmax}} \qquad R^2 = 0.9965 \qquad (4-1-2)$$

（3）CO_2 嘴流压降和温度计算模型。

目前，分层采气和井下节流的相关理论认为，井下分层注气从原理上与分层采气相一致，但目前没有应用水嘴来实现分层注气的工艺。因此，依据 CO_2 气嘴气体稳定流动及热力学相关理论，推导得到了气体的嘴流方程。

CO_2 嘴流压降模型见式（4-1-3）。

$$q_{sc} = 95.903 \frac{C_d d_2^2}{\rho_{sc}} \sqrt{p_1 \rho_1} \sqrt{\left(\frac{K}{K-1}\right) \left[\frac{\left(\frac{p_2}{p_1}\right)^{\frac{2}{K}} - \left(\frac{p_2}{p_1}\right)^{\frac{K+1}{K}}}{1 - \left(\frac{d_2}{d_1}\right)^4 \cdot \left(\frac{p_2}{p_1}\right)^{\frac{2}{K}}} \right]} \qquad (4-1-3)$$

式中，q_{sc} 为标准状态（$p_{sc} = 0.101325MPa$，$T_{sc} = 293K$）下通过气嘴的体积流量，m^3/d；ρ_{sc} 为标准状态（$p_{sc} = 0.101325MPa$，$T_{sc} = 293K$）下流体的密度，kg/m^3；d_1 和 d_2 分别为嘴前直径和气嘴开孔直径，mm；p_1 和 p_2 分别为气嘴入口、出口端面上的压力，MPa；ρ_1 为在气嘴入口状态下流体的密度，kg/m^3；K 为气体的绝热指数；C_d 为流量系数，一般取值为

0.82~0.98。对于边缘修圆的薄壁出口，其流量系数为0.98；

CO_2 嘴流温度计算模型见式（4-1-4）。

$$h_1 - h_2 = \frac{K}{K-1}p_1V_1(1 - \gamma^{\frac{K-1}{K}})$$ （4-1-4）

式中，V_1 为气嘴入口端面的比容，m^3/kg；γ 为相对密度。

根据式（4-1-4）即可确定流体在气嘴两端的温度关系。

在所建立的嘴流方程的基础上，针对 CO_2 的比热容、密度、绝热指数等特殊物性进行了编程计算，绘制出了一定条件下的嘴损曲线，如图4-1-9所示。

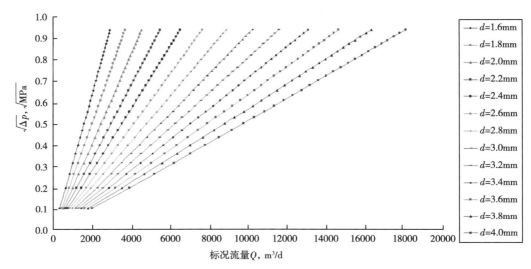

图4-1-9　针对 CO_2 的比热容、密度、绝热指数等特殊物性绘制的嘴损曲线

从图4-1-9中可以看出，其变化趋势符合气嘴流动规律，而且数量级也在合理范围之内。嘴前嘴后压差与流量的平方呈线性关系。对于具体层位配注气量，可以通过各层位嘴前嘴后的压差选择不同直径的气嘴来达到分配各层注入量的目的。

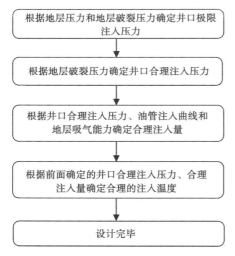

图4-1-10　注入参数优化设计流程图

2）注气参数优化设计方法

结合试验区块 CO_2 驱油现场实际，在建立的注气井筒流体动态模型基础上，建立了 CO_2 驱油注气井优化设计方法。CO_2 注入参数设计的主要内容包括合理注入压力、注入量和注入温度三部分内容，其主要设计思路如图4-1-10所示。

3）注气井筒流体动态模型及注气参数优化设计

（1）注气压力、温度、排量敏感性分析。

运用注入井筒流体剖面动态模型，对注气压力、温度以及排量敏感性进行分析。分别模拟在不同注入量、不同温度、不同井口压力条件下，注入压力与井底压力敏感性关系，以及温度与井底压力敏感性关系。

模拟结果显示，当储层吸气能力较好时，注入量增加对井底注入压力影响不大，增加 40t 注入量影响井底压力仅为 1MPa 左右，如图 4-1-11 所示；井口注入压力越大，则相应的井底压力增加幅度越大，如图 4-1-12 所示；注入压力较高时（超过 12MPa），注入温度对井底压力影响不敏感，如图 4-1-13 所示。

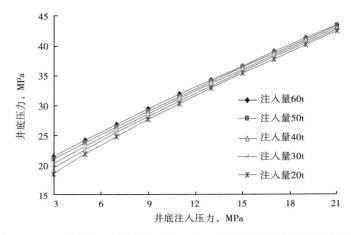

图 4-1-11　不同注入流量条件下井口注入压力与井底压力敏感性关系

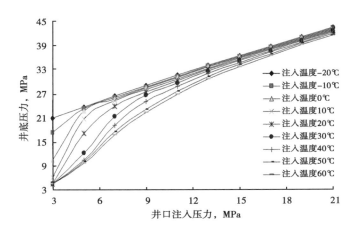

图 4-1-12　不同温度条件下井口注入压力与井底压力敏感性关系

（2）CO_2 驱油注气参数优化设计。

CO_2 注入参数优化设计主要内容包括合理注入压力的确定、合理注气量及注入温度的确定等。

利用 CO_2 驱油注气井参数设计方法，对试验区 5 口井进行注气参数设计。以其中一口井为例，通过优化得出井口注入压力为 16MPa、注入流量分别为 40t/d 和 55t/d 的合理注入温度的对比可以发现，在相同井注入压力下，若注入量增大，则合理注入温度的上下限也会随之升高。当合理注入量为 40t/d 和 55t/d 时，合理井口注入温度的范围分别为 -20~30℃ 和 8~34℃。

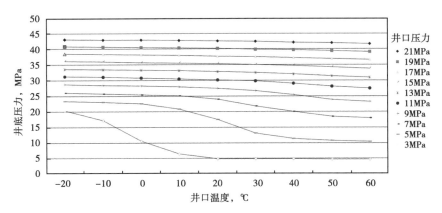

图 4-1-13 不同井口压力条件下井口温度与井底压力敏感性关系（注气量 40t，井深 2450m）

2. 两种常用的分层注气工艺

分层注气工艺立足于利用老井进行 CO_2 驱油井况实际，从注气井口及井下管柱等方面进行优化设计，从而实现地面分注和井下分注。

1）二氧化碳驱油同心双管分层注气工艺设计

同心双管分层注气利用同心管柱来实现地面分注，在工艺设计上需要重点考虑注气井口的设计，以及注气管柱的尺寸大小和优选问题。

（1）分层注气井口设计。

大情字井油田 CO_2 驱油注气井大部分是老井，井口无论是在材质，还是在压力级别上，均不满足注 CO_2 的要求；同时，双管分层注气对井口提出了特殊的需求。因此，需要研究设计分层注气井口。为保证 CO_2 驱油注气安全，体现"生产安全、技术实用、经济可行"的原则，依据 GB/T 22513—2013《石油天然气工业钻井和采油设备井口装置和采油树》标准，结合 CO_2 驱油特点和完井要求，对 CO_2 驱油试验分层注气井口进行设计，主要从压力级别、材料级别、温度级别、性能级别、规范级别、密封方式、结构设计、连接方式等几个方面进行研究。

①井口压力设计。

按照 API 6A 第 20 版和 GB/T 22513—2013 关于井口压力等级的划分标准，井口的工作压力应大于井口实际关井油压，并能够满足最大作业工作压力 1.3~1.5 倍，在有腐蚀环境下应大于 1.5 倍。试验区注气井井口最高注气压力为 23MPa，井口压力级别选择为 5000psi（34.5MPa）。

②井口材料级别设计。

井口使用的材料包括金属及非金属材料，对材料的选择应根据不同的环境因素和生产的可变性进行考虑，在满足力学性能的条件下，还要能够满足不同程度的防腐要求。CO_2 驱油注气井以防止 CO_2 腐蚀为主，井口材质级别为 CC 级。

③注气井口额定温度设计。

最低温度是装置承受的最低环境温度。最高温度是装置可直接接触到的流体的最高温度。设计应考虑装置在使用中会遇到由于温度变化和温度梯度所引起的不同热膨胀影响，选择额定温度值应该考虑到在钻井和（或）生产作业中装置将承受到的温度。考虑到冬季最低温度可达-35℃，井口的温度级别选择 L-U（-46~121℃）。

④井口规范级别确定。

根据 GB/T 22513—2013 中规定了 4 种不同技术要求的产品规范级别（PSL），井口装置总成的主要零件至少包括油管头、油管悬挂器、油管头异径连接装置及下部主阀等，所有其他井口零件均为次要的。次要零件的规范级别可按与主要零件相同或低于其级别来确定。

考虑井口使用环境、压力级别以及是否与其他装置靠得很近等因素，注气井口选 PSL-3。

⑤井口性能级别确定。

性能要求是对产品在安装状态特定的和唯一的要求，所有产品在额定压力、温度和相应材质类别以及试验流体条件下，进行承载能力、周期、操作力或扭矩的测试。性能要求分为 PR1 和 PR2 两级，PR2 具有更严格的要求。

性能试验包括压力、温度、持久性循环试验，考虑到气井阀门的操作次数以及对压力、温度等级的要求，井口的性能级别选择为 PR1。

⑥分层注气井口结构设计。

如图 4-1-14 所示，研发设计的分层注气井口结构，井口内设计上下双油管挂结构。底部油管挂是悬挂 $2\frac{7}{8}$in 油管❶，作为双管分层注气的外管悬挂；顶部油管挂是悬挂 1.9in 小油管，作为双管分层注气管柱的中心管。油管四通与下部螺纹法兰直接法兰密封，螺纹法兰与 $5\frac{1}{2}$in 套管螺纹连接，并进行套管二次橡胶密封，密封压力在 35MPa 以上，要求井口密封胶圈耐 CO_2 腐蚀。井口材质级别为 CC 级，压力级别为 5000psi。

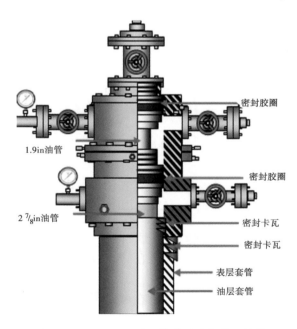

1.9in油管

$2\frac{7}{8}$in油管

密封胶圈

密封胶圈

密封卡瓦

密封卡瓦

表层套管

油层套管

图 4-1-14　CO_2 驱油双管分层注气井口结构

---

❶　1in = 25.4mm。

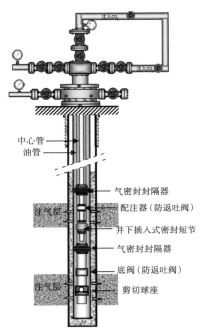

图 4-1-15　同心双管注气工艺管柱

中心管
油管
气密封封隔器
配注器（防返吐阀）
注气层
井下插入式密封短节
气密封封隔器
底阀（防返吐阀）
注气层
剪切球座

（2）分层注气管柱设计。

分层注气工艺是通过在油管内下中心管，分别用封隔器将两油层封隔开来，利用中心管注下部油层，中心管和油管环空注上段油层的分层注气工艺技术。

如图 4-1-15 所示，油管管柱主要由气密封油管、伸缩管、双封隔器、防返吐配注器、球座、丝堵等组成，对上部油层进行注气；中心管主要由中心小油管、中间承接短节插入密封段等组成，对下部油层进行注气。管柱设计防返吐功能，防止油层流体返吐造成井筒堵塞。

（3）注气管柱尺寸大小优选。

在 5 ½in 套管内实施同心双管分层注气，主要有两种方案：一是采用 1.9in 管和 2⅞ in 管组合；二是采用 1.9in 管和 3½in 管组合。

假设都采用 N80 油管和套管，那么各油管和套管的具体参数数据见表 4-1-3。

表 4-1-3　N80 油管和套管的各种参数

尺寸 in	外径 mm	内径 mm	壁厚 mm	整体接头型 通径，mm	有接箍情况下的 通径，mm	有接箍情况下的 接箍外径，mm	挤毁压力 MPa	内屈服强度 MPa
5½	139.7	124.26	7.72	118.19	121.08	153.67	43.3	53.4
	139.7	121.36	9.17	118.19	118.19	153.67	60.9	63.4
3½	88.9	76	6.45	无整体接头型油管	72.82	107.95（不加厚），114.3（加厚）	72.6	70.1
2⅞	73.03	62.00	5.51	无整体接头型油管	59.61	88.9（不加厚），93.17（加厚）	76.9	72.9
1.9	48.26	40.89	3.68	38.51（外径53.59）	38.51	55.88（不加厚），63.5（加厚）	77.8	73.6

两种方案整体情况如图 4-1-16 和图 4-1-17 所示。

以上两种方案的优选重点：一是两种方案在管柱搭配上是否可以进行施工；二是两种方案都能进行正常作业的前提下哪种更优。

首先从施工角度考虑，就是中心管和油管在考虑了外径接箍和摩擦力、井斜、油管套管内壁结垢等情况下能否下得进去，能否施工，能否正常注气，风险性评估情况；如果两者都能进行正常施工，那就需要考虑两种方式注气哪个方案更优。这需要从正常注气工艺的参数及成本上进行考虑。详细的对比还需结合注气量、注气压力、注入流体温度等来具体分析。

各管柱内外径及实际通径情况如下：

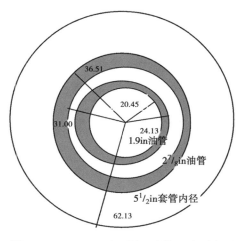
图 4-1-16 1.9in 和 2⅞in 油管组合示意图

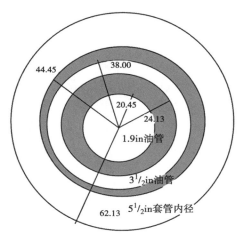
图 4-1-17 1.9in 和 3½in 油管组合示意图

5½in 套管外径为 139.7mm，内径按壁厚 7.72mm 计算为 124.26mm，有接箍情况下实际内通径为 121.08mm，无接箍情况下实际通径为 118.19mm。

3½in 油管外径为 88.9mm，内径按壁厚 6.45mm 计算为 76mm，实际内通径为 72.82mm，本型号油管全部都带接箍和螺纹，接箍不加厚，实际接箍的外径最大为 107.95mm，加厚接箍的实际外径为 114.34mm。

2⅞in 油管外径为 73.03mm，内径按壁厚 5.51mm 计算为 62.01mm，实际内通径为 59.61mm，本型号油管全部都带接箍和螺纹，接箍不加厚，实际接箍的外径最大为 88.9mm，加厚接箍的实际外径为 93.17mm。

1.9in 油管的外径为 48.26mm，内径按壁厚 3.68mm 计算为 40.9mm，有整体接头情况下外径最大为 53.59mm，无整体接头情况下的不加厚接箍外径为 55.88mm，加厚的接箍外径为 63.5mm。

①从间隙及施工角度考虑。

选用 3½in 油管的外径带接箍和螺纹，但接箍不加厚，此情况下，3½in 油管外径和 5½in 套管内径的平均间隙为 17.68mm，最小间隙为 6.565mm。而 1.9in 油管选用整体接头油管，那么 3½in 油管内径和 1.9in 油管外径平均间隙为 13.87mm，最小间隙为 9.615mm。

选用 2⅞in 油管的外径带接箍和螺纹，但接箍不加厚，此情况下，2⅞in 油管外径和 5½in 套管内径的平均间隙为 25.615mm，最小间隙为 16.09mm。而 1.9in 油管选用整体接头油管，那么 2⅞in 油管内径和 1.9in 油管外径平均间隙为 6.87mm，最小间隙为 3.01mm。

间隙过小，在存在井斜、结垢、摩擦力等情况下，正常的起下管柱施工和正常注气都会存在一定的遇卡风险。

从施工可行性角度讲，这两种组合应该都能进行施工，但是从施工风险来说，间隙过小情况下，2⅞in 油管—1.9in 油管组合施工时，作业风险要大于 3½in 油管—1.9in 油管组合。

②从注气参数角度考虑。

两种管柱组合情况下，环空流道和中心管流道的截面积之比不一样：对于 3½in 油管—1.9in 油管组合，其环空流道和中心管流道的截面积之比为 2.0616；对于 2⅞in 油管—

1.9in 油管组合，其环空流道和中心管流道的截面积之比为 0.9061。

从实际现场注气来看，每个流道的平均注气量都在 20~30t（CO_2）之间，最大可能存在 40t（CO_2）的情况，换算为标准状况下的注气体积，即平均注气量在 10000~15000m^3/d 之间，最大可能存在 20000m^3/d 的情况。

由于两个流道总注入量变化不大，故在选取流道截面积的时候，为了保持注入压力、速度、温度尽量接近并使中心管内外压力平衡，两个流道的截面积比值接近 1 为好。

故此情况下，$2\frac{7}{8}$in 油管—1.9in 油管组合优于 $3\frac{1}{2}$in 油管—1.9in 油管组合。

③从成本角度考虑。

$3\frac{1}{2}$in 油管的成本要高于 $2\frac{7}{8}$in 油管，故从成本角度考虑，$2\frac{7}{8}$in 油管—1.9in 油管组合优于 $3\frac{1}{2}$in 油管—1.9in 油管组合。

但有一点需要强调指出，在设计油管柱时，首先应考虑油套允许的合理间隙，不符合条件则即时淘汰，无须再进行其他情况时的对比分析。

2）二氧化碳驱油井下配注器分层注气工艺设计

若 CO_2 驱油老井套管为非气密封套管，同心双管分层注气工艺只能实现两层分层注气，且后期作业难度大。因此，要满足 3 层以上分层分层注气的需要，需研究设计井下配注器分层注气工艺。

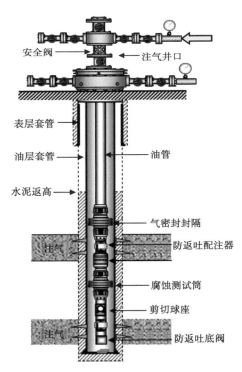

图 4-1-18　井下配注器分层注气工艺管柱

①气密封封隔器结构原理。

（1）分层注气工艺管柱设计。

井下配注器分层注气工艺主要是基于偏心分层注水的思路进行设计。井下各层分别用封隔器进行封隔，利用气嘴配注器对不同注入层进行 CO_2 配注。

注气井口采用 CC 级 5000psi 井口，管柱结构主要由气密封封隔器、气密封油管、CO_2 防返吐配注器以及防返吐底阀组成。井下工具要求气密性好和耐腐蚀。封隔器需要选择气密封封隔器，在油层顶端和油层底界分别加一级套管保护封隔器和平衡封隔器，如图 4-1-18 所示。

（2）封隔器。

由于井下配注气分层注气工艺使用封隔器较多，为了降低成本，研发国产封隔器，研究主要有两种思路：一是封隔器金属配件均为国产化设计加工；二是应用国产封隔器+进口封隔器胶筒配件包的方式进行设计加工。经过试验，国产化胶筒在试验区地层条件（100℃，25MPa）的注气井内，易形成裂纹损坏，不适用。因此，选用第二种方案进行设计加工。

气密封封隔器采用压缩式胶筒、双向卡瓦锚定、液压坐封、上提管柱解封原理，主要由液压坐封机构、密封机构、锚定机构、锁定机构、上提解封机构、抗阻机构组成

（图4-1-19）。

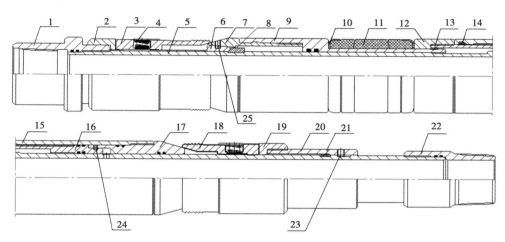

图4-1-19　气密封封隔器结构示意图

1—上接头；2—上卡瓦罩；3—上卡瓦；4—弹簧；5—中心管；6—提解套；7—上锥体；8—上卡环；9—胶筒轴；
10—保护环；11—胶筒；12—下压环；13—中卡环；14—锁簧；15—缸筒；16—活塞；17—下锥体；18—下卡瓦；
19—下卡瓦罩；20—剪切套；21—下卡环；22—下接头；23—解封销钉；24—坐封销钉；25—解卡销钉

②气密封封隔器工作原理。

下井：工具抗阻机构工作，保证工具下井过程中遇阻不误坐封。

坐封：向油管内注水加压，液流经中心管上的孔作用于活塞与下锥体上，剪断坐封销钉后，下锥体下行将下卡瓦锚定套管，同时活塞上行，推动下压环、胶筒、保护环、胶筒轴、上锥体、提解套将上卡瓦锚定套管，之后压缩胶筒胀封，在坐封过程中，锁簧与活塞步进锁定，达到坐封压力后，坐封完成。

解封：上提管柱，中心管带着上卡环和提解套剪断解卡销钉后上行，上卡瓦回收；之后中心管挂着胶筒轴上行，胶筒回收；由中卡环挂接下压环、活塞、缸筒、下锥体上行，下卡瓦回收，工具解封。

③气密封封隔器工作原理技术参数。

最大刚体外径为$\phi 114mm$，最小内通径为$\phi 60mm$，长度为1712mm，坐封压力为20MPa，工作压力为50MPa，工作温度不高于140℃，解封载荷为180～220kN，钢球直径为$\phi 45mm$，球座打掉压力为22～25MPa。

（3）防返吐配注器研发。

利用气嘴分层注气，井筒流体返吐易堵塞气嘴，因此研究设计了防返吐配注器。

①防返吐配注器结构。

防返吐配注器考虑注入井流体返吐，在堵塞器结构中专门设计了防返吐机构，并设计有注入流体的杂质沉降腔，主要由打捞头、锁定装置、进液口、单流阀、坐封控制滑套、沉杂质腔组成（图4-1-20）。

②防返吐配注器工作原理。

防返吐配注器采用压缩式胶筒、双向卡瓦锚定、液压坐封、上提管柱解封原理，主要由液压坐封机构、密封机构、锚定机构、锁定机构、上提解封机构等机构组成。

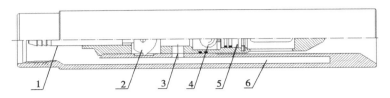

图 4-1-20　防返吐配注器结构示意图

1—打捞头；2—锁定装置；3—进液口；4—单流阀；5—坐封控制滑套；6—沉杂质腔

堵塞器投送下井：钢丝作业用投送器悬挂堵塞器下入配注器内，锁定装置将堵塞器锁定，上提钢丝将投送器与堵塞器之间的销子折断，起出钢丝，堵塞器留在配注器内，投送结束。

配注器工作：在注入井注入流体过程中，流体从通道的进液口注入地层，当地层压力高于井筒内压力时，流体有向井筒内返吐的趋势，这时结构中的单流阀起作用，阻止流体向井筒内流入，保证了地层内流体无法向井筒内返吐。

打捞：钢丝作业下打捞器，当打捞器对准并提住打捞头时，上提钢丝，堵塞器中的锁定装置收回，这样堵塞器就没有锁定作用了，便可以把堵塞器提出。

③防返吐配注器技术参数。

防返吐配注器最大刚体外径为 ϕ102mm，最小内通径为 ϕ46mm，长度为 800mm，工作压力为 60MPa，工作温度为 150℃，连接扣型 2⅞in 外加厚螺纹。

（4）分层注气测调试。

以建立 CO_2 嘴流压降和温度模型为测调试理论依据，采用防喷测试工艺，测调试设备应满足 CO_2 防腐、气密封、耐高低温、耐高压等要求。利用测试密封段逐级坐封防返吐配注器，在配气间改变工作制度，通过配气间的仪表读取对应的注气量，然后应用差减法计算单层的注气量（注气站），通过密度与流量关系，间接测试井下气体流量。

该种方法测试成本低，测试工艺简单。但目前井下测量气体流量计不太成熟，存在计量误差，尤其注气站气体流量换算成井底流量误差较大。

3）分层注二氧化碳气嘴实验装置设计

气嘴设计是 CO_2 分注的关键，合理的气嘴设计要通过嘴流实验得出实验数据，开展 CO_2 分注嘴流特性模拟实验，得出嘴流特性规律，结合理论研究建立优化设计方法。

依托黑 79 区块 CO_2 驱油与埋存试验基地，设计形成了分层注 CO_2 气嘴实验装置，该装置主要由闸阀、调压阀、电动放空阀、V 锥流量计、质量流量计、孔板段（气嘴模拟段）和 DN15/DN50 钢管组成（图 4-1-21），实验橇长 3.4m，宽 1.4m。

CO_2 流体由来气端进入装置，然后经调压阀调节稳压后进入 DN15 管道，DN15 管道可保证流态的统一性和一致性，便于计量。为了确保流量计量的准确性，使用"V 锥流量计+质量流量计"双流量计进行校正，由流量计计量流量后，重新进入 DN50 管道；然后由孔板模拟气嘴，利用压差传感器及温压传感器进行计量，得出气嘴嘴径与流量、温度、压力各参数之间的相互关系；最后由出气端泄压排出，装置设有两个放空阀，放空阀 1 起到在实验橇压力过高时自动泄压放空的安全防护作用，放空阀 2 位于出气端，起到稳定气嘴下游压力的作用，通过设定一定的放空压力，避免压力骤降对实验造成较大的误差。

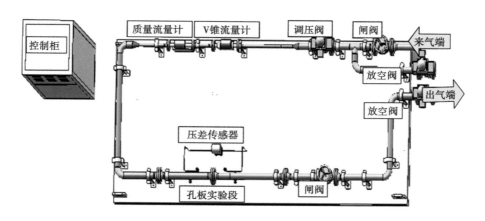

图 4-1-21　分层注 CO_2 气嘴实验装置图

4）分层注气现场试验情况

（1）吉林分层注气现场试验。

随着 CO_2 驱油的进行，采油井陆续见效，但部分油井出现气油比升高、CO_2 含量升高的现象。黑 59 区块中有 7 口井套压较高（2MPa 以上），部分井 CO_2 含量超过 80%。黑 59 区块注气井吸气剖面测试结果表明，各层吸气状况不均匀，储层层间矛盾导致部分油井出现 CO_2 过早突破。

因此，优选两口井开展分层注气现场试验，一口井采用井下偏心配注器分层注气，另一口井采用同心双管分层注气（图 4-1-22）。

图 4-1-22　同心双管分层注气井口

（2）大庆分层注气现场试验。

①单管分注工艺现场试验。

大庆榆树林油田 101 区块应用 14 口井，151 区块应用 11 口井。

树 363-251 井位于榆树林油田东 14 CO_2 试验区，分两个层段（2089.0～2087.2m、2076.2～2070.4m）进行 CO_2 分层注入及注入量调配，以解决 CO_2 驱油气窜问题，并验证 CO_2 分层注入工艺管柱及配套测试技术的可行性（基础数据见表 4-1-4）。

表 4-1-4　树 363-251 井基本情况

配注层段	射孔顶底界，m	配注量，t/d	原始地层压力，MPa
Y I 5²—Y I 6¹（偏一层）	2076.2~2070.4	6	18.9
Y I 7¹（偏二层）	2089.0~2087.2	4	

该井于 2011 年 10 月 25 日进行完井施工，下入完井管柱，坐封封隔器，套管注入柴油进行防腐。偏一层投入空堵塞器，偏二层投入带 2 级 1mm 注气节流嘴堵塞器来限制单层注入量。井口注气压力为 25MPa，正常注气 5 个月后采用存储五参数法、氧活化法测试工艺分别进行了两次剖面测试，解释成果显示偏二层不吸气。将偏一层投死嘴堵死，将偏二层气嘴捞出后，单注偏二层仍然无注入量显示，确定原因为偏二层不吸气。将偏一层死嘴捞出换为试验组合气嘴，继续注气显示压力升高 3MPa，注气量由原来 0.8m³/h 下降到 0.6m³/h，组合气嘴起到了节流作用。

②两层轮换注气工艺现场试验。

该工艺共现场试验 6 口井。芳 188-132 井组单卡一个层段（F I 7²）进行 CO_2 注入及注入量调配（上部 F I 7³—F I 7⁴ 层段暂时停注）（表 4-1-5）。先期芳 188-132 井采用高密度压井液进行压井施工，采用连续油管成功替出钻井液。后期施工井创新采用了无固相压井液阶梯替出压井液方法，应用连续油管正洗，确保完井顺利，试验效果良好。

表 4-1-5　两层轮换注气工艺现场试验情况表

井号	施工时间	分注情况	注气层段	注气量，t/d	注入方式	备注
芳 188-132	2011 年 6 月	两层轮注	F I 7/F I 31—F I 4	12	连续注入	压井施工
芳 184-130	2011 年 10 月	两层轮注	F I 7/F I 21—F I 32	12	连续注入	压井施工
芳 184-136	2011 年 10 月	两层轮注	F I 7/F I 21—F I 52	12	连续注入	压井施工
芳 186-130	2011 年 10 月	两层轮注	F I 7/F I 31—F I 41	12	连续注入	压井施工
芳 186-132	2011 年 10 月	两层轮注	F I 7/F I 41—F I 62	12	连续注入	压井施工
芳 188-130	2011 年 10 月	两层轮注	F I 7/F I 32—F I 52	12	连续注入	压井施工

③双管分层注气工艺现场试验。

该工艺共现场试验 4 口井。管柱组成：内外管环空对上部油层注气，组成包括油管、上封隔器、下封隔器等；中心管对下部油层注气，组成包括油管、插入密封段等。配套安全：采用防腐油管、防腐封隔器，定期注入防腐液保护管柱及套管，井口止回装置防止注入液体返吐，交替注入调节器可实现反循环作业。双管分层注气工艺现场试验情况见表 4-1-6。

表 4-1-6　双管分层注气工艺现场试验情况表

井号	施工日期	分注情况	注气层段	注气量，t/d	注入方式	备注
树 66-51	2012 年 3 月	双管分注	Y I 5/Y II 4—Y II 5	10	连续注入	水井转注
树 66-57	2012 年 3 月	双管分注	Y I 5/Y II 2—Y II 5	10	连续注入	水井转注
树 64-57	2012 年 3 月	双管分注	Y I 5/Y II 2—Y II 5	10	连续注入	水井转注
树 66-59	2012 年 3 月	双管分注	Y I 5/Y II 2—Y II 5	10	连续注入	水井转注

第二节 二氧化碳驱油高效举升工艺技术

一、二氧化碳驱油采油井特点

随着 CO_2 驱油试验的进行，采油井陆续见到了驱油效果。受 CO_2 突破影响，采油井出现产出原油中 CO_2 含量升高、气油比升高、套压升高等问题，常规有杆泵机抽采油工艺对高气油比适应性较差，无法有效地保持生产能力。某试验区 25 口采油井示功图解释正常 17 口井，气体影响和供液不足 4 口井；平均泵效仅为 36.66%，泵效小于 40% 的共有 13 口井，13 口低泵效机抽井数据见表 4-2-1，其中气油比在 100m³/t 以上的有 4 口井，平均气油比为 82.1m³/t。

目前，为了更好地保障 CO_2 驱油的效果，需要开展采油井举升参数优化，确定合理工作制度，来缓解平面注采矛盾；同时，采取高套压、高气油比举升技术，解决 CO_2 气窜、套压升高等引起的油井举升问题。

表 4-2-1 低泵效机抽井数据

序号	气油比 m³/t	CO_2 含量 %	套压 MPa	沉没度 m	泵效 %	示功图解释
1	114.7	83.6	0.01	1000	11.67	气影响
2	67.1	33.7	0.97	71	13.27	极差
3	85.4	79.6	0.83	261	14.59	不足
4	24.9	76.2	3.98	372.56	14.81	正常
5	42.4	78.4	0.01	140	22.46	正常
6	66.0	85.2	0.01	58	23.63	气影响
7	147.2	5.4	2.93	124	25.53	不足
8	231.9	74.9	3.83	1476	29.27	气影响
9	39.8	79.2	0.01	445	34.04	正常
10	84.4	42.3	0.25	77	34.72	正常
11	83.7	74.9	0.01	281	34.72	正常
12	24.5	0.0	1.32	580	38.46	正常
13	15.6	74.3	0.56	624	39.82	正常

二、高效举升工艺技术

1. 技术原理

针对大庆外围低渗透油田 CO_2 驱油高气液比生产井，研究设计了一套适合低产、低流压、高气液比条件的防气举升工艺配套技术（图 4-2-1）。该技术采用高效防气装置（图 4-2-2）对气液实现四次分离，即在抽油泵外面套有外管，抽油泵下端连接螺旋管。气

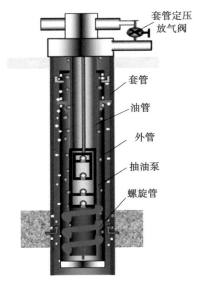

图 4-2-1 高气液比生产井
举升工艺管柱

液进入套管后首先在油套环空，产生一次重力沉降分离；分离后的气液混合物从外管上部的进液孔进入抽油泵和外管之间的环空，产生第二次气液分离；气液继续沿环空向下流动，由于气液密度差作用，气液产生第三次沉降分离，一部分气体向上流动，从外管排气孔排出；气液向下流动进入抽油泵下端的螺旋管，产生第四次离心分离，分离出的气体经螺旋管上的缝隙向上流动，从排气孔排出。分离后的液体经螺旋管中心孔道进入抽油泵。

地面井口安装套管定压放气阀。从地层出来的气液混合物首先经过泵外防气装置实现气液分离，分离出的油水混合物进入抽油泵，被抽油泵举升到地面。分离出的气体进入油套环形空间，通过地面井口的套管定压放气阀进入地面生产管线。

2. 高效防气装置螺旋管的结构设计

根据气液两相流存在密度差异的特点，利用油气在螺旋轨道内较高速旋转产生的紊流及离心作用将油气分

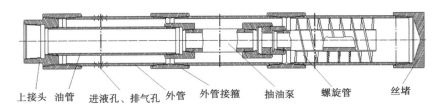

上接头　油管　进液孔、排气孔　外管　外管接箍　抽油泵　螺旋管　丝堵

图 4-2-2 高效防气装置

开。为了简化计算，假设：气泡在液体内均匀分布；气泡在螺旋轨道内移动时只考虑离心力的作用，忽略重力作用；液体密度是一致的；气液混合物以同一速度在螺旋轨道内做旋转运动。

在层流方式下根据气泡所受液体的离心力与气泡径向运动的阻力，可得出气泡在螺旋管（图 4-2-3）中的运动微分方程：

$$\mathrm{d}\phi = \frac{18\,\gamma\mathrm{d}r}{\omega r d^2} \tag{4-2-1}$$

积分上式，得：

$$\phi = \frac{18\gamma}{\omega d^2}\ln\frac{r_2}{r_1} \tag{4-2-2}$$

$$\phi = 2\pi l/b \tag{4-2-3}$$

则气泡的平均旋转角速度为：

$$\omega = \frac{q_{\mathrm{m}}}{b(r_2 - r_1)(r_2 + r_1)/2} \tag{4-2-4}$$

将式（4-2-3）和式（4-2-4）代入式（4-2-2）可得：

$$r' = r_2 e^{-\beta} \tag{4-2-5}$$

$$\beta = \frac{0.7 \times 10^6 l d^2 q_m}{(r_2^2 - r_1^2) b^2 r} \tag{4-2-6}$$

油气混合物的螺旋流量：

$$q_m = \frac{1}{43200} \Big[Q_o + Q_w + \frac{Q_o(R - R_s) p_o}{p_x} \Big] \tag{4-2-7}$$

式中，$d\phi$ 为气泡在螺旋中的角位移增量，rad；dr 为气泡在螺旋中的径向位移增量，cm；ω 为气泡旋转角速度，rad/s；Φ 为螺旋入口最外侧 r_2 处的气泡（或液流）从螺旋入口到出口时所走过的角位移，rad；r 为气泡旋转半径，cm；r' 为螺旋入口最外侧 r_2 处的气泡到出口时至中心的径向距离，cm；r_2 为螺旋片外半径，cm；l 为螺旋长度，cm；d 为气泡直径，cm；q_m 为油气水混合物的螺旋流量，m³/s；r_1 为螺旋片内半径（吸入管外半径），cm；b 为螺距，cm；γ 为液体运动黏度，cm²/s；Q_o 为日产油量，m³；Q_w 为日产水量，m³；R 为气油比；R_s 为溶解气油比；p_o 为标准大气压，取 0.1MPa；p_x 为吸入口压力（绝对），MPa。

在设计螺旋管时，应保证使一定大小的气泡能够从螺旋入口的最外侧 r_2 处到出口时移动到内侧，即 $r' \leqslant r_1$，这样才能达到油气分离的目的。

3. 高效防气装置和抽油泵工作特性实验

利用模拟抽油机井实验装置，模拟大庆油田芳 48 试验区块和树 101 试验区块抽油机井系统的井底流动状态，并以水和空气作为流动介质，开展了不同排量、气液比条件下，φ32mm 普通抽油泵连接高效防气装置前后的泵效对比实验，以及 φ32mm 普通抽油泵连接两种（40mm/120mm）螺距高效防气装置的泵效对比实验，通过实验总结规律如下：

（1）φ32mm 普通抽油泵不加防气装置时，泵效较差。冲次为 1~6min⁻¹，气液比达到 50m³/m³ 时，泵效低于 10%（图 4-2-4）。

（2）φ32mm 普通抽油泵连接高效防气装置（螺距 120mm）后，泵效提高明显。冲次为 1~6min⁻¹，气液比达到 400m³/m³，泵效仍保持在 90% 以上（图 4-2-5）；φ32mm 普通泵连接高效防气装置时，冲次越低，泵效越高。气液比达到 3000m³/m³，冲次为 6min⁻¹ 时，泵效达到 20% 左右；冲次为 2min⁻¹ 时，泵效达到 60% 左右。

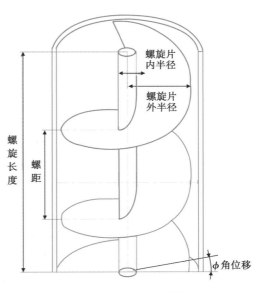

图 4-2-3　螺旋管结构

（3）抽油泵安装螺距 40mm 的高效防气装置的泵效，高于安装螺距 120mm 的高效防气装置的泵效（图 4-2-6、图 4-2-7）。实验表明，螺距越小，气液分离效果越好，抽油泵的泵效越高。

143

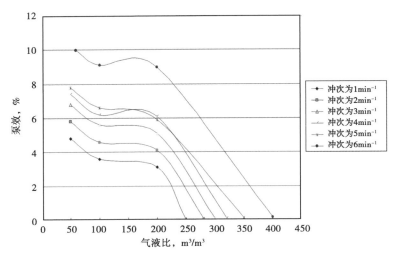

图 4-2-4　32mm 普通抽油泵不加防气装置时泵效随气液比变化曲线

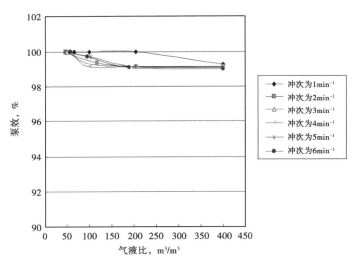

图 4-2-5　32mm 普通抽油泵连接高效防气装置后泵效随气液比变化曲线

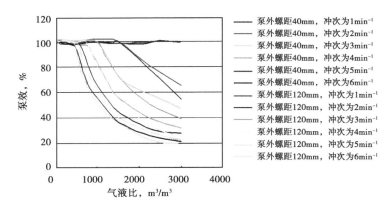

图 4-2-6　不同螺距高效防气装置泵效随气液比变化曲线

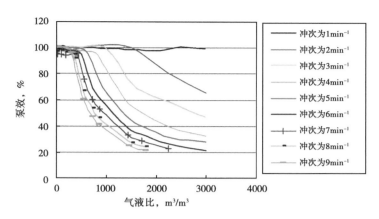

图 4-2-7　抽油泵安装螺距 40mm 的高效防气装置的泵效随气液比变化曲线

4. 高气液比生产井工作制度的建立

1）建立高气液比生产井防气举升措施控制图

根据高气液比井防气举升室内实验和现场试验效果，建立了不同气液比、产液量和沉没压力条件下的生产井防气举升工艺措施控制图（图 4-2-8）。

（1）当气液比大于 50m³/t、小于 400m³/t 时，采用螺距 120mm 高效防气装置和普通抽油泵举升。

（2）当气液比大于 400m³/t、小于 2000m³/t 时，采用螺距 40mm 高效防气装置和普通抽油泵举升。

（3）当气液比大于 2000m³/t、小于 3000m³/t 时，采用螺距 40mm 高效防气装置和防气式抽油泵举升。

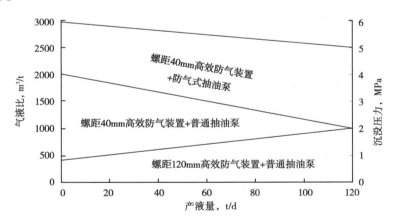

图 4-2-8　高气液比生产井防气举升工艺措施控制图

2）确定高气液比生产井合理沉没度

（1）建立不使用防气装置时，抽油泵泵效与沉没度、气油比的数学关系模型。

泵效的计算公式为：

$$V_e = V_{e(气)} \times V_{e(漏失)} \times V_{e(余隙)} \qquad (4\text{-}2\text{-}8)$$

正常运行的抽油泵漏失和余隙对泵效影响很小，在此只考虑气体对泵效的影响，抽油泵的泵效为：

$$V_e = (Q_o + Q_w)/Q_理 = (Q_o + Q_w)/(Q_oB_o + Q_wB_w + RQ_oB_g) \qquad (4-2-9)$$

式中，Q_o、Q_w 为地面产油量和产水量，m^3/d；$Q_理$ 为泵理论体积排量，m^3/d；R 为泵吸入口气油比，m^3/m^3；B_o、B_w 和 B_g 分别为油、水和气体的地层体积系数，m^3/m^3。

（2）建立安装高效防气装置时，抽油泵泵效与沉没度、气油比的数学关系模型。

由于安装了高效防气装置，井下气液首先会通过防气装置进行气液分离后，井液才会进入泵吸入口。此时泵吸入口气油比计算公式为：

$$R = 110Cp^{2/3}v_s^{1/2}B_o/B_g \qquad (4-2-10)$$

其中：$v_s = 3.529 \times 10^{-6}(Q_oB_o + Q_wB_w)/A_{an}$

式中，C 为气锚系数（气锚主要有皮碗式气锚和封隔器式气锚两种类型，皮碗式气锚 $C = 0.028$，封隔器式气锚 $C = 0.036$）；p 为气锚沉没压力（气锚直接与泵连接时近似为泵入口压力），MPa；v_s 为液体通过气锚的表观下行速度，m/s；A_{an} 为气锚环形截面积，m^2。

由式（4-2-10）可得使用气锚时泵效为：

$$V_{et} = (1 + WOR)/(B_0 + B_w \times WOR + 110Cp^{2/3}v_s^{1/2}B_o) \qquad (4-2-11)$$

（3）根据每个月的生产数据（产液量、气油比），可以绘制安装高效防气装置前后抽油泵泵效与沉没度的关系图版（图4-2-9），并根据前后两条曲线的交点确立油井最大的沉没度。

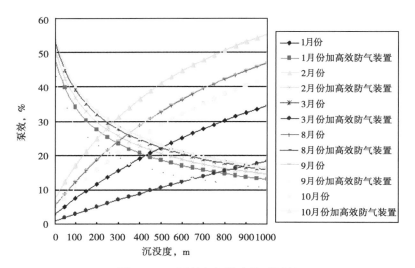

图4-2-9 泵效与沉没度关系图版

以试验区两口井为例，确立了两口井的合理沉没度范围（表4-2-2）。

3）确定高气液比生产井的合理冲程、冲次

根据高气液比井防气举升室内实验和现场试验数据，确定了高气液比生产井的合理冲程、冲次匹配原则：

（1）气液比为 $100 \sim 3000 m^3/t$、产液量小于 $3m^3$ 的井，采用长冲程，冲次为 $1 \sim 2min^{-1}$。

（2）气液比为 $100 \sim 3000 m^3/t$、产液量为 $3 \sim 5m^3$ 的井，采用长冲程，冲次为 $2 \sim 4min^{-1}$。

（3）气液比为 $100 \sim 3000 m^3/t$、产液量大于 $5m^3$ 的井，采用长冲程，冲次为 $3 \sim 5min^{-1}$。

表 4-2-2　安装高效防气装置合理沉没度

编号	气液比，m^3/t	沉没度，m
A	$100 \sim 400$	$100 \sim 300$
B	$50 \sim 300$	$50 \sim 100$

三、举升工艺现场应用情况

1. 二氧化碳驱油举升参数优化设计方法

随着 CO_2 驱油试验的进行，受储层非均质、气窜及注采关系影响，采油井驱替效果差异大，在现有工作制度条件下，无法有效地保持生产能力。需要通过调控不同采油井的生产流压，确定合理工作制度，保持采油井生产能力。

1）二氧化碳驱油采油井井筒流体动态模型

（1）模型假设。

取井底为坐标原点，竖直向上为正。在建立数学模型之前，首先做如下假设：第一，流体在井筒内的流动为一维稳态流动，同一截面上气液两相温度、压力相等；第二，同一截面上气液两相速度相等；第三，从油管到水泥环外缘间的传热为一维稳态传热，从水泥环外缘到井筒周围地层中的传热为一维非稳态传热；第四，井筒和周围地层中的热损失是径向的，且不考虑沿井身方向的纵向传热。

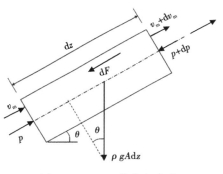

图 4-2-10　一维稳态流动

（2）井筒压降计算模型。

如图 4-2-10 所示，取一维流段 dz 来研究，根据流体力学动量守恒定律，可得井筒压降计算模型如下：

$$-\frac{dp}{dz} = \frac{g\sin\theta[\rho_L H_L + \rho_g(1 - H_L)] + \frac{fGv_m}{2d}}{1 - \frac{[\rho_L H_L + \rho_g(1 - H_L)]v_m v_{sg}}{p}} \tag{4-2-12}$$

式中，A 为流体流经管道截面积，m^2；p 为压力，MPa；F 为摩擦阻力，N；ρ_m 为气液混合流体密度，kg/m^3；v_m 为混合流体线速度，m/s；θ 为管子中心线与参考水平面夹角，（°）；G 为流体质量流量，kg/s；f 为阻力系数；d 为管道内径，m；z 为井筒位置，m；ρ_L 为液体密度，kg/m^3；ρ_g 为气体密度，kg/m^3；H_L 为持液率；v_{sg} 为气相表观流速，m/s。

（3）井筒温度计算模型。

根据文献，井筒温度模型有：

$$\frac{\mathrm{d}T_{\mathrm{f}}}{\mathrm{d}z} = \frac{T_{\mathrm{ei}} - T_{\mathrm{f}}}{M} - \frac{g\,\sin\theta}{\overline{C_{pm}}} + (\overline{J_{\mathrm{t}}} + \frac{v_{\mathrm{m}}v_{\mathrm{sg}}}{p\ \overline{C_{pm}}})\frac{\mathrm{d}p}{\mathrm{d}z} \tag{4-2-13}$$

其中：

$$M = \frac{\overline{C_{pm}}\,G}{2\pi}\ (\frac{k_{\mathrm{e}} + T_{\mathrm{D}}r_{\mathrm{to}}U_{\mathrm{to}}}{r_{\mathrm{to}}U_{\mathrm{to}}k_{\mathrm{e}}})$$

式中，T_{f} 为流体温度，K；T_{ei} 为地层温度，K；$\overline{J_{\mathrm{t}}}$ 为混合流体焦耳—汤姆逊系数；$\overline{C_{pm}}$ 为混合流体质量定压热容，J/（kg·K）；k_{e} 为地层导热系数，J/（s·m·K）；T_{D} 为瞬态传热函数；U_{to} 为井筒总传热系数，W/（m·K）；r_{to} 为油管外半径，m。

式（4-2-12）和式（4-2-13）加上 PR 状态方程即组成了高含 CO_2 原油混合体系井筒流动压力、温度分布计算综合模型。本模型求解可采用数值差分法进行计算，以井底或井口已知数据作为初始条件，将井筒分成若干段进行迭代计算，可得到整个井筒的压力、温度剖面。

（4）模型相关参数计算方法。

①井筒总传热系数。

对于井筒总传热系数 U_{to} 可由式（4-2-14）确定，再根据实际井身结构情况进行修正：

$$U_{\mathrm{to}} = [\frac{r_{\mathrm{to}}}{r_{\mathrm{ti}}h_{\mathrm{to}}} + \frac{r_{\mathrm{to}}\ln(r_{\mathrm{to}}/r_{\mathrm{ti}})}{k_{\mathrm{t}}} + \frac{1}{h_{\mathrm{c}} + h_{\mathrm{r}}} + \frac{r_{\mathrm{to}}\ln(r_{\mathrm{co}}/r_{\mathrm{ci}})}{k_{\mathrm{cas}}} + \frac{r_{\mathrm{to}}\ln(r_{\mathrm{wb}}/r_{\mathrm{co}})}{k_{\mathrm{cem}}}]^{-1} \tag{4-2-14}$$

式中，h_{to} 为油管内流体传热系数，J/（s·m²·K）；h_{c} 为环空内流体对流传热系数，J/（s·m²·K）；h_{r} 为环空内流体辐射传热系数，J/（s·m²·K）；r_{to} 为油管外壁半径，m；r_{ti} 为油管内壁半径，m；r_{co} 为套管外壁半径，m；r_{ci} 为套管内壁半径，m；r_{wb} 为中筒直径，m；k_{t} 为油管导热系数，W/（m·K）；k_{cas} 为套管导热系数，W/（m·K）；k_{cem} 为水泥环导热系数，W/（m·K）。

在具体计算 U_{to} 时，将井身分成多段，在每一段上根据不同的温度、压力采用迭代法求解。

②瞬态传热函数计算。

瞬态传热函数的精确求解过程非常复杂，采用能够满足工程精度要求的近似公式。

$$T_{\mathrm{D}} = \begin{cases} 1.1281\sqrt{t_{\mathrm{D}}}\,(1 - 0.3)\sqrt{t_{\mathrm{D}}} & t_{\mathrm{D}} \leqslant 1.5 \\ (0.4063 + 0.5\ln t_{\mathrm{D}})(1 + \dfrac{0.6}{t_{\mathrm{D}}}) & t_{\mathrm{D}} > 1.5 \end{cases} \tag{4-2-15}$$

其中：$t_{\mathrm{D}} = \xi t/r_{\mathrm{wb}}^2$

式中，ζ 为地层热扩散系数，m²/s；t 为注气时间，h。

（5）实例计算及分析。

以大情字井油田黑 59 区块 CO_2 驱油采油井黑 59-10-6 井为例进行计算。计算中所采用的原始数据为：油层射孔中部垂深 2400m，井底流压 16.95MPa，地层温度 98.9℃，地温梯度 0.0329℃/m，日产油 10.6m³，地面温度 293K，油管内径 0.062m，套管内径 0.1617m，井筒直径 0.24m，油套管导热系数 56.5 J/（s·m·K），水泥环导热系数 14.0J/（s·m·K）。

计算得出的该井井筒温度、压力分布如图 4-2-11 所示：

图 4-2-11 显示的为 CO_2 未突破时井筒温度、压力计算剖面与实测结果对比，结果显示，井筒温度分布计算 49 个位置点的平均相对误差为 0.6%，压力分布平均相对误差为 4%，表明所建模型计算结果较为准确。利用该模型，可对不同含量 CO_2—原油体系井筒流动温度、压力分布进行研究，具体结果如下：

图 4-2-12 为 CO_2—原油体系中 CO_2 含量为 0~50%（摩尔分数）时，混合流体井筒流动的温度分布。从图 4-2-12 中可以看出，随着混合体系中 CO_2 含量的增加，流体到达井口处的温度呈下降趋势，其中，CO_2 含量为 0

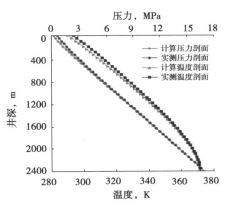

图 4-2-11　井筒温度、压力计算剖面

时，流体井口温度为 290.3K，而当 CO_2 含量为 50%（摩尔分数）时，井口流体温度下降为 283.5K，降低了 6.8K。分析原因认为，高含 CO_2 原油井筒流动过程中，随着井筒压力的降低，CO_2 从混合体系中脱出，由于焦耳—汤姆逊效应，CO_2 气体膨胀吸热，从而引起流体温度降低，最终使得 CO_2 含量高的流体井口温度较低。这一结果也表明，在 CO_2—原油体系井筒流动过程中，当 CO_2 含量较高时，应对井筒中流体温度进行监测，防止由于流体温度过低而引起原油结蜡、堵塞管柱等现象发生。

图 4-2-13 为井底流压为 14MPa 时，不同 CO_2 含量下混合体系的举升高度。从图 4-2-13 中可以看出，随着 CO_2 含量的增加，井筒中混合体系举升高度增加，当 CO_2 含量为 50%（摩尔分数）时，井筒中流体能够举升到地面，也就是此时油井能够自喷。

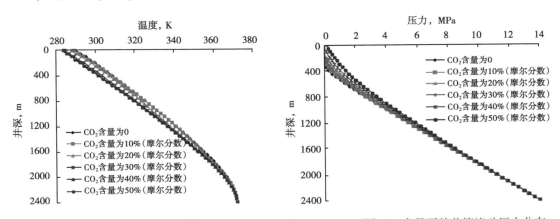

图 4-2-12　不同 CO_2 含量下的井筒流动温度分布　　图 4-2-13　不同 CO_2 含量下的井筒流动压力分布

2）二氧化碳驱油采油井流入动态计算模型

（1）流入动态计算模型。

将油藏模型考虑为单层、均质、圆形封闭油藏中心一口井的情况，油层内为油气两相渗流。采用径向变步长网格，最小径向网格步长 0.1m、最大径向网格步长 30m。油井为完善井，不考虑表皮的影响，具体油藏模型见注入井吸气能力计算模型部分所示。

以大情字井油田黑 59 区块和黑 79 区块的实际油藏条件为基础，通过对个别参数进行适当的调整（表4-2-3），应用大型数值模拟软件CMG的组分模拟器GEM建立如图4-2-14所示的油藏网格模型。

表4-2-3　区块油藏基本参数

参数	数值
平均油层厚度，m	8
油层顶部深度，m	2450
平均孔隙度	0.128
平均渗透率，mD	5
油层束缚水饱和度，%	20
油层边界半径，m	400
原始油藏温度，℃	98.9
原始油藏压力，MPa	24.2

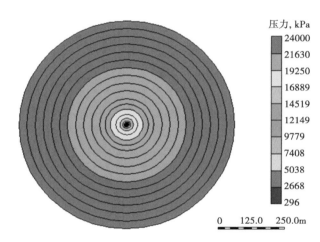

图4-2-14　油藏网格模型（某一生产时期的地层压力分布）

（2）CO_2驱油采油井近井地带渗流模型数值模拟。

对区块进行油藏数值模拟，绘制不同条件下的流入动态关系（IPR）曲线，不同区块CO_2—原油体系无量纲IPR曲线分析得知，曲线形状基本一致，只是曲线曲率有所变化，因此，将不同区块不同CO_2含量下的无量纲产量和流压数据点绘制到一张图进行回归，发现曲线回归精度较高，如图4-2-15所示。

上述曲线经过回归处理，可得到以下方程：

$$\frac{Q_o}{Q_{max}} = 1 - 0.511\frac{p_{wf}}{p_r} - 0.489\frac{p_{wf}^2}{p_r^2} \quad R^2 = 0.9902 \tag{4-2-16}$$

当$p_r > p_b > p_{wf}$时，流入动态方程为：

$$Q_o = Q_b + (Q_{max} - Q_b)(1 - 0.511\frac{p_{wf}}{p_b} - 0.489\frac{p_{wf}^2}{p_b^2}) \tag{4-2-17}$$

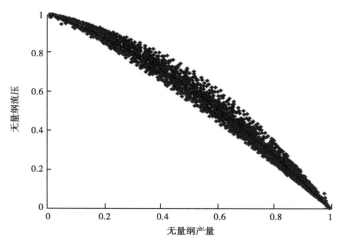

图 4-2-15 CO_2—原油体系 IPR 参考曲线

式中，p_r 为原始地层压力，MPa；p_b 为泡点压力，MPa；p_{wf} 为井底压力，MPa；Q_o 为产油量，m^3/d；Q_b 为泡点压力下产油量，m^3/d；Q_{max} 为最大理论产油量，m^3/d。

由式（4-2-16）回归相关系数来看，该方程回归精度较高，下面将对该方程的计算结果与数值模拟结果进行对比，以全面评价该参考曲线的计算精度。

（3）实例计算及分析。

应用上面提出的不同 CO_2 含量下的流入动态方程，对 3 个区块的不同 CO_2 含量下的流入动态进行了预测，具体结果见表 4-2-4 至表 4-2-6。

表 4-2-4 区块 A 参考方程计算结果与数值模拟结果对比

CO_2 含量 % （摩尔分数）	油藏平均压力 kPa	井底流压 kPa	产量，m^3/d		相对误差 %
			数值模拟结果	方程结果	
0	7000	3359.223	2.500	2.453	1.890
0	9000	6667.374	2.000	2.028	1.381
30	12000	5843.668	6.000	6.312	5.192
30	15000	11265.176	5.000	4.948	1.041
60	18000	14871.000	5.019	4.637	7.606
60	21000	15871.000	11.072	10.398	6.083
平均相对误差,%			4.08		

表 4-2-5 区块 B 参考方程计算结果与数值模拟结果对比

CO_2 含量 % （摩尔分数）	油藏平均压力 kPa	井底流压 kPa	产量，m^3/d		相对误差 %
			数值模拟结果	方程结果	
0	7000	6565.489	2.000	2.076	3.790
0	9000	4807.675	20.000	20.987	4.936
30	12000	2078.483	44.988	43.962	2.282

CO_2 含量 % （摩尔分数）	油藏平均压力 kPa	井底流压 kPa	产量，m^3/d		相对误差 %
			数值模拟结果	方程结果	
30	15000	10663.894	25.000	24.961	0.156
60	18000	6871.000	54.359	48.929	9.988
60	21000	16871.000	23.579	24.949	5.814
平均相对误差，%			3.65		

表 4-2-6　区块 C 参考方程计算结果与数值模拟结果对比

CO_2 含量 % （摩尔分数）	油藏平均压力 kPa	井底流压 kPa	产量，m^3/d		相对误差 %
			数值模拟结果	方程结果	
0	7000	2737.987	2.500	2.541	1.630
0	9000	3686.768	4.000	4.112	2.794
30	12000	3372.874	4.000	4.057	1.423
30	15000	13351.799	1.500	1.530	2.013
60	18000	2871.000	10.884	10.590	2.704
60	21000	19871.000	1.166	1.205	3.319
平均相对误差，%			2.95		

由表 4-2-4 至表 4-2-6 可见，流入动态方程计算精度较高，3 个区块 18 个计算点总的平均相对误差为 3.56%，可以满足工程计算精度要求，并且由于只需一次试井资料即可进行计算，从工程应用角度来讲，该方程更适合现场应用。

3）二氧化碳驱油举升参数优化设计方法

CO_2 驱油机抽系统优化设计包括确定油井供液能力，预测不同流压下的产液量；确定抽油设备和工作参数，其目标是抽油生产系统在高效、安全的条件下稳定工作。

（1）CO_2 驱油采油井举升参数优化设计流程如图 4-2-16 所示。

（2）举升参数优化设计。

以黑 59-6-2 井为例，经过统计分析，选取了产液量为 7.96t/d、含水率为 44.7%、动液面距井口距离为 938m、生产气油比为 111.5m^3/m^3、井口油压为 0.7MPa、套压为 1.9MPa 生产情况下的数据作为合理的测试点。产液量 7.96t/d 折合为体积后为 9.47m^3/d。

①地层压力不变时，协调点对应产液量随 CO_2 含量的变化规律。

计算结果如图 4-2-17 所示，分析可知：当 CO_2 含量在 10%~60%（摩尔分数）之间变化且地层压力在 20~24MPa 之间变化时，协调产量变化范围介于 0~4m^3/d 之间。

②当 CO_2 含量不变时，协调点对应产液量随地层压力的变化规律。

由图 4-2-18 可以看出，在 CO_2 含量为 10%（摩尔分数）时，产液量在 0~2.5m^3/d 之间；而在 CO_2 含量为 60%（摩尔分数）时，产液量在 0~4.5m^3/d 之间。

根据以上分析，得出地层的合理产液量将在 0.5~4.5m^3/d 之间变化。根据产液量的范围，将产液量划分为 1m^3/d、2m^3/d、3m^3/d 和 4m^3/d 4 种情况，并据此对每种产量进行举

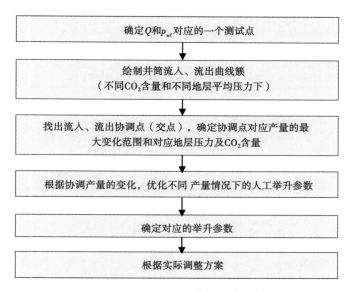

图 4-2-16　CO_2 驱油采油井举升参数优化设计流程

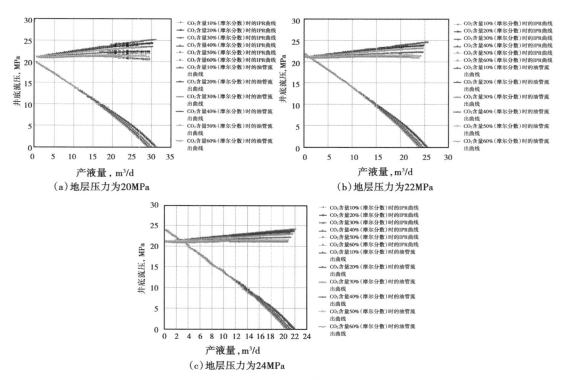

图 4-2-17　不同 CO_2 含量时的油管流出曲线和 IPR 曲线

升参数优化。

　　通过杆柱设计的计算公式及杆柱标准参数数据可以判断出：当下泵深度确定后，若井筒流体密度不变，那么即可根据等应力范围比设计，得到一个最合理的杆柱组合。表 4-2-7

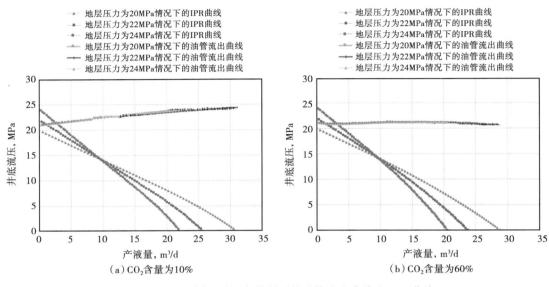

图 4-2-18 不同地层压力情况下的油管流出曲线和 IPR 曲线

和表 4-2-8 给出了下泵深度为 1700m、1800m 的最优生产举升参数组合。

表 4-2-7 下泵深度为 1700m 时最优生产举升参数组合

| 产量
m³/d | 19mm×950m+22mm×750m D 级杆柱组合 | | | | | | | |
	泵径 mm	冲程 mm	冲次 min⁻¹	泵效 %	最大载荷 N	最大扭矩 N·m	电动机功率 kW/h	抽油 机型
1	32	2.4	2	18	49933.73	8809.71	1.2301	8 型
2	32	2.4	2	36	49933.73	8809.71	1.2301	8 型
3	32	2.4	2	54	49933.73	8809.71	1.2301	8 型
4	38	2.4	2	51	54775.25	11435.8	1.5968	8 型

表 4-2-8 下泵深度为 1800m 时最优生产举升参数组合

| 产量
m³/d | 19mm×1050m+22mm×750m D 级杆柱组合 | | | | | | | |
	泵径 mm	冲程 mm	冲次 min⁻¹	泵效 %	最大载荷 N	最大扭矩 N·m	电动机功率 kW/h	抽油 机型
1	32	2.4	2	18	52577.91	9198.97	1.2845	8 型
2	32	2.4	2	36	52577.91	9198.97	1.2845	8 型
3	32	2.4	2	54	52577.91	9198.97	1.2845	8 型
4	38	2.4	2	51	57704.23	11979.5	1.6727	8 型

4）二氧化碳驱油采油井合理流压控制技术

（1）CO_2 驱油采油井见效分析。

大情字井油田黑 59 试验区自实施 CO_2 驱油以来，因地层压力高于混相压力，试验区不同程度地见到了混相驱效果。北部未注水区大部分井见到混相驱效果，南部已注水区初步见到混相驱苗头，东部边际油层见效明显。以黑59区块CO_2驱油试验区为例，根据各井产油量变化情况，把25口采油井分为见效井和未见效井两类（表4-2-9）。

表4-2-9 黑59区块采油井见效情况统计表

分类		井数，口	备注
见效井	气体突破井	3	北部井组有10口井见效，黑59-12-6井组3口井气体突破。南部注气前注水的2个井组有4口井见效
	气体突破迹象井	5	
	普通见效井	6	
	小　计	14	
未见效井	气体突破迹象井	2	
	普通未见效井	9	
	小　计	11	
合计		25	

25口采油井可分为4种类型：气体突破井3口；出现气体突破迹象井7口；普通见效井6口；普通未见效井9口。

（2）CO_2驱油合理流压分析方法。

以黑59区块采油井生产动态为基础，参考CO_2驱原油饱和压力实验结果（图4-2-19），分析得出不同类型油井合理流压。自喷井通过求取合理生产协调点，控制自喷；气体突破未自喷井通过控制液面，减小压差，以保持生产稳定；混相驱见效井通过参数拟合，用流入动态法找出合理流压的范围，优化产能；未见效井借鉴大情字井油井生产的实践，采用小参数温和开采。因此，见气见效井采取控套自喷，明显见效井流压控制在15MPa，初步见效井流压控制在11~15MPa之间，未见效井流压控制在7MPa。

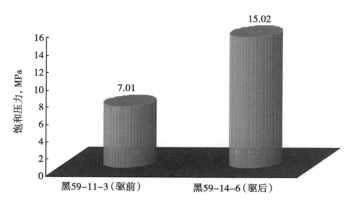

图4-2-19 气驱后饱和压力实验结果

（3）CO_2驱油合理流压控制效果分析。

以CO_2驱油试验区为例，CO_2驱油井通过合理流压控制，基本将气油比控制在100~200之间，延缓气体突破，见表4-2-10。

表 4-2-10　区块 CO_2 驱采油井生产动态数据表

类型	序号	注气前标定			2010 年 4 月							限定产量 t	措施要求
		日产液 t	日产油 t	含水率 %	日产液 t	日产油 t	含水率 %	动液面 m	流压 MPa	气油比 m³/t	CO_2含量 %		
气体突破井	1	4.5	3.2	28.9	5.1	2.6	49.5	260	21.7	203.5	45.3	4.2	液量>2t,油气比<500m³/t 生产,否则关井
	2	11.2	3.9	65.2	4.4	3.8	13.1	130	23.7	219.1	62.3	5.1	自喷
	3	5.5	3.6	34.5	5	4.3	13.1	1468	11.7	130.6	73.9	4.7	自喷
出现气体突破迹象井	1	6.3	4.0	36.5	1.4	0.7	54.3	922	15.7	206.3	54.4	5.2	长周期间开（开15d停15d）
	2	8.5	0.4	95.0	3.6	1	74	1218	14.9		77.9	3.0	控制流压在15MPa以上生产
	3	10.1	7.4	26.7	5.1	4.1	19.8	869	15.9	51	61	9.6	控制流压在15MPa以上生产
	4	5.5	3.0	45.5	7.3	2.9	60.3	880	16.9	371.2	69	3.9	长周期间开（开15d停15d）
	5	7.3	3.4	53.4	2.5	1.3	46.4	1449	9.9	152.2	17.9	4.4	长周期间开（开15d停15d）
	6	13.6	0.3	98.2	14.2	0.7	95	1183	14.7	175.8	49	3.0	油气比>500m³/t 关井
	7	11.7	1.5	70.9	5	3.4	31.3	606	18.9	30.2	53.5	3.0	控制流压在17MPa以上生产
见效井	1	13.3	3.1	62.4	6.8	4.9	27.4	1209	14.1	52.3	47.5	4.0	
	2	8.9	5.0	43.8	6	5.3	11.1	1146	11.9	38.3	1.8	6.5	
	3	7.2	1.9	73.6	8.8	4.6	47.5	1219	13.3	36.9	48	3.8	
	4	8.3	4.7	43.4	5.1	2.4	51.8	902	14.7	52.4	18.5	6.1	
	5	1.8	1.0	44.4	1.8	1.6	12.9	1683	7.8	44.9	1.1	3.0	
	6	6.5	3.5	46.2	9.1	3.9	56.6	1014	13.5	46	2.3	4.6	
	7	8.0	0.7	91.6	7.3	1.3	82.1	1538	9.9	90.6	1.8	3.0	
	8	7.3	2.2	69.9	2.7	1.2	57.2	1459	9.4	151.8	1.8	4.4	
	9	7.7	3.5	54.5	10.1	4.9	50.8	852	16.1		0.75	4.6	
不见效井	1	7.4	4.8	35.1	3.6	2	42.8	1147	12.5	49.1	5.6	6.2	
	2	3.6	2.1	41.7	2.5	1.7	31.7	1733	8.2	128.6	7.1	4.2	
	3	6.6	4.2	36.4	5	2.4	53.3	912	14.5	44.3	0.7	5.5	
	4	7.8	1.8	76.9	7.5	1.3	81.6	1659	8.4	87.2		3.6	
	5	7.9	4.0	49.9	4.1	2	51.8	1563	10.6	82.1	1	5.2	
	6	8.6	3.8	55.5	8.9	3.2	64.1	1505	10.6	51.4	1.7	4.9	
合计		195.1	77.0		142.9	67.5						115.6	
平均		7.8	3.1	55.2	5.7	2.7	47.2	1141	13.6	108.5	28.2	4.6	

通过控制油井流压，减小了注入井与采出井间驱替压差，有效抑制气油比上升，黑59－1井控液面后，气油比、套压、CO_2含量均下降，产油产液量稳中有升，如图4－2－20所示。

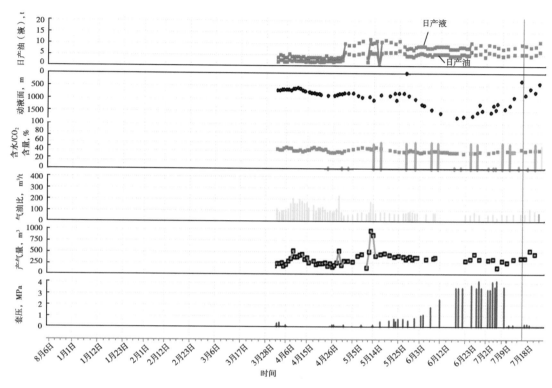

图4-2-20　黑59-1井生产曲线

2. 井下气举—助抽—控套（控制套压）一体化举升工艺

CO_2驱油井见效后，CO_2含量升高，气油比升高，套压升高，一定程度上加剧了腐蚀，影响缓蚀剂的正常加注和油井正常生产。通过研究认为，针对高气油比油井举升，首先采取泵下分离，使大部分CO_2气体进入油套环空，再采取气举助抽，从而达到控制套压、提高举升效率的目的。

1）工艺原理

泵下安装气液分离器，将气液进行分离，减少进入抽油泵气体量，经过气液分离后的气体进入套管后出现套压升高。针对此问题，设计应用气举阀，从而实现气举—助抽—控套，在CO_2气体能量的作用下，当环空套压上升至高于控气阀打开压力时，气体通过控气阀进入油管，降低油管内流体的密度，实现携液举升；当套压低于阀打开压力时，阀关闭。这样可以合理控制环空压力，使系统始终处于动态平衡过程，如图4－2－21所示，使泵的充满程度得到较大程度的改善，并且降低了抽

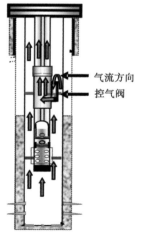

图4-2-21　控气阀工作原理

油泵的排除压力，可在更大范围内优选抽油杆柱组合，也使得抽油杆柱的冲程损失下降，最大扭矩降低，有杆抽油效率提高。

2）现场试验及效果分析

对 CO_2 驱油试验区块 6 口套压高、油气比高的油井现场试验了气举—助抽—控套一体化举升工艺，试验效果见图 4-2-22、表 4-2-11 和表 4-2-12。

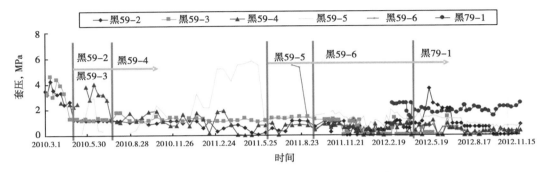

图 4-2-22　区块 6 口油井控套前后套压变化曲线

由图 4-2-22 可见，采用气举—助抽—控套一体化举升工艺后，套压明显降低，控套效果较好，套压控制在 2MPa 之内。

表 4-2-11　区块 6 口油井控套前后产量变化对比

序号	日产液，t		日产油，t	
	控套前	控套后	控套前	控套后
1	2.0	3.2	1.0	1.5
2	2.1	4.3	1.6	2.5
3	7.2	6.0	3.2	3.4
4	9.2	6.8	2.2	1.6
5	1.1	5.6	0.5	3.5
6	11.7	12.4	3.9	4.9

表 4-2-12　区块 6 口油井控套前后充满系数对比

序号	充满系数	
	控套前	控套后
1	0.23	0.67
2	0.35	0.55
3	0.67	0.57
4	0.98	0.97
5	0.76	0.76
6	0.87	0.98

由表4-2-11可见，采用气举—助抽—控套一体化举升工艺后，4口井产液、产油量均有较大提高，举升、助抽效果较好，产量平均提高33.5%。

由表4-2-12可见，应用气举—助抽—控套一体化举升工艺后，4口井充满系数得到一定提高，2口井充满系数变化不大，说明该工艺通过携液举升，有助于提高抽油泵泵效。

3. 防气泵举升工艺

气举—助抽—控套一体化举升工艺初步解决了含CO_2高套压油井举升问题，但随着气油比的进一步增加，泵效明显降低，高气油比油井举升需要从提高泵效着手，研究解决防气举升问题，从而开发了防气泵举升工艺（图4-2-23）。

1）防气泵举升工作原理

通过优化设计，研发了中空防气泵，其举升原理如图4-2-24所示。利用柱塞的往复运动将气体和液体在重力条件下分离，并通过中空管与油管连通将混合在油中的气体排出。上行程时，柱塞上行，固定阀开启进油，上、下游动阀关闭排油。当柱塞下端离开下泵筒并进入中空管时，中、下腔室连通，泵内井液中的气体上升，直至上冲程结束。下冲程时，柱塞向下运动，固定阀关闭，游动阀打开出油，当柱塞的上端进入中空管时，中空管便与油管连通，这时存在于中空管内的气体上逸，同时中空管被井液充满，直至下冲程结束，这样便完成了一个抽汲过程。

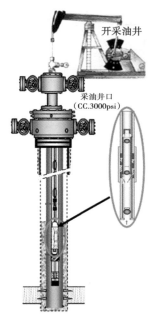

图4-2-23　防气泵举升工艺

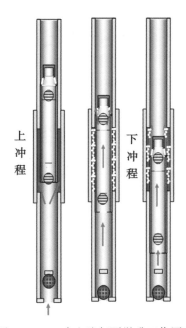

图4-2-24　中空防气泵举升工作原理

中空管的设置给泵内气体开辟了通道，从而增加了工作筒内液体的充满系数，降低了泵内的气液比，排除了气体的干扰，有利于提高泵效。泵的尾管能下至油层中、上部位，最好下带喇叭口，套管不放气，充分利用气体能量连抽带喷，泵径宜大，泵挂宜深。

2）防气泵举升工艺现场试验及效果分析

对CO_2驱油试验区块4口气油比高、泵效低的油井试验防气泵举升工艺。

（1）适应性分析。

对 4 口试验井试验前后日产 CO_2、气油比、动液面进行跟踪对比，具体数据如图 4-2-25 所示。

从生产动态数据看，防气泵举升工艺实施后，4 口井应用防气泵举升效果良好，满足 300m³/t 气油比油井正常生产，动液面升高，日产 CO_2 量、气油比明显降低。

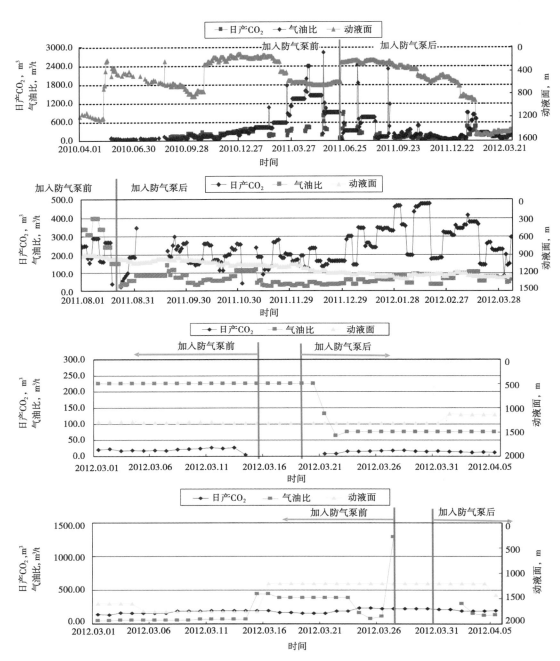

图 4-2-25　4 口油井防气泵举升前后动态对比图

从产量变化可以看出，防气泵举升工艺实施后，防气泵举升效果良好，4 口井日增液 18.63t，日增油 6.61t，平均每口井的泵效提高 11.5%。

第三节　二氧化碳驱油腐蚀监测与防护技术

一、二氧化碳驱油工况腐蚀特征

干燥的 CO_2 气体本身是没有腐蚀性的。CO_2 易溶于水，形成碳酸，会使钢铁表面发生电化学腐蚀。一般来讲，温度会通过影响化学反应速率与腐蚀产物成膜机制来影响 CO_2 腐蚀，因此根据温度不同，碳钢的腐蚀往往分为 3 种情况。

（1）在低温区（低于 60℃）时，$FeCO_3$ 成膜很困难，即使暂时形成 $FeCO_3$ 膜也会溶解。因此，金属表面没有 $FeCO_3$ 膜或是只有松软而无附着力的 $FeCO_3$ 膜。腐蚀速率由 CO_2 水解生成碳酸的速率和 CO_2 扩散至金属表面的速率共同决定，当温度高于 60℃ 时，金属表面有 $FeCO_3$ 生成，腐蚀速率由垢的渗透率、垢本身固有的溶解度和介质流速等决定。

（2）在中温区（100℃附近）时，$FeCO_3$ 膜的形成条件得以满足，基体生成厚而松、结晶粗大、不均匀、易破损的 $FeCO_3$ 膜。腐蚀速率达到一个极大值，也将引发严重的局部腐蚀。

（3）高于 150℃ 时，铁的腐蚀溶解和 $FeCO_3$ 膜的形成速率都很快，基体将被一层晶粒细小、致密而附着力强的 $FeCO_3$ 膜保护起来。这种保护膜在刚浸入腐蚀介质的最初 20 h 左右就可形成，以后就具有保护作用。因此，在这个温度下腐蚀速率很小。

从 CO_2 分压来分析，一般情况下，当分压低于 48.3kPa 时，易发生点蚀；当分压在 48.3~207kPa 之间时可能发生不同程度的小孔腐蚀；当分压高于 207kPa 时，会发生严重的局部腐蚀。

1. 全面腐蚀

全面腐蚀又称为均匀腐蚀，表现为基体表面连续区域失去金属。CO_2 腐蚀可理解为油气中 CO_2 气体溶解于水生成碳酸后引起的电化学腐蚀。其基本化学反应式如下：

$$CO_2 + H_2O \Longrightarrow H_2CO_3$$
$$H_2CO_3 + Fe \Longrightarrow FeCO_3 + H_2 \uparrow$$

阳极反应：

$$Fe \Longrightarrow Fe^{2+} + 2e^-$$

阴极反应：

$$H_2CO_3 \Longrightarrow H_+ + HCO_3^-$$
$$2H^+ + 2e^- \Longrightarrow H_2 \uparrow$$

反应控制步骤：

$$H_2CO_3 + e^- \Longrightarrow H + HCO_3^-$$
$$HCO_3^- + H^+ \Longrightarrow H_2CO_3$$

由于 H_2CO_3 在水中电离后，对钢材腐蚀较快。同时，H_2CO_3 吸附在金属表面之后，未解离的 H_2CO_3 分子可直接被还原，随后原子 H 以很快的速度结合成分子氢（氢气）。随着

H^+ 从电解质溶液不断扩散到金属表面，HCO_3^- 不断生成 H_2CO_3，而对钢材发生氢去极化腐蚀。因此，CO_2 溶于水中所生成的 H_2CO_3，比相同 pH 值能完全电离的酸更具腐蚀性。

由于反应所生成的不活泼的腐蚀产物 $FeCO_3$ 膜是在厌氧条件下形成的，因此，把它暴露到氧中就很容易发生化学反应。在温度低于 100℃ 的条件下，$FeCO_3$ 会以下述反应发生分解。

$$FeCO_3 = FeO + CO_2$$

在存在氧的条件下，FeO 会氧化生成 Fe_2O_3。

$$4FeO + O_2 = 2Fe_2O_3$$

当介质中存在 CO_2 或水蒸气时，FeO 会反应生成 Fe_3O_4。

$$3FeO + CO_2 = Fe_3O_4 + CO$$

$$3FeO + H_2O = Fe_3O_4 + H_2$$

但当 Fe_3O_4 暴露到氧气中后，反应生成的 Fe_3O_4 又会转化为 Fe_2O_3。

$$4Fe_3O_4 + O_2 = 6Fe_2O_3$$

由以上反应可知：在存在氧的条件下，$FeCO_3$ 会最终以 Fe_2O_3 的形式存在。并且这层 $FeCO_3$ 膜的性质对腐蚀速率有很大影响。当该膜致密分布于金属表面时将在一定程度上减少材料的腐蚀；而当该膜不能致密分布时，不仅不能够起到有效的保护作用，反而会加剧材料的局部腐蚀。

2. 局部腐蚀

CO_2 的腐蚀破坏往往是由局部腐蚀造成的，局部腐蚀中常见的腐蚀类型有点蚀、台地侵蚀和流动诱使局部腐蚀以及缝状、槽状腐蚀等，其中以点蚀、台地侵蚀和流动诱使局部腐蚀最为常见，宏观表现为局部穿孔及局部破损。虽然 CO_2 的腐蚀破坏往往是由局部腐蚀造成的，然而对局部腐蚀机理仍需要进一步深入的研究。

在含 CO_2 的介质中，腐蚀产物或其他的生成物膜在钢铁表面不同的区域覆盖度不同，这样，不同覆盖度区域之间形成了具有很强自催化特性的腐蚀电偶或闭塞电池，CO_2 的局部腐蚀就是这种腐蚀电偶作用的结果。这一机理很好地解释了水化学作用和在现场一旦发生上述过程时，局部腐蚀会突然变得非常严重等现象。例如，实际环境中的管道穿孔失效。

实际上，CO_2 腐蚀破坏往往表现为局部穿孔及局部破损，局部腐蚀主要有点蚀、台地侵蚀和流动诱使局部腐蚀。

（1）点蚀（Pitting Corrosion）。钢质油套管处于流动的含 CO_2 水介质中会发生点蚀。随着 CO_2 分压的增大，敏感性增强。一般来说，点蚀存在一个温度敏感区间，这与材料组成有密切关系。

（2）台地侵蚀（Mesa Attack Corrosion）。这类腐蚀由于形成了大量的不太致密和稳定的碳酸亚铁膜，主要形成在钢表面，多数钢在 CO_2 存在条件下极易造成此类破坏。这类腐蚀通常发生在含 CO_2 的流动介质中，损坏形式为平台形。

（3）流动诱使局部腐蚀（Flow Induced Localized Corrosion）。钢铁材料在湍流介质条件下易发生流动诱使局部腐蚀。在此类腐蚀中，往往在破坏的金属表面形成沉积物层，但很难形成具有保护性的膜。

CO_2 腐蚀涉及电化学、流体力学、腐蚀产物膜形成的动力学等领域，因而其影响因素很多，主要分为材料因素、环境因素和力学—化学因素三方面。

①材料因素：包括材料的成分和组织。

②环境因素：主要包括 CO_2 分压、温度、介质组成、pH 值、流速和原油特性等。

③力学—化学因素：包括多相流介质的流速和流态。

二、二氧化碳驱油腐蚀在线监测技术

1. 国内外研究进展

地面管线的油气田腐蚀监测技术在国内外已经比较成熟，然而井下腐蚀监测，尤其是高温高压深井条件下的腐蚀监测技术受到诸多条件的限制，一直还没有成熟的检测技术或产品。目前，用于油气田环境中的腐蚀监测技术主要有电阻探针、磁阻探针、线性极化、电化学阻抗谱、电指纹法、氢探针和电化学噪声技术等。各种技术在油气田的腐蚀环境中既具有各自的优势，又存在明显的缺陷。

线性极化（Linear Polarization Resistance，LPR）是应用时间最长的工业腐蚀监测技术之一，能快速地反映全面腐蚀状态的变化及发展趋势，但不能提供局部腐蚀信息。氧化膜或钝化膜导致腐蚀产物堆积，可能产生假电容而引起很大的测量误差，一旦传感器为非导电性油污覆盖，测量结果可能出现极大的波动，甚至无法测量。如果不对传感器进行特殊设计，LPR 很难在气相和导电性差的液相介质中应用，如井下多相流系统的腐蚀。

电阻探针（Electric Resistance Probe，ER）也是国内外使用最广泛、应用时间最长的工业腐蚀监测技术，积累有大量的各种工业环境中的监测数据和应用经验。它是利用腐蚀作用使金属探针横截面积减小，而导致其电阻增大的原理实现对腐蚀状况的连续监测。ER 监测灵敏方便，主要反映全面腐蚀的信息，能适应气相、液相、导电或不导电等各种腐蚀环境。但是，深井环境温度的大范围波动、压力高，会显著地降低腐蚀监测精度和分辨率。特别是在有 H_2S 存在的酸性油气田中，具有半导体性质的硫化亚铁等硫化物在探针表面生成，会显著改变探针传感器的电阻值，使腐蚀速率测量出现负值，甚至会导致错误的结论。

磁阻探针（Magnetic Resistance Corrosion Probe）是在 ER 基础上发明的一种腐蚀监测技术，它基于探针内部的磁阻传感器对由薄壁状金属元件腐蚀减小时引起的磁隙增加和磁通量改变，来测量薄膜金属壁厚并进而实现对腐蚀速率的监测，具有很高的灵敏度，检测迅速，主要反映全面腐蚀的信息，适应于多相系统。国内中国科学院金属研究所（以下简称中科院金属所）等单位也有研制报道。但由于磁阻探针试样必须是磁性材料，探针制作工艺较复杂，测量结果对温度敏感，至今国内外在油气田现场应用的经验和数据积累少。长庆油田靖边气田使用分辨率为 1/250000 的磁阻探针进行现场监测的结果表明，温度波动会极大地影响其监测精度，由于野外环境温度大范围波动的影响，实际监测精度远不到千分之一，高温下的监测精度甚至低于 ER。

电化学阻抗谱（Electrochemical Impedance Spectroscopy，EIS）是一个暂稳态监测技术，可同时测量腐蚀电化学过程的动力学参数和传质参数，主要反映全面腐蚀的信息，即使在高阻介质中可靠性也较高。由于在较宽的频率范围内测量交流阻抗需要较长时间，不适合于现场腐蚀监测，因此实际上多选择用两个频率监测腐蚀阻抗的变化。通过高低频下阻抗的差值来计算极化电阻。该技术在现场应用的经验不多，深井下多相腐蚀的监测特别是具有导电性的硫化物腐蚀产物堆积时，可能导致监测失效。

氢探针（Hydrogen Permeation Probe，HP）是通过检测腐蚀反应还原生成的原子氢渗入金属中的流量来监测金属的腐蚀速率和应力腐蚀开裂的危险性。在含 H_2S 的油气环境中，管线内壁腐蚀产生的原子氢难以在金属表面复合形成 H_2 逸出，而是倾向于向金属内部扩散，从而导致应力腐蚀问题。因此，氢探针是一种非常直接的腐蚀监测技术。目前有压力型（Pressure Hydrogen Probe）、真空型（Vacuum Hydrogen Probe）和电化学型（Electrochemical Hydrogen Probe）3 种类型的氢探针，并已广泛应用于实际现场的在线监测。中科院金属所在电化学氢探针技术方面亦做了较多的工作，申请了有关专利，并在石化炼厂已有应用。但当前的 HP 技术需要紧密安装在压力管道表面，不适用于井下腐蚀监测。

电指纹法（Field Signature Method，FSM）是基于欧姆定律的一种方法，通过监测电场及电流分布图像的变化，判断管壁厚度变化情况。与传统的腐蚀监测方法相比，该方法对腐蚀速率的测量是在管道、罐或容器壁上进行，对环境介质没有要求，可以获得全面腐蚀和局部腐蚀的信息，其精度可达到管壁厚度的 1/1000。但是数据解析复杂，价格昂贵，实际应用尚不多。另外，从测试原理上分析，导电性腐蚀产物的存在也可能影响其监测结果。

电化学噪声（Electrochemical Noise，EN）是指腐蚀系统的电位或电流随机非平衡波动现象。腐蚀电化学噪声监测技术是一种真正的原位无扰动的腐蚀监测技术。通过分析 EN 的时域或频域谱图或特征量，该技术可以监测或判断诸如全面腐蚀、孔蚀、裂蚀、应力腐蚀开裂等多种类型的腐蚀，是唯一可以方便实施的局部腐蚀在线监测技术，也是唯一能够在局部腐蚀（如点蚀）开始孕育的早期，就能够获取其特征信息的监测方法，这对局部腐蚀监控的早期介入和效果评价具有十分重要的意义。自 2003 年以来，国外应用 EN 技术监测管线设备腐蚀的研究和应用报告增多，显示其独特的技术优势和应用价值。但是，由于 EN 是一项新发展的监测技术，仍需进行许多基础性研究和技术开发工作。例如，局部腐蚀特征谱积累、特征谱的自动提取和识别、现场监测数据的有效管理、现场微弱检测信号和环境噪声的分离，以及在多相系统中可实现灵敏监测的噪声探针设计等。

2. 目前常用的井下腐蚀监测方式

相对于地面管线，油井井下管柱腐蚀监测技术没有得到很好地发展。目前，管柱腐蚀状况的判断主要依靠作业检管发现、产出水比色测定等方法。作业检管发现腐蚀状况只能定性判断，无法定量判断。产出水比色测定虽然能定量判断，但误差高，数据可靠性差，且无法知道井下腐蚀速率随井深的变化趋势。

1）井下挂环技术

井下挂环技术是指将用于腐蚀监测的钢质试环（分内环和外环）镶嵌在专门为之设计的挂环器上（有内外环嵌槽和绝缘尼龙座），挂环器在油井提管柱作业时随油管下入井筒，下一次作业时再随油管一同起出，通过失重方法定性监测和定量计算出井下工况条件下介质对油套管的腐蚀状况。采用井下挂环技术监测出的井下腐蚀状况完全和井下油套管的腐蚀状况相吻合，监测的腐蚀数据真实可靠，具有良好的腐蚀监测效果。然而由于井下挂环技术监测周期长（1~3 个月），取样困难，只能反映平均腐蚀速率，难以及时反映井下腐蚀的实时状况和随时间的发展趋势。

2）井下电化学腐蚀在线监测技术

井下电化学腐蚀在线监测采用 LPR 测试方法，是一项集供电、存储、腐蚀监测等于一体的黑匣子式的井下腐蚀监测技术；由于井下的高温高压环境，要求所有电子器件能耐120℃的高温，其中的模拟器件还必须在高温下具有偏流小、偏压低、温漂系数小的特点。通过自动腐蚀监测数据分析系统（SIE），可实时记录不同井深处的腐蚀速率。井下在线腐蚀监测系统的监测项目包括腐蚀电位和腐蚀速率，气相或气液混相中的腐蚀监测比纯液相中的腐蚀监测困难，在于导电回路易于中断和介质电阻的补偿，因此必须采用脉冲恒电流极化或高频交流阻抗技术测量电极之间的介质电阻，并进行自动补偿才能得到正确的腐蚀速率。

3）井下电阻探针腐蚀监测技术

井下电阻探针腐蚀监测技术可以在任何介质中使用，但在恶劣的井下环境中实时监测腐蚀速率和温度数据，需要采用耐高温（高于120℃）的军用级电子器件和高温电池。美国 Rohrback Cosasco System（RCS）已开发出适于井下腐蚀监测的 DCMS™ 系统，可对实际工作条件下的不同井深处的腐蚀状态以及缓蚀剂成膜进行评估。DCMS™ 可以附着在各种各样的钢质电缆线上，以便在测井开始时把经核准的运行工具装入生产井，而在测井结束后再从井下回收。选择适当的下载器和钢质电缆可以把 DCMS™ 放置在井内任何深度。当前 DCMS™ 腐蚀速率测量的分辨率很低，只能达到探针全寿命的 1%，难以满足井下快速腐蚀监测的需要。

综上所述，电阻探针、磁阻探针、LPR、EIS 主要提供全面腐蚀信息，而氢探针、电指纹法和 EN 技术可提供局部腐蚀与全面腐蚀的信息。

3. 二氧化碳驱油腐蚀监测技术

电化学耦合阵列腐蚀在线监测系统是基于电化学噪声技术的在线监测系统，是通过直接测量金属腐蚀时产生的微电流计量腐蚀速率的方法。

1）技术原理

在电化学耦合阵列腐蚀在线监测系统（图4-3-1）中，装有多个与被测材质相同的微

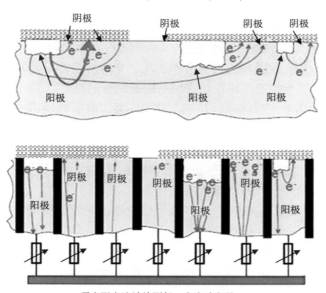

图 4-3-1　电化学耦合阵列腐蚀监测系统原理

图 4-3-2 电化学耦合阵列
腐蚀监测传感器系统

型电极。微型电极之间用绝缘材料分割开，其另一端通过零电阻电流计连接到一个共同的节点上（耦合在一起）。与阳极性质接近的电极表现为金属局部腐蚀时的阳极，与阴极性质接近的电极表现为金属局部腐蚀时的阴极。电流从腐蚀较轻或没被腐蚀的电极通过零电阻电流计流入腐蚀严重的电极（阳极释放出的电子通过零电阻电流计流向阴极），这种电流正是局部腐蚀所导致的微电流。因此，通过直接测量产生的微电流，该方案可定量地确定局部或不均匀腐蚀的速率。电化学耦合阵列腐蚀监测传感器系统如图 4-3-2 所示。

2）技术难点

第一，超微小电流测量技术，测量精度达到 10^{-14} A。

第二，耐高压绝缘探头制造技术，探头可在压差 45MPa 下使用。

第三，耐高温高压微电流电路技术，要求所有电子器件能耐 120℃ 的高温，其中的模拟器件还必须在高温下具有偏流小、偏压低、温漂系数小的特点。

三、二氧化碳驱油缓蚀剂的筛选

1. 技术现状

在 CO_2 驱油试验中发现，由 CO_2 引起的腐蚀问题日益严重，涉及钻井、完井、采油、地面集输净化等各个环节和部门。同时，随着 CO_2 驱油的试验推进，腐蚀环境不断变化，为腐蚀缓蚀剂筛选增加了难度。缓蚀剂在部分 CO_2 驱油田得到了应用，取得了一定的效果。但在应用中发现，CO_2 腐蚀缓蚀剂筛选及应用还存在以下问题：

（1）缓蚀性能取决于油井特殊的条件和工况，针对特定 CO_2 驱油工况和油管钢腐蚀适应性，有必要优选出适合特定区块现场应用的缓蚀剂和剂量。

（2）由于缓蚀剂为多组分体系，长期在井下高温、高压的环境中易发生一系列物理化学变化，造成井下结垢，甚至堵塞。因此，深层油井高温高压 CO_2 条件下，缓蚀剂的稳定性和长效性还不明确，有待于进一步通过试验确定和评价。

（3）在现场应用过程中，针对特定的油井环境、缓蚀剂的相容性，以及与其他药剂相接触，不同药剂之间的配伍性尚不清楚。

（4）鉴于缓蚀剂用量大、周期长，其经济性是缓蚀剂能否在现场推广应用必须考虑的问题，但目前仍缺少对经济性的评价。

（5）目前缓蚀剂加注制度方面还存在以下问题：一是缓蚀剂加注制度存在很大的随意性；二是缓蚀剂的应用技术尚未配套，对缓蚀剂的现场应用效果没有形成系统、有效的评价机制。

2. 二氧化碳腐蚀适应性实验

CO_2 腐蚀规律的实验主要通过室内模拟进行，采用静动态模拟加速腐蚀评价技术。在高温高压釜腐蚀模拟实验装置中注入气田不同区块产出水液相介质及高纯度CO_2，测试高压釜中与含CO_2介质环境接触的管线钢的腐蚀速率，通过调节流速和温度、压力等工艺参数，进行气液两相的动态介质模拟，以达到模拟实际工矿条件的目的。最后，通过扫描电镜与 X 射线衍射仪观测其腐蚀形貌，分析腐蚀产物，评价CO_2腐蚀的规律。

1）实验材质

选用油田普遍使用的 20 钢作为实验材质。

2）实验依据

实验依据参考 GB/T 16545—2015《金属和合金的腐蚀　腐蚀试样上腐蚀产物的清除》、GB/T 19291—2003《金属和合金的腐蚀　腐蚀试验一般原则》、SY/T 5273—2014《油田采出水用缓蚀剂性能评价方法》和 NACE RP0775—2005《油田生产中腐蚀挂片的准备和安装以及试验数据的分析》等。CO_2腐蚀程度判断依据美国腐蚀工程师协会标准 NACE RP-0775—2005（表 4-3-1）。

表 4-3-1　NACERP-0775 对腐蚀程度的规定

分类	均匀腐蚀速率，mm/a	点蚀速率，mm/a
轻度腐蚀	<0.025	<0.127
中度腐蚀	0.025~0.125	0.127~0.201
严重腐蚀	0.126~0.254	0.202~0.381
极严重腐蚀	>0.254	>0.381

3）主要实验设备

室内模拟实验装置主要为高温高压反应釜，如图 4-3-4 所示。该反应釜釜体及釜内接触管、盘均为哈氏合金（Hastelloy C-276），可以满足CO_2腐蚀介质高温高压的工作要求。高温高压反应釜最高工作压力为 15MPa（设计压力为 18MPa，爆破片压力为 17MPa）；最高工作温度为 300℃（设计温度为 350℃）；电加热功率为 3.0kW；设计转速为 0~1500r/min；0~100℃时控温波动度小于±2℃，100~350℃时小于±7℃。由此可见，高温高压反应釜可以满足模拟油田CO_2腐蚀实际工况的要求。

图 4-3-4　室内模拟实验用高温高压反应釜

4）实验参数的选择

实验参数依据油田 CO_2 腐蚀相关参数（表 4-3-2）及室内实验设备性能参数。

表 4-3-2　各井 CO_2 主要含量及相关参数

参数	范围
温度,℃	45~90
压力,MPa	0~4
流速,m/s	0.1~1
含水量,%	0~100

为了更全面地反映 CO_2 腐蚀的规律，实验选择的参数范围宽于现场 CO_2 腐蚀参数。

（1）温度。实验时选取压力 4MPa、流速 1m/s 为定值，分别选择温度为 25℃、40℃、65℃、70℃、80℃、90℃ 和 100℃。

（2）压力。实验时选取温度 80℃、流速 1m/s 为定值，分别选择 CO_2 分压为 0.1MPa、0.25MPa、0.5MPa、1.0MPa、2.0MPa、3.0MPa 和 4.0MPa。

（3）流速。实验时选取温度 80℃、压力 4MPa 为定值，分别选择流速为 0.1m/s、0.25m/s、0.5m/s、1.0m/s、1.5m/s 和 2.0m/s。

5）实验结果及分析

（1）温度。温度对 20 钢腐蚀速率的影响实验结果见表 4-3-3。

表 4-3-3　温度影响规律实验结果

温度,℃	25	40	65	70	80	90	100
腐蚀速率, mm/a	0.0276	0.0747	0.8177	0.9235	1.3347	1.1582	1.0132
腐蚀程度	中度	中度	严重	极严重	极严重	极严重	极严重

由表 4-3-3 和图 4-3-5 可以看出，CO_2 腐蚀速率随着温度升高呈现出先增加后降低趋势，当温度为 80℃ 左右时 20 钢腐蚀速率达到最大。

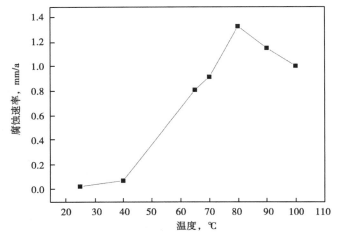

图 4-3-5　20 钢腐蚀速率随温度的变化关系

图 4-3-6 与图 4-3-7 的扫描电镜和能谱分析结果表明，80℃时，20 钢样品的表面黑色腐蚀产物主要为 $FeCO_3$，腐蚀产物微观形貌基本为四面体堆积在一起。腐蚀产物中主要有 Fe、O、Ca、Cl 等元素，其中 Fe、O 含量较高。

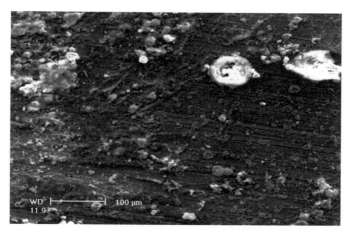

图 4-3-6　80℃时扫描电镜微观腐蚀形貌

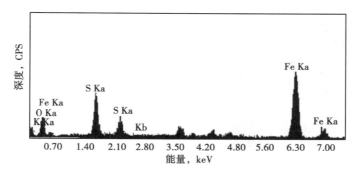

图 4-3-7　80℃时腐蚀产物 XRD 图谱

（2）CO_2 分压。CO_2 分压对 20 钢腐蚀影响实验结果见表 4-3-4 和图 4-3-8。

表 4-3-4　CO_2 分压影响规律实验结果

分压，MPa	0.1	0.25	0.5	1.0	2.0	3.0	4.0
腐蚀速率，mm/a	0.0176	0.0486	0.3814	2.6176	3.5624	5.2596	6.642
腐蚀程度	轻度	中度	严重	极严重	极严重	极严重	极严重

从表 4-3-4 可知，CO_2 分压为 0.25MPa 以下时，20 碳钢的腐蚀速率属于中度或轻度腐蚀，其余 CO_2 分压条件下的腐蚀均为严重或极严重腐蚀。

由图 4-3-8 可见，20 钢腐蚀速率随着 CO_2 分压升高而增大，CO_2 分压超过 0.25MPa 时，腐蚀速率增幅显著。

图 4-3-9 与图 4-3-10 的扫描电镜和能谱分析结果表明，4MPa 时，20 钢样品的表面黑色腐蚀产物主要为 $FeCO_3$，腐蚀产物微观形貌基本为四面体堆积在一起。主要发生金属的活性溶解，腐蚀产物膜为 $FeCO_3$。

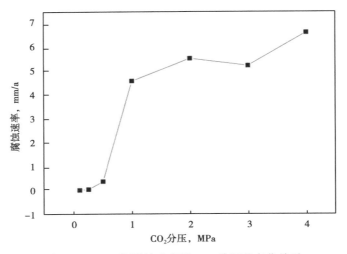

图 4-3-8　20 钢腐蚀速率随 CO_2 分压的变化关系

图 4-3-9　4MPa 时扫描电镜微观腐蚀形貌

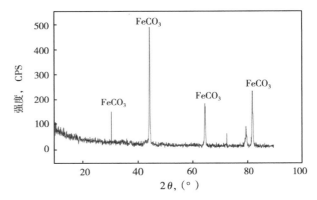

图 4-3-10　4MPa 时腐蚀产物 XRD 图谱

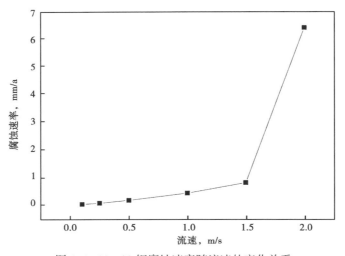

图 4-3-11　20 钢腐蚀速率随流速的变化关系

（3）流速。不同流速时 20 钢的动态腐蚀模拟实验结果见表 4-3-5。

表 4-3-5　流速影响实验结果

流速，m/s	0.1	0.25	0.5	1.0	1.5	2.0
腐蚀速率，mm/a	0.0267	0.0686	0.1723	0.4326	0.8177	6.4471
腐蚀程度	中度	中度	严重	极严重	极严重	极严重

由图 4-3-11 可知，在 CO_2 分压为 4MPa、温度为 80℃的液相介质环境中，20 钢腐蚀速率随着流速增加而升高，1.5~2.0m/s 范围内腐蚀速率随着流速增大增幅显著。

由图 4-3-12 和图 4-3-13 分析可知，腐蚀产物主要为软而无附着力的 $FeCO_3$ 膜。由于在无氧的 CO_2 溶液中，CO_2 在水中的溶解度很高，一旦溶于水便形成 H_2CO_3，释放出 H^+。流速的增大，使 H_2CO_3 和 H^+ 等去极化剂更快地扩散到电极表面，使阴极去极化作用增强，消除扩散控制，同时使腐蚀产生的 Fe^{2+} 迅速离开腐蚀金属的表面，这些作用使腐蚀速率增大。

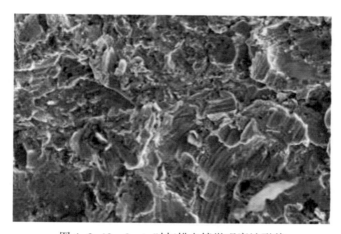

图 4-3-12　2m/s 时扫描电镜微观腐蚀形貌

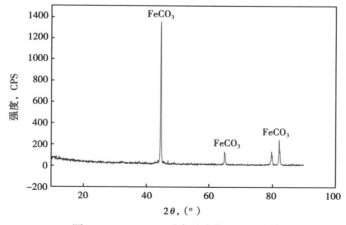

图 4-3-13　2m/s 时腐蚀产物 XRD 图谱

6）结论

20 钢在 CO_2 介质中的腐蚀是各种影响因素综合作用的结果。温度、CO_2 分压和流速等因素对腐蚀速率都有很大的影响。

（1）CO_2 对 20 钢的腐蚀有全面腐蚀和局部腐蚀。不同的温度影响化学反应速率与腐蚀产物成膜机制，进而影响了 CO_2 腐蚀过程，在中温区（100℃附近），腐蚀速率达到一个极大值，将引发严重的局部腐蚀。从 CO_2 分压来分析，当分压低于 0.0483MPa 时，易发生点蚀；当分压在 0.04830～0.207MPa 之间时可能发生不同程度的小孔腐蚀；当分压高于 0.207MPa 时，会发生严重的局部腐蚀。

（2）在特定 CO_2 驱工况条件下，CO_2 腐蚀随温度、压力及流速呈现出一定规律性变化。随着温度增加，CO_2 腐蚀速率增加，在 80℃ 左右时腐蚀速率达到最大值，随后则趋于降低。随着 CO_2 分压升高，CO_2 腐蚀速率增大，当 CO_2 分压超过 0.25MPa 时，腐蚀速率增幅显著。随着流速增加，CO_2 腐蚀速率升高，在 1.5～2.0m/s 范围内腐蚀速率随着流速增大而增幅显著。

3. 缓蚀剂筛选及性能评价

1）最佳缓蚀剂种类筛选

电化学方法较传统失重法具有很多优点，最为突出的一点是能快速、准确地测定某一特定时间的腐蚀速率，能更深入地研究腐蚀机理。采用电化学方法进行初选，就某种钢初选出缓蚀效率较高的两种，再借助高温高压反应釜，采用失重法，模拟油田实际工况，最终确定性能较优的缓蚀剂种类，并研究其缓蚀性能。

高温高压反应釜实验温度为 80℃，CO_2 分压为 1MPa，搅拌器转速为 160 r/s（约为流速 1m/s），实验时间为 5d。分别测试 N80、Q235、20、P110 和 X70 钢在加与不加缓蚀剂情况下的腐蚀速率，计算缓蚀率，根据缓蚀率大小确定最佳缓蚀剂种类。

N80 钢在 IMCA 和 ZKD 两种缓蚀剂添加时的缓蚀率计算结果分别为 81.68% 和 74.40%，对于 N80 钢来说，性能最优的缓蚀剂为 IMCA。

20 钢在 IMCB 和 ZKC 两种缓蚀剂添加时的缓蚀率计算结果分别为 81.68% 和 79.17%，对于 20 钢来说，性能最优的缓蚀剂为 IMCB。

Q235 钢在 IMCC 和 IMCA 两种缓蚀剂添加时的缓蚀率计算结果分别为 86.46% 和 86.49%，对于 Q235 钢来说，IMCC 和 IMCA 两种缓蚀剂性能相差不多，缓蚀效率相同。

P110 钢在 ZKB 和 OD1 两种缓蚀剂添加时的缓蚀率计算结果分别为 93.95% 和 79.39%，对于 P110 钢来说，性能最优的缓蚀剂为 ZKB。

X70 钢在 IMCA 和 RXA 两种缓蚀剂添加时的缓蚀率计算结果分别为 84.55% 和 61.66%，对于 X70 钢来说，性能最优的缓蚀剂为 IMCA。

2）最佳缓蚀种类确定

电化学测试结果中，IMCA、IMCB、IMCC 和 ZKB 4 种缓蚀剂，在不同条件下用量存在极值，20℃时在饱和 CO_2 油田采出水中，4 种缓蚀剂最佳用量为 100mg/L，其余缓蚀剂最佳用量为 150mg/L。

高温高压反应釜测试结果中，IMCA、IMCB、IMCC 和 ZKB4 种缓蚀剂，在各温度下缓蚀剂都存在浓度极值现象，30℃时为 100mg/L，60℃时为 80mg/L，90℃时为 40mg/L，极值浓度随着温度的增加逐渐下降。各压力下缓蚀剂都存在浓度极值现象，0.2MPa 时为

150mg/L，0.4MPa 时为 200mg/L，0.6MPa 时为 250mg/L，极值浓度随着压力的增加逐渐增加。流动条件下缓蚀剂仍然存在浓度极值现象，当流速不大于 5m/s 时，其极值浓度为 150mg/L；而当流速大于 5m/s 时，其极值浓度上升为 200mg/L。

另外，不同缓蚀剂的价格千差万别，根据缓蚀剂用量和价格，可以初步计算出不同缓蚀剂的成本。结合成本和缓蚀剂性能测试结果进行经济性评价，最终可确定合适的缓蚀剂种类，应用于油田 CO_2 腐蚀防护。

四、缓蚀剂加注工艺及配套设备

加注缓蚀剂是减缓井下及地面管道、设备电化学腐蚀，延长使用寿命的主要技术措施之一。防腐机理是用缓蚀剂膜将钢材表面与腐蚀介质隔离开来，防止腐蚀介质对钢材表面产生化学腐蚀。缓蚀效果好坏不仅取决于缓蚀剂本身，而且也取决于液态缓蚀剂在钢材表面的覆盖程度，如果钢材表面根本没有缓蚀剂存在，再好的缓蚀剂也不起作用。无论是从电极过程动力学来分析缓蚀机理，还是从有机缓蚀剂吸附机理来分析缓蚀作用，液相缓蚀剂都必须覆盖在钢材被保护面上才能起到缓蚀作用。因此，加注缓蚀剂的原则是保证其在钢材表面形成覆盖表面的保护膜，使缓蚀剂能更好地发挥作用。

1. 缓蚀剂成膜机理和条件

在实际应用时，喷洒在钢材表面的缓蚀剂，展开生成液膜后，形成三层保护层。底层，在钢材与缓蚀剂液相交界面上，吸附了一层（或多层）紧密有序排列的缓蚀剂分子；中层，依靠范德华力紧密地排列着缓蚀剂载体分子层（例如煤油分子）及部分缓蚀剂分子吸附在一起的胶束集团；上层，气液界面上也吸附了一层缓蚀剂分子。这三层吸附保护膜有效地保护了钢材表面，这就是所谓的"三层理论"。

喷洒在钢材表面的缓蚀剂展开成膜机理，可以用液体表面张力分析加以说明。液体的自由表面，在表面张力作用下呈现收缩趋势。覆盖在钢材表面的缓蚀剂液膜表面像一个被均匀张拉的薄膜，靠近表面及周边的每个液体质点，因受邻近质点的引力而被拉向内部，这些质点引力在液体膜周边的宏观表现形式，就是表面张力。

缓蚀剂形成保护膜的条件：第一，钢材表面应被一种液体润湿，如凝析油或其他不带腐蚀性的液体；第二，钢材表面应比较光滑平整。

一般情况下，水的表面张力大于汽油（或煤油）的表面张力，如果缓蚀剂载体的成分是煤油，天然气又含有高矿化度盐水，钢材表面被高矿化度盐水润湿，尽管这时缓蚀剂能成膜，但是被缓蚀剂膜所包围覆盖在中间的高矿化度盐水还继续腐蚀着钢材，直到电化学反应进行完为止。

从成膜理论分析可以看出，干燥的钢材表面无法形成缓蚀剂膜，为了使钢材表面润湿，在这种情况下需要一个预处理润湿工艺，又称为预膜处理工艺，如在井口利用大排量泵进行喷注预膜，在管线上定期用清管器挤涂预膜等。

缓蚀剂加注工艺由预膜工艺和正常加注工艺两部分组成。

（1）预膜工艺。预膜工艺的目的是要在钢材表面形成一层浸润保护膜。对于液相缓蚀剂，这层浸润膜是为正常加注提供缓蚀剂成膜条件；对于气相缓蚀剂，这层浸润膜就是一层基础保护膜，正常加注仅起到修复和补充缓蚀剂膜的作用。

（2）预膜。预膜就是用大剂量的缓蚀剂使被保护设备表面充分吸附缓蚀剂，减少正常投加量。预膜工艺一般在新井或新管线投产时，或正常加注了一个周期后，对初次或较长时间（半年以上）未加注缓蚀剂的情况也应进行缓蚀剂预膜。预膜工艺所加注的缓蚀剂量一般为正常加注的 10 倍以上。采用泵注或平衡罐滴加的方式进行，预膜的缓蚀剂应一次性注入井内，加注时间小于 24h。缓蚀剂预膜 5d 后需补加缓蚀剂进行修复，同时转入缓蚀剂正常投加。

（3）预膜量可根据式（4-3-5）进行计算：

$$V = 2.4DH \tag{4-3-5}$$

式中，V 为预膜量，L；D 为管径，cm；H 为管长，km。

2. 加注工艺和加注系统流程设计

1）加注方式

现场注入缓蚀剂的方法，应根据缓蚀剂的特性和井内情况而定，一般有下列 3 种情况：

（1）周期性地注入，适用于关井和产量小的井。金属表面形成的缓蚀剂膜越牢固，两次注入之间的周期可越长。

（2）连续式注入，适用于产量大或含水量较高的油气井。该方式主要通过油套环空或环空的旁通管及注入阀将缓蚀剂连续注入井内或油管内，油气井不需关井，因此，对生产影响较小。该方法能够连续不断地施加药剂，维持保护膜的完整性、持久性，保护较均匀。加药量视缓蚀剂性能、加药浓度而定。

（3）挤压式注入，适用于产量很大、含水率较高、腐蚀较严重的油气井。该方式是将缓蚀剂一次性挤压注入油层中，使缓蚀剂被迫吸附于油层中。在油田生产过程中，缓蚀剂不断脱附，并被产出液从井中带出，保证生产中长期稳定的缓蚀剂浓度，达到较为理想的保护效果。但该工艺较复杂，施工难度大，成本较高。

无论是注入井，还是采出井体系，连续注入缓蚀剂是比较好的方法。这样可以使缓蚀剂在金属表面形成连续、完整的缓蚀剂保护膜，防腐保护效果最佳。在实际生产中，缓蚀剂的注入多采用连续注入和间歇注入相结合的方式。间歇注入的主要作用是预膜，而连续注入主要是修补膜。

2）注入点的选择

（1）集输管线用缓蚀剂加注点的选择。集输管线用缓蚀剂加注时采用平衡注罐，通过罐与引射器高差所产生的压力将缓蚀剂滴入引射器喷嘴前的环形空间，缓蚀剂在喷嘴出口高速气流冲击下被雾化后送入注入器，喷到管道内。因此，加注时可根据管线输送情况灵活选择加注点进行。

（2）采出井用缓蚀剂加注点的选择。为保护油井套管（内壁）和油管（内外表面）及井下工具，应选择在油井井口向油套环空加注缓蚀剂或者直接加注到油井底部（筛管以下）。这两种方法均可以使缓蚀剂加注到油套系统中，有效地保护油井系统金属免遭 CO_2 的腐蚀破坏。

（3）注入井用缓蚀剂加注点的选择。对于注入井的加注点，选择在注水泵的入口端（低压端）1~3m 内，距离泵入口越近越好，即在过滤器出口至注水泵前的总管线上。对操作的要求，先启动加药泵，随后启动注入水泵，以确保注入的水中必须含有规定浓度的缓蚀剂。

3）正常加注量的计算

缓蚀剂是向腐蚀介质中加入微量或少量化学物质，该化学物质能使钢材在腐蚀介质中的腐蚀速率明显降低直至停止。缓蚀剂的加注量随着腐蚀介质的性质不同而异，一般从百万分之几到千分之几，个别情况下加注量可达 1%~2%。

缓蚀剂的加注量是工艺设计的基础数据，以下按照缓蚀剂所处环境及缓蚀剂类别给出部分加注量计算公式。

液相缓蚀剂加注量与缓蚀剂液膜厚度成正比。从成膜理论分析来看，缓蚀剂液膜厚度可以是缓蚀剂分子加载体分子直径的 1 倍或几倍，即缓蚀剂及载体分子均匀覆盖在钢材表面上，形成一个受到引力的薄膜，这个膜除了构成膜所必需的那些分子外，没有多余的分子存在，显然在工程上不可能按分子直径确定膜厚，而是按实验或经验数据来确定。以下是缓蚀剂加注公式推导。

设油管内外壁、套管内壁表面完全形成规定缓蚀剂膜厚时所需要的缓蚀剂量为 Q_L（m^3）：

$$Q_L = (Q_T + Q_o + Q_r) \mu' \tag{4-3-6}$$

$$Q_T = \pi d_T h_1 \tag{4-3-7}$$

$$Q_o = \pi d_o h_2 \tag{4-3-8}$$

$$Q_r = \pi d_r h_2 \tag{4-3-9}$$

式中，Q_T 为套管内表面积，m^2；Q_o 为油管外表面积，m^2；Q_r 为油管内表面积，m^2；μ' 为液膜厚度，m；d_T 为套管内径，m；h_1 为井深，m；d_o 为套管外径，m；h_2 为油管长度，m；d_r 为油管内径，m。

对于集输管线，为了维持缓蚀剂膜厚所需要的缓蚀剂量为 Q_J（m^3）：

$$Q_J = Q_F \mu' \tag{4-3-10}$$

式中，Q_F 为管线内表面积，m^2。

（1）注入井加注量计算。

①油套环空安装永久型封隔器，向环空中添加已配制好的缓蚀剂溶液。设加注量为 Q_h：

$$Q_h = \frac{\pi}{4}(d_T^2 - d_o^2)h \tag{4-3-11}$$

式中，Q_h 为缓蚀剂加注量，m^3；d_T 为套管内径，m；d_o 为油管外径，m；h 为井深，m。

②将配制好的缓蚀剂（或者缓蚀剂+起泡剂）倒入配液池中，与高压空气按一定的比例在三通混合后注入油管。设油管内壁表面完全形成规定缓蚀剂膜厚时所需要的缓蚀剂的量为 Q_L（m^3）：

$$Q_L = Q_i u \tag{4-3-12}$$

式中，Q_i 为油管内表面积，m^2；d_i 为油管内径，m；h_2 为油管的长度，m；u 为液膜厚度，美国 AMOCO 公司推荐 $20\mu m$。

（2）生产井的加注量计算。

缓蚀剂由油套环空注入，使其均匀地分布在套管的内壁和油管的外壁，再从油管返出，在钢材表面形成保护膜，可以隔绝腐蚀介质与井下管柱的接触，从而达到保护井下管柱的目的。

液相缓蚀剂在液相腐蚀介质与其在气相腐蚀介质中不一样，它不存在液膜问题。设每日加注量 Q_d 为：

$$Q_d = CQ_e/1000 \qquad (4-3-13)$$

式中，Q_d 为每日加注量，kg；C 为液相中缓蚀剂浓度，mg/L；Q_e 为单井日产量，m^3。

4) 加注配套工具

（1）高压罐。

①条式罐。早期使用的高压罐多采用卧式条形罐（简称条式罐），即采用两根低碳无缝钢管与平盖封头焊接而成，这种罐加工制造简单，不需要专门的冲压模具。但是条式罐笨重，占地面积大。如果采用水平安装，其有效容积无法充分利用。因此，有必要改进。

②球形罐。目前采用球形罐代替条式罐，同样容积条件下，球形罐质量不足条式罐的1/2，球形罐主要采用钢板冲压焊接加工，所需机械加工工时少得多，批量生产时球形罐成本约为条式罐的1/3。

③立式圆筒形罐。立式圆筒形罐不仅成本低，而且结构紧凑、占地小，与球形罐一样，能够充分利用有效空间。

（2）喷雾泵注设备。

①泵及控制系统。喷雾泵注系统（简称泵注）均采用间隙工作，有的管线几天才泵注一次。目前，国内还没有生产小排量自动控制高压泵，只能选用通用的比例泵、柱塞泵或叶片泵来代用。而缓蚀剂加注量是随管线输送的介质量变化的，如能引进或研制与输送量同步变化的自动控制缓蚀剂加注量的泵注系统，则能有效提高其加注效率。

②喷雾头。早期使用的喷雾头与柴油机高压柴油喷雾头类似，但是这种喷雾头压力损失太大，不仅加重了高压泵的负担，而且给使用、维护带来一系列问题。通过研究，选用旋叶型喷雾头，这种喷雾头压力损失较小，一般只需要 1~2MPa 压差就可以把缓蚀剂雾化为 50μm 以下的液滴。

（3）引射器。引射注入系统上使用的引射器是一种高压小流量引射器，但是对于输送量较小的管线，引射器喷嘴及流道喉部尺寸太小，加工难度比较大，制造成本较高。

（4）检测仪。根据加注试验、筛选、确定检测设备，检测方法主要包括可见光、紫外分光和浓度检测 3 种，可以满足不同环境下检测需求。

第五章 二氧化碳驱油地面工程技术

吉林油田从 2007 年开始在大情字井油田黑 59 区块开展 CO_2 驱油先导试验，2009 年在黑 79 区块开展扩大试验，2013 年建设黑 46 工业化试验区。经过近 10 年的攻关、研究和试验，在 CO_2 捕集、管道输送、注入、CO_2 驱油产出流体集输处理和产出气循环注入等领域取得一些技术突破，并且 CO_2 驱油地面工程建设实现了从单井小站到规模建站、罐车拉运到管道输送、液相注入到超临界注入、产出气不回收到全部回收循环注入的转变。

吉林油田 CO_2 驱油地面工程已经发展形成 3 种应用模式：一是先导试验模式，在黑 59 先导试验区开展试验，井数较少，气源不确定，早期采用 CO_2 罐车拉运、液态注入，后期采用气相管输、注入站液化、液相注入、CO_2 驱油产出气不分离超临界混合注入；二是液态注入模式，在黑 79 扩大试验区，井数较多、规模较大，邻近 CO_2 气源，采用集中液相注入模式，CO_2 驱油产出气将 CO_2 富集提纯后循环注入；三是超临界注入模式，可满足工业化应用，井数多、规模大，气源确定，在大情字井油田黑 46 工业化试验区，采用气相管道输送、超临界注入、CO_2 驱油产出气不分离全部超临界混合回注；流程短、经济性好，与试验区规模相适应，可满足不同气源距离要求。

第一节 影响地面工艺设计的二氧化碳性质

一、二氧化碳相态及纯度

根据 CO_2 在不同温度、压力条件下呈现的状态，将 CO_2 分为气态、液态、高压密相、超临界态和固态，其中气态、液态和高压密相是 CO_2 输送过程中涉及的最常见相态。纯 CO_2 的 p—T 相图如图 5-1-1 所示，CO_2 的饱和线始于三相点（-56.5℃，0.518MPa），终于临界点（31.1℃，7.382MPa）。在三相点上，气液固三相呈平衡状态；在临界点处，气相和液相的性质非常接近，两相之间界面消失，成为一相。

当温度和压力高于临界温度和临界压力时，CO_2 进入超临界状态。在临界温度以上，不管施加多大压力，CO_2 都不会被液化。超临界 CO_2 是一种可压缩的高密度流体，它的物理性质处于气体和液体之间，既有与气体相当的高扩散性和低黏度，又兼有与液体相近的密度和优良的溶解能力。当改变温度、压力条件，使得 CO_2 从气态绕过临界点进入超临界状态，然后依次进入高压密相和液态时，整个过程中 CO_2 的密度、黏度是一个逐渐变化的过程。但当 CO_2 从气态穿过饱和线进入液态，或从液态穿过饱和线进入气态时，CO_2 的相态发生了跃变，CO_2 的密度和黏度也将发生突变，在 CO_2 的输送过程中，这种现象会造成管输压力不稳、压缩机震动等问题，故在长距离管道输送、压缩机增压过程中，都应该避免相态突变。

当 CO_2 气体中含有其他气体杂质时，CO_2 的相态特征就会发生变化：出现气液两相区，即在某一条件下，CO_2 出现气液共存的现象，如图5-1-2所示。杂质气体由最具代表性的 CH_4 和 N_2 组成，当杂质气体的含量由0逐渐增加到90%时，CO_2 气体临界温度降低了 $95 \sim 100℃$，并出现两相区，且两相区的范围随着杂质气体含量的增加而增大。两相区的出现使得 CO_2 气体在单相状态下可操作的温度和压力范围缩小，对 CO_2 输送工艺和操作要求进一步提高，因此杂质气体的含量越小，越有利于 CO_2 的管道输送。

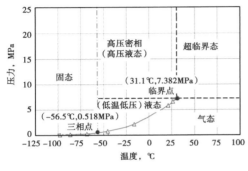

图5-1-1　纯 CO_2 的 p—T 相图

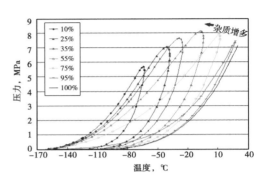

图5-1-2　含 CO_2 气体相包络曲线

二、压缩过程中二氧化碳特性

在临界点上，CO_2 饱和液体和饱和蒸气的压力是相同的。在这个区域，随着压力和（或）温度相对小量的变化，热力特性（包括压缩因子、密度、K 值、比热容、熵、焓等）会急剧变化。由于这种急剧变化，使得气体压缩设备的热力特性很难被测定或评价，而且对压缩设备的力学性能及其可靠性也产生不利影响。受影响严重的热力特性有压缩因子（Z）、密度（ρ）、K 值和比热容（C_p、C_v）。压缩因子为实际气体对于理想气体的偏差值，用数学关系式表示为 $Z = pV / (MRT)$。对于理想气体，$Z = 1$；当温度为 $40℃$ 和绝对压力为 $8.27MPa$ 时，$Z = 0.448$；而当绝对压力变为 $8.62MPa$（增加4%）时，则 $Z = 0.380$（减少15%）。比较密度的变化规律也有一个经验方法，例如，在上述条件变化情况下，密度从 $312.4kg/m^3$ 增加到 $382.8kg/m^3$ 时，密度增加了 22.6%。密度与压缩因子可用以下数学关系式表示：$\rho = p / (ZRT)$。

除压缩因子以外，K 值也会影响气体压缩机热力特性的准确测定。理想的 K 值定义为比热容的比率，即 $K = C_p$（等压比热容）$/ C_v$（等容比热容）。大部分气体是在超出临界点被压缩，上述数学关系式也适用于这种情况。然而在压缩的压力范围内关键热力特性变化非常显著。当 K 值增大时，压缩一定量气体所需功率也随之增加。K 值的变化完全是由比热容，即等压比热容和等容比热容的变化引起的。从上述 K 值与压缩因子的变化可以看出，准确测量这些特性的数值才能够确定气体压缩设备的热力特性。为了满足当今市场的需要，不仅正确预测所有的压力和温度是极其关键的，而且准确测量流量和能量也是非常重要的。

许多年来，人们做了大量工作来确定各种气体的热力学关系，建立了气体状态方程。这些气体状态方程是由 Peng-Robinson、Redlich-Kwong 和 Benedict-Webb-Rubin 等研究人员建立的。目前，这些气体状态方程用于超临界区域还不够精确，但由方程得出的这些数据对于包括甲烷、其他的烃类物质、氮、H_2S 和水蒸气等的混合物的热力学参数计算又是非常重要的，因为在生产期间，在回收再生工艺过程中经常遇到这些混合物。

混合物中存在水蒸气会产生较大问题。当相对湿度大于 60% 时，水会发生冷凝现象。冷凝水溶解 CO_2 生成弱碳酸，从而腐蚀压缩设备内部的关键表面以及有关的气体处理系统。

由于气体的密度和特性对活塞式压缩机的工作性能影响较大，同一台压缩机可以用于压缩物性相似的不同气体。氮气、氧气和甲烷的临界温度至少在 −80℃ 以下（表 5-1-1），这使得在环境温度下，利用压缩机压缩的过程中，这些气体能够始终保持在气态，而不会发生相态的改变，从而保证压缩机正常运转。从水蒸气的蒸汽压力来看，显然水蒸气不适合压缩，常压下，温度在 100℃ 以内，水蒸气为液态，而当水蒸气温度达到 200℃ 以上时，虽然有被压缩的可能，但是这样的高温是压缩设备所不能承受的。C_2、C_3 和 C_{4+} 组分很容易被加压液化，如果这些组分在天然气中的含量较高，就不适合高压输送，需要对天然气进行凝析处理，采用中低压输送的方式。

纯 CO_2 相态较为复杂，临界温度和临界压力都高于氮气、氧气和甲烷。因此，在环境温度下压缩 CO_2，可能会存在相态的变化。而且与其他常规气体有所不同的是，CO_2 在超临界态下，黏度像气态，密度像液相，这种状态可被称为高密度气态。虽然 CO_2 在这种气态下密度较大，但与低压气态一样，仍可以用实际气体的状态方程来描述。

表 5-1-1　常见气体临界参数

气体	临界点		三相点	
	压力，MPa	温度，℃	压力，MPa	温度，℃
C_1	4.604	−82.6	0.117	−182.48
C_2	4.880	32.28		
C_3	4.249	96.67		
CO_2	7.382	31.1	0.518	−56.5
H_2S	9.005	100.35		−85.5
N_2	3.399	−147.05	0.01253	−210.0
O_2	5.043	−118.55		
H_2O（水蒸气）	22.033	373.95	0.0006	0.01

三、二氧化碳黏度、密度随相态变化的特征

通过室内配样测试实验，测得含部分烃类气体高浓度 CO_2 的相态和密度（单位为 kg/m^3）线融合图版，如图 5-1-3 至图 5-1-6 所示。

从图版可以看出：随着温度、压力条件的改变，CO_2 从气态升温、升压进入超临界状态，然后逐渐降温进入高压液态和低压液态时，CO_2 的黏度、密度是一个连续缓慢变化的过程。但当 CO_2 从气态升压、降温穿过饱和线进入液态，或迅速降压从液态穿过饱和线进入气态时，CO_2 的相态发生突变，CO_2 的黏度和密度也将发生较大改变。

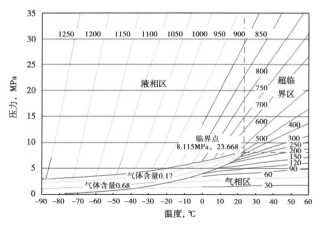

图 5-1-3 90%CO_2含量相态和密度线图版

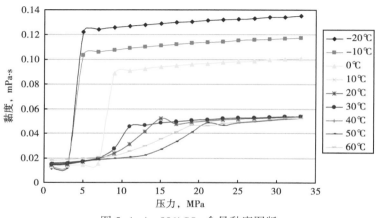

图 5-1-4 90%CO_2含量黏度图版

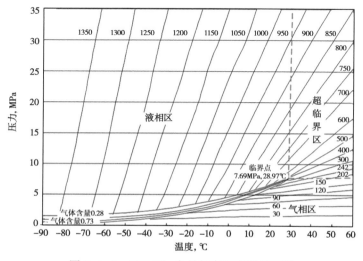

图 5-1-5 97%CO_2含量相态和密度线图版

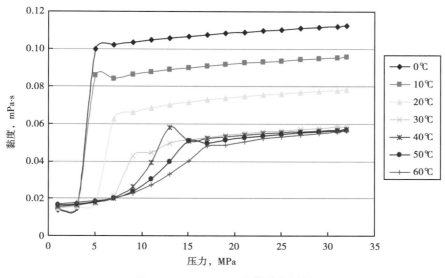

图 5-1-6　97%CO_2 含量黏度图版

第二节　二氧化碳管道输送及优化

一、常用的二氧化碳管道输送方式

CO_2 的商业化输送主要有 3 种途径，分别是槽车、轮船以及管道。由于 CO_2 集气过程是连续不间断的，而车船运输是周期性的，需要在集气点建立 CO_2 临时储气库储存液化 CO_2。比较 3 种输送途径，大规模海运 CO_2 的需求较少，液态 CO_2 的轮船输送并未形成规模，而槽车也仅适用于短距离、小规模的输送任务，因此管道是长距离大规模输送 CO_2 最经济常用的运输方式。

CO_2 管道输送系统的组成类似于天然气和石油制品输送系统，包括管道、中间加压站（压缩机或泵）以及辅助设备。由于 CO_2 的临界参数较低，其输送可通过 3 种相态实现。

（1）气态输送（图 5-2-1）：输送过程中 CO_2 在管道内保持气相状态，通过压缩机压缩升高输送压力。对于 CO_2 气井，其开采出的气体多处于超临界态，在进入管道之前需要对其进行节流降压，以符合管道输送要求。

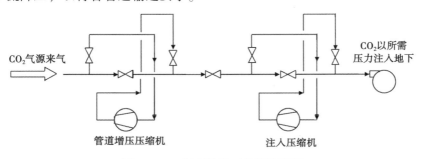

图 5-2-1　气态输送工艺简化流程

（2）液态输送（图5-2-2）：输送过程中CO_2在管道内保持液相状态，通过泵送升高输送压力以克服沿程摩阻与地形高差。通常，要获得液态CO_2，需要对其进行冷却，最为常见的方法是利用井口气源自身的压力能进行节流制冷，或者外加冷源制冷。为了保护增压泵，必须保证CO_2在进入之前已转化为液态。

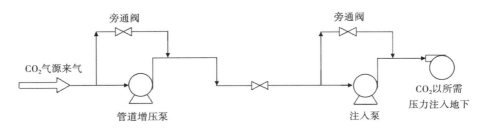

图5-2-2　液态输送工艺简化流程

（3）超临界输送（图5-2-3）：输送过程中CO_2在管道内保持超临界态（温度、压力均高于临界值），通过压缩机压缩升高输送压力。增压时，必须将管道内的CO_2从稠密蒸气状态转化为气态，方可进入压缩机。与气态输送不同，超临界输送需要设定最低运行压力以保持其稠密相态。

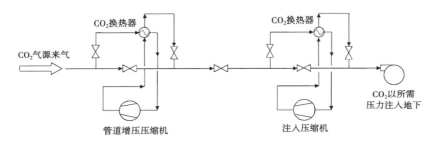

图5-2-3　超临界输送工艺简化流程

以上3种方案中，气态CO_2在管道内的最佳流态处于阻力平方区，液态与超临界则在水力光滑区。国外文献对3种管道输送方式进行了分析，得出的结论是：超临界输送方式在经济性和技术性两方面都明显优于气相输送和液态输送，超临界输送相比于气相输送而言，在成本上要节约近20%。另外，超临界输送管道末端的高压，可以使管道内CO_2在某些情况下直接注入地层，无须增设注入压缩机。具体采用何种输送方式最经济，需要根据CO_2气源距离、注入或封存场所实际情况优化研究而定。

二、二氧化碳输送管道方案优化方法

1. 工程建设方案的优化方法

CO_2管道的输送方式可以有多种设计方案，不同的方案对应着不同的管径、壁厚、保温层以及温度、压力等参数，不同方案所对应的投资建设费用也不一样。如何实现设计方案的最优即投资建设费用最少，是设计部门所关心的问题。

通常情况下，实现一定量的CO_2输送，可以采用气态、液态、超临界的方式。不同的输送方式所产生的费用不同，有必要建立相应的评价模型。评价优选输送方式，需要考虑以下因素：CO_2 输送管道的管材型号、管径、壁厚、保温层，同时还要考虑压气站（泵站）数、站间距、进出站压力、温度、压缩机（泵）组合以及地形、气候等条件，结合管道的强度、水力、能量、边界等约束条件，建立 CO_2 输送管道优化设计数学模型，以最优综合效益为目标，研究最佳设计方案（图 5-2-4）。

在调研国内外主要管材、压缩机、泵等设备的经济指标基础上，建立模型。可结合目标函数、约束条件，采用灰色关联法进行方案比选，确定最优的设计方案。

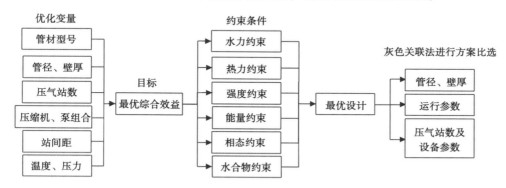

图 5-2-4　CO_2 管道输送优化设计流程

通过借鉴油气管道的造价经验，参照国内石油天然气公司项目经济评价参数，计算管道项目总投资和总费用的构成，可以得出 CO_2 管道优化设计的经济指标，主要包括年折合管道投资、年折合建站投资、运行维护费用以及能耗费用。

1）年折合管道投资 S_A

由于运行维护费被单独列出，因此这里的年折合管道投资 S_A 仅仅是对管道工程投资进行折算，其计算公式为：

$$S_A = \left[a_0 + a_1 D + a_2 G + a_3 \pi (D\delta_b + \delta_b^2) \right] L \cdot \frac{i(1+i)^n}{(1+i)^n - 1} \tag{5-2-1}$$

式中，S_A 为年折合管道投资，百万元；a_0 为与管径无关的费用系数，百万元/km；a_1 为与管径成正比的管道施工费用系数，百万元/（m·km）；a_2 为与管重成正比的费用系数，百万元/（t·km）；a_3 为保温层费用系数，百万元/（m³·km）；D 为管道外径，m；G 为单位管长管材质量，t/km；δ_b 为保温层厚度，m；L 为管道长度，km；n 为投资回收期，a；i 为基本投资收益率。

按照国内油气管道运行经验，管道工程的投资回收期 n 一般可按 12 年计算，基本投资收益率 i 为 0.12。

2）年折合建站投资 S_B

要达到管道输送条件，就需要对 CO_2 进行预处理。另外，对于 CO_2 长距离输送管道，还需要考虑中间增压或补冷，这些都需要修建站场。建站投资可分为两部分：一是站场建设费，包括办公楼、仓库、消防设施等；二是设备投资。建站投资的计算公式为：

$$S_B = \sum_{i=1}^{N_z} (b_0 + b_1 N_i) \left[\frac{i(1+i)^n}{(1+i)^n - 1} + O \& M \right] \qquad (5-2-2)$$

式中，S_B 为年折合建站投资，百万元；b_0 为站场建设费，百万元；b_1 为与设备功率有关的设备投资系数，百万元/kW；N_z 为站场总数，个；N_i 为第 i 座压缩机站（或泵站）的功率，kW。

通常，CO_2 气相输送管道年操作维护费用因子 O&M 可取 0.02，液相输送管道可取 0.025，超临界或密相输送管道可取 0.03。

参考国外的油气管道和 CO_2 长输管道站场投资数据，并将相关经济数据换算为人民币，得到气相、液相以及超临界管道的站场投资系数参考取值，见表 5-2-1。

表 5-2-1 站场投资费用系数参考取值

费用系数	与功率无关的投资系数 b_0，百万元	与增压功率有关的投资系数 b_1，百万元/kW	与冷却功率有关的投资系数 b_1'，百万元/kW
气站（气相）	5.889573	0.071959	—
补冷站（液相）	5.889573	—	0.013615
泵站（液相）	0.423285	0.071959	0.013615
压缩机站（超临界）	5.889573	0.071959	—

对于气相管道，可按与功率无关的每座压缩机站的投资费用 $K_0 = 640043$ 美元，以及与功率有关的每座压缩机站的投资费用 $K_N = 1479.6$ 美元/kW，计算中间增压站投资。

对于增压站，其功率可按式（5-2-3）计算：

$$N_i = \frac{4k}{\eta_i(k-1)} Q_i Z_i T_{zi} \left(\varepsilon_i^{\frac{k-1}{k}} - 1 \right) \times 10^{-6} \qquad (5-2-3)$$

式中，k 为气体多变指数；η_i 为第 i 站压缩机的多变效率；ε_i 为第 i 座压缩机站的压比；Q_i 为标准状态下第 i 座压气站的排量，m^3/d；Z_i 为第 i 座压气站进口状态下的气体压缩系数；T_{zi} 为第 i 座压气站进口状态下的气体温度，K。

对于泵站，其功率可按式（5-2-4）计算：

$$N_i = \frac{\rho g Q_i H}{\eta_i} \times 10^{-3} \qquad (5-2-4)$$

式中，Q_i 为输送温度下第 i 站泵的排量，m^3/s；ρ 为输送温度下的液体密度，kg/m^3；H 为输量为 Q_i 时泵的扬程，m；η_i 为输量为 Q_i 时泵的效率。

3）年运行维护费用 S_C

管道和站场建成投产后每年需要投入一定的费用以维持其正常运行，因此从建设期后开始计算运行维护费用。按照管道工程经济评价的习惯做法，管道线路和站场的年运行维护费用可按式（5-2-5）计算：

$$S_C = c_0 S_A + c_1 S_B \qquad (5-2-5)$$

式中，S_C 为年运行维护费用，百万元/a；c_0 为管道的年运行维护因子，a^{-1}；c_1 为站场的年运行维护因子，a^{-1}；

按照国内油气管道运行经验，对于 CO_2 气相输送管道，c_0 可取 0.02，c_1 可取 0.03；对于液相输送管道，c_0 可取 0.025，c_1 可取 0.04；对于超临界输送管道，c_0 可取 0.03，c_1 可取 0.05。

4）能耗费用 S_D

站场每年的能耗费用计算式为：

$$S_D = d_0 n Y_e N_j H_d \times 24 \qquad (5\text{-}2\text{-}6)$$

式中，d_0 为能耗附加系数，a^{-1}；n 为站场数量，个；Y_e 为电价，元/（kW·h）；N_j 为第 j 个站的功率，kW；H_d 为年运行时间，d。

按照国家电力监管委员会公布的《2010 年度电价执行及电费结算情况通报》，大工业用电为 617.72 元/1000kW·h。

2. 最佳生产运行方案的优化方法

对于已建成运行中的 CO_2 管道，其管径、壁厚、保温层等结构参数已经确定，但是温度、压力等参数是可以变化的，如何保证经济、合理的运行也是管理者所面临的一个问题，一个好的运行方案不仅能够保证管道系统安全运行，而且可以节省大量运行管理费用和燃料费用。因此，确定管道系统的最优运行方案十分必要。

CO_2 输送管道的优化运行方法是以管道节点的压力、流量和压缩机（泵）的运行方案等作为优化变量，以管道系统运行最大效益为目标，以压缩机（泵）的性能、管道的承压能力、管道的水力和热力平衡、压缩机（泵）站串并联方式等为约束条件，建立 CO_2 输送管道运行优化模型（图 5-2-5）。

CO_2 输送管道的运行优化模型属于非线性优化问题。通过比较各种优化算法的优缺点，采用合理、可行、有效、快速的优化算法求解所建立的模型。

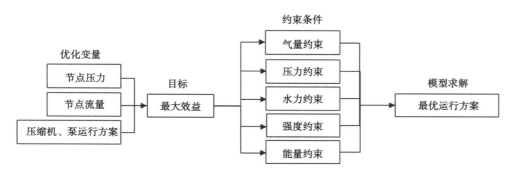

图 5-2-5　CO_2 管道输送优化运行模型的建立流程

（1）目标函数。

最低能耗：

$$\min F = \sum_{j=1}^{N_n} C_{1j} N_{1j} + \sum_{j=1}^{N_c} C_{2j} N_{2j} \qquad (5\text{-}2\text{-}7)$$

最大输量：

$$\max F = \sum_{i=1}^{N_{in}} Q_i \qquad (5\text{-}2\text{-}8)$$

式中，Q_i 为第 i 节点进气量，m^3/d；N_{in} 为管网系统中进气节点数；N_{1j} 为第 j 个动力站的功率，W；C_{1j} 为与第 j 个动力站功率有关的费用系数，元/W；N_{2j} 为第 j 个换热站的功率，W；C_{2j} 为与第 j 个换热站功率有关的费用系数，元/W。

（2）约束条件。

进（分）气量约束：$Q_{i\,min} \leq Q_i \leq Q_{i\,max}$ （$i = 1$，2，$\cdots$，N_n）　　　（5-2-9）

进（分）气压约束：$p_{i\,min} \leq p_i \leq p_{i\,max}$ （$i = 1$，2，$\cdots$，N_n）　　　（5-2-10）

动力、热力功率约束：$N_{j\,min} \leq N_j \leq N_{j\,max}$ （$i = 1$，2，$\cdots$，N_c）　　　（5-2-11）

管道强度约束：$p_k \leq p_{k\,max}$ （$k = 1$，2，$\cdots$，N_p）　　　（5-2-12）

节点流量平衡：$\sum\limits_{k \in C_i} \alpha_{ik} M_{ik} + Q_i = 0$　　　（5-2-13）

三、二氧化碳管道输送设计方案比选

针对吉林油田 CO_2 捕集与驱油项目中，长岭气田净化厂副产品 CO_2 的循环利用，以大情字井油田、海坨子油田 CO_2 驱油试验区为目标，进行 CO_2 管道输送方案优化比选。

1. 管道输送方案

（1）CO_2 气源：长岭气田天然气净化厂，温度为 40℃，压力为 0.2MPa，水露点为-10℃，CO_2 纯度为 99%。

（2）环境条件：埋地管线（温度为-5~20℃），环境温度为-30~40℃。

（3）注入工况：注入量为 $10 \times 10^4 m^3/d$，注入压力为 25MPa。

根据 CO_2 的相态特征，设计了 5 种输送注入方案，见表 5-2-2。

表 5-2-2　CO_2 输送和注入方式设计方案

方案	CO_2 输送状态	CO_2 增压注入状态	集气站设备	注入站设备
1	气态	液态增压、液态注入	低压压缩机	液化装置+增压泵
2	气态	气态增压、超临界注入	低压压缩机	高压压缩机
3	液态	液态增压、液态注入	低压压缩机液化装置	增压泵
4	高压超临界态	高压超临界注入	高压压缩机	—
5	低压超临界态	低压超临界增压、高压超临界注入	低压压缩机	压缩机或增压泵

2. 设计结果

CO_2 输送注入流程的模拟计算结果见表 5-2-3。不同的 CO_2 输送注入状态需要不同的输送和注入设备。气态输送时，管线内压力较低，所需的管径较大，管线末端需要借助增压设备将 CO_2 进一步增压到注入压力，增压方式可根据注入要求、注入相态选择，可以选择液化后利用增压泵增压，也可选用压缩机的方式增压。当采用液态或超临界输送时，由于 CO_2 密度较大，可以采用较小的管径；但是当采用高压超临界输送时，由于输送压力较高（大于25MPa），所需壁厚更大。

表 5-2-3　CO_2 输送注入方案设计结果

方案	参数	集气站			管线输送		注入站	
		进口	出口	设备	出口	设备	出口	设备
1	压力，MPa	0.2	6	三级 压缩机	5.4~5.7	X65 钢 $D152mm×4.5mm$	25	液化装置 增压泵
	温度，℃	40	40		18.63~−3.09		−29.22~−29.42	
2	压力，MPa	0.2	6	三级 压缩机	5.4~5.7	X65 钢 $D152mm×4.5mm$	25	二级 压缩机
	温度，℃	40	40		18.63~−3.09		40	
3	压力，MPa	0.2	3	二级压缩机 液化装置	2.7	X65 钢 $D127mm×4mm$	25	增压泵
	温度，℃	40	−40		−19.46~−27.71		−2.99~−13.08	
4	压力，MPa	0.2	26.9	四级压缩机	25.1	X65 钢 $D108mm×12mm$	—	—
	温度，℃	40	40		19.96~−4.95		—	
5	压力，MPa	0.2	9	三级压缩机	8.11~8.28	X65 钢 $D114mm×5mm$	25	增压泵
	温度，℃	40	40		20.84~−4.60		45.89~9.57	

注：管线长度为 100km，埋地管线，仅方案 4 采取保温措施。

3. 相态分析

当 CO_2 管线输送距离较长，且不采取保温措施时，管线中 CO_2 的相态变化将受到环境温度以及季节变换的重要影响。例如，当 CO_2 采用方案 2 气态方式输送时［图 5-2-6（a）］，夏天运行时（土层温度约为 20℃）CO_2 在管线中可始终保持气态，不会出现液化现象，但当冬天运行时（冻土层温度为 −5℃），由于环境温度较低，CO_2 在管线 10km 长处就开始出现气液两相共存的状态，气液两相区从 10km 处一直延伸至 40km 处，之后管线中的 CO_2 全部以液态形式存在。

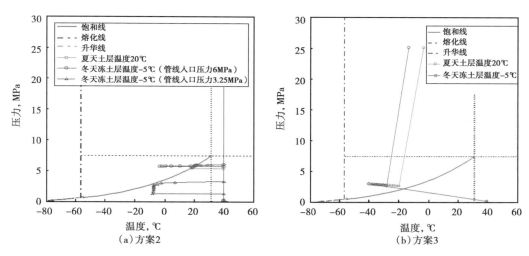

图 5-2-6　方案 2 不保温输送和方案 3 保温输送注入方案中流程节点及 CO_2 相态特征

当 CO_2 采用方案 3 液态输送时［图 5-2-6（b）］，无论是夏天还是冬天，都需要采取保温措施以防止 CO_2 在输送过程中出现相态变化。

当 CO_2 采用方案 4 高压超临界输送［图 5-2-7（a）］或方案 5 低压超临界输送时［图

5-2-7（b）]，输送过程中 CO_2 由超临界状态逐渐进入高压密相状态，虽然 CO_2 的相态发生改变，但是在这一过程中，CO_2 的密度、黏度、压力等性质只是缓慢发生变化。研究认为，超临界到高压密相的相态转变不会对 CO_2 的输送造成影响，因此管线不需要采取保温措施。

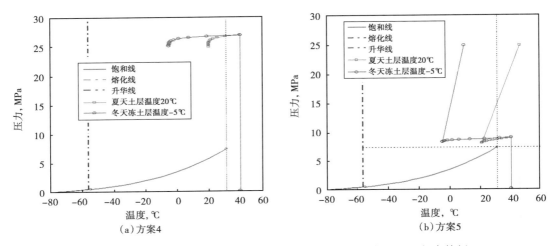

图 5-2-7　方案 4 和方案 5 不保温输送注入方案流程节点及 CO_2 相态特征

4. 成本分析

从基建费用（图 5-2-8）来看，输送距离越长，基建费用越大，不论管线多长，方案 4 的基建费用总是最大的，这是由于管线需要耐高压（大于 25MPa），所需的钢材量大，购置和铺设的费用高；方案 1 的基建费用比较小，这是由于 CO_2 采用气态输送，管线耐压要求低一些，所需钢材量小。方案 2 虽然也是气态输送，但是不需要液化装置，所以基建费用要略低于方案 1。方案 5 采用低压超临界输送，管线耐压要求低，并且管径相对于气态输送要小，因此基建费用更低。方案 3 虽然采用的是低压液态输送，管线的钢材需求量小一些，但是需要采取保温措施、安装液化装置，使得基建费用增高。

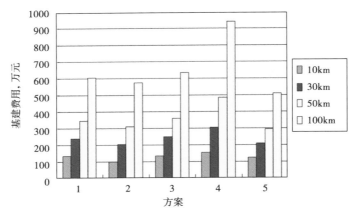

图 5-2-8　各方案基建费用

从操作费用（图 5-2-9）来看，管线越长，操作费用越大，其中方案 5 的操作费用最低，但是各方案差别不是很大。方案 4 的操作费用也比较小，这是由于方案 4 流程简单，整个输送注入过程中只需在管线入口处提供动力，不需要在输送注入的环节专门控制 CO_2 的相态，从而减少了能量消耗。

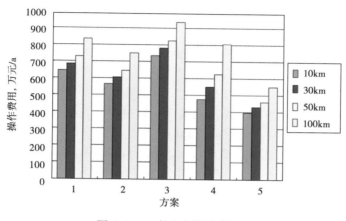

图 5-2-9　各方案操作费用

从单位 CO_2 输送注入费用（图 5-2-10）来看，由于各方案都是假设同样的 CO_2 输送量，自然输送距离越长，单位 CO_2 输送注入成本也就越高。各方案中，方案 5 的输送成本最低，采用低压超临界输送，需要的钢材量较少，基建费用较低，并且随着输送距离的增加，经济性更加明显；方案 4 采用大于 25MPa 的高压输送，虽然输送效率很高，而且流程简单，在较短输送距离内，具有很高的经济性，但要求较大的管线壁厚，随着输送距离增加，其管线铺设费用迅速增大，致使单位 CO_2 的输送注入费用也迅速上升；方案 1 采用气态输送液态注入方式，虽然气态管道输送节约了保温费用，但在注入前需建设 CO_2 液化装置，增加了液化投资及操作成本；方案 2 采用低压输送，虽然在较短输送距离内，由于需要在管线末端进一步增压以达到注入要求，使得其经济性并不突出，但随着管线长度的增加，管线铺设费用上优势显现出来，其单位 CO_2 的输送注入费用也逐渐低于其他方案；方案 3 采用液态输送、液态注入方式，虽然管线的输送效率较高，但是基建费用（需液化装置和保温措施）和操作费用（液化费用）都很高，使得这一方案经济性最差。

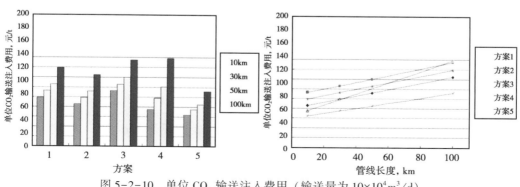

图 5-2-10　单位 CO_2 输送注入费用（输送量为 $10×10^4 m^3/d$）

四、二氧化碳管道设计时需考虑的因素

（1）在进行 CO_2 长距离管道输送设计时，应使管道各点 CO_2 的温度、压力参数处于同一相态范围内，尤其要避免 CO_2 相态突变（特别需要避免 CO_2 从气态变为液态，或从液态变为气态）。同时，认为介质 CO_2 纯度越高，杂质越少，越有利于控制介质相态变化，越有利于实现管道长距离输送。

（2）根据 CO_2 相态特点，CO_2 存在气态、液态和超临界 3 种输送方式，由于不同 CO_2 输送方式在投资和运行费用方面都有着很大的差别，因此，在 CO_2 驱油与埋存项目中，需根据具体情况综合评价确定 CO_2 管道输送方式和状态。

（3）CO_2 由超临界状态降温逐渐进入高压密相过程中，虽然相态发生改变，但在此过程中，CO_2 的密度、压力、黏度等性质只是缓慢发生变化。研究认为，超临界到高压密相的相态转变不会对 CO_2 的管道输送造成较大影响，且管线不需要采取保温措施。

（4）在本节列举的 5 套 CO_2 管道输送注入方案中，随着管道输送距离的增加，采用低压超临界输送、高压超临界注入方式经济性最优，其次是气态输送、超临界注入方式；采用高压超临界输送、直接注入方式，虽然输送效率高且流程简单，但只在较短输送距离内具有较高的经济性，且由于此方式要求较大的管线壁厚，随着输送距离增加，单位 CO_2 的输送注入费用迅速上升。

第三节　二氧化碳液态注入及超临界注入

在 CO_2 驱油和埋存项目中，CO_2 注入系统采用的气源通常为储层中产出的高含 CO_2 混合气和工业回收的 CO_2。在混相驱情况下，CO_2 纯度根据油藏最小混相压力来确定。注入系统的关键问题是相态分析和增压工艺，相态不同选择的增压设备也不同。无论是增压泵还是压缩机，在进行设备选择及工艺设计时，都要充分考虑 CO_2 的相态和物性。

目前，CO_2 驱油注入工艺以液相注入和超临界注入为主。由于注入压力等级较高，液相注入由柱塞泵来增压，超临界注入由压缩机增压。小规模试验区主要采用液相注入工艺，由柱塞泵增压注入，该技术成熟可行；大规模推广应采用超临界注入，由压缩机或压缩机加柱塞泵增压注入，在国外有较多应用实例。国外采用多种 CO_2 注入流程，包括液态柱塞泵工艺、超临界压缩机注入工艺和压缩机加泵注入工艺等。各流程适应的工况不同，早期的 CO_2 注入大部分采用液相泵注流程，后期建设逐步向超临界压缩机注入过渡。加拿大韦本（Weyburn）油田，采用压缩机超临界注入 CO_2 以提高油田采收率；加拿大 Spectra 能源公司 KWOEN 净化厂处理的 CO_2 采用压缩机加泵流程主要用于埋存。

一、注入相态

CO_2 气相、液相及超临界增压注入相态，所需的处理环节其压力、温度变化对应到 p—T 相态图上，如图 5-3-1 所示。

对于密相注入，则是在 F 点的基础上用泵增压至 G 点。吉林油田主要应用了液态注入和超临界注入两种工艺方法。

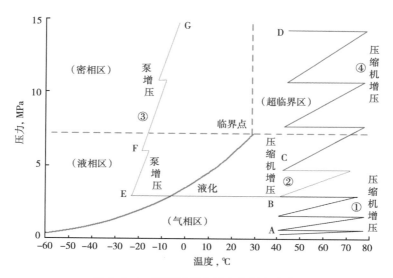

图 5-3-1　增压过程中压力和温度变化

①—气源 CO_2 增压，从 A 点用压缩机增压至 B 点；②—气态注入，采用压缩机继续增压至 C 点；③—液态注入，气体从 B 点冷却液化至 E 点，然后用泵增压至 F 点；④—超临界注入，在 C 点的基础上继续用压缩机增压至 D 点

二、二氧化碳液态注入

CO_2 液态相注入是将液化后的 CO_2 导入低温储罐，经喂液泵提压至注入泵增压到注入井所需要的压力，经分配阀组分注各井。

1. 二氧化碳液化技术

CO_2 液化技术是一种使气态 CO_2 变为液态 CO_2 的方法，采用冷剂循环制冷 CO_2 液化工艺。CO_2 气体经压缩机增压到 2.4MPa，再经吸附法脱水过滤后进入换冷器冷凝为液态，液态 CO_2 进入闪蒸器进行分离，部分不能液化的不凝性气体通过闪蒸器顶部排出，塔底得到 CO_2 液体；闪蒸后的 CO_2 液体，通过冰机制冷换热后压力降至 2.2MPa、温度降为 -20℃后送入液态 CO_2 储罐。该项技术适用于大规模 CO_2 的液化处理。

技术特点：（1）设备简单，对设备和输送管道的材质要求低，为普通碳钢；（2）液化系统操作压力适宜、安全方便，所有阀门、仪表可实现国产标准化；（3）装置操作压力低，相对操作安全性好；（4）液化率高，除少量不凝气体外，CO_2 液化率达 100%；（5）节能，CO_2 闪蒸气设计了节流回收冷量装置。

2. 二氧化碳储存技术

CO_2 液化后的体积仅为气体的 1/500，液态 CO_2 储存采用低温储罐。实现 CO_2 的液态储存，主要是控制罐内 CO_2 的温度、压力始终处于一定的参数范围，CO_2 储罐储存时压力范围为 2.2~2.5MPa，温度范围为 -25~-20℃。杜绝罐内 CO_2 与罐外产生热交换。

技术特点：（1）液态储存设备体积小、占地面积少，投资省；（2）小罐采用双层真空罐，大罐采用球罐或子母罐，外部采用聚氨酯现场浇注保冷工艺，施工方便，不需要制冷源；（3）罐体采用耐低温的 16MnDR 钢；（4）有 $50m^3$、$100m^3$、$500m^3$、$1000m^3$、$2400m^3$ 等多种类型，可满足不同储存规模需要。

3. 二氧化碳液态注入技术

CO_2 液态注入技术是用泵增压,将液态 CO_2 注入地层驱油的一种工艺方法。基本流程为:储罐内的液态 CO_2 经喂液泵增压进注入泵入口,经注入泵增压后通过阀组分配、计量后,由各单井管线送入注气井口进入地层,系统注入压力按注入井的需求确定。

吉林油田经过黑 59 CO_2 驱油先导试验和黑 79 扩大试验,形成了单井橇装小站、集中建站单泵单井、集中建站单泵多井 3 种液态注入工艺,可满足不同地质条件、不同规模、不同压力的注入需要。其优缺点对比见表 5-3-1。

表 5-3-1 各工艺优缺点对比

项目	单井橇装小站工艺	集中建站单泵单井工艺	集中建站单泵多井工艺
优点	(1) 系统灵活,方便零散井注入; (2) 单井管线用量少; (3) 单井注入投资相对较少	(1) 设施集中,便于管理; (2) 单泵对单井,注入压力、流量可灵活调整; (3) 设备在线备用,便于维护	(1) 设施集中,便于管理; (2) 设备在线备用,便于维护; (3) 可以实现规模注入; (4) 占地较少,投资低
缺点	(1) 活动设备,维修时需停产; (2) 注入规模小,不便集中管理; (3) 用于小型试验区	(1) 注入设备多,投资大; (2) 不适合大规模注入,占地较多	(1) 不适合相对分散的井注入; (2) 不能满足分压注入,单井流量不易调控

在工程设计中,可根据不同区块的地质条件和注入规模进行选择。

4. 二氧化碳液态注入案例

黑 59 液态 CO_2 注入站,设计注入规模为 300t/d,设计注入压力为 25MPa。站内设 100m³ 真空粉末保温卧式 CO_2 储罐 2 座,CO_2 注入泵 2 台($Q=10m^3/h$,$p=25MPa$),注入井 5 口,单井注入量为 30t/d,采用集中建站单泵多井工艺。液态 CO_2 源引自站内液化站。

黑 79 液态 CO_2 注入站,设计注入规模 900t/d,设计注入压力 25MPa。站内设 50m³ 真空粉末保温卧式 CO_2 储罐 2 座,CO_2 注入泵 3 台($Q=20m^3/h$,$p=25MPa$),注入井 18 口,采用单干管多井注入流程,单井注入量为 40t/d,采用集中建站单泵多井工艺。液态 CO_2 源引自站附近长岭天然气处理站内液态 CO_2 子母罐。

三、二氧化碳超临界注入

CO_2 超临界注入技术是采用压缩机将 CO_2 从气态压缩至超临界态,经配注站和站外管网由注气井注入地层驱油的一种注入工艺技术。

1. 二氧化碳超临界注入系统设计要点

超临界注入系统的关键问题是压缩工艺及相平衡分析。CO_2 属于重气,分子量大,CO_2 密度随温度、压力的变化较大,会使压缩机产生脉动,对压缩工艺设计和设备安全运行具有较大影响,通常在进行工艺设计时,需从以下几方面进行分析。

1)绘制相包络曲线

含有 CH_4 和 N_2 的 CO_2 混合气超临界注入时,首先根据气体组分绘制相包络曲线(p—T 关系图)。从图 5-3-2 中可明显看出,混合气体的相态临界点位于气液两相同时存在时的最高压力和最高温度点。只有当压力和温度处于相包络曲线内时,混合物才以两相状态存在。研究认为，对于混合气体压缩机设计，绘制真实介质的相包络曲线是正确计算和修正多级压缩级间工艺参数、合理控制相态的重要前提。模拟含 CO_2 混合气组分与临界参数见表 5-3-2。

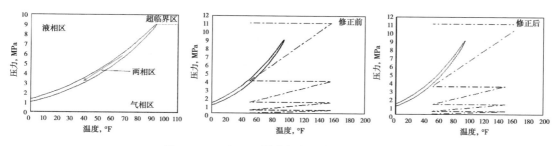

图 5-3-2　含 CO_2 混合气相包络曲线示意图

表 5-3-2　模拟含 CO_2 混合气组分与临界参数

编号	气体组分摩尔分数			临界压力 MPa	临界温度 ℃
	CO_2	CH_4	N_2		
1	0.5961	0.3399	0.064	9.756	-8.06
2	0.67688	0.27192	0.0512	9.448	1.77
3	0.75766	0.20394	0.0384	9.008	10.4
4	0.83844	0.13596	0.0256	8.493	18.05
5	0.91922	0.06798	0.0128	7.939	24.85
6	1	0	0	7.32	31.1

2）控制含水量

含 CO_2 混合湿气在压缩及冷却过程中会产生游离水，含游离水的 CO_2 气腐蚀性很强，因此，在含 CO_2 混合气进行压缩机前需要脱水，使 CO_2 气的露点达到要求。从含 CO_2 混合气（饱和含水时）含水量与温度的关系（图 5-3-3）来看，温度升高，介质含水量增加；当压力为 0.25MPa 时，含水量及其变化率明显高于 2.5MPa 时的含水量及其变化率。从长深 4 井含 CO_2 混合气（饱和含水时）含水量与压力的关系（图 5-3-4）来看，在临界压力以下，含水量随压力升高呈下降趋势；临界压力以上，含水量随压力升高有上升趋势。

3）相平衡分析与控制

以含 CO_2 混合气的相包络曲线为相态参数控制依据，反复调整压比，计算和修正压缩机各级进出口参数，工艺上主要采用控制温度的办法来控制压缩机各级入口相态参数，级间设冷却器和分离器，分离掉由于压缩和冷却产生的液体，确保多级增压时压缩机各级入口参数处于非两相区和非液相区。

控制相态的关键是控制压缩机入口温度。由于温度是决定液相含 CO_2 混合气相态和含水量的关键因素，必须从相态控制和含水量控制两方面着手研究，以确定合理的压缩机入口温度范围。

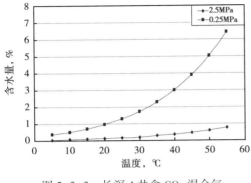

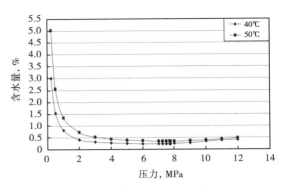

图 5-3-3 长深 4 井含 CO_2 混合气
含水量与温度的关系

图 5-3-4 长深 4 井含 CO_2 混合气
含水量与压力的关系

从不同组分含 CO_2 混合气的相包络曲线（图 5-3-5）可以看出，随着介质 CO_2 含量减小、烃类气和氮气含量增加，介质的临界温度呈下降趋势；当介质温度高于纯 CO_2 临界点温度（31.1℃）时，介质就不能处于液相区或两相区，当介质温度处于 40℃ 及以上时，可保证介质始终处于气相或超临界状态。

因此，结合含水量分析结论，认为将压缩机入口温度控制在 40℃ 附近，有利于含 CO_2 混合气相态控制和含水量控制。

以吉林油田黑 59 CO_2 驱油试验区地层压力需求为例，压缩机最高排气压力需要达到 25MPa，注入量为 $2 \times 10^4 m^3/d$，由于压缩机入口介质为长深 4 井至黑 59 CO_2 管道末端来气，压力在 2.5~3.0MPa 之间，若将温度控制为 40℃、压力节流 2.5MPa 进入压缩机，经计算，采用两级压缩，排气压力即可达到 25MPa（图 5-3-6）。为了保证级间温度、压力参数不处于两相区和液相区，压缩机入口、级间须设冷却器和分离器，分离掉由于增压产生的液体。

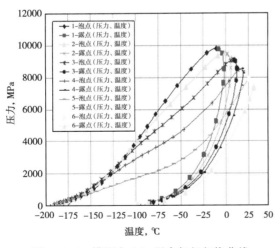

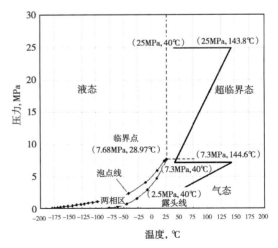

图 5-3-5 模拟含 CO_2 混合气相包络曲线

图 5-3-6 长深 4 井含 CO_2 混合气超临界
注入相态示意图

4）预处理

由于地层产出的含 CO_2 混合气或其他 CO_2 气在未经特殊处理时，一般含有机械杂质，如固体颗粒和液滴等，会对压缩机正常运转造成极大影响，甚至损坏叶轮，破坏压缩机结构，因此需要根据压缩机进气条件要求，对含 CO_2 混合气进行预处理，除去大直径的液体和固体颗粒。

2. 二氧化碳超临界注入压缩机

1）国内外基本情况

北美酸气回注技术、CO_2 驱油工程服务技术和设备制造技术已实现产业化，其中加拿大 Ariel 压缩机制造商和 ENERFLEX 集团具有 CO_2 压缩机和设备整体成橇制造能力，生产过加拿大艾伯塔省和美国得克萨斯州多个注入压缩机橇，注入压力最高达到 35MPa，工艺技术先进。

国外 CO_2 驱油与埋存技术发展起步早，主体设备压缩机的研发及制造技术水平先进。许多知名压缩机研发厂家与制造商都在北美集中发展。

国内压缩机特别是用于 CO_2 驱油的高压机组起步较晚，国内压缩机在开发设计、品种规格、压缩机加工精度及防震抗震等方面，都与国外存在差距，正处于技术研究与改进阶段。

2）二氧化碳压缩机的特殊性

CO_2 压缩机相对于普通介质的压缩机存在以下特殊性：

（1）CO_2 分子量大，因此 CO_2 压缩机具有转速低、活塞线速度低的特点。

（2）CO_2 临界温度高，因此当采用多级压缩时，需考虑级间是否有液相。

（3）CO_2 是酸性气体，含水的情况下会产生腐蚀，主要对活塞杆产生影响，因此需采用不锈钢材质或做表面硬化处理。

（4）CO_2 能与油互溶，若油中含水则会生成腐蚀性酸，因此 CO_2 压缩机润滑油需采用掺脂肪的专用润滑油。

（5）CO_2 分子量大，CO_2 压缩机冲击力大，脉动严重，因此 CO_2 压缩机全部要求进行脉动分析。

（6）为防止 CO_2 液态腐蚀或形成干冰，回流线一般采用加热回流，不能采用冷回流。

制造 CO_2 压缩机的技术难题在于：CO_2 属于重气，腐蚀和相变等影响，以及温度和噪声控制。

由于 CO_2 的分子量较大，物理表现为重气特征，当重气流过阀门和气缸时，压力降明显比分子量小的气体介质大得多。因此，研究一种特殊方法，让气缸速度减慢，使阀门和气缸配合交互致密，通常将气缸速度控制在 4.6m/s。同时，利用一个参数 PQ 值来评价气缸阀门的合格率。设计值通常小于 15，最好小于 13.5。

主要采用控制温度的办法控制压缩机级间相态、级间冷却和气液分离。首先，绘制注入介质的 $p—T$ 关系泡露点曲线和水合物线，利用相图修正压缩机各级参数，达到相态控制的目的。从 ENERFLEX 的经验来看，难点在于精确的温度控制和高效的气液分离。ENERFLEX 采用风冷设计，研发了温度自动控制和气液高效分离的方法。同时，可采用压缩脱水工艺和高效气液分离设备，控制压缩机级间含水量，分段选用不锈钢材质和碳钢材质。

腐蚀是压缩机成橇设计的重要考虑因素，压缩机入口介质 CO_2 浓度及入口压力决定成橇组装设备的材料配置。针对吉林油田的 CO_2 驱油伴生气压缩机，选择不锈钢加碳钢组合方案是最优选材设计。相态控制是防止压缩过程出现水合物的关键，需要分析压缩介质的 $p—T$ 关系泡露点曲线图，从而分析计算和控制压缩过程中介质的温度，整个压缩过程对温度的自动控制是相态控制的关键，尤其是在压力较高时，微弱的温度变化将引起密度很大的变化，这会使压缩机产生巨大噪声和震动。

3）二氧化碳超临界注入压缩机优化方向

CO_2 超临界注入压缩机的优化方向如下：

（1）合理控制脉动。CO_2 分子量大，密度大，脉动严重，因此 CO_2 压缩机要求进行脉动分析；同时 CO_2 压缩机应转速低，活塞线速度低。

（2）CO_2 临界温度高，因此当采用多级压缩时，需考虑级间排液。

（3）CO_2 是酸性气体，会产生腐蚀，活塞杆等部件需采用不锈钢材质或做表面硬化处理。

（4）CO_2 能与油互溶，因此 CO_2 压缩机润滑油需采用掺脂肪的专用润滑油。

（5）为防止 CO_2 液态腐蚀或形成干冰，回流线一般采用加热回流，不能采用冷回流。

（6）寒冷地区应采用空冷方式，防止冻管。

（7）应适当提高各级进气温度，防止气体密度增大而引起脉动。

（8）应充分考虑 CO_2 特性，进行应力分析。

（9）机组应整体成橇，防止基础及配管震动。

（10）压缩机应单独设计自控系统，增加压缩机运行可靠性。

（11）厂房增加可视监控，降低工人操作强度。

针对大情字井油田 CO_2 驱油开发试验工程，对 CO_2 注入压缩机进行优化，设计压力从 $1.6\sim2.0MPa$ 压缩至 $28MPa$，通过对比分析，选择进口压缩机。针对 $10\times10^4m^3/d$ 和 $20\times10^4m^3/d$ 两种规模的压缩机成橇和组装等情况进行了考察，设计和组橇的技术均是成熟的，优化两个压缩机设计方案，详见表5-3-3。

表5-3-3　压缩机设计方案对比

项目	$10\times10^4m^3/d$，从 $1.6\sim2.0MPa$ 压缩至 $28MPa$ 的压缩机橇块	$20\times10^4m^3/d$，从 $1.6\sim2.0MPa$ 压缩至 $28MPa$ 的压缩机橇块
压缩机头型号	Ariel JGH-4	Ariel JGT-4
电动机功率，hp（kW）	600（447.41）	1200（894.84）
级数	3级压缩	3级压缩
主机橇	尺寸为 7.62m×3.66m×3.05m，重38t	尺寸为 9.15m×3.97m×3.66m，重52t，需要拆下部分部件，无法成为一个橇体
空冷橇	尺寸为 6.10m×3.05m×3.05m，重8t	尺寸为 10.67m×3.05m×3.05m，重15t

受公路运输条件限制，$10\times10^4m^3/d$ 压缩机可以整橇运输；$20\times10^4m^3/d$ 压缩机可以整橇制造，但在运输中需拆下凸出部分。

四、黑 59 二氧化碳及伴生气超临界注入中试试验

装置建于黑 59 CCS-EOR 试验站内，既可实现 CO_2 超临界注入，也可实现 CO_2 驱油产出气的循环注入。该装置设计注入压力为 25MPa。

1. 处理规模

本次试验工程选择的试验规模为 $5\times10^4m^3/d$，但由于伴生气的产量在试验期间只有 $6000\sim8000m^3/d$，其余不足部分由 $2.5\sim3.0MPa$ 的纯 CO_2 气补充。

2. 处理流程

主要流程为：将黑 59 区块 CO_2 驱油产生的伴生气进行预处理，处理后的气体进入压缩机进行四级增压，在二级出口，天然气的压力可以达到 $2.7\sim3.3MPa$，在此级出口进行变温吸附脱水，脱水计量后重新回到压缩机三级入口，最终增压到 25MPa，为注入井提供超临界 CO_2（图 5-3-7）。

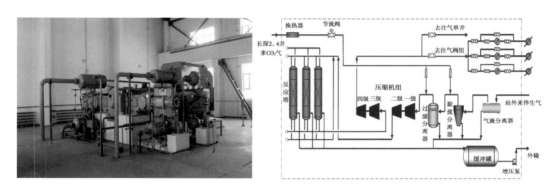

图 5-3-7　黑 59 区块 CO_2 驱油伴生气超临界注入装置及其流程示意图

3. 处理工艺

1）预处理工艺

黑 59 区块 CO_2 驱油后产生的伴生气，预处理系统流程为：油井产物进入气液分离器进行气液分离，气体经计量后进入预处理系统。预处理系统包括旋流分离器和过滤分离器，在旋流分离设备中脱除 $10\mu m$ 以上液滴，出口气体进入过滤分离器，继续脱除 $5\mu m$ 以上的所有液滴及固体杂质颗粒，出口气体去往压缩单元。

2）压缩工艺

气体压缩采用往复式压缩机，根据工艺要求的进出口参数，伴生气流量为 $50000m^3/d$；原料气中 CO_2 含量为 90% 体积分数，其余是烃和 N_2；原料气压力为 $0.2\sim0.3MPa$；原料气温度不高于 40℃；原料气含有一定的游离水。出口条件要求：出口气压力为 25MPa；出口气温度不高于 50℃。四级压缩，一级压缩进口压力为 $0.2\sim0.3MPa$，出口压力为 $0.9\sim1.0MPa$；二级压缩出口压力为 $2.7\sim3.3MPa$；三级压缩出口压力为 $8.25\sim8.9MPa$；四级压缩出口压力为 25MPa。

压缩机具体设计为：压缩机在 0.25MPa 进气状态下设计流量为 $5\times10^4m^3/d$；压缩机采用对称平衡型往复式，四列四级压缩；气缸为水平布置，上进下出并采用冷却水强制冷却。

外形尺寸约为 7800mm×6300mm×3500mm，质量约为 45t，冷却水耗量约为 50t。压缩机双层布置；压缩机设电动盘车装置；压缩机转速为 420r/min，活塞平均速度为 3.36m/s；主轴承和十字头采用压力润滑；曲轴箱上应装有防止压力迅速升高的呼吸器。

3）脱水系统

工艺简述：来自压缩机二段出口 3.0MPa（表压）气体从气液分离器输出至脱水单元，首先经过两台除油过滤器除去油雾后，再进入由三塔组成的等压吸附干燥系统，装置出来的净化气 2.90MPa（表压）可以达到不大于 0.003% 的含水量。干燥气再回到压缩单元（入三段压缩机进口）。脱水装置设计能力为 $5×10^4 m^3/d$。

4. 现场运行情况

从现场调试结果看，系统试压到 16~17MPa 时可实现 CO_2 驱油站外管网的平稳注入，与原注入系统衔接良好；压缩机单机最高试运行压力达到 25MPa，高压时压缩机震动较大。

五、黑 46 区块二氧化碳驱油超临界循环注入工业化应用

黑 46 区块 CO_2 注入站于 2014 年 9 月投产，装置设计注入压力为 28MPa，可实现 CO_2 及 CO_2 驱油产出气循环超临界注入。

1. 处理规模

注入规模为 $60×10^4 m^3/d$，产出气处理规模为 （5~40）$×10^4 m^3/d$，管道输送补充净化气规模为 （20~55）$×10^4 m^3/d$。

2. 二氧化碳循环注入系统流程

CO_2 循环注入系统流程如图 5-3-8 所示。

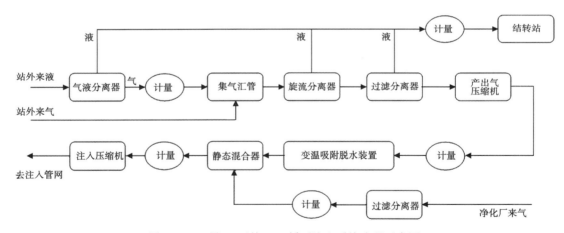

图 5-3-8 黑 46 区块 CO_2 循环注入系统流程示意图

1）预处理工艺

CO_2 驱油产出气产量及 CO_2 含量会随区块实施年限发生变化，同时含有液相杂质，需要进行预处理。油井产物经过气液分离器进行气液分离，气体经计量后进入旋流分离器，在设备中脱除 $10\mu m$ 以上液滴，出口气体进入过滤分离器，在设备中继续脱除 $5\mu m$ 以上的所有液滴和固体杂质，出口气体去往压缩单元。

2）产出气压缩工艺

预处理后气体进入产出气压缩机进行增压，压缩机采用往复式进口电驱压缩机，风冷设计。根据技术路线确定进出口参数，二级压缩。一级压缩进口压力为 0.2~0.3MPa，出口压力为 0.8~1.0MPa；二级压缩出口压力为 2.3~2.5MPa。

3）变温吸附脱水工艺

来自产出气压缩机出口 2.5MPa（表压）气体至变温吸附脱水单元，首先经过两台除油过滤器除去油雾后，再进入由三塔组成的等压吸附干燥系统，装置出来的干气 2.50MPa（表压）可以达到不大于 0.003% 的含水量，干气去注入压缩机。

4）注入压缩工艺

脱水后的产出气与净化厂来的纯净 CO_2 气体，在静态混合器内进行充分混合，进入注入压缩机。气体压缩仍采用往复式电驱压缩机，风冷设计，三级压缩，一级压缩进口压力为 1.6~2.2MPa，三级压缩出口压力为 28MPa，去注入分配器分配注入。

5）参数控制

产出气压缩机进口压力控制设计：控制气液分离器运行压力，在气液分离器气相出口设气动阀，与分离器压力联锁，实现压力平稳。

注入气体组分控制设计：在注入压缩机前设置静态混合器，将脱水后产出气与管道输送来的净化 CO_2 气体充分混合，在出口设置 CO_2 浓度检测装置，与净化气来气联锁，保证注入气体满足油藏要求的注入气体组分条件。

注入气体水露点控制设计：在注入压缩机前设置水露点分析仪，测定混合气体的水露点，将水露点分析仪的参数与变温吸附脱水设计深度联锁，保证注入气体的水露点要求。

六、二氧化碳超临界注入工艺设计时需考虑的因素

（1）CO_2 注入存在液态泵注、气态压缩机和气态压缩机加泵 3 种注入流程，需根据工程实际优化比选。

（2）设计含 CO_2 混合气超临界注入工艺时，宜先绘制真实气体介质的相包络曲线，然后计算多级压缩级间参数，用真实气体介质的相包络曲线来修正个别参数，重新计算，以获得合理的级间工艺参数，达到相态控制的目的。

（3）多级压缩时，压缩机各级入口参数须控制在相包络曲线的非两相区和非液相区域内，工艺上可采用控制温度的办法控制介质相态，且压缩机各级入口温度控制在 50℃ 左右为宜。

（4）可采用压缩脱水工艺来控制饱和含水状态下含 CO_2 混合气的含水量，从而防止压缩机级间形成水化物和 CO_2 腐蚀，必要时可在压缩机入口或级间附加深度脱水装置，满足特殊工艺要求。

（5）由于 CO_2 气或 CO_2 驱油产出气可能携带大直径固体颗粒或液滴，建议在介质进入压缩系统前进行除尘、除液和除雾等预处理，保证系统安全平稳运行和设备使用寿命。

（6）压缩机成橇设计的关键是脉动分析计算，橇体上的设备和管线的布置应严格按照脉动分析的结果进行。

第四节　二氧化碳驱油采出流体集输处理及循环注气

一、二氧化碳驱油采出流体基本特性

以黑 59 区块 CO_2 驱油先导性试验及黑 79 区块扩大试验的采出流体为样品，对影响采出流体集输工艺的重要物性参数进行了分析研究。CO_2 驱油与水驱油对比，采出原油的反常点、析蜡点和原油黏度、凝点等先降低后升高，主要原因为 CO_2 驱油见效后重质组分被萃取出来，胶质、沥青质含量增大，并且原油发泡。测试了 36 口 CO_2 驱油井和 9 口水驱油井油品物性，平均数值见表 5-4-1。

表 5-4-1　CO_2 驱油与水驱油油品物性对比表

类型	密度（20℃）g/cm³	黏度，mPa·s				凝点 ℃	含水率 %	含蜡量 %	胶质含量 %	沥青质含量 %
		40℃	50℃	60℃	70℃					
CO_2 驱	0.9026	739.04	317.79	219.01	117.25	26.00	80.83	22.32	6.29	0.30
水驱	0.8974	490.08	221.08	133.69	86.8	24.58	91.33	21.41	4.92	0.26

由表 5-4-1 可知，CO_2 驱油开采的原油密度一般比水驱开采原油密度大，这是由于 CO_2 在驱油时处于超临界状态，而超临界状态的 CO_2 具有很强的萃取性，能够将地下储层中的重组分原油最大限度地驱出地面，且可以降低原油和地层之间的界面张力，因此 CO_2 驱油采出液的密度较水驱油的大很多。CO_2 驱油，原油胶质、沥青质含量比水驱开采原油有所增大。由于胶质是天然表面活性物质，使原油中能形成油水乳状液的天然乳化剂增加，沥青质吸附在油水界面上，形成具有一定强度的黏弹性膜，使乳状液具有较强的稳定性。CO_2 驱油原油凝点偏高，同样说明蜡含量偏高。原油中蜡的存在是原油具有高凝点和复杂低温流变性的主要原因，将原油中的部分蜡脱出后，其凝点显著下降，低温黏度、屈服值等流变参数也明显降低。相同温度下 CO_2 驱开采原油比水驱开采的黏度高，说明 CO_2 驱油使地层原油组分发生改变，导致混合液油水乳化性增强，原油黏度增大，密度增高，原油流动性变得更差。

1. 二氧化碳驱油采出流体溶解度

主要分析 CO_2 在原油和水中的溶解度。原油和水分层后，CO_2 在原油或水中的溶解度与原油或者水单独存在时的溶解度基本相等（图 5-4-1、图 5-4-2）。可以认为，CO_2 在油水混合物中的溶解度与纯油中及纯水中的溶解度满足体积分数的加权平均关系。

CO_2 在原油和水中的溶解度与温度及压力的关系分别如图 5-4-3 和图 5-4-4 所示。CO_2 在原油中的溶解度是在水中溶解度的两倍左右，即采出液中油水比例越大，即油的含量越高，在气液分离器中需要的液体停留时间越长，液体停留时间长可以增加分离效果。CO_2 在水中的溶解度大于甲烷在水中的溶解度（图 5-4-5），前者是后者的 19 倍左右；CO_2 在油中的溶解度大于甲烷在油中的溶解度，前者约为后者的 2 倍。可见，在大情字井油田含水条件下，前者采出液在气液分离器中的停留时间应至少是后者采出液停留时间的

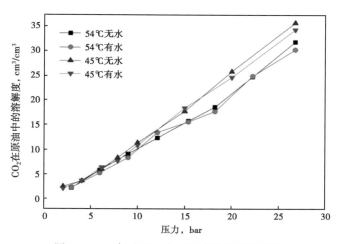

图 5-4-1　水对 CO_2 在原油中溶解度的影响

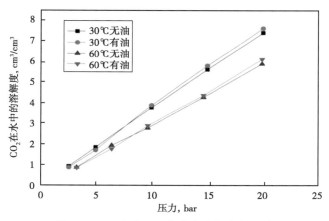

图 5-4-2　油对 CO_2 在水中溶解度的影响

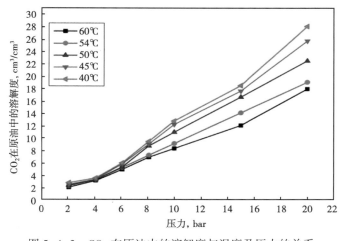

图 5-4-3　CO_2 在原油中的溶解度与温度及压力的关系

10倍左右（按含水量计算停留时间），采出液中的含水量越大，CO_2驱油采出液在气液分离中的停留时间越长。

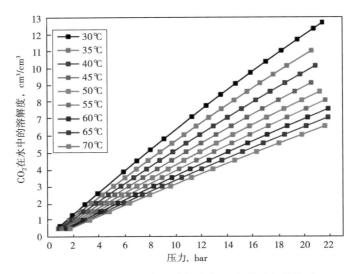

图5-4-4 CO_2在水中的溶解度与温度及压力的关系

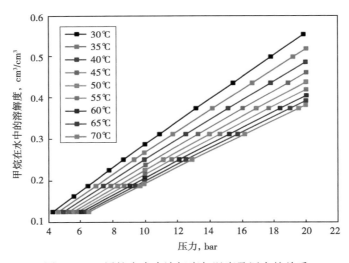

图5-4-5 甲烷在水中溶解度与温度及压力的关系

2. 二氧化碳驱油采出流体密度

研究了在不同温度和压力下，CO_2呈饱和状态时原油的密度变化规律。随着压力的增大，饱和状态下原油的密度呈增大趋势；当压力高于1.0MPa时，含气原油的密度高于空白原油；当压力低于1.0MPa时，含气原油的密度低于空白原油（图5-4-6、图5-4-7）。

3. 二氧化碳驱油采出流体黏度

研究了饱和含CO_2原油黏度在不同温度下随压力的变化关系。含CO_2的原油黏度随着压力的增大，即含气量的增大而减小，在温度较低时尤其明显（图5-4-8）。

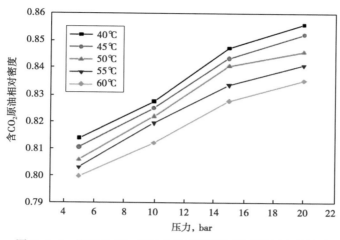

图 5-4-6　饱和含 CO_2 原油的相对密度与温度及压力的关系

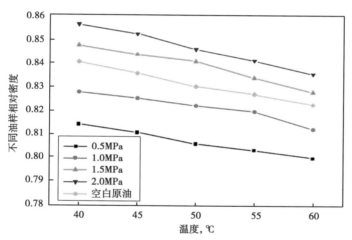

图 5-4-7　饱和含 CO_2 原油和空白原油相对密度

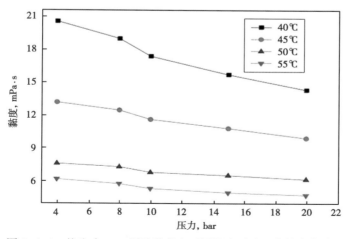

图 5-4-8　饱和含 CO_2 原油黏度在不同温度下随压力的变化关系

二、二氧化碳驱油采出流体集输工艺

以大情字井油田 CO_2 驱油为研究目标，建立掺水集油计算模型，对采出流体油气集输流程进行优化研究，将先导试验的单井进站优化为小环状掺输进站，将扩大试验的气液分输优化为气液混输。

1. 站外管道计算模型

把温度和压力对 CO_2 溶解度的影响转化为对截面含气率的影响，推导出了含 CO_2 集油管道压降和温降的计算公式，对管线划分节点，采用计算机编程，模拟压降（压力）、溶解度以及截面含气率的耦合作用。计算结果表明，由于集输管道长度短、压降及温降较小，从工程应用角度看，逸出的 CO_2 对温降和压降的影响可以忽略不计。

CO_2 驱油集输管道压降计算公式为：

$$\frac{\mathrm{d}p}{\mathrm{d}l} = \frac{\dfrac{4\left[H_1\rho_{\mathrm{L}} + (1-H_{\mathrm{L}})\rho_{\mathrm{g}}\right]w}{\pi d^2 \rho_{\mathrm{g}}}C + \left[H_1\rho_{\mathrm{L}} + (1-H_{\mathrm{L}})\rho_{\mathrm{g}}\right]g\,\sin\theta + \lambda\,\dfrac{2wM}{\pi d^3}}{1 - \dfrac{\left[H_1\rho_{\mathrm{L}} + (1-H_{\mathrm{L}})\rho_{\mathrm{g}}\right]ww_{\mathrm{sg}}}{p}} \quad (5-4-1)$$

对于水平管路，忽略掉由于位差带来的压降损失，则压降计算公式为：

$$\frac{\mathrm{d}p}{\mathrm{d}l} = \frac{\dfrac{4\left[H_1\rho_{\mathrm{L}} + (1-H_{\mathrm{L}})\rho_{\mathrm{g}}\right]w}{\pi d^2 \rho_{\mathrm{g}}}C + \lambda\,\dfrac{2wM}{\pi d^3}}{1 - \dfrac{\left[H_1\rho_{\mathrm{L}} + (1-H_{\mathrm{L}})\rho_{\mathrm{g}}\right]ww_{\mathrm{sg}}}{p}} \quad (5-4-2)$$

其中：$C = \dfrac{\mathrm{d}M_{\mathrm{g}}}{\mathrm{d}l}$

式中，H_{L} 为截面含液率（持液率）；ρ_{L} 为液体密度，kg/m^3；ρ_{g} 为气体密度，kg/m^3；w 为混合物流速，m/s；C 为气体质量流量梯度，$kg/(m \cdot s)$；M_{g} 为气体质量流量，kg/s；λ 为沿层阻力系数；M 为混合物质量流量，kg/s；w_{sg} 为气体表观流速，m/s；d 为内径，m。

对于试验区而言，掺水量越少、掺水温度越高，掺水能耗费用越低，最优掺水温度为 $78 \sim 80^{\circ}\mathrm{C}$（图 5-4-9）。针对油井产液量及含水量的变化，应动态调整各油井的掺输计划。

2. 油气集输流程

CO_2 驱油在大情字井油田已建系统内进行，已建系统采用三级布站方式，小环状掺输流程。CO_2 驱油实施后，油井产量和气油比上升，油品参数发生变化。以某接转站为例，接转站共辖油井 196 口，计量站 11 座，实施 CO_2 驱油井 156 口，计量站 9 座（有两个边缘区块未采用 CO_2 驱油）。通过对已建能力的校核，已建集油支干线不能满足生产的需求，需要敷设复线，因此对油气集输系统提出两种方案。

1）油气混输

根据单井产液及油气比的增加情况，对已建的油气支干线进行校核，管径不够的敷设油气混输复线，对计量站进行改造，采用计量分离器对环产液进行计量。油气混输至接转站进行气液分离，分离出的液体进入已建的集油系统，分离出的气体进入循环注气处理系统。

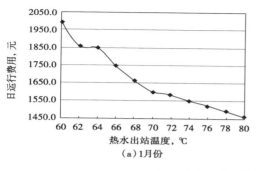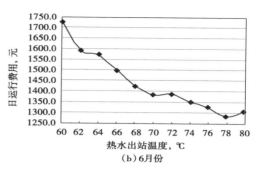

图 5-4-9　热水温度对应的运行费用图

2）油气分输

由于单井产液及油气比增加，已建的油气支干线不能满足生产需求，为降低混相输送的沿程摩阻，对计量站进行改造，采用计量分离器对环产液进行计量，同时建设生产分离器进行气液分离，分离出的液体利用已建油气支干线进入已建的集油系统，分离出的气体单独建设输气管线进入循环注气处理系统。

建立掺水集油计算模型，站外管网热力、水力计算校核同时需综合管材的生产能力，站外采用玻璃钢管材。油气混输管线的敷设受到玻璃钢管径的限制，尽管采用油气混输方式，但部分高产、高含气的计量站支干线仍需要采用两条管线。

3. 二氧化碳驱油单井计量方法

黑 59 区块先导试验中单井计量采用常规翻斗计量，出现了分离精度不够、气中带液、气相计量不准等问题。针对这一问题，在黑 79 区块扩大试验的单井计量上采用分离器加仪表计量组合方式。单井产液进入计量分离器，分离出的气液相分别采用计量仪表计量，解决了黑 59 区块出现的气液计量问题。但由于单井产液量较低，分离器的液位控制难度增大，液位参与计量后工人计量的难度加大。通过对已建的黑 59 区块翻斗计量方法及黑 79 区块分离器+流量计计量方法，进行了现场跟踪和数据分析。吸收黑 59 区块计量方法液相计量方便操作，黑 79 区块计量方法气相计量准确、适应性强的优点，设计了卧式翻斗计量、三相计量和立式大翻斗计量 3 种新的计量方案，同时完成设计，进入现场试验，明确当环产气量低于 2000m^3/d 时采用立式翻斗，环产气量高于 2000m^3/d 时采用卧式翻斗计量（表 5-4-2）。

表 5-4-2　计量试验对比表

装置名称	卧式翻斗分离器	多相流质量流量仪	立式翻斗分离器
规格尺寸	ϕ1200mm×5000mm	1140mm×850mm×1100mm	ϕ800mm×2000mm
功能	环产液量、产气量计量	环产液量、产气量和综合含水率计量	环产液量计量
计量精度	±10%（液），±1%（气）	±6%（液），±10%（气），±6%（水）	±10%（液）
适应性	无限制	无限制	环产气量小于 2000m^3/d
优点	气相计量准确，适应范围广	计量功能全	建设费用低，操作简单，管理方便
缺点	建设费用略高	建设费用高	有适应条件要求
计划应用	5 座	—	22 座

4. 气液分离

分离器与气处理能力、油处理能力有关的最佳长径比分别为：

$$L_e/D = 2.847\sqrt{(1-h_D)F_a F_h} \qquad (5-4-3)$$

$$L_e/D = 5.95\sqrt{h_D F_a F_h} \qquad (5-4-4)$$

从经济角度出发，最优直径的计算公式为：

$$\frac{\pi m}{4C}D^4 + \frac{\pi}{6}D^3 - V = 0 \qquad (5-4-5)$$

$$m = \frac{p_c}{2[\sigma]'\phi - p_c} \qquad (5-4-6)$$

式中，m 为方便公式推导设置的系数，无量纲。

分离器长度的计算公式为：

$$L = \frac{4V}{\pi D^2} - \frac{D}{3} \qquad (5-4-7)$$

式中，L_e 为分离器的有效分离长度，m；D 为分离器直径，m；h_D 为控制液面到容器底部的高度与容器的内径的比值；F_a 为由容器直径平方确定的封头表面积系数；F_h 为制造容器封头和壳体的单位钢材成本比；V 为容器全容积，m^3；C 为厚度附加量（厚度负偏差与腐蚀裕量之和），mm；p_c 为计算压力，MPa $[\sigma]'$ 为设计温度下圆筒的计算应力，MPa；ϕ 为焊接接头系数。

对于卧式油气分离器，当控制液面为中液位时，与气处理能力有关的最佳长径比为 2.16；与油处理能力有关的最佳长径比为 4.51。

根据 SY/T 0515—2014《油气分离器规范》对停留时间的规定，考虑到 CO_2 驱原油的物性，以 CO_2 为主要成分的伴生气采出液的停留时间应适当延长。结合标准 SY/T 0515—2014 对于起泡原油的规定：一般情况下，分离器要处理泡沫原油的停留时间需长达 15min；在考虑原油起泡的情况下，CO_2 驱油采出液气液分离器中液体的停留时间宜为 15min。

5. 脱水及污水处理

由于 CO_2 驱油采出液处理难度大于水驱油采出液处理难度，与水驱油采出液相比，在水驱油的处理设备条件不变的条件下，可以采用延长处理时间、加大破乳剂浓度、升高处理温度等方法以保证处理效果，对于处理难度过大的采出液，可以采用化学沉降+电脱水的处理方法。

CO_2 驱油采出污水的稳定性比水驱油采出污水的稳定性强，针对 CO_2 驱油采出污水，建议适当增加除油罐及过滤罐的容量，或加入少量的絮凝剂以加速污水中油滴上浮及悬浮物沉降。

三、二氧化碳驱油产出气循环注入

1. 二氧化碳驱油产出气回注主要方法

实验结果和数值模拟显示，CH_4+N_2 及其他轻烃类气体影响最小混相压力，在大情字井油田回注气中，CH_4+N_2 含量控制在 10% 以下（图 5-4-10）。CO_2 驱油产出气组分变化复杂，单井产出气 CO_2 含量为 10%~90%。

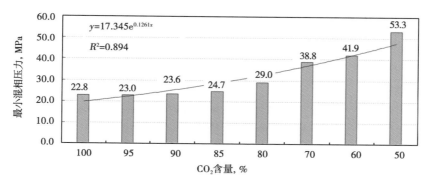

图 5-4-10　CO_2 驱油产出气组成与最小混相压力实验对比

根据油藏回注气对组分的要求，需将 CO_2 驱油产出气与纯 CO_2 气体充分混合，达到 CO_2 含量 90% 以上。以混相压力变化临界点为边界条件（试验区非 CO_2 组分控制在 10% 以内），形成直接回注、混合回注和分离提纯后回注 3 种方法。

（1）直接注入。当产出气 CO_2 含量高于 90% 时，采用超临界注入工艺直接回注（图 5-4-11）。

图 5-4-11　产出气直接回注工艺示意图

（2）混合注入。当产出气 CO_2 含量低于 90% 时，与纯 CO_2 气体混合后超临界注入（图 5-4-12）。

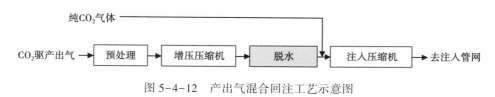

图 5-4-12　产出气混合回注工艺示意图

（3）分离提纯后注入。当产出气与纯 CO_2 气体混合后 CO_2 含量仍低于 90% 时，将产出气 CO_2 分离提纯后注入（图 5-4-13）。

图 5-4-13　产出气分离提纯后回注工艺示意图

2. 产出气二氧化碳分离提纯方法

1）不同二氧化碳分离提纯方法简介

国内外从 CO_2 产出气中分离提纯的方法，大多依托天然气中脱除和回收 CO_2 技术，主要有变压吸附法、胺吸收法及低温分离法等。

（1）变压吸附法。

变压吸附法（PSA）是利用吸附剂的平衡吸附量随组分分压升高而增加的特性，进行加压吸附、减压脱附的操作方法。PSA 已广泛用于气体分离领域，过去该技术大多用于分离难吸附组分，如制取回收纯氢，之后又陆续用于分离提纯易吸附组分，如制取 CO_2、天然气净化及脱 CO_2。

（2）胺吸收法。

胺吸收是利用 CO_2 和 CH_4 等气体组分，在胺吸收溶剂中的溶解度不同而进行分离的过程，适用于天然气中 CO_2 含量较低的情况。其优点是技术成熟、分离效果好、运行可靠；缺点是能耗大、再生复杂、分离成本高，天然气含饱和水需进一步净化；目前仍是天然气脱 CO_2 的主要工艺技术。

（3）低温分离法。

利用 CO_2 和烃类等其他气体冷凝温度不同的特点，在逐步降温过程中，将较高沸点的烃类或其他气体冷凝分离出来的方法即为低温分离法。低温分离法最根本的问题是需要提供较低温度的冷量使原料气降温，根据提供冷量的方式，有外加制冷、直接膨胀制冷和混合制冷 3 种方法。

2）二氧化碳产出气分离提纯方法比选

分别对 3 种工艺进行比较分析，见表 5-4-3 和表 5-4-4。

表 5-4-3　CO_2 分离技术工艺优缺点对比

技术	胺吸收法	低温分离法	变压吸附法
适用条件	工艺成熟可靠，受操作压力影响小，适合低浓度 CO_2 的工况	工艺较成熟，可满足高 CO_2 含量和流量，有一定波动范围的工况	可满足不同 CO_2 含量的工况
特点	有油田气应用案例；净化度高，可同时脱 H_2S；烃回收率和 CO_2 纯度高等	水露点可满足外输要求	操作简单，自动化程度高
缺点	需串接脱水装置，操作较为复杂，溶剂腐蚀、降解、易污染，循环量大，能耗偏高	投资费用大，操作不慎 CO_2 易固化，能耗较高	对吸附剂要求高，易污染；多塔操作，阀门自控要求高

表 5-4-4　CO_2 分离技术工艺技术指标对比

技术指标	胺吸收法	低温分离法	变压吸附法
净化气 CO_2 含量，%	≤3.0	≤30	≤3.0
烃类回收率，%	≥99	≥81	≥90
产品 CO_2 气纯度，%	≥99	≥95	≥98.50
净化气水分露点，℃	含饱和水	−20	−20
原料气压力，MPa（表压）	≥1.0	−0.1~6.6	−0.1~6.6
原料气温度，℃	≤45	≤50	≤50
原料气 CO_2 浓度，%	≤35	70~90	5~90
允许原料气 CO_2 波动范围，%	≤10	70~90	5~90

续表

技术指标	胺吸收法	低温分离法	变压吸附法
操作弹性，%	70~110	50~110	20~110
原始开车耗时，h	≤3.0	≤0.50	≤0.50
临时开停车耗时，h	≤1.0	≤0.30	≤0.30
故障时应采取的措施	停车	停车	切塔运行

从 CO_2 回收的角度看，产出气的组分变化范围较大，适宜采用变压吸附工艺。

3. 变压吸附提纯二氧化碳驱油产出气案例

变压吸附提纯 CO_2 驱油产出气工艺在黑 79 试验区进行应用，现简要介绍应用情况。

1）处理规模

采用变压吸附法进行 CO_2 分离提纯，处理量适应范围为 30%~110%，进口天然气中 CO_2 含量为 3%~90%，出口 CO_2 纯度不低于 98.5%，出口天然气 CO_2 含量低于 3%。在黑 79 南建立吸附剂试验模型及流程，进行中试，修改完善吸附曲线，研究参数对装置的影响规律。变压吸附中试装置建设规模为 $8 \times 10^4 m^3/d$。进行试验的气体有 3 种组成，分别为长岭气田的营城组天然气、黑 79 区块 CO_2 驱油产生的伴生气和两种气体的混合气体。

2）设计参数

根据入口气体及长岭气田具备的条件，变压吸附可以设计为 3 个系统压力，分别为中压系统 2.8MPa、高压系统 6.3MPa 和低压系统 0.25MPa。

中压系统参数为：营城组天然气经分离器到出口端经过加热节流至 2.8~3.0MPa；黑 79 区块各计量间来的伴生气经过过滤分离后进入压缩机增压至 2.8~3.0MPa；两种气体混合进入过滤分离器，分离出携带的液体及固体杂质，进入变压吸附装置，出装置的合格天然气进入吉林油田的"以气代油"管网，出装置的 CO_2 气体为微正压的湿气，进入 MDEA（甲基二乙醇胺）装置出口的 CO_2 系统。

高压系统参数为：营城组天然气经分离器从出口进入天然气管线；黑 79 区块各计量间来的伴生气经过过滤分离后进入压缩机增压至 6.3MPa；两种气体混合进入过滤分离器，分离出携带的液体及固体杂质，进入变压吸附装置，出装置的合格天然气进入吉林油田的高压外输管网，出装置的 CO_2 气体为微正压的湿气，进入 MDEA 装置出口的 CO_2 系统。

低压系统参数为：营城组天然气经分离器到出口端经加热节流至 0.25~0.3MPa，与黑 79 区块各计量间来的伴生气经混合进入过滤分离器，分离出携带的液体及固体杂质，进入变压吸附装置，出装置的合格天然气经过压缩机增压进入吉林油田的"以气代油"管网，出装置的 CO_2 气体为微正压的湿气，进入 MDEA 装置出口的 CO_2 系统。

3）处理流程

系统流程如图 5-4-14 所示。

4）处理方案

（1）预处理工艺。

长岭气田营城组天然气经过气田的处理流程，进入净化厂的卧式分离器（分离精度为 $100\mu m$），由分离器的出口管线作为本次工程的一个试验气源。根据既定的方案，气体经过

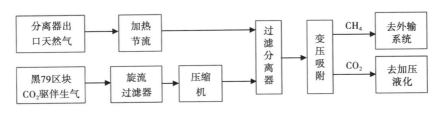

图 5-4-14　系统流程简图

电加热器加热（加热负荷为 25kW）后节流至 2.8~3.0MPa，进入变压吸附装置前的分离过滤器。

黑 79 区块 CO_2 驱油后产生的伴生气，油井产物经过黑 79 区块集油系统的气液分离器进行气液分离后，液体外输至接转站，气体经计量后进入注入站，作为本次试验的另一个气源。气体进站后在旋流过滤分离设备中脱水，脱除 $5\mu m$ 以上的所有液滴及 $5\mu m$ 以上的固体杂质，出口气体去往压缩单元增压至 2.8~3.0MPa，进入变压吸附装置前的分离过滤器。

（2）压缩工艺。

气体压缩采用往复式压缩机，根据工艺的进口参数要求，气源流量为 $0\sim80000m^3/d$；原料气中 CO_2 含量为 5%~90%（体积分数），其余是烃和 N_2；原料气压力为 0.2~0.3MPa；原料气温度不高于 40℃；原料气含有一定量的游离水。出口条件要求：出口气压力为 2.8~3.3MPa；出口气温度不高于 50℃。需二级压缩：一级压缩进口压力为 0.2~0.3MPa，出口压力为 0.9~1.0MPa；二级压缩出口压力为 2.7~3.3MPa。

（3）变压吸附工艺。

变压吸附流程如图 5-4-15 所示。技术特点为工艺简单，控制水平高，装置操作弹性大，运行费用低，节能环保；适合原料气量和组成较大波动，可制取高纯度气体；原料气中有害微量杂质可做深度脱除；无溶剂和辅助材料消耗，正常吸附剂一般可用 15 年以上，对于天然气（及伴生气）脱 CO_2 而言，净化天然气露点低于 $-20℃$，可省掉后续的干燥净化装置；无"三废"排放，对环境不会造成污染；缺点是占地面积稍大。PSA 装置处理规模为从每小时数万立方米到数十万立方米。

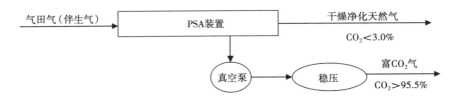

图 5-4-15　变压吸附流程简图

流程简述：气田气或伴生气（2.8MPa，下称原料气）经预处理后进入气液分离器分离油水后，再直接进入变压吸附装置，变压吸附工序由 12 个吸附塔组成（每个吸附塔在一个吸附周期中需经历吸附、多次均压降、逆放、抽真空、多次均压升、终充等工艺过程），从下部进入处于吸附状态的吸附器，原料气中的 CO_2 在吸附剂上被选择性吸附，从吸附器上端导出合格的（达到管道输送标准）净化天然气（CO_2 含量不高于 3.0%；H_2S 含量不高于 0.002%；露点不高于 $-20℃$），经稳压后送出界区（不低于 2.5MPa）。

吸附在吸附剂上的气体经降压、抽真空及 CO_2 冲洗联合方式的解吸，得到纯度为99.5% 的 CO_2 产品，既可用于三次采油，也可液化使用。

处于非吸附状态的吸附器自动进行吸附剂的再生工作。整个装置自动稳定连续运行。

第五节　二氧化碳驱油地面工程腐蚀与防腐

一、二氧化碳驱油地面工程腐蚀特点及主要防腐措施

1. 二氧化碳腐蚀规律

腐蚀是长期困扰油气生产的问题，尤其是高含 CO_2 组分的油气生产防腐更难。CO_2 溶入水后对钢铁有极强的腐蚀性，在相同的 pH 值条件下，由于 CO_2 的总酸度比盐酸高，它对钢铁的腐蚀性比盐酸还严重。由于油气田生产环境不尽相同，腐蚀因素主要包括 CO_2 分压，介质温度，水介质矿化度，pH 值，水溶液中 Cl^-、HCO_3^-、Ca^{2+}、Mg^{2+} 及其他离子和细菌等的含量，介质载荷、流速及流动状态，材料表面垢的结构与性质等。但起到主要作用的影响因素为前 4 项。

CO_2 通常形成半球形深蚀坑，腐蚀穿透率极高，因此在含 CO_2 的天然气开采与集输中对金属设备的损害非常大。铁和碳钢在不同温度下的 CO_2 腐蚀往往有 3 种情况：（1）$60℃$以下，CO_2 分压为 $0.021 \sim 0.21MPa$ 时，钢铁表面存在少量软而附着力小的 $FeCO_3$ 腐蚀产物膜，金属表面光滑，易发生均匀腐蚀；（2）$100℃$ 附近，CO_2 分压在 0.21MPa 左右时，腐蚀产物层厚而松，易发生严重的均匀腐蚀和局部腐蚀；（3）$150℃$ 以上，腐蚀产物是致密、附着力强、具有保护性的 $FeCO_3$ 和 Fe_3O_4 膜，降低了金属的腐蚀速率。也就是说，温度和分压是引起腐蚀的关键所在。

当 CO_2 分压低于 0.0483MPa 时，易发生 CO_2 的均匀腐蚀；当分压在 $0.0483 \sim 0.207MPa$ 之间时，则可能发生不同程度的小孔腐蚀；当分压大于 0.207MPa 时，会发生严重的局部腐蚀。

1）不同温度和有无应力条件下的腐蚀规律

测试和研究温度对油田常用各种材质钢材 CO_2 腐蚀速率的影响规律，分别在有无应力存在条件下对腐蚀速率进行评价。温度分别选为 $30℃$、$60℃$、$90℃$ 和 $120℃$。

结果表明，温度是影响 CO_2 腐蚀的重要因素之一，温度对腐蚀速率的影响很大程度上体现在对保护膜生成的影响上。当温度升高时，一则使氢的逸出变得更容易，二则降低了水的电阻，使离子迁移速率加快，因此钢铁的腐蚀速率是增加的。有学者认为，在 $60℃$ 左右时 CO_2 腐蚀在动力学上有质的变化。铁基金属在温度低于 $60℃$ 时腐蚀产物膜主要为 $FeCO_3$，它软而无附着力，会发生均匀腐蚀；当温度为 $100 \sim 110℃$ 时为过渡区，可生成具有一定保护性的膜，此时局部腐蚀突出；当温度高于 $150℃$ 时，产物膜细致、密实，附着力强，主要成分为 $FeCO_3$ 和 Fe_3O_4，腐蚀速率较低。温度每升高 $10℃$，一般可以使铁的腐蚀速率增加 30% 左右。

根据表 5-5-1 和表 5-5-2 中的腐蚀速率值，可以做出不同腐蚀环境下各种材质钢的腐

蚀速率随温度的变化曲线。在所模拟的腐蚀环境中，如图5-5-1所示，各种钢在30℃时腐蚀速率最低，在90℃时的腐蚀速率趋向于最大值，在实验温度内其腐蚀速率基本呈抛物线规律变化。说明在CO_2分压一定时，温度是影响CO_2腐蚀的重要因素。产生这种规律的原因主要在于温度对金属腐蚀产物膜形成的影响上。

表5-5-1　不同温度下各种钢的腐蚀速率（无应力）

编号	钢级	腐蚀速率，mm/a			
		30℃	60℃	90℃	120℃
1a	L360	0.6492	4.2681	11.8437	1.0415
1b	16Mn	0.6263	4.1467	11.6892	1.0572
2a	20	0.4151	4.5214	11.0937	1.6274
2b	20R	0.3620	4.8356	10.1464	2.6675
3a	L245	0.1595	4.8528	10.0358	1.1312
3b	Q235	0.1012	4.2395	8.6381	1.0016
A	L485	0.6742	4.0548	8.5273	1.4036

表5-5-2　不同温度下各种钢的腐蚀速率（有应力）

编号	钢级	腐蚀速率，mm/a			
		30℃	60℃	90℃	120℃
1a	L360	0.8428	5.7409	13.7739	1.4761
1b	16Mn	0.7818	5.5104	13.9279	1.6532
2a	20	0.4826	5.7402	12.9456	2.3003
2b	20R	0.4066	5.7222	12.0141	3.0659
3a	L245	0.1998	5.1462	11.2859	1.8361
3b	L485	0.1274	5.0723	9.8332	1.8972
A	Q235	0.9298	4.9326	10.2829	1.5124

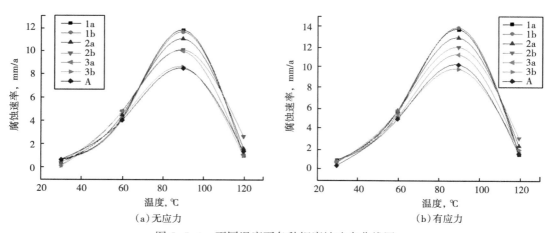

（a）无应力　　　　　　　　　　　　（b）有应力

图5-5-1　不同温度下各种钢腐蚀速率曲线图

2）应力条件下不同分压的二氧化碳腐蚀特征

CO_2 分压是影响油田常用各种材质钢材试样腐蚀速率的重要因素之一。CO_2 在水中的溶解度较高，一旦溶于水便形成碳酸，释放出氢离子。氢离子是强去极化剂，极易夺取电子而发生还原反应，促进阳极铁溶解而导致腐蚀。图 5-5-2 至图 5-5-5 分别表示不同分压下，Q235、L485、304 和 316L 材质的钢施加应力前后腐蚀速率变化。普碳钢 Q235 和低合金钢 L485 在 30℃时不同分压条件下的腐蚀规律如图 5-5-2 和图 5-5-3 所示，不锈钢 304、316L 在 150℃时不同分压条件下的腐蚀规律如图 5-5-4 和图 5-5-5 所示。从图中可以看出，在所进行的几组分析检测的钢中，腐蚀速率在实验范围内，都随着 CO_2 分压的增大而增大。同时，无论何种分压条件下，应力的存在均对腐蚀有加剧作用。

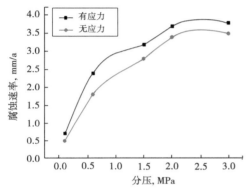

图 5-5-2　30℃时 Q235 钢腐蚀速率随分压变化图

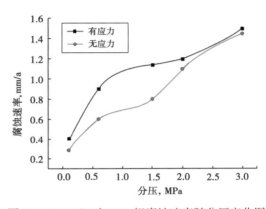
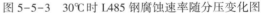

图 5-5-3　30℃时 L485 钢腐蚀速率随分压变化图

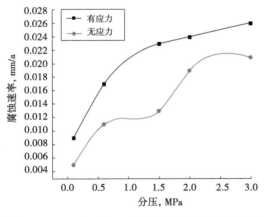

图 5-5-4　150℃时 304 钢腐蚀速率随分压变化图

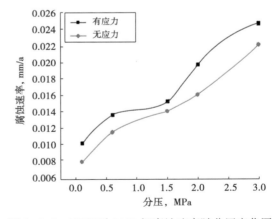

图 5-5-5　150℃时 316L 钢腐蚀速率随分压变化图

CO_2 饱和水溶液中材料的腐蚀速率是由析氢反应控制的，即溶液中氢离子浓度的大小直接影响到材料的腐蚀速率。CO_2 的溶解度和压力有关。由于形成碳酸，当压力增大时，CO_2 溶解度增大，氢的阴极去极化作用也随之增大，因此腐蚀速率明显增大；当分压继续增加时，由于电离出的 H^+ 使溶液的 pH 值降低，腐蚀坑内 pH 值降低，Cl^- 浓度升高，坑内金属的电极电位低于外部，这种腐蚀的自催化效应带来了材料严重的局部腐蚀，从而也加快了金属的腐蚀。总之，随着 CO_2 分压的增大，各试样的腐蚀速率增加。

2. 二氧化碳腐蚀防护

根据 CO_2 腐蚀规律，在地面工程设计中，合理避开高腐蚀区。根据大情字井油田 CO_2 驱油产能建设总体思路，地面系统分为 CO_2 捕集、输送、注入、采出流体集输处理和产出气循环利用 5 个系统，由于运行工况条件变化复杂，各系统的腐蚀程度差异较大，分别对地面集输各系统进行单独分析。

1）输送、注入系统

根据黑 59 区块和黑 79 区块试验区的 CO_2 注入系统工艺流程与工况参数资料，温度范围为 $-30 \sim 40℃$，压力为 $1.6 \sim 32MPa$，系统内流动的介质是液态 CO_2，几乎没有水，脱水后的 CO_2 对材质腐蚀很小。主要采用碳钢+缓蚀剂防腐方式，并设置腐蚀监测措施。

CO_2 输气管线介质为干气，输送压力为 2.5MPa，输送温度为 $5 \sim 40℃$，正常工况下没有腐蚀性，采用碳钢材质。管道预留缓蚀剂预膜口，管道设在线腐蚀监测装置。

注气管网（注入压力为 $25 \sim 28MPa$，注入温度为 $-30 \sim 40℃$）：注入脱水后的 CO_2 基本没有腐蚀性，液相注入需要考虑低温影响，单井管线及支干线采用耐低温 16Mn 钢，后期随试验结论进行调整。

2）采出流体集输处理系统

CO_2 驱油采出流体通常包括油、气、水、CO_2 等物质，单井采出物经过站外集输管道输送至站内进行油气分离，分离后液相系统进入已建集油系统，气相进入循环注入站。对于油气水三相系统，温度范围为 $20 \sim 80℃$，压力为 $0.5 \sim 6MPa$，含水率从 10% 变化到 90%，三相系统对普通材质的腐蚀速率随着油水比的增大而逐渐降低，在 80℃ 时，当含水率分别为 90% 和 10% 时，腐蚀速率分别为 1.5304mm/a 和 0.3943mm/a，相差较大。对于液相系统，温度范围为 $40 \sim 60℃$，压力为 $0.5 \sim 2.5MPa$，不同油水比条件下，油水两相系统腐蚀速率均相对较低，在温度为 60℃、压力为 2.5MPa、含水率为 90% 时，腐蚀速率为 0.5033mm/a；同时，含水率对腐蚀速率影响也较大，当含水率逐渐降低时，腐蚀速率逐渐减小，当含水率分别为 80% 和 20% 时，腐蚀速率分别为 0.4149mm/a 和 0.1499mm/a。

该环境条件下碳钢的腐蚀速率均很高，远超过 0.076mm/a；碳钢的最差腐蚀工况点在（36℃，15MPa）和（50℃，20MPa）间波动；不锈钢 316L 和 304 满足所有工况，腐蚀速率远低于 0.076mm/a。

气液分离前的工艺管道和装置，包括采油井口工艺、集油管线、计量站及两相分离器，建议采用材质防腐方式。

气液分离后液体输送管道和处理装置：包括分离、脱水及污水处理等，建议采用碳钢+缓蚀剂防腐方式，设置腐蚀监测设施。缓蚀剂主要在脱水前加注，在脱水及污水、注入系统做补充加注。

吉林油田的主要做法如下：

采油井口：将井口阀门、集输管线更换为不锈钢（316L）。

注入井口：考虑到气水交替，加装气水切换装置，将井口气水共通阀门管线更换为不锈钢（316L）。

集油/掺水管线：采用芳胺类玻璃钢管材。

掺输注入计量站及气液分离装置：站内分离器等设备采用不锈钢内衬板材、管线、阀门，管件采用不锈钢（316L）。

接转站及联合站：缓蚀剂防腐。站内加注缓蚀剂，防止设备及管线腐蚀。

对于气水两相系统，温度范围为 40~60℃，压力为 0.5~2.5MPa，水相几乎完全饱和。这种条件下，腐蚀速率预测结果表明，其腐蚀速率较高，在 60℃、2.5MPa 时，腐蚀速率为 2.6466mm/a。

3）产出气循环利用系统

产出气循环利用系统包括脱水前的湿气系统及脱水后的干气系统。对于脱水后的干气系统不存在腐蚀性（同输送、注入系统），湿气系统温度范围为 40~60℃，压力为 0.5~2.5MPa，水相饱和。试验结果表明，其腐蚀速率较高，在 60℃、2.5MPa 时，腐蚀速率为 2.6466mm/a。碳钢材质在高压下腐蚀严重，液相环境中的腐蚀速率远远大于 0.076mm/a，气相环境的腐蚀速率也有很大波动，有的也超过了标准范围；高压下，不锈钢 316L 和 304 的腐蚀速率仍然非常低，远低于标准值。

因此，脱水前湿气系统，包括站内产出气分离、增压系统等，采用材质防腐方式，管线、阀门采用不锈钢（316L），设备采用内衬不锈钢（316L）的复合板材。脱水后干气系统，采用碳钢+缓蚀剂防腐方式，主要在站内加注缓蚀剂，防止设备及管线腐蚀，同时设置腐蚀监测设施。

二、二氧化碳驱油地面系统在线腐蚀监测

1. 腐蚀监测技术分类

目前在线腐蚀监测的方法很多，分为直接测试腐蚀速率的方法和间接判断腐蚀倾向的方法。

直接测试腐蚀速率的方法有挂片法、电阻探针法、线性极化电阻法、超声波探伤测厚法、Microcor 测量电感阻抗法、开挖检查法、地面检查法等。

间接判断腐蚀倾向的方法有 pH 值测试法、细菌含量测试法、总铁含量检测法、测定水中溶解性气体法、测定天然气中 CO_2 分压法、软件预测法、电子显微镜与 X 射线衍射法、天然气露点法、电偶/电位测量法、氢渗透法等。

2. 腐蚀监测的主要功能

（1）可以使生产装置处于监控状态。

（2）可以优化防腐工艺、减缓腐蚀，延长设备检修期。

（3）可以减少事故和非计划停车等。

（4）为评价缓蚀剂加注工艺的有效性提供依据。

（5）促进油气田防腐管理工作的提升。

3. 腐蚀监测技术

目前，在油气生产中应用最广的方法主要有失重法、电阻探针法、线性极化电阻法、超声波探伤测厚法等。

1）挂片监测技术

挂片监测技术俗称挂片法，也称挂片失重法，是最古老的腐蚀试验方法，也是石油生产中应用最广泛的设备腐蚀监控方法之一。它是通过称取试验片暴露在测试环境前后质量的变化，计算金属表面的平均失重量。它的优点是可以提供的信号比较多，比如，腐蚀速率、腐蚀类型、腐蚀产物的情况以及焊接腐蚀和应力腐蚀趋势等。由于这种方法试验周期

长，后来发展成为可拆装的挂片探针。

2）电阻探针监测技术

电阻探针监测技术是电化学监测法的一种，常被称为可自动测量的失重挂片法。常用的主要是电阻探针法和线性极化电阻法。

电阻探针信号反馈时间短、测量迅速，能及时反映出设备管道的腐蚀情况，使设备管道的腐蚀始终处于监控状态。因此，对于腐蚀严重的部位和短时间内突发严重腐蚀的部位，这种方法是不可缺少的监测控制手段。但由于仪器测量灵敏度的限制，其所测得的数据质量受工艺介质腐蚀速率变化的影响较大，测量结果有时会发生偏差。但 ER 电阻探针法只能测定一段时间内的累计腐蚀量，不能测定瞬时腐蚀速率和局部腐蚀。作为一种相对简单和经济的方法，ER 电阻探针法已经成为在线腐蚀监测系统的主要监测手段，特别是在多相或非电解质体系中。

3）电指纹监测技术

电指纹（FSM）监测技术（也称为管道全周向腐蚀监测技术）是一种非插入腐蚀监测技术，其通过检测壁厚变化来判断腐蚀倾向。该技术通过向不同金属管道输入电流，在其内部形成独特指纹电场，这种指纹电场的特征由管线的几何形状和导电性决定。如果发生冲蚀或者腐蚀，那么就会导致电场的变化，这种变化就会被焊接于管道表面的探针通过"电压降"的方式检测到，进而转化为壁厚的变化。FSM 监测技术非常敏感，非常微小的壁厚减薄都能监测到。FSM 技术需要在表面焊接 56 的整数倍探针对、温度探头和参考盘。所有的探针对、温度探头和参考盘通过电缆束连接到接线盒中的不同位置。电流也通过接线盒中供电系统提供。该接线盒中的数据记录模块记录不同探针对之间的电压变化和温度变化，最初的记录值被作为基准值，以后所有的检测值都将与基准值进行比较，然后计算壁厚减薄量。上面的所有计算（温度变化、电压变化和壁厚减薄量）都需要借助于数据处理软件 MultiTrend 完成，该软件是一个根据检测数据评估冲蚀/腐蚀机理的出色工具。

4）腐蚀管理信息系统

腐蚀管理信息系统具有对腐蚀检测结果进行采集、归纳、总结、查询以及预警的功能，是实现防腐管理的一个重要平台，提供的查询功能使用户能够及时了解油田的腐蚀现状，腐蚀数据库的腐蚀倾向判断功能能够使用户提前采取针对性的预防措施，减少腐蚀对油田所造成的危害，确保将因这些危害造成的损失降至最小。

腐蚀管理信息系统（图 5-5-6）主要分为区域信息、腐蚀检测、数据分析、腐蚀预警、报告管理、油田管理及系统管理 7 个子模块，依次实现油田腐蚀信息展示、腐蚀检测数据录入、腐蚀趋势分析、腐蚀预警处理、腐蚀检测记录、上传报告查询及用户账号维护等功能。腐蚀管理信息系统与油田生产信息系统结合使用，能更加有效地对油田腐蚀情况进行跟踪、管理。

传统腐蚀数据管理方式具有以下明显不足：

（1）存储难。纸质文件存储需要大面积存储空间，电子文档管理容易造成存储混乱，易丢失。

（2）查询难。查询耗费时间长，很难查找。

（3）管理难。管理资料人员存储资料时需对各种资料进行大量统计工作，耗时耗力。

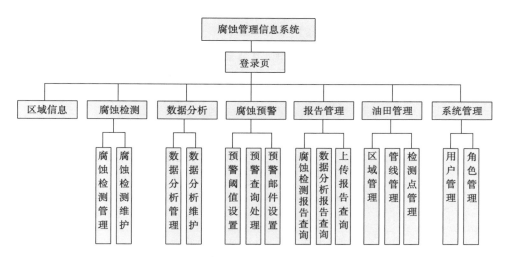

图 5-5-6 腐蚀管理信息系统架构示意图

而数字化的腐蚀管理信息系统则可以很好地克服上述不足，优势明显：

（1）存储方便安全。将历史上产生的所有数据存储在服务器硬盘之中，不需要专门的档案管理人员，并定期进行档案备份确保信息可用。

（2）查询简单快捷。根据查询条件进行定制化查询，还可通过网络进行非本地化的远程查询。

（3）使用图形化的生产工艺流程图展示腐蚀检测情况，设施、管线腐蚀检测情况一目了然，便于了解腐蚀情况。

（4）提供年度腐蚀检测计划制订。结合平台实际生产情况，制订年度腐蚀检测计划，并对历年腐蚀检测执行情况逐一记录，提供纵向对比，便于调整计划方案，合理有效利用资源。

（5）提供腐蚀自动预警功能。结合每个作业区的实际生产、腐蚀情况，设置专属的预警阈值，在完成腐蚀检测后，由系统进行预警匹配，进行相关腐蚀预警，及时发现隐患。

（6）腐蚀检测方法全面。结合实际腐蚀检测情况，提供挂片腐蚀检测、电阻探针腐蚀检测、H_2S 含量检测、全周向腐蚀检测、超声波探伤测厚、细菌含量检测等多种腐蚀检测方法数据，基本包含了现已成熟的绝大多数腐蚀检测技术。

（7）提供腐蚀分析功能。将气体组分全分析、水质全分析、腐蚀预测与结垢预测等数字化，把以往需要专业实验室人员通过复杂手工计算才能得到的分析结果，简化为只需录入相关检测数据，由系统代为计算，大大降低了腐蚀分析的人力和物力成本。

第六节 二氧化碳驱油地面工程系统风险及控制对策

一、二氧化碳驱油地面工程系统风险

通过借助风险评价方法进行适用性分析，考虑吉林油田含 CO₂ 天然气集输处理系统风险评价的需要，选定 HAZOP 法作为详细分析的方法，安全检查表法作为一般安全分析的

方法，LEC 法可将作业环境对人的危害进行评价。借助 HAZOP 法和安全检查表法，对生产全流程的风险进行辨识和分级（表 5-6-1、表 5-6-2）。

表 5-6-1　CO_2 驱油地面工程系统涉及的风险辨识表

序号	风险名称	危害程度	涉及的岗位
1	泄漏	高	岗位员工
2	火灾	高	岗位员工
3	爆炸	高	岗位员工
4	中毒	高	岗位员工
5	环境污染	高	岗位员工
6	CO_2 窒息	高	岗位员工
7	治安事件	中	岗位员工
8	交通事故	中	驾驶员、乘车人员
9	坠落事故	中	岗位员工
10	物体打击	中	岗位员工
11	机械伤害	中	岗位员工
12	触电伤害	低	全部员工
13	噪声伤害	低	全体员工
14	风沙伤害	低	全部员工
15	冻伤	中	注入岗位

表 5-6-2　CO_2 驱油地面工程系统工作场所涉及的风险辨识表

序号	场所	危险类别	风险等级
1	站内场地	车辆伤害	低
2		CO_2 窒息	中
3		冻伤	中
4	地面集输及处理	CO_2 中毒	中
5		环境污染	高
6		火灾	中
7		爆炸	中
8	注气管线	CO_2 泄漏	中
9		机械伤害	中
10		物体打击	中
11		高处坠落	中
12		触电	中
13		雷击	低

续表

序号	场所	危险类别	风险等级
14	注入泵房	机械伤害	低
15		触电	中
16		中毒	高
17		泄漏	高
18		冻伤	中
19		噪声	中
20	仪表工作室	触电	高
21		火灾	中
22		CO_2 窒息、冻伤	低
23	变压器	触电	高
24		火灾	中
25		雷击	低
26	值班室	火灾	低
27		触电	低
28		CO_2 窒息	低
29	宿舍	火灾	低
30		触电	低
31	污油池	火灾	中

二、二氧化碳驱油地面工程系统风险控制对策

CO_2 驱油地面工程系统涉及的危险源辨识及控制措施见表 5-6-3。

表 5-6-3　CO_2 驱油地面工程系统涉及的危险源辨识及控制措施表

序号	危险源	主要危险物质	危害因素	主要后果	控制措施
1	地面集输及处理	CO_2 气体、污水、废气、废渣	腐蚀穿孔、人为破坏、自然灾害、"三违"	爆炸、中毒、冻伤、环境污染	正常状态下，严格执行操作规程和作业指导书，杜绝"三违"现象，及时整改隐患，按时巡检，从人和物两个方面削减风险
2	注气管线	液态 CO_2	腐蚀穿孔、人为破坏、自然灾害、"三违"	窒息、冻伤、环境污染	
3	注入泵房	液态 CO_2、NH_3	腐蚀穿孔、机械故障、人为破坏、"三违"	爆炸、中毒、冻伤、触电、机械伤害、环境污染	
4	仪表工作室	CO_2 气体	设备故障、人为破坏、自然灾害、"三违"	火灾、中毒、环境污染	突发事件可控时，按操作规程及 HSE 作业文件、相应响应程序进行；不可控时，启动相应应急救援预案
5	变压器	变压器油	腐蚀穿孔、人为破坏、自然灾害、"三违"	火灾、触电、电力中断、环境污染	
6	污油池	含油污水	自然灾害、人为破坏	火灾、人员中毒窒息、环境污染	

注："三违"是指违章指挥、违章作业、违反劳动纪律。

泄漏、火灾与爆炸、中毒、CO_2 窒息和环境污染属高风险，是不可以忍受的风险，必须严格控制、采取各种措施降低风险或停止隐患活动，以消除风险；

治安事件、交通事故、机械伤害、冻伤等属于中等风险，需要采取相应的控制措施，降低风险；对于其他低风险，应制订出相应的作业程序与控制措施，把危害发生所造成的损失降至最低。

三、体系文件

结合吉林油田 CO_2 驱油地面系统的生产实际，建立长岭净化站—黑46—黑47和长岭净化站—黑96的 CO_2 输气管线、黑46循环注气站 HSE 管理体系，编制"两书一表一卡"等体系文件和作业文件，编制安全规程，研究安全标志设置方案，为管线和站场管理提供支持。编制了一本管理手册、27个程序文件、40个作业文件、7个岗位作业指导书、2类站队现场检查表、64种操作项目作业指导卡。

第七节　二氧化碳驱油地面工程技术经验及认识

吉林油田在 CO_2 驱油地面工程理论认识、关键技术、现场试验和试验区建设等方面开展了一系列工作，建立了系统化 CO_2 驱油工艺流程，形成了系列化的主体技术，开展了模式化的现场应用，走通了从气源到产出气循环注入的全流程，形成了设计手册、制定了企业标准，为 CO_2 驱油探索出地面工程最优化的技术路线和建设模式。取得的经验及认识如下：

（1）CO_2 驱油地面工程总体工艺流程可划分为 CO_2 捕集、输送、注入、采出流体集输处理和产出气循环利用五大系统。

（2）吉林油田根据自身特点，基本形成了满足工业化推广的地面工程五大主体技术系列：一是以含 CO_2 天然气胺法脱碳、CO_2 增压脱水和 CO_2 气田气单井集气、分子筛脱水等工艺为主的 CO_2 捕集技术系列；二是 CO_2 长距离管道输送优化设计和优化运行的 CO_2 输送技术系列；三是 CO_2 丙烷制冷和氨制冷液化、CO_2 液态储存及保冷、液相注入和超临界注入等 CO_2 注入技术系列；四是以站外掺输、翻斗计量、高效气液分输、高效破乳等技术为主的 CO_2 驱油采出流体集输处理技术系列；五是以 CO_2 驱油产出气与高纯度的 CO_2 混合后直接回注和变压吸附法分离提纯后回注的 CO_2 驱油产出气循环注入技术系列。

（3）根据气源条件、输送距离和注入规模等因素，吉林油田形成了3种 CO_2 驱油应用模式：满足先导试验小站橇装注入模式，循环气混合后回注（黑59模式）；满足扩大试验集中注入模式，循环气分离提纯后回注（黑79模式）；满足工业化应用超临界注入模式，循环气可直接回注（黑46模式）。

（4）根据 CO_2 相态特点，CO_2 存在气态、液态和超临界3种管道输送方式，由于不同 CO_2 输送方式在经济性和能耗方面都有着很大的差别。因此，在 CO_2 驱油和埋存项目中，应根据整个系统的具体情况进行综合评价，确定 CO_2 管道输送方式和相态。

（5）应根据自身试验区特点、注入产出规模、关键技术成熟度，合理选择 CO_2 注入工艺。

（6）管线设备存在应力时，加重了温度、压力和 Cl^- 含量的增加对金属管道 CO_2 腐蚀的影响程度，腐蚀加速率为 16%~44%，需要从优化钢材制造工艺、合理选材、注重表面热处理和控制生产运行条件等方面进行预防。

（7）CO_2 驱油采出流体较水驱有很大的物性差异，需要优化集输工艺流程，设计合理的气液分离器结构，优选确定合适的液体停留时间。

（8）由于 CO_2 具有萃取特性，CO_2 驱油采出乳状液和污水中固体颗粒的数量与直径均比水驱大，增强了乳状液和污水的稳定性，增加了破乳和污水处理难度。因此，生产运行时需要优化原油脱水和污水处理工艺。

（9）CO_2 驱油产出气循环注入工艺，需要明确组分对油藏混相条件的影响规律，从而选择合理的产出气处理和循环注入工艺，同时可实现 CO_2 零排放。

第六章 二氧化碳驱油藏监测与动态分析调控技术

当一个区块实施 CO_2 驱油之后，与水驱油一样，相应地需要对该区块进行油藏监测、动态分析评价和注采调控。CO_2 驱油与水驱油不同的是，在油藏监测方面需要增加一些特殊项目，在动态分析评价方面需要突出气驱的特点，在注采调控方面需要着力保持与促进混相，有效控制气窜，扩大 CO_2 波及体积。形成并完善 CO_2 驱油藏监测技术、动态分析评价技术及注采调控技术，对于认识 CO_2 驱油的开发规律，提高陆相低渗透油藏 CO_2 驱油的开发效果具有十分重要的意义。

第一节 二氧化碳驱油藏监测技术

CO_2 混相驱油是提高原油采收率的重要方法之一，但 CO_2 驱油存在混相不稳定、流体运移难控制、腐蚀问题突出、安全环保要求高等问题。为了解决这些问题，在油藏监测方面相应需要增加一些特殊项目，主要有吸气剖面监测、直读压力监测、井流物分析、气相示踪剂、腐蚀监测和环境监测等。这些监测项目在吉林油田黑 59 区块 CO_2 驱油先导试验的实际应用中取得了较好的效果，明确了试验区动态变化的特点和趋势，为保混相、防气窜、防腐蚀、防泄漏提供了技术支撑，已经初步形成了适合 CO_2 驱油开发特点的油藏动态监测技术。

一、注入状况监测

注入状况监测包括日常注入动态监测，吸水、吸气剖面测试，吸水、吸气指数测试和井筒及井底温压测试，重点是吸水、吸气剖面测试和吸水、吸气指数测试。

1. 吸气剖面测试

1）测试目的

通过对注 CO_2 井实施吸气剖面测试，获得井下测试段温度、压力、流量和信号数据，通过软件解释获得井下测试层位的吸气剖面，为 CO_2 驱油了解各井油层段吸气状况，为优化调整试验方案提供依据。

2）仪器测试原理

测试仪器采用存储式测试工艺，采用铂电阻测温、硅蓝（红）宝石传感器测压、增粗式高精度涡轮流量计测流量、磁定位技术校深原理，由高效电池供电实现对井下温度、压力、流量和深度等参数测试，并通过软件解释得到吸气剖面。

（1）测压原理。

该吸气剖面测试仪器采用进口硅蓝（红）宝石传感器实现压力测试。

（2）流量测试原理。

注入井筒中的流体推动流量计叶轮转动，带动转动轴顶部的磁缸转动，对干簧管产生吸合作用，叶轮每转动一周，产生两个通断脉冲信号。通过电缆传输到地面流量计数器，测得井筒中心流速的相对数值。

根据气体流动理论，结合现场实际情况整改仪器的外形结构，设计出高温、高精度涡轮流量计，由扶正式笼体结构进行外径增大结构改进，解决了仪器遇阻等难题，减少了井筒中的流量损失，并实现了 $1m^3/h$ 的启动排量，提高了吸气剖面的测量精度。

（3）校深原理。

接箍信号测量：通过磁定位器，测量到井筒内磁通量的变化。采集接箍信号用来校正测量深度。放大器、防信号减弱及加密测量技术，可降低磁信号的漏失率。

3）现场测试情况

在测试过程中不断结合现场实际，对测试仪器进行改进。根据生产现场的注气、注水等间开生产的情况，改进了涡轮流量计等工艺技术，应用大直径涡轮流量计替代扶正器技术，解决了 CO_2 小排量注入状态下的测试难题，如图 6-1-1 所示。

采用停点和动态相结合的测量方法，测试数据准确，合理取值、客观分析，基本形成了一套适合于 CO_2 驱的吸气剖面测试和解释方法。

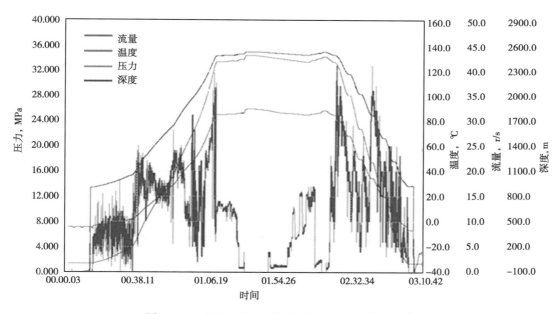

图 6-1-1　黑 59-12-6 井吸气剖面测试全过程曲线

2. 吸水、吸气指数测试和井筒及井底温压测试

对所有的注入井进行吸水、吸气指数测试，每月测试一次。

注 CO_2 前选择占注入井开井数 10% 以上的注水井，测一次井筒温度、井温梯度及井底压力；注 CO_2 阶段选择所有注入井，测井筒温度、井温梯度及井底压力，每年测试一次至气驱结束。

二、混相状态监测

1. 地层压力监测

地层压力是判断混相状态的关键指标。地层压力监测以油井为主，包括笼统测压和分层测压，井况允许条件下应以分层测压为主。

2. 油井井底流压实时监测

为连续观测井底流压、静压及温度的变化情况，掌握注采压力剖面及混相状况，建立组分与混相状态相关关系，选择 2 口有代表性的生产井下入直读压力计，实时监测井底压力，持续时间至停止注气后一年。

1）地面直读监测目的

通过压力和温度的直读监测，及时掌握压力场和温度场的变化，以及相态和临界点的变化；掌握压力恢复和压降产量等变化，合理调整工作制度；为数值模拟等技术提供可靠的参数；及时调整对应注气井的配注量，提高波及系数和驱油效率。

2）温压测试原理

注气井温压梯度测试和生产井压力直读监测均只采集温度、压力两个参数值，测试原理相同。

（1）测温原理：测试仪器均采用铂电阻温度传感器实现温度测试。

（2）测压原理：测试仪器均采用进口硅蓝（红）宝石传感器实现压力测试。

3）现场直读监测技术的应用

作业后开井前压力下降缓慢，温度缓慢上升；开井生产后压力呈指数规律下降，温度下降。关井恢复后，压力回升，温度也上升。压力曲线波动，反映生产管理中有放套压等操作，如图 6-1-2 所示。

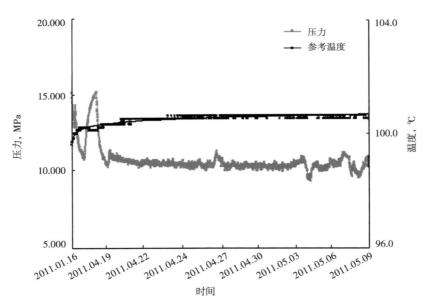

图 6-1-2　黑 59-12-4 井地面直读测试曲线

3. 井流物监测

通过对产出气和原油组分的分析，为确定采油井的混相状况提供依据。

1）原油组分分析

地层原油常规物性分析实验包括闪蒸分离实验，恒质膨胀实验（CCE），多次脱气实验（DL），分离实验，油、气组分组成分析，黏度、密度测试，实验测试方法按行业标准SY/T 5542—2009《油气藏流体物性分析方法》操作执行。根据实验结果得出了饱和压力、体积系数、压缩系数、黏度、密度和溶解气油比、井流物组成（C_1—C_{36+}的摩尔分数）等基本物性参数。

分析原油各组分及平均分子量，测定样品原油密度、黏度、凝点、含蜡量。观察产出物组分变化，建立原油组分与地层压力、饱和压力及混相状态之间的关系，如图6-1-3所示。

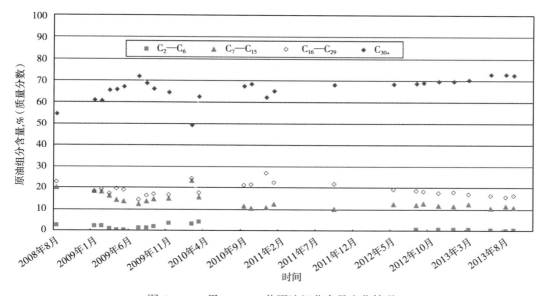

图6-1-3　黑59-8-6井原油组分含量变化情况

2）产出气组分分析

天然气组分分析包括 H_2、He、O_2、N_2、CO、CO_2、H_2S、C_1—C_7 等组分含量及天然气相对密度。主要分析方法按国家标准GB/T 13610—2014《天然气的组成分析　气相色谱法》执行。

分析轻组分萃取情况及 CO_2 含量变化情况。根据产出气中 CO_2 含量变化规律，确定混相状况。

长岩心驱替实验表明，混相驱时 CO_2 突破后产出气中 CO_2 含量快速升高；非混相驱油时 CO_2 突破后，产出气中 CO_2 含量呈逐渐升高趋势。试验区井口气中的 CO_2 含量呈现快速大幅度增高的趋势，因此判断为混相驱，如图6-1-4所示。

3）产出水分析

CO_2 驱油过程可导致地层水的黏度、pH 值及离子组成发生变化，需进行产出水全分析。选取 10%~15% 有代表性的生产井，气驱前 1 个月开始取对比标准样，每 10d 取一次，

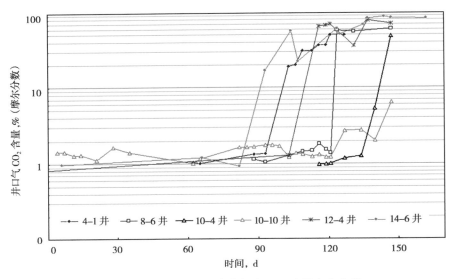

图 6-1-4　CO_2 突破后产出气中 CO_2 含量变化曲线

共取 3 次。气驱开始后每 2 个月取一次水样品，进行产出水全分析。

4. 高压物性取样分析

选取具有代表性的生产井进行注气前后高压物性分析，分析地层条件下驱替过程中原油组分及性质的变化规律，判断混相状态。

三、驱替流体运移及气驱前缘监测

1. 气体示踪剂测试

近年来井间示踪技术得到迅速的发展和广泛应用，并成为油藏工程重要手段，是由于它提供了有关井间油层的非均质性和流动特性，得到连通性的直接证据，已成为直接、直观和准确地确定井间参数的测试技术之一，较传统的静态地质研究（包括地质学、地球物理学、岩心分析等方法）更有实际指导意义。

预先认识油藏非均质性，及时获得地下流体分布状况信息，对油田开发过程十分重要，实施任何一个流体注入方案，高渗透条带都将存留大量的注入流体，并从这一渗透条带中被采出。注入流体的不均匀分布，必将大大降低开发效果。因此，在矿场试验中，开展井间示踪测试是开发方案实施与调整的不可缺少的工作之一。

井间气体示踪技术是根据层析理论，利用气体示踪剂可以跟踪注入气体（液化石油气、富气、干气、CO_2、氮气）的流动速度、流动方向，根据示踪剂产出曲线与地层的渗透率、孔隙度相关的特点，通过软件对示踪剂产出曲线进行拟合处理，将示踪实测资料与模拟技术相结合，获得注入流体地下运动规律，求解油藏参数等资料。

1）气体示踪剂的筛选标准

在选择气体示踪剂时，应考虑到气体示踪剂的物理化学性质、油藏性质、示踪测试目的、经济性以及安全和环境保护等因素。气体示踪剂应满足下列条件：

（1）示踪剂在注入流体和储层流体中本底为零，或本底含量很低且量值稳定。

（2）具有检测灵敏度高、易于分析的特性。

（3）示踪剂同它所跟踪的注入流体应具有较好的相溶性，其流动特性应与注入流体的流动特性相似。

（4）示踪剂不被储层岩石吸附，示踪剂与储层流体和储层物质间不发生化学反应或交换。

（5）具有长期化学稳定性、抗生物降解能力。

（6）无毒或低毒、安全，对环境及测井无影响。

（7）若同时使用几种示踪剂，要求多种示踪剂之间无干扰。

2）气体示踪剂用量的确定

示踪剂的注入量取决于被评价储层的体积、本底数值和分析仪器的最低检测限，当本底数值较大时，示踪剂的注入量主要由能否掩盖本底数值来决定。为了确保采油监测井全部见示踪剂，且具有足够高的峰值浓度，在经济条件允许范围内采用保守算法，尽量增大气体示踪剂的用量，以确保测试成功。

3）气体示踪剂的分析检测方法

对取得的样品，若气体示踪剂浓度过低或石油气等干扰成分过多，则采用气体示踪剂预处理装置富集，样品经过预处理后可完全去除石油气等干扰成分，富集 $500 \sim 1000$ 倍。富集后的样品注入气相色谱仪中，采用 ECD 检测器，在优化出的色谱分析条件下进行气体浓度分析，可实现多种气体示踪剂的同时分析。

4）气体示踪剂的指示结果

CO_2 在地层中有 3 种状态；即超临界状态、与轻质烃混相态、溶入原油与水中的分子扩散状态。CO_2 在水中的溶解度和气体黏度大于气体示踪剂，而 CO_2 密度小于气体示踪剂。黑 59 区块油藏的温度为 98℃，压力为 $14.5 \sim 22.3MPa$，在此条件下，气体示踪剂 QT-5 在油藏中以气相和轻质烃混相与 CO_2 共存和运移。

所注的气体示踪剂在油藏中主要在气相中运移，虽然有部分气体示踪剂随压力变化是在原油液相和气相中转换运移，但由于取得的监测样品是气相样品，因此气体示踪剂监测结果指示的是 CO_2 非混相的气相部分、原油中逸出的溶解气的运移规律。

5）见示踪剂情况分析

由于分析精度极高，因此可检测到微量的示踪剂，见到微量示踪剂的井能证明存在连通通道，但不一定是真正受效井，气体示踪剂产出浓度大于 0.1×10^{-9}（体积分数）的井为 CO_2 驱油受效井。

6）运移速度及运移方向分析

（1）气体示踪剂和 CO_2 在地下的流动规律。

由于气体示踪剂部分分配于油相，致使地层原油相中示踪剂运移滞后于气相中的示踪剂。但是随着注入流体压力的升高，示踪剂分配于油相的比例降低。气体示踪剂与 CO_2 气相部分的运移方向一致，速度要快一些。

（2）扩散作用对气体示踪剂运移速度的影响。

在多孔介质的渗流通道中，气体示踪剂的运移速度快慢受对流和弥散（扩散）两个因素影响。对流速度的快慢主要取决于流动流体的密度差、布井方式和生产条件（如井的产量）等因素，同时还受界面张力、相对渗透率、黏度、重力、压力梯度等次要因素的影响。

弥散由分子扩散、机械弥散两部分组成，分子扩散是因浓度差导致的质量传递，其与流动速度无关。当气体示踪剂的运移速度较快时，弥散作用就可忽略不计，对流则起主要作用，体现出气体示踪剂峰值时间与突破时间相差不大。

（3）运移速度及方向分析。

采用气体示踪剂峰值所对应的时间来计算气驱运移速度，根据运移速度的大小来确定气驱方向（图6-1-5、图6-1-6）。

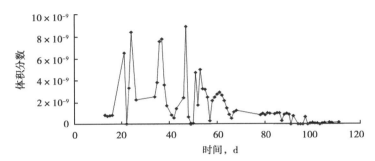

图6-1-5　黑59区块示踪剂产出曲线

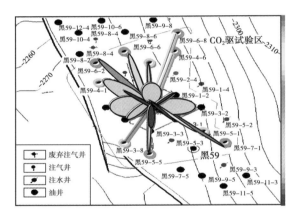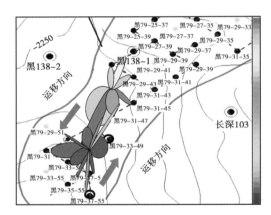

图6-1-6　黑59和黑79区块示踪剂浓度和速度示意图

图中色柱宽窄表示相对浓度，越宽表示浓度越大；颜色表示速度，颜色越往上表示速度越快

7）连通情况分析

进行平面连通分析和纵向上连通情况分析。

2. 微地震监测

在油田注气开发过程中，注入介质朝哪个方向推进？主要驱替方向如何？注入介质前缘波及何处？这些问题油藏工程师一般只能依靠工作经验进行分析判断，或通过示踪剂监测进行粗略判断。这些方法存在很多问题：一是人为因素很多；二是精度不够；三是施工复杂，周期长。利用微地震气驱前缘监测技术对注气井进行监测，可以得到被监测井的气驱前缘、注入气的波及范围和优势气驱方向等信息，从而为开展油藏动态分析以及实施注采调控提供可靠的技术依据。

1）技术原理

根据最小周向应力理论、摩尔—库仑理论、断裂力学准则等，分析岩层破裂形成机理，无论压裂还是注水或注气都会诱发微地震。注入井在注气过程中，会引起流体压力前缘移动和孔隙流体压力的变化；同时使地层中原来闭合的微裂缝再次张开，从而引发微地震事件。通过对裂缝成像和驱动前缘波及状况的分析，油藏工程师可以调整和优化开发方案设计，提高油气田采收率和整体开发效果（图6-1-7）。

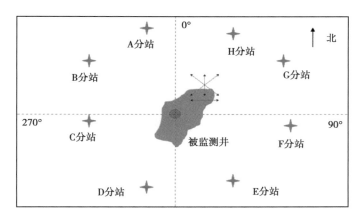

图 6-1-7　注气井气驱前缘监测技术原理图

2）系统的先进性和独特性

（1）拾震器。拾震器是整个系统拾取信号最关键、最重要的部分，目前使用的是精度和可靠性更高的带有自动调节前置运放功能的拾震器，能够根据背景噪声的大小自动调整微地震信号的放大倍数，从而确保将地下数十米深的信号安全、可靠地传输到地面，为拾取高质量的微地震信号奠定了坚实的基础。

（2）拾震器的置放。该系统是用静力触探设备将拾震器置入数米到数十米深的地下，这样不仅避免了由车辆、电磁波、风、人走动等引起的震动干扰和电磁干扰，而且避免了地表疏松地层对微震波的衰减，提高了有用信号的采集数量和质量。

（3）判别标准。系统对每一个接收到的微地震信号，均采用该微地震波及其导波的波幅、包络、升起、衰减、拐点、频谱特征及不同微地震道间的相互关系等13个判别标准对其进行严格判别，这样就可保证每一个接收到的微地震信号的真实性，避免伪信号进入。

（4）信号采集和解释处理的计算机化。系统中的背景噪声确定、信号采集、信号处理、各分站指令传输、信号前端放大倍数等均由计算机自动控制和完成。这样就大大提高了整个监测系统的一致性和可靠性。

3）现场监测图表

填写现场施工记录表，绘制现场监测背景噪声图、现场监测原始微地震点图（图6-1-8）和现场监测分解图。

4）资料处理与解释

解释成果表中给出的波及区尺度是最大尺度，方位是全部微地震点的统计方位，表示优势渗流区的主力方向。

（1）气驱前缘图。气驱前缘图显示了注入气体优势渗流区的方向与范围。

（2）气驱前缘平面图。气驱前缘平面图显示了气驱前缘的平面分布状态，结合前缘剖

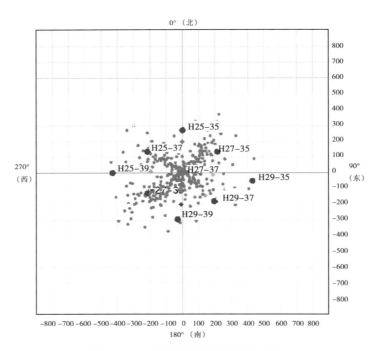

图 6-1-8　现场监测原始微地震点图

面图和三维立体图等可以了解注入气体的空间展布状态。

（3）气驱前缘剖面图。气驱前缘剖面图显示了气驱效应的垂直展布状况。

（4）气驱前缘等值线图。气驱前缘等值线图显示了气驱效应由里向外的平面散布状态。

（5）气驱前缘拟合图。气驱前缘拟合图显示了注入气体的流动密集区方向与范围（明显见效区，浅蓝色以上）、优势渗流区方向与范围（见效较好区，绿色、黄色）以及波及区方向与范围（弱见效区，红色）。波及区外，沿优势渗流区方向的井也可能见效（图 6-1-9）。

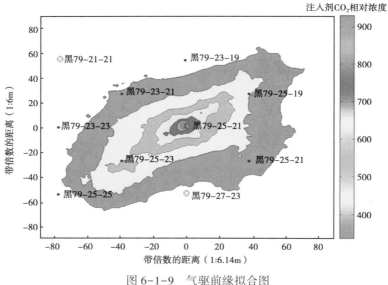

图 6-1-9　气驱前缘拟合图

230

（6）注入流体流动方向图。注入流体流动方向图则在平面上显示了注入气体的运动方向，箭头长度表明了压力的大小，沿箭头方向，从压力高的区域向压力低的区域流动。

（7）三维立体图。三维立体图显示了气驱效应的空间展布状态，沿着优势渗流区主方位生成。

四、监测资料录取要求

1. 采油井监测

1）日常生产动态监测

（1）要求所有生产井记录生产时间、关井原因、工作制度（油嘴、泵径、冲程、冲次等）及措施情况。

（2）产液量、产油量和含水率录取要求。所有采油井每日计量日产液、日产油及含水率资料，注 CO_2 前和注 CO_2 过程中每 5d 核实 1 次产量数据，采油井见到 CO_2 气体产出后，每 3d 核实一次产量数据。

（3）油压、套压资料录取要求。所有采油井要求每日录取一次油压、套压。

（4）气油比资料录取要求。所有采油井要求每日录取气油比资料，并确定产出气中 CO_2 含量。注 CO_2 前和注 CO_2 过程中每 5d 核实一次气油比资料，采油井见 CO_2 后每 3d 核实一次气油比资料。

（5）动液面和示功图录取要求。所有采油井要求每 10d 录取一次动液面资料，动液面测试方法按行业标准 SY/T 6172—2006《油田试井技术规范》执行；所有抽油机生产的油井每 10d 测一次示功图。

2）产出剖面测井

原始油藏注 CO_2 开发，含油单砂层较多时，选取正常生产井数的 15% 测产液剖面，每年测试一次。

水驱转 CO_2 驱开发油藏，按照开发效果将生产井进行分类，选取有代表性生产井井数的 15%，注气前一个月进行一次产液剖面测试，注气后至气驱结束每年进行一次产液剖面测试。

2. 注入井监测

（1）要求记录所有注入井的注入时间、停注原因及措施情况。

（2）日常注入动态监测。注气前注水阶段及 WAG 注入时注水周期内，要求每天计量一次注水量、注水泵压、套压和油压；每月化验一次注入水水质。

注 CO_2 阶段每日计量一次注气量、注入泵压、套压、油压和井口注入温度；每周检测一次注入 CO_2 质量（纯度、含水量）。

（3）吸水、吸气剖面测试。选择注入井开井数的 40% 测吸水、吸气剖面。水驱转气驱油藏，注气前两个月（注水阶段）测一次吸水剖面；注气后至气驱结束，每年测一次吸气剖面（WAG 阶段注水周期内测吸水剖面）。

（4）吸水、吸气指数测试。对所有的注入井进行吸水、吸气指数测试，每月测试一次。

（5）井筒及井底温压测试。注 CO_2 前选择占注入井开井数 10% 以上的注水井，测一次井筒温度、井温梯度及井底压力；注 CO_2 阶段选择所有注入井，测井筒温度、井温梯度及井底压力，每年测试一次至气驱结束。

3. 裂缝状况监测

1）微电阻率（井周）成像测井

原始油藏开发前需选择1~2口井开展微电阻率（井周）成像测井，确定天然裂缝发育状况、地层参数及应力分布状况等资料。

2）井下微地震人工压裂缝状况监测

注气开发区块补压新层前，选择1~2口井进行井下微地震测试，确定人工压裂裂缝方位、纵向延伸长度，为评价裂缝对注水、注气的影响，注气前缘监测以及后期注气方式、注采井网调整提供依据。

4. 系统试井

为确定 CO_2 驱油井合理工作制度，选取有代表性的2口生产井开展系统试井。

5. 混相状态监测

1）地层压力监测

（1）油井测压。

地层压力是判断混相状态的关键指标，地层压力监测以油井为主，包括笼统测压和分层测压，井况允许条件下应以分层测压为主。选择生产井开井数20%的井进行测压，测压井点的选择应具有井网及储层代表性，已开发油田需从已有测压资料的生产井优选部分测压对比井。原始油藏需测原始油藏压力，已开发油田注气前两个月测一次地层压力，便于与注气后进行对比。注气开发阶段，每季度测一次地层压力。

（2）油井井底流压实时监测。

为连续观测井底流压、静压及温度的变化情况，掌握注采压力剖面及混相状况，建立组分与混相状态相关关系，选择2口有代表性生产井下入直读压力计，实时监测井底压力，持续时间至停止注气后一年。

2）井流物分析

（1）原油组分分析。

为观察产出物组分变化，建立原油组分与地层压力、饱和压力及混相状态关系，选取15%有代表性的生产井进行井口密闭井流物加密取样，注气前一个月开始取对比标准样，每10d取一次，共取三次。注气后每月取一次，气油比开始增加后，每半月取一次，要求分析原油各组分及平均分子量。同时，要求测定样品原油密度、黏度、凝点和含蜡量。

其他生产井原油组分分析要求每半年取样分析一次，遇特殊情况可适当加密取样。

（2）产出气组分分析。

为观察产出气组分变化，分析轻组分萃取情况及 CO_2 含量变化情况，需选取15%的具有代表性生产井进行井口密闭气体加密取样，注气前一个月开始取对比标准样，每10d取一次，共取三次。注气后每两个月取一次油样，气油比开始增加后，每半月取一次，要求分析气体各组分组成及含量。

（3）产出水全分析。

CO_2 驱油过程可导致地层水的黏度、pH值及离子组成发生变化，需进行产出水全分析。选取10%~15%有代表性的生产井，气驱前一个月开始取对比标准样，每10d取一次，共取三次。气驱开始后每两个月取一次水样品，进行产出水全分析。

3）原油高压物性取样分析

为观察 CO_2 驱替过程中地层原油性质的变化规律，选取含水率小于 10% 的具有代表性的生产井，井数一般为生产井开井数的 5%~10%，进行注气前后高压物性分析。注气前需取一次高压物性样品进行分析，包括原油组分分析、原油性质分析、CO_2 驱油最小混相压力测试以及 CO_2—原油体系相态评价分析等，便于注气后对比。注气开发过程中，每 6 个月取高压物性样品分析一次，主要分析地层条件下驱替过程中的原油组分及性质变化规律，判断混相状态。

6. 驱替流体运移状况监测

1）液相示踪剂监测

液相示踪剂监测主要应用于注水驱油过程中，监测注入水主要渗流通道及注入水的运移速度。注气前，在常规水驱开发时，注入井分层注入液相示踪剂，在采油井进行示踪剂浓度监测，至液相示踪剂监测完毕方可注气。

在 WAG 注入阶段，为了解水驱与气驱运移通道及速度的差别，需在注入井分层注入液相示踪剂，并在采油井监测示踪剂浓度，监测周期为两年一次。有特殊动态反应井组，可根据需要，适时加密液相示踪剂监测周期。

要求各注入井、分层示踪剂有一定差别，便于区分不同注入井、不同层位示踪剂。

液相示踪剂选择和监测按行业标准 SY/T 5925—2012《油田注水化学示踪剂的选择方法》执行。

2）气相示踪剂监测

气相示踪剂主要用于监测 CO_2 驱替过程中的主要渗流通道及 CO_2 游离状态、混相状态运移方向、速度等。气相示踪剂应选择与 CO_2 物化性质相近的气体示踪剂，注气初期须进行一次气相示踪剂监测，之后监测周期为两年一次直至气驱结束。

7. 混相前缘监测

1）井间地震监测

CO_2 驱油过程中地下储层流体性质发生变化，可导致地震反射出现异常，据此原理监测气驱前缘。可选择井距小于 500m 的 2~5 个井剖面开展井间地震气驱前缘监测。注气前必须开展一次井间地震监测，作为对比剖面；注气后区块 30% 油井见到气驱效果时进行一次井间地震监测。后期根据区块采油井混相状况，可根据需要灵活考虑监测安排。井间地震采样及处理解释按行业标准 SY/T 6686—2007《井间地震资料采集技术规程》执行。

2）注入井微地震监测

注入井微地震是通过注入介质在注采目的层的扰动，反射到地面检波器来确定注入层段注入流体推进前缘。原始油藏注 CO_2 开发，选取注入井的 30%，可半年开展一次注入井微地震监测，观察气驱油前缘的变化。已注水开发油田，选取注入井的 30%，在注气前进行一次注入井微地震监测，确定水驱前缘；注气开始至气驱结束，每半年开展一次注入井微地震监测。

3）二氧化碳驱油混相前缘试井解释

利用测定的油井压力恢复资料，开展 CO_2 驱油前缘试井解释，对气驱油前后试井解释资料进行对比。

8. 驱替效果监测

1）脉冲中子测井

通过脉冲中子测井确定 CO_2 驱油过程中含油饱和度变化，确定 CO_2 驱油方向及剩余油分布。选取 2 口具有代表性的生产井，注气开始至气驱结束每两年测定一次。

2）检查井资料分析

在注气开发中期，可选择性地钻取 1 口检查井，通过对取心资料储层特征及流体性质分析，确定驱替程度、剩余油分布及性质，与实验数据进行对比分析，进一步明确 CO_2 驱油机理和驱替效果。

检查井资料分析要求参照密闭取心井资料化验分析要求执行。

9. 工程监测

1）井下状况监测

对开展 CO_2 驱油的区块所有井及周边生产井、评价井进行井况调查、监测，并根据 CO_2 驱油安全要求进行整改。

2）腐蚀监测

钻采系统腐蚀监测：对 CO_2 驱油开发区块所有注入井和采油井均进行腐蚀监测，主要监测技术是在注采井内投入腐蚀挂片，定期监测井内腐蚀情况。

地面系统腐蚀监测：在地面系统关键部位加挂片及腐蚀探针，定期监测腐蚀情况。

五、发展方向

今后的矿场试验中，CO_2 驱油藏动态监测将向系统化、高精度、多学科交叉融合和实时监测与调控方向发展。

1. 实施多项监测技术组合应用

为满足 CO_2 驱油试验动态监测目的及要求，需实施多项监测技术组合应用。例如，通过"井间示踪+不稳定试井"监测，相互印证，明确注采井间的连通状况及渗流能力。

2. 完善注气前缘监测技术

利用井间地震、时移地震、微地震以及电位法监测等资料，分析储层中 CO_2 饱和度的变化，可判断 CO_2 驱油前缘。在黑 59 区块已实施井间地震监测 6 条测线，达到了预期效果。

通过电位法井间监测，可了解 CO_2 驱油试验区注入的 CO_2 在油层中的推进方向、推进范围。在黑 59 区块实施了 5 口井，对于 CO_2 驱油推进方向的探测基本可行。

充分考虑油藏地质条件、资料录取、处理解释等因素，优化组合，完善注气前缘监测技术系列。

3. 适时开展驱替效果监测

CO_2 驱油效果评价对开发试验及后期推广意义重大。通过脉冲中子测井可确定 CO_2 驱油过程中含油饱和度变化，确定 CO_2 驱油方向及剩余油分布。分阶段钻取心检查井，对驱替效果进行评价。

4. 探索新的监测方法和技术

自 20 世纪 90 年代以来，油藏监测技术向系统化、高精度、多学科交叉融合和实时监测与调控方向发展，在油藏管理中发挥了重要作用。美国 SACROC 油田注 CO_2 项目已进行了油藏动态实时监测与调控试验。多传感器、多参数监测将成为未来油藏动态监测的主要发展方向。随着 CO_2 驱油矿场试验的不断推进，应根据油藏的特点和试验的进程，不断探索新的监测方法和技术。

第二节　二氧化碳驱油动态分析及效果评价方法

CO_2 驱油动态分析及效果评价的基本方法，是以注采井生产动态资料和油藏监测资料为基础，结合静态资料、室内实验和数值模拟结果，对 CO_2 驱油动态变化进行综合判断，重点分析注气特征、混相和见效特征，从而明确动态变化的特点和趋势。研究 CO_2 驱油的开发规律，对油藏开发效果做出综合评价，为油藏的开发调整提供依据。

一、注气状况分析

1. 注入气波及状况分析

1）层间波及状况

根据吸气剖面资料分析。未注水井组注气后各层吸气比较均匀，可以有效驱替低渗透层，改善层间矛盾。注水井组在注气后吸气剖面与吸水剖面相比变化不大。

2）平面波及状况

根据微地震监测资料分析。2011 年，在黑 79-29-41 井实施了地面微地震测试，明确了注气前缘的推进状况。黑 79-29-41 井气驱主流方向明显，注入的气体向黑 79-29-39 井、黑 79-29-43 井、黑 138-1 井和黑 79-31-41 井方向推进。该井气驱前缘波及面积相对较小，只有位于主流方向的黑 79-29-39 井在波及区内，其他井只是处于气驱波及区的边缘。井位图如图 6-1-6 所示。

3）油藏数值模拟跟踪分析

模拟油、CO_2 气和水饱和度的分布。利用矿场动态资料拟合和实验数据分析来优化组分模型。采用跟踪模拟技术，分析油藏动态。

2. 扩大波及体积的方法

1）水气交替和锥形水气交替

在气窜井组开展水气交替注入方式，可有效控制气窜，保持气驱开发效果。

为了防止气油比快速增加，美国兰奇利（Rangely）油田采用锥形 WAG 等技术取得了很好的开发效果（图 6-2-1）。252 口注入井中 45% 的井气水比为 1:1，50% 的井气水比为 2:1,5% 的井气水比为 3:1。

2）分层注气和超前注气

分层注气可扩大波及体积，降低气油比，提高采出程度。

对于非均质油藏，气驱油初期油井关井实施超前注气，可在较短时间内实现油藏全面混相；同时也可有效提高气驱油效率，延缓气窜时间。

3. 注气初期存气率分析

黑 59 示范区从 2008 年到 2012 年底，累计注 $CO_2 22.99 \times 10^4 t$，埋存 $22.16 \times 10^4 t$，阶段

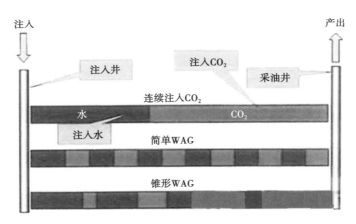

图 6-2-1　不同方式 WAG 驱的示意图

埋存率为 96.4%。黑 79 示范区从 2010 年到 2012 年底，累计注 CO_2 $21×10^4$t，埋存 $20.83×10^4$t，阶段埋存率为 99.1%。两个示范区处于埋存初期，与国外油田同期相比，产气率保持较低水平。

二、混相和见效特征分析

1. 混相状况综合评价方法

对混相状况进行综合评价，明确达到混相的压力条件、生产动态反映、井流物组分及物性特征，并对混相状态进行了试井和油藏数值模拟分析描述。

1）达到混相的压力条件

达到混相的压力前提是地层压力高于最小混相压力。

2）生产动态反映

通过采油井生产动态分析，对是否达到混相做出初步判断。

（1）混相特征。

如果生产动态特点表现为"一降三升"，即含水率明显下降、产油量上升、气油比上升、CO_2 含量上升，则可初步判断达到混相。

（2）出现气体突破迹象的特征。

如果产量上升、产气量快速上升、CO_2 含量快速上升（40% 以上）、套压上升（2MPa以上），则可判断出现气体突破迹象。

（3）出现气体突破特征。

如果 CO_2 含量和气油比大幅度上升，采油井产液、产油能力受气影响大幅度下降，则可判断发生注入气体突破。

（4）突破层位判断方法。

①通过沉积微相、物性特征及产液剖面分析。

黑 59 区块 CO_2 试验区黑 59-14-6 井 7 号、12 号小层主要为水下分支河道微相，与周围注气井黑 59-12-6 井连通性较好。7 号小层物性相对较差，裂缝发育。产液剖面测试表明：7 号小层产量最高，见到 CO_2 气体（表 6-2-1）。

表 6-2-1　黑 59-14-6 井环空测压分层解释数据表

序号	层位	声波时差 μs/m	射开厚度 m	测点深度 m	分层		
					产水 m³/d	产油 m³/d	产液 m³/d
1	qn1：7	200~215	2.8	2414.6	0.62	8.48	9.10
2	qn1：12	220	3.0	2447.1	0.16	0.59	0.75
3	qn1：15	248	2.6	2471.4	0.32	2.63	2.95

②通过井温测试分析。

从温度测试曲线分析，黑 59 区块 CO_2 试验区黑 59-14-6 井 7 号小层实测井温为 96℃，12 号、15 号小层井温为 97.4~98℃，7 号小层井温与该井整体井温梯度及 12 号、15 号小层井温相比存在较明显的异常，较正常温度低，判断为气体突破层位。

③综合判断。

黑 59 区块 CO_2 试验区黑 59-14-6 井沿近东西向突破，突破层位主要为 7 号小层。

3）井流物组分及物性特征

（1）井流物特征。

油井产出物呈现轻质组分逐渐减少、超重烃组分逐渐增加的趋势。

（2）地层原油高压物性特征。

注气后地层原油性质发生较大变化。溶解气油比、饱和压力和体积系数逐渐上升，变化幅度大。黑 59-14-6 井饱和压力从 7.01MPa 上升到 15.02MPa。

4）混相状态的描述方法

（1）用试井法描述流度变化特征。

建立解释模型，通过监测地下流度变化，对混相状况进行状态描述。黑 59-12-8 井在注 CO_2 后流度增大 6 倍多，说明 CO_2 与储层原油实现混相，流体黏度降低至原来的 1/6 左右。

（2）用数值模拟法描述混相带长度。

通过数值模拟，获取注采井间压力剖面；根据最小混相压力，确定混相带长度。CO_2 混相驱油地下存在含游离 CO_2、混相带和油墙 3 个区带。黑 59 区块低渗透油藏受储层物性等因素影响，平均单个混相带长度在 110m 左右。

2. 吉林油田二氧化碳驱油试验区混相和见效特点

1）黑 59 区块混相和见效特点

黑 59 区块 CO_2 驱油试验区混相范围大、混相程度高，见效井产油量大幅上升，含水率下降。但由于地混压差小，混相不稳定。

（1）见效井产油量大幅上升，含水率下降。

一部分采油井含水率大幅下降，产油量大幅上升；另一部分采油井含水率略升，产液量和产油量大幅上升。

（2）呈现动态混相特征。

由于国内低渗透油藏一般地混压差小，混相状况不稳定。黑 59 区块 CO_2 驱油试验区油井呈现动态混相特征。当气源充足、注气正常时，地层压力高于最小混相压力，油藏呈现混相状态；当气源不足、注气不正常时，地层压力低于最小混相压力，油藏整体或局部区域呈现非混相状态。

2）黑79南混相和见效特点

受气源不足和气窜影响，黑79南 CO_2 驱油试验区混相范围相对较小，仅局部区域呈现混相状态。初期见效井产液量大幅上升，部分井含水率下降，之后混相区域呈分散状态，表现为仅个别井点局部混相，相当数量井含水率上升。

（1）见效增油类型。

初期见效井产液量大幅上升，产油量上升；部分井含水率下降，产液量和产油量上升。

（2）含水率上升原因。

南部边水或束缚水导致含水率上升，北部水段塞运移导致含水率上升。

3）黑79北小井距混相和见效特点

黑79北小井距试验区由于储层非均质性较强，东西部混相状况差异明显；西部6个井组注采反应敏感，见效井含水率大幅下降，产油量上升，东部4个井组暂未见效。

小井距试验区储层水洗程度高，新井初期含水率大于90%，CO_2 驱后含水率大幅下降，产油上升。

3. 二氧化碳驱油生产动态的一般特征

与水驱油相比，低渗透油藏 CO_2 驱具有产液产油能力提高、见效差异更明显、可动用更低渗透储层和部分井发生气窜等特征。

（1）注气后地层能量充足，产液能力提高。

CO_2 驱油生产动态特征一般表现为"三升一降"，即产液量和产油量上升，气油比和 CO_2 含量上升，套压和动液面上升，含水率下降（图6-2-2）。

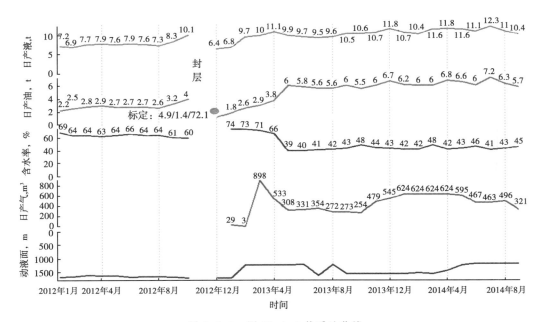

图6-2-2 黑79-1-3井采油曲线

黑 79 北小井距试验区于 2012 年 7 月开始注气。黑 79-1-3 井于 2012 年 10 月封堵了试验目的层 11 号、12 号小层之外的其他生产层。该井注气前标定日产液 4.9t，日产油 1.4t，含水率为 72.1%。

（2）受储层物性及非均质性影响，二氧化碳驱油采油井见效差异明显。

裂缝性储层：油井见效快，初期产量增幅大，含水率下降明显，但很短时间就发生 CO_2 突破，气窜控制难度大。

物性好储层：油井见效明显，初期产量增幅大，稳产能力强，含水率下降明显。

物性差储层：初期为水驱开发特征。随着生产时间延长，油井产液能力提高，产油量略有上升并保持平稳，含水率逐渐下降。

（3）二氧化碳较易进入超低渗透储层，提高了储量动用率。

黑 59-6-8 和黑 59-4-6 两口边部井的差油层混相驱效果明显，产量上升，含水率下降；尤其是日产油量从 2t 提高到 3~4t，提高单井产量效果十分显著（图 6-2-3）。

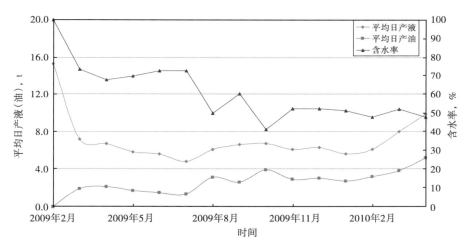

图 6-2-3 黑 59-6-8 井采油曲线

2011—2013 年，陆续对试验区 8 口井 19 个层进行补孔压裂，补孔层位渗透率均在 1mD 以下，补孔压裂后初期日产油平均增幅 141%，取得了非常好的增油效果（表 6-2-2）。

表 6-2-2 黑 59 区块 CO_2 驱油试验区补孔压裂完善注采关系效果统计表

井号	渗透率 mD	日产油，t		增幅 %
		压裂前	压裂后	
黑 59-4-6	0.17	1.4	2.6	86
黑 59-6-4	0.42	2.1	3.7	76
黑 59-10-6	0.6	2	5.3	165
黑 59-10-10	0.53	1.2	2.1	75
黑 59-2-2	0.73	0.9	2.8	211
黑 59-8-8	0.78	1.8	3.5	94
黑 59-4-4	0.5	1.4	4.2	200
黑 59-1-2	0.4	1.7	5.9	247
平均	0.52	1.6	3.8	141

（4）生产井发生气体突破的动态特征。

CO_2 气体突破生产井的特点是：产气量大；气油比高，在 $340\sim530m^3/t$ 之间；CO_2 含量急剧上升且高于 60%；产液量大幅度下降。

三、开发效果评价方法

为有效提高老油田采收率和埋存温室气体 CO_2，近年来国内在吉林、大庆、胜利、长庆、延长等油田开展了一大批 CO_2 驱油与埋存矿场试验项目。目前，已经报道了一些对 CO_2 驱油开发效果的评价，但尚不系统规范，也没有相关行业标准可供参照。为促进 CO_2 驱油与埋存技术的发展，需要系统规范地评价 CO_2 驱油开发效果。针对 CO_2 驱油开发的特点，参照聚合物驱油开发效果评价方法，立足于与水驱开发效果的对比，建立了 CO_2 驱油开发效果评价方法及指标体系。根据国内外 CO_2 驱油项目的实际资料，制订了主要评价指标的评价标准，为判断 CO_2 驱油项目的开发水平奠定了基础。通过在某油田 CO_2 驱油试验区的应用，认为评价方法及指标符合 CO_2 驱油开发实际。

1. 评价方法及指标体系

针对 CO_2 驱油开发的特点，建立了 CO_2 驱油开发效果评价方法及指标体系，包括技术效果评价、经济效益评价和安全环保评价 3 个类别 15 项指标，其中主要评价指标 8 项，辅助评价指标 7 项（表 6-2-3）。

表 6-2-3　CO_2 驱油开发效果评价指标

类别	主要评价指标	辅助评价指标
技术效果评价	地混压力系数； 产量提高幅度； 吨气增油量； 阶段采出程度； 采收率提高幅度； 存气率	累计增油量； 年采油速度； 含水率下降幅度
经济效益评价	财务内部收益率	新增储量效益； 温室气体减排效益； 开发寿命延长期
安全环保评价	环境监测异常率	腐蚀速率

1）二氧化碳驱油技术效果评价

（1）地混压力系数。

地混压力系数是指注气后地层压力与地层原油最小混相压力的比值，可根据式（6-2-1）计算。

$$p_{RM} = \frac{p}{p_{MM}} \qquad (6-2-1)$$

式中，p_{RM} 为地混压力系数；p 为注气后地层压力，MPa；p_{MM} 为最小混相压力，MPa。当 $p_{RM} \geqslant 1$ 时，为混相；当 $0.8 \leqslant p_{RM} < 1$ 时，为近混相；当 $p_{RM} < 0.8$ 时，为非混相。

（2）累计增油量。

累计增油量是指 CO_2 驱实际的阶段产油量与预测的水驱阶段产油量的差值，可根据式（6-2-2）计算。

$$\sum Q_{PO} = \sum Q_{CO} - \sum Q_{WO} \tag{6-2-2}$$

式中，Q_{PO} 为阶段增油量，10^4t；Q_{CO} 为 CO_2 驱阶段产油量，10^4t；Q_{WO} 为预测的水驱阶段产油量，10^4t。

（3）吨气增油量。

吨气增油量是指 CO_2 驱累计增油量与 CO_2 累计注入量的比值，可根据式（6-2-3）计算。

$$\sum Q_{POt} = \frac{\sum Q_{PO}}{\sum Q_{IG}} \tag{6-2-3}$$

式中，Q_{POt} 为吨气增油量；Q_{IG} 为 CO_2 注入量，10^4t。

（4）产量提高幅度。

产量提高幅度是指区块 CO_2 驱日产油量与水驱日产油量的差与水驱日产油量的比值，可根据式（6-2-4）计算。

$$R_q = \frac{q_c - q_w}{q_w} \times 100\% \tag{6-2-4}$$

式中，R_q 为产量提高幅度，%；q_c 为区块 CO_2 驱日产油量，t；q_w 为水驱日产油量，t。

（5）含水率下降幅度。

含水率下降幅度是指区块 CO_2 驱综合含水率与水驱综合含水率的差值，可根据式（6-2-5）计算。

$$\Delta f_w = f_{ww} - f_{wc} \tag{6-2-5}$$

式中，Δf_w 为区块含水率下降幅度，%；f_{ww} 为水驱综合含水率，%；f_{wc} 为 CO_2 驱综合含水率，%。

（6）年采油速度。

年采油速度是指区块 CO_2 驱年产油量占地质储量的比值，可根据式（6-2-6）计算。

$$v_o = \frac{Q_o}{Q_n} \times 100\% \tag{6-2-6}$$

式中，v_o 为年采油速度，%；Q_o 为 CO_2 驱年产油量，10^4t；Q_n 为地质储量，10^4t。

（7）阶段采出程度。

阶段采出程度是指 CO_2 驱阶段累计采油量占地质储量的比值，可根据式（6-2-7）计算。

$$E_C = \frac{\sum Q_o}{Q_n} \times 100\% \tag{6-2-7}$$

式中，E_C 为阶段采出程度，%。

（8）采收率提高幅度。

采收率提高幅度是指 CO_2 驱油最终采收率与水驱油采收率的差值，可根据式（6-2-8）计算。

$$\Delta E_R = E_{RC} - E_{RW} \qquad (6-2-8)$$

式中，ΔE_R 为采收率提高幅度，%；E_{RC} 为 CO_2 驱油最终采收率，%；E_{RW} 为水驱油采收率，%。

（9）存气率。

存气率是指区块累计注气量与累计产气量的差与累计注气量的比值，可根据式（6-2-9）计算。

$$R_C = \frac{\sum Q_{IG} - \sum Q_G}{\sum Q_{IG}} \times 100\% \qquad (6-2-9)$$

式中，R_C 为存气率，%；Q_G 为 CO_2 产气量，$10^4 t$。

2）二氧化碳驱油经济效益评价

对于 CO_2 驱油与埋存项目，应开展多层次、多角度综合评价。站在项目的角度，进行"有无对比"计算项目增量效益；站在油田公司的角度，在整个油区范围内进行"有无对比"计算总体增量效益，例如新增储量效益和温室气体减排效益；还应对项目进行全生命周期评价。

（1）财务内部收益率。

财务内部收益率是指项目在整个计算期内各年净现金流量现值累计等于零时的折现率，可根据式（6-2-10）计算。

$$\sum_{t=1}^{n} (C_{It} - C_{Ot})(1 + F_{IRR1})^{-t} = 0 \qquad (6-2-10)$$

式中，F_{IRR1} 为财务内部收益率，%；C_{It} 为第 t 年现金流入，万元；C_{Ot} 为第 t 年现金流出，万元。

（2）新增储量效益。

常规水驱开发项目要增加可采储量需要投入一定的勘探投资。CO_2 驱油项目是在老油田改变开采方式，提高了原油采收率，增加了可采储量，节约了常规开发项目中储量的获得成本。节约的勘探投资可视为新增储量效益。在项目经济评价的基础上，把因 CO_2 驱油增加可采储量而节省的勘探费用作为新增储量效益纳入项目"增量"净现金流量，计算考虑节约勘探投资后项目的增量投资财务内部收益率（F_{IRR2}）。

CO_2 驱油项目新增储量的效益贡献率为 F_{IRR2} 与 F_{IRR1} 的差值：

$$F_{IRRNR} = F_{IRR2} - F_{IRR1} \qquad (6-2-11)$$

式中，F_{IRR2} 为考虑节约勘探投资后项目的增量投资财务内部收益率，%；F_{IRRNR} 为新增储量的效益贡献率，%。

（3）温室气体减排效益。

CO_2 驱油项目可以埋存一定数量的 CO_2 气体，按未来碳税 50 元/t 计算，可少缴纳碳税，取得温室气体减排效益。把节省的费用作为温室气体减排效益纳入项目"增量"净现金流量，计算考虑节约碳税效益后项目的增量投资财务内部收益率（F_{IRR3}）。

CO_2 驱油项目温室气体减排效益贡献率为 F_{IRR3} 与 F_{IRR2} 的差值：

$$F_{IRRGHG} = F_{IRR3} - F_{IRR2} \tag{6-2-12}$$

式中，F_{IRR3} 为考虑节约碳税效益后项目的增量投资财务内部收益率，%；F_{IRRGHG} 为温室气体减排效益贡献率，%。

（4）开发寿命延长期。

当项目的增量现金流出现负值时，项目已不再创造经济效益，项目在该年自动终止，没必要再继续投入开发，那么从建设期第一年开始到增量现金流为负值的上一年止为项目的全生命周期。

开发寿命延长期是指 CO_2 驱油的全生命周期与水驱油的全生命周期的差值，可根据式（6-2-13）计算。

$$\Delta T = T_C - T_W \tag{6-2-13}$$

式中，ΔT 为开发寿命延长期，a；T_C 为 CO_2 驱油的全生命周期，a；T_W 为水驱油的全生命周期，a。

3）二氧化碳驱油安全环保评价

（1）腐蚀速率。

腐蚀速率是指腐蚀深度与时间的比值，可根据式（6-2-14）计算。

$$v_C = \frac{k(W_1 - W_2)}{Ft\gamma} \tag{6-2-14}$$

式中，v_C 为腐蚀速率，mm/a；K 为所采用单位的常数；W_1 为挂片原质量，g；W_2 为腐蚀后挂片质量，g；F 为挂片表面积，cm^2；t 为腐蚀时间，h；γ 为挂片金属密度，g/cm^3。

（2）环境监测异常率。

环境监测异常率是指 CO_2 驱油区块环境监测异常值的数量占环境监测总量的百分数，可根据式（6-2-15）计算。

$$R_{IN} = \frac{N_U}{N} \times 100\% \tag{6-2-15}$$

式中，R_{IN} 为环境监测异常率，%；N_U 为环境监测异常值的数量；N 为环境监测总数量。

2. 评价标准及对比

根据国内外 CO_2 驱油项目的实际资料，制定了主要评价指标的评价标准，为判断 CO_2 驱油项目的开发水平奠定了基础。

1）区块产量提高幅度评价标准

低渗透油藏水驱油阶段单井产量较低，吉林油田 CO_2 驱油试验区水驱时单井产量仅为 $1\sim2t/d$。随后的 CO_2 驱油阶段单井产量一般会有一定幅度的提高，并带动区块产量上升。

若区块产量提高到50%以上，可评价为效果较好（表6-2-4）。

表 6-2-4　CO_2 驱油开发效果评价标准

评价指标	评价标准	备注
产量提高幅度	大于100%，效果很好； 50%~100%，效果较好； 30%~50%，有效果； 小于30%，效果较差	与水驱油对比
采收率提高幅度	大于15%，效果很好； 10%~15%，效果较好； 5%~10%，有效果； 小于5%，效果较差	与水驱油对比
吨气增油量	大于0.50，较高； 0.25~0.50，中等； 小于0.25，较低	一般也称为换油率
存气率	大于0.65，较高； 0.35~0.50，中等； 小于0.35，较低	一般也称为埋存率
内部收益率	大于24%，效益很好； 18%~24%，效益较好； 12%~18%，有效益； 小于12%，效益差	根据公司基准效益率

2）采收率提高幅度评价标准

2012年，全球有 CO_2 混相驱油项目135个，CO_2 非混相驱油项目6个。CO_2 驱油技术主要在美国应用。美国2012年 CO_2 驱油项目有121个，年产油达 $1687×10^4$ t。统计已开发油田数据可知，CO_2 驱油较水驱油一般可提高采收率7.5%~17%。CO_2 驱油典型油田为美国的兰奇利（Rangely）油田和加拿大的韦本（Weyburn）油田。兰奇利油田提高采收率7.5%。韦本油田提高采收率15%。CO_2 混相驱油采收率提高幅度较高，一般大于10%；CO_2 非混相驱油采收率提高幅度要低一些，一般为5%~10%。低渗透油藏 CO_2 驱油采收率提高幅度低于常规中高渗透油藏。

3）吨气增油量评价标准

一般的 CO_2 驱油项目，CO_2 气的购买成本高于200~300元/t时经济上就没有效益。当原油价格为80~90美元/bbl时，如果超过4t CO_2 气才换1t油的话，吨气增油量就很低了。到2011年底，草舍油田吨气增油量为0.38。

4）存气率评价标准

国外存气率一般为35%~70%，加拿大的韦本油田存气率为70%。对于 CO_2 驱油试验区，CO_2 存气率先高后低是正常的趋势，最终存气率可能在40%~70%之间。若采用产出气循环回注工艺，可达到 CO_2 零排放，存气率接近100%。

5）内部收益率评价标准

CO_2驱油项目注采工程和地面工程改造的投资较高，CO_2气相注入成本高，因此CO_2驱油项目需要大幅度提高采收率，有一定规模产量才能保证经济效益。有成本较低的含CO_2天然气源，距气源近的CO_2驱油项目经济效益才有一定保障。

3. 评价方法在试验区的应用

某油田储层为青一段 7 号、12 号、14 号和 15 号小层，埋藏深度为 2450m，孔隙度为 14.2%，渗透率为 3.0mD，裂缝比较发育。砂岩厚度为 14.3m，有效厚度为 7.2m。原始地层压力为 24.2MPa，最小混相压力为 22.3MPa，地层原油黏度为 1.85mPa·s，地层温度为 98.9℃。

试验前区块采用水驱开发方式，平均地层压力为 13.5MPa，累计注采比为 0.23，平均单井日产液 7.2t，日产油 4.1t，含水率为 43.2%，区块采出程度为 4.0%。

试验区设计注入井 6 口，采油井 25 口，注采井网为反七点法，井距为 440m×140m。CO_2注入量为 40t/d，注气方式为先期连续注气，后期调整为水气交替。从 2008 年 4 月开始注气，2009 年 1 月全区开井生产，到 2013 年底的开发数据见表 6-2-5。

表 6-2-5　某油田 CO_2 驱油试验区开发效果评价

类别	评价指标	区块数据
技术效果评价	地混压力系数	1.1
	累计增油量，10^4t	3.1
	产量提高幅度，%	39.6
	吨气增油量	0.12
	年采油速度，%	2.0
	含水率下降幅度，%	20
	阶段采出程度，%	10.9
	采收率提高幅度，%	10.4
	存气率，%	96.2
经济效益评价	财务内部收益率，%	12.86
	新增储量效益，%	1.42
	温室气体减排效益，%	1.62
	开发寿命延长期，a	9
安全环保评价	腐蚀速率，mm/a	<0.076
	环境监测异常率，%	0

四、经济效益评价方法

以大情字井油田为例，对 CO_2 驱油与埋存项目经济评价方法及指标进行阐述。

1. 二氧化碳气源类型、规模及成本

（1）含 CO_2 气藏开发。含 CO_2 气藏开发在提供清洁能源甲烷的同时，还产出伴生的 CO_2。经过分离可提供 CO_2 驱油所需的 CO_2 气。CO_2 分离成本较低。国内含 CO_2 气藏储量资源有限，仅少数地区具有比较丰富的储量资源。

（2）大型工业 CO_2 排放源。大型工业排放的 CO_2 捕集技术正在攻关中，成本较高、规模很小，目前仅能满足 CO_2 驱油与埋存试验的需要，离工业化推广的需要还有一定差距。

（3）输气成本。CO_2 气源与 CO_2 驱油区块的距离越近，则输气成本越低。因此，对于混相或近混相的油田，附近有 CO_2 气源时，优先考虑开展 CO_2 驱油。距离 CO_2 气源较远时，由于 CO_2 运输成本太高，不适合开展 CO_2 驱油。

2. 产量、投资和操作成本特点

1）产量特点

开发指标预测是评价分析的基础。CO_2 驱油项目一般根据试验区生产动态特点，通过油藏数值模拟方法对产液量、产油量、综合含水率、气油比和 CO_2 含量等开发指标进行预测。

CO_2 驱油区块生产动态特点一般表现为"一降三升"，即含水率明显下降、产油量上升、气油比上升和 CO_2 含量上升。

CO_2 驱油区块单井产量一般可提高 30% 以上。

2）投资特点

（1）已开发油田 CO_2 驱油新增投资。已开发油田 CO_2 驱油新增投资包括注采工程投资和地面工程投资。

注采工程新增投资包括采油井和注入井新增投资。CO_2 驱油采油井新增投资主要为井口、管杆泵及缓蚀剂等材料费以及作业费等。CO_2 驱油注入井新增投资主要为井口、管柱、封隔器等材料费，气密封管柱作业费以及气密封检测费。

地面工程投资主要为循环注入站（压缩机）投资、输气管线投资和站外配套工程投资等。

（2）未开发油田 CO_2 驱油新增投资。未开发油田 CO_2 驱油新增投资包括钻井工程、注采工程和地面工程投资。

3）操作成本特点

（1）大情字井油田操作成本。CO_2 驱油与常规水驱油对比，操作成本主要增加在注入费上，增加幅度为常规水驱油的 8.7 倍。材料费、测井试井费、维护修理费和油气处理费 4 个方面，增加幅度为 9%~29%。

（2）国外 CO_2 驱油成本情况。美国 21 世纪初 CO_2—EOR 项目驱油成本一般为 18~28 美元/bbl❶，其中资本投资为 3~4 美元/bbl，矿区使用费为 2~4 美元/bbl，CO_2 费用为 4~5 美元/bbl，燃料费为 1~3 美元/bbl，操作与管理费用为 2~3 美元/bbl，税费为 2~4 美元/bbl，其他费用为 4~5 美元/bbl。

3. 经济评价方法及主要指标

1）新动用油田二氧化碳驱油经济评价方法

新动用油田 CO_2 驱油按新建项目进行经济评价。投资包括 CO_2 驱油全部钻井投资、注

---

❶ 1bbl（美石油）= 0.159m³。

采投资和地面投资，操作成本选取 CO_2 驱油全部操作成本，开发指标选取区块整体指标。采用贴现现金流法，对 CO_2 驱油整体经济效益进行评价。

2）已开发油田二氧化碳驱油经济评价方法

已开发油田 CO_2 驱油投资项目经济评价方法采用"有无对比、增量评价"方法，用"增量效益"指标，采用增量法，评价 CO_2 驱油的经济性。

项目盈利能力分析原则上采用"有无对比法"，"有项目"是指 CO_2 驱油开发方案，"无项目"是指原有基础井网继续水驱油开发方案。增量数据是用"有项目"效益（费用）减去"无项目"效益（费用）后得到的差额。

3）经济评价指标

经济评价指标为财务内部收益率（大于12%）、净现值（大于0）和投资回收期。

大情字井油田 CO_2 驱油工业化推广方案财务内部收益率为 14.2%（F_{IRR1}，油价为60美元/bbl）。

大情字井油田埋藏深度为 2400m，CO_2 驱油所用的 CO_2 为其下面 4000m 深度的含 CO_2 天然气藏开发伴生的 CO_2。CO_2 分离处理等成本由气藏开发承担。因此，经济评价时未计算获得 CO_2 的成本。

4）不确定性分析

CO_2 驱油具有投资高、风险大等特点。为了测算项目可能承受的风险程度并找出影响经济效益的敏感因素，对油价、产量、投资和操作成本等不确定因素进行了敏感性分析。

大情字井油田 CO_2 驱油项目敏感性分析表明，对项目财务效益影响较大的因素是油价、产量，其次是投资、操作成本。

4. 辅助评价指标

1）新增储量效益

大情字井油田实施 CO_2 驱油开发后，新增可采储量 $331.5×10^4t$。按照平均勘探成本为 100 元/t 计算，需要勘探投资 33150 万元。

在项目经济评价的基础上，把 CO_2 驱油因增加可采储量而节省的勘探费用作为新增储量效益纳入项目"增量"净现金流量，计算考虑节约勘探投资后项目的增量投资财务内部收益率（F_{IRR2}）为 15.64%。CO_2 驱油项目新增储量的效益贡献率为 F_{IRR2} 与 F_{IRR1} 的差值，项目新增储量效益贡献率为 1.42%。

2）温室气体减排效益

大情字井油田 CO_2 驱油工业化推广方案累计埋存 $CO_2$458.90×10^4t，按未来碳税为 20 元/t 计算，可少缴纳碳税 9178 万元。把节省的费用作为节约碳税效益纳入项目"增量"净现金流量，计算考虑节约碳税效益后项目的增量投资财务内部收益率（F_{IRR3}）为 16.20%。CO_2 驱油项目节约碳税效益贡献率为 F_{IRR3} 与 F_{IRR2} 的差值，项目节约碳税效益贡献率为 0.56%。

如果按碳税税率为 50 元/t 计算，可少缴纳碳税 22945 万元。节约碳税效益对内部收益率的贡献率为 1.62%。

3）项目全生命周期评价

大情字井油田在不进行开发调整或三次采油的情况下，水驱油的全生命周期为 9 年，

CO_2 驱油的全生命周期为 18 年，延长 9 年（图 6-2-4）。

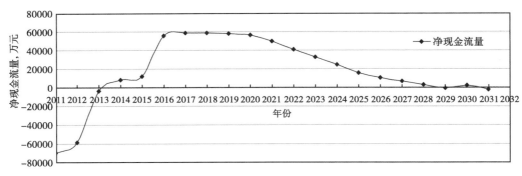

图 6-2-4　推广方案现金流量图

4）换油率

大情字井油田 CO_2 驱油工业化推广方案换油率为 0.72t（油）/t（CO_2）。

国外油田有效益的换油率一般为 0.22t（油）/t（CO_2），油田取得较好效益的换油率为 0.4~0.5t（油）/t（CO_2）。

第三节　二氧化碳驱油注采调控技术

注采调控的目的是，保持混相驱替状态，在合理采油速度下扩大波及体积，防控气体突破，促进见效增产，改善开发效果。影响陆相油藏 CO_2 驱油开发效果的主要因素为地混压差和储层物性。陆相油藏 CO_2 驱油开发的注采调控原则是保混相、控窜流、提效果。注采调控思路和方法为注采协调、水气交替、分层控制和剖面调整。

一、保持与促进混相状况

吉林油田黑 59 区块 CO_2 驱油过程中，由于存在储层非均质性，局部井组出现气突破和部分油井未见到 CO_2 驱油开发效果等现象，因此，矿场试验需要解决气窜界限值、合理地层压力保持水平和合理注采比等生产技术指标控制问题。将 CO_2 驱油基础理论研究成果转为矿场实施的合理生产控制指标，为开展注采调控措施，提高 CO_2 驱油开发效果提供执行标准。以室内机理研究为基础，结合吉林油田黑 59 区块 CO_2 驱油先导试验动态特征认识，确定黑 59 区块合理生产技术控制指标。

1. 合理地层压力保持水平

一般认为地层压力大于最小混相压力，CO_2 驱油可实现混相驱，可大幅度提高原油采收率。但在混相压力之上，并非地层压力保持水平越高，提高原油采收率幅度越大，存在一个合理地层压力保持水平的界限值。为确定该界限值，应用黑 59 区块地层原油开展了 18.0MPa、20.0MPa、22.0MPa、24.0MPa、26.0MPa 和 28.0MPa 6 个压力级别的细管实验，最小混相压力为 22.1MPa，建立了不同压力下 CO_2 注入量与原油采出程度和气油比关系图（图 6-3-1），6 个级别驱替压力对应的原油采出程度分别为 77.59%，87.35%，93.24%，94.24%，94.67% 和 95.02%，即非混相驱原油采出程度低于 90%，近混相驱和混相驱原油采出程度大于93%，与非混相驱相比，提高原油采出程度幅度为6%～7%，但驱替压力高于最小混相压力之后，进一步提高驱替压力，对原油采出程度增幅仅为1%左右。同时，实验证实，地层压力保持水平远高于原始地层压力易于析蜡，影响CO_2驱油效果。因此，确定合理地层压力保持水平上限为最小混相压力的90%～110%。

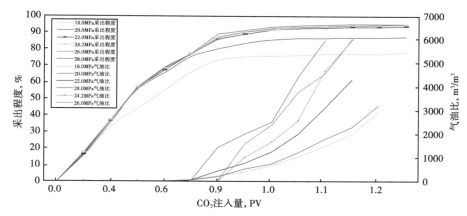

图6-3-1　黑59区块地层原油不同压力下CO_2注入量与采出程度和气油比的关系

2. 合理注采比

吉林油田地层原油与CO_2混相是多次接触混相，需要注入足够多的CO_2以保持地层压力不低于混相压力，但是CO_2流动性强，过多地注入会导致地层中存在游离状态的CO_2，对于非均质油藏易产生局部气窜，因此需确定合理的注采比。

1）注采比

黑59-14-6井混相后原油体积系数为1.419，对应气体积系数为0.6，实际油气两相总体积系数未发生变化；平均地层水矿化度为11737.7mg/L，地层温度、压力及矿化度条件下，1m^3水溶解0.062m^3 CO_2。应用数值模拟图版法计算表明：24MPa条件下CO_2在盐水中的溶解度为0.045g/g，CO_2的密度按0.58g/cm^3计算，折算为地下体积后，1m^3水中可溶解0.08m^3 CO_2。综合两种结果：1m^3地层水中溶解0.1m^3 CO_2（考虑地层泥岩、干层微小孔隙吸气，需增加2%～3%）。应用公式法及数值模拟方法计算，在地层温压条件下，饱和CO_2的地层水体积系数均为1.04。因此，考虑3个方面地层条件油、气、水体积变化：

（1）油气两相体积变化范围为原体积的80%～100%，油气体系体积减小10%。

（2）1m^3水溶解0.07m^3 CO_2，考虑泥岩、干层微孔喉吸气2%～3%，CO_2体积减小10%。

（3）黑79南混相条件下，饱和CO_2的地层水体积系数增大4%。

综合确定CO_2注入地下后总体积减小16%，取值15%，不考虑游离气体弹性驱动，按照物质平衡地下体积亏空计算，地层压力恢复到原始地层压力，地下累计注采比应保持为1.15。

2）瞬时注采比

黑59先导试验区采取超前注气的方式于2008年3月开始注CO_2，油井关井恢复地层能量，连续注气至2008年12月油井陆续开井生产。2008年3月至2008年12月，区块阶段累计注气2.74×10^4t，平均单井日注气45t，2008年12月区块地层压力由注气前的

14.5MPa 上升至 24.3MPa。

2009 年 1 月，开井初期油井平均日产液 11.1t，日产油 6.0t，含水率为 45.9%，气油比为 50m³/t。这一阶段平均单井日注气 35t，区块月注采比为 1.44~2.99，平均值为 2.07。至 2009 年 8 月，区块气油比达到 180m³/t，断层边部裂缝较发育区域的黑 59-10-4、黑 59-12-4 和黑 59-14-6 等油井出现气窜，在此情况下，对出现气窜的黑 59-12-6 井组（6 口采油井）进行调剖，同时将黑 59-12-6 井注气量由日注 40t 降低至日注 30t，气窜的油井采取间抽方式生产，井组月注采比由 3.0 下调至 2.2。通过注采调控，有效控制了气窜，3 口气窜井气油比由 500~700m³/t 下降至 170~260m³/t。

2009 年 1 月至 2010 年 2 月，黑 59 先导试验区保持单井日注气 30~45t，控制月注采比为 1.3~3.0，平均值为 2.01，通过注采调控，区块产量稳定，气油比保持平稳，地层压力稳定在 24.5~25.8MPa 之间。

黑 79 南试验区设计 CO_2 驱油 18 个井组。其中，南部 11 个井组注气时间较长，于 2010 年 6 月开始陆续注气，这 11 个井组区域注气前平均单井日产液 7.5t，日产油 4.4t，含水率为 42.9%，平均单井日注水 28.3m³，月注采比为 1.21，累计产液 37.4×10⁴t，累计产油 21.6×10⁴t，累计注水 28.2×10⁴m³，累计注采比为 0.54，地层压力为 11.4MPa。注气后，以月注采比 1.65 注气持续到 2012 年，地层压力为 18.4MPa，恢复速度较慢。

综合黑 59 和黑 79 南试验区经验，低渗透油藏 CO_2 驱油瞬时注采比应保持在 2.0 左右。

3. 合理流压控制水平

CO_2 驱油过程中，随着 CO_2 与原油发生混相，地层条件下原油饱和压力发生变化。根据 CO_2—黑 59 地层原油体系的两相 p—x 相图可知，CO_2—地层原油体系的饱和压力随着体系中的 CO_2 含量增加而明显升高（表 6-3-1）。黑 59 井区原始地层压力为 24.20MPa，地层原油的饱和压力为 7.01MPa。注入 CO_2 后，油气体系的饱和压力从 7.01MPa 开始逐渐升高。当体系中的 CO_2 含量为 63.96%（摩尔分数）时，CO_2—地层原油体系的饱和压力等于原始地层压力。黑 59-11-3 井原始油藏高压物性样品分析饱和压力为 7.01MPa，黑 59-14-6 井混相后高压物性样品分析饱和压力为 15.02MPa，这种变化要求油井生产流压控制水平要与饱和压力变化相协调，否则油井附近及井底脱气影响 CO_2 混相驱油效果。

表 6-3-1 CO_2 与黑 59 地层原油互溶后的主要物性参数数据（98.9℃）

加气次数	体系 CO_2 含量 % （摩尔分数）	体系饱和压力 MPa	地层原油体积膨胀系数	地层原油黏度，mPa·s	
				饱和压力	地层压力
0	0	7.01	1.0000	1.47	1.85
1	16.68	8.62	1.0893	1.18	1.42
2	30.43	11.00	1.1389	0.99	1.11
3	40.32	14.15	1.2079	0.87	0.95
4	50.05	17.64	1.2933	0.78	0.82
5	60.00	21.78	1.4119	0.70	0.71
6	70.04	28.85	1.5956	0.65	
7	80.02	39.55	1.9594	0.63	

应用数值模拟方法，研究概念模型流压控制水平分别为 8MPa、10MPa、12MPa、15MPa、18MPa 时，日注气（水）30t，连续注气 5 年，转注水 5 年对地层压力保持水平和累计产油的影响。结果表明，流压控制水平越低，地层压力保持水平越低，流压控制水平在 8～10MPa 之间，生产过程中地层压力下降至最小混相压力，而流压控制水平在 12～18MPa，在注气阶段地层压力可保持在最小混相压力之上，综合考虑累计产油与地层压力保持水平两项指标，认为要实现生产过程混相状态，油井生产流压保持水平应在 12～15MPa 之间。

二、防控气窜

1. 气油比控制界限值

开展黑 59 区块地层原油注入 CO_2 后油气体系的饱和压力和气液相态的实验，绘制了 CO_2—黑 59 地层原油体系的两相 $p—x$ 相图（图 6-3-2）。由相图可知，CO_2 含量为 63.96%（摩尔分数）时，原始地层压力等于饱和压力，此时，无游离态 CO_2 存在，CO_2—地层原油体系呈混相状态，折算混相状态气油比为 343m³/m³（401m³/t）。

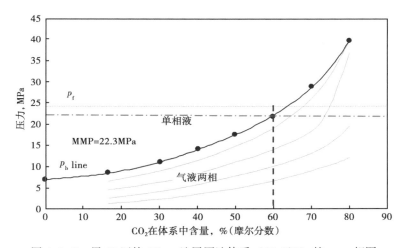

图 6-3-2　黑 59 区块 CO_2—地层原油体系（98.9℃）的 $p—x$ 相图

采用黑 59 区块地层原油样品进行混相压力下 CO_2 驱油细管实验，建立注入体积与采出程度、气油比关系图（图 6-3-3），由图可见，混相驱油条件下，对应气体突破时气油比为 390cm³/cm³，与 CO_2—黑 59 地层原油体系的两相 $p—x$ 相图体积折算值接近。

黑 59 区块 CO_2 驱试验区黑 59-12-6 井组裂缝发育，注气后的油井动态反应证实，油井气油比大于 500m³/t（即 427m³/m³）时，产出气中 CO_2 含量达到 80%，油井产液、产油量大幅下降，日产油由 10t 下降至 1～2t，采取常规注采调控措施效果不明显。

根据现场实践，确定混相状态的气油比上限为 390m³/m³。

通过数值模拟开展气油比控制水平研究，应用黑 59 区块概念模型，注入井 6 口，油井 25 口，单井日注气 30t，连续注气 5 年转注水 5 年，设立油井气油比分别高于 400m³/m³、540m³/m³、800m³/m³、1200m³/m³ 和 10000m³/m³ 时油井关井 5 个方案进行对比。结果表明，气油比控制过低影响采油速度；不控制气油比，易气窜，地层压力下降快，影响采收

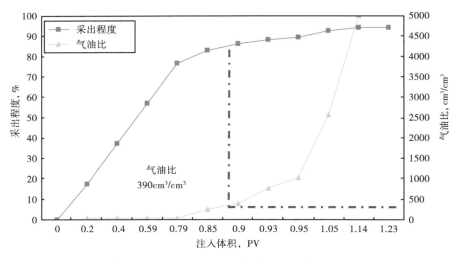

图 6-3-3　黑 59 区块 CO_2 驱油注入体积与采出程度、气油比的关系

率；综合分析确定，油井合理气油比控制在 $800m^3/m^3$ 时累计产油最高。

虽然黑 59 区块 CO_2 驱油试验区气油比大于 $500m^3/t$（即 $427m^3/m^3$）时，油井产液、产油量大幅度下降，无法保证正常生产。但调研国外低产油井气油比在 $2000m^3/m^3$ 时，采取控气举升工艺仍能保证正常生产。因此，吉林低渗透油田需研究高气油比条件下的低产油井举升工艺。

2. 水气交替（WAG）

水气交替注入是注水和注气两种采油方法的综合，是油田颇具潜力的一种开采方式。提高原油采收率的原理在于良好的流度比控制和驱替了水驱未波及的区域，特别是通过水气的重力分异作用，气体分异到顶部、水积累到底部驱替原油。通过注入水控制流度，稳定驱替前缘来提高波及效率，加之气驱油较水驱油有更高的微观驱替效率。CO_2 驱转 WAG 驱的时机和水气段塞的大小、比例的合理选择直接影响到地层压力的稳定和 WAG 驱替效果，对水驱+气驱提高原油采收率整体潜力的发挥非常重要。

1）WAG 比对开发效果影响的室内实验研究

实验内容：采用纯度为 99.9% 的 CO_2 作为注入气，开展长岩心 CO_2 驱油室内模拟实验，测定不同注气段塞（气水比为 1:1，1:2，2:1 等）驱油以及水驱油、CO_2 驱油的驱油效率。

主要实验设备：美国产 Ruska PVT-3000 高压物性实验装置 1 台；美国产 CFS-100 多功能综合驱替系统 1 台（150℃恒温箱、长度 120cm 高温高压岩心夹持器一个）；中间容器若干，精密压力表（0~60MPa）、数值压力表若干，阀门若干、手动计量泵、回压阀、增压泵、围压泵、管线若干。

实验条件：地层压力为 24.5MPa，地层温度为 98℃。

实验步骤：（1）测定岩心的直径和长度；（2）洗岩心，烘干，测定干重；（3）采用氮气测定岩样孔隙度和渗透率；（4）排列岩心；（5）将岩心抽真空；（6）饱和地层水；（7）取出岩心称取饱和水后湿岩心质量；（8）将岩心装入清洗过的岩心夹持器内；（9）测定岩心水相渗透率，计算岩心的孔隙度；（10）饱和地层原油，建造束缚水；（11）进行不同水气段塞驱替实验，记录相关数据。

实验结果：对于不同注气段塞（气水比为 1:1，1:2，2:1）驱油以及水驱油、CO_2 气驱油实验，其驱替介质的注入体积与采收率、含水率、气油比和压力梯度之间的规律十分明显。其中，气水比为 1:2 的段塞驱油效果最好，原油最终采收率为 60.45%；气水比为 2:1 的段塞驱油效果较好，原油最终采收率为 54.24%；气水比为 1:1 的段塞驱油效果居中，原油最终采收率为 50.91%；CO_2 连续驱油效果较差，原油最终采收率为 45.16%；水驱油效果最差，原油最终采收率为 39.50%。

实验研究表明，对于不同注气段塞（气水比为 1:1，1:2，2:1），在驱替过程中会出现 CO_2 气体和水的交替突破，并且在突破过程中，会出现产油量的突增，使原油采收率呈阶梯状上升（图 6-3-4）。

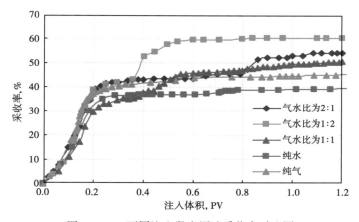

图 6-3-4　不同注入段塞原油采收率对比图

对于不同注气段塞（气水比为 1:1，2:1）以及水驱油实验，三者见水时的注入体积十分接近，约为 0.2PV。而对于注气段塞（气水比为 1:2），其见水时的注入体积约为 0.25PV。主要是因为在不同注气段塞的实验中，先开始注入的驱替段塞为 CO_2 气体，所以会导致气水比为 1:2 时的实验中产出液见水时间延迟。同时，当产出液中开始出现水时，其含水率上升十分迅速。随着驱替的进行，不同注气段塞驱油实验的产出液含水率会出现大幅度的变化。当含水率出现突减时，其反映在注入体积—采收率曲线上为采收率的阶梯状上升（图 6-3-5）。

实验研究表明，不同注气段塞（气水比为 1:1，1:2，2:1）驱油的见气时间较为一致，即注入体积约为 0.2PV；CO_2 气驱油，气体突破时的注入体积为 0.15PV（图 6-3-6）。

从压力梯度变化中可以看出，不同注气段塞（气水比为 1:1，1:2，2:1）驱油以及水驱油、CO_2 气驱油的压力梯度变化有着明显的区别（图 6-3-7）。

不同注气段塞（气水比为 1:1，1:2）驱油与注气段塞（气水比为 2:1）驱油的压力梯度变化有着十分明显的差别。这主要是因为后者段塞中水占主要部分，驱替液体（地层水）不溶于油，在长岩心驱替过程中存在两相流动，增大了液体流动阻力，从而导致压力梯度增大。结合图 6-3-5 和图 6-3-6 可以看出，实验过程中压力梯度的波动与含水率的变化和 CO_2 气体突破有关。水驱油实验过程中，在水突破前其压力梯度增长明显，在水突破

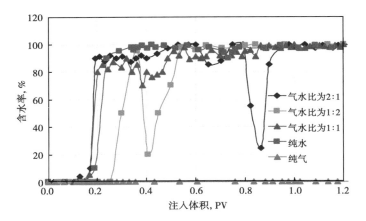

图 6-3-5　不同注入段塞含水率对比图

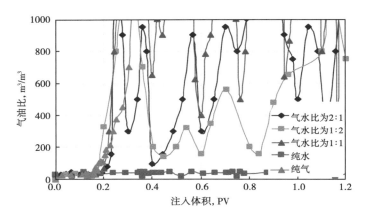

图 6-3-6　不同注入段塞气油比对比图

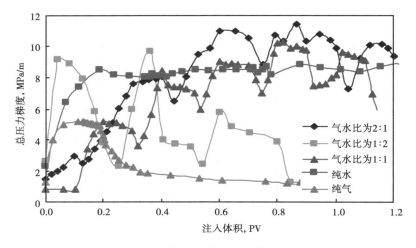

图 6-3-7　不同注入段塞压力梯度对比图

后则变化不大。CO_2 气驱油实验过程中，CO_2 气体开始时给定的压力较大，因此其压力梯度上升段较短。在 CO_2 气体突破后，其压力梯度先突减后平缓减小。

2) 二维剖面模型 WAG 比对开发效果的影响

根据黑 59 区块不同井组储层特征，建立了 4 个典型剖面模型。开采方案为：原始条件下水驱油开发，水驱到一定阶段，转为连续注入 CO_2 驱油，在注入 CO_2 到一定阶段后，开始转 WAG。在注入采出条件不变的情况下，连续 CO_2 驱油至气油比为 $200m^3/m^3$、$400m^3/m^3$、$600m^3/m^3$、$800m^3/m^3$ 和 $1000m^3/m^3$ 时转 WAG，比较气水比 3:1，2:1，1:1，1:2 和 1:3 条件下的原油最终采收率。

保持注采井工作制度不变，预测总时间为 25 年，比较 5 个转注时机和 5 个不同气水比条件下的原油采收率、气油比等开发指标。

预测各模型在不同 WAG 转注时机及气水比条件下的波及体积，经统计（表 6-3-2）可以看出，物性较差油藏的代表 H59-8-8 剖面，气油比分别在 $600m^3/m^3$、$800m^3/m^3$ 和 $1000m^3/m^3$ 时转 WAG，气水比的大小对原油最终采收率影响较小；气水比为 2:1 时在每个转注时机下的原油最终采收率水平都较高，其中气油比为 $200m^3/m^3$ 时转注气水比为 2:1 条件下的原油最终采收率最高，达到 53.21%，气油比控制也较好，保持在 $189.42m^3/m^3$。此方案不仅可以节约 CO_2 用量，还能最大限度地发挥 WAG 注入方式提高原油采收率的潜力。综合以上分析确定 H59-8-8 剖面的最佳转 WAG 时机为连续气驱气油比达到 $200m^3/m^3$，WAG 最佳气水比为 2:1。图 6-3-8 为该剖面在最佳条件下预测 25 年的各参数分布场图。

表 6-3-2　各剖面在最佳 WAG 转注时机及气水比条件下的预测波及体积

剖面名称	有效网格数量	转 WAG 时机（气油比，m^3/m^3）	气水比	水、CO_2 波及网格数量	总波及体积 %	较水+CO_2 驱油扩大波及体积,%
H59-8-8（物性差）	4144	200	2:1	2648	63.90	6.27
H59-10-6（非均质性强）	3266	400	2:1	2320	71.03	12.61
H59-12-4（天然裂缝）	3643	200	3:1	2124	58.30	18.12
H59-14-8（物性较好）	3105	200	2:1	1744	56.17	18.55

强非均质性油藏的代表 H59-10-6 剖面与 H59-8-8 剖面情况较为相似，但各方案原油最终采收率较 H59-8-8 剖面低 7%~10%，由于受到油藏物性不稳定的影响，气油比的控制非常不理想。从气油比的控制和原油最终采收率的角度出发，确定 H59-10-6 剖面的最佳转 WAG 时机为连续气驱气油比达到 $400m^3/m^3$，WAG 最佳气水比为 2:1。图 6-3-9 为该剖面在最佳条件下预测 25 年的各参数分布场图。

天然裂缝的存在对 H59-12-4 剖面驱油效率影响严重，并且加剧了气窜，最高原油采收率虽然与 H59-10-6 剖面接近，但由于气油比为 $200m^3/m^3$ 时转 WAG，连续气驱 CO_2 注入基数小而最终气油比仍处于较高水平，CO_2 的产出量相对较大，利用率较低，因此认为

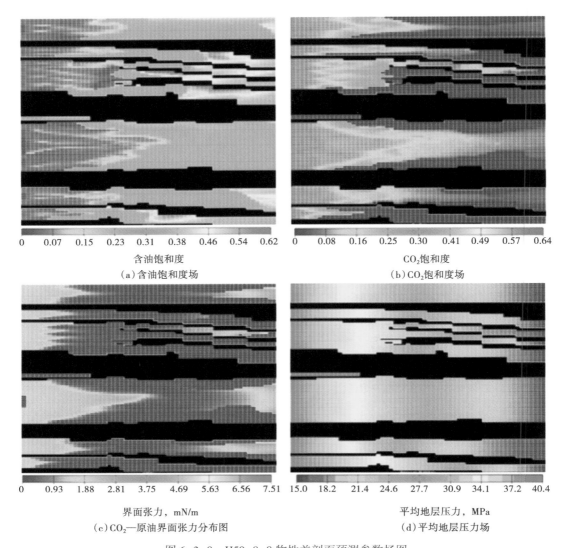

0 0.07 0.15 0.23 0.31 0.38 0.46 0.54 0.62

含油饱和度

（a）含油饱和度场

0 0.08 0.16 0.25 0.30 0.41 0.49 0.57 0.64

CO_2饱和度

（b）CO_2饱和度场

0 0.93 1.88 2.81 3.75 4.69 5.63 6.56 7.51

界面张力，mN/m

（c）CO_2—原油界面张力分布图

15.0 18.2 21.4 24.6 27.7 30.9 34.1 37.2 40.4

平均地层压力，MPa

（d）平均地层压力场

图 6-3-8　H59-8-8 物性差剖面预测参数场图

黑 59 试验区天然裂缝性油藏水气交替注入过程中应采取 3:1 的气水比较有利。图 6-3-10 为该剖面在最佳条件下预测 25 年的各参数分布场图。

物性较好油藏的代表 H59-14-8 剖面的计算结果与 H59-8-8 剖面相似，在相同驱替倍数下，由于物性相对较好，气油比稍高。利用同样的分析方法，H59-14-8 剖面的最佳转 WAG 时机为连续气驱气油比达到 200m³/m³，WAG 最佳气水比为 2:1。图 6-3-11 为该剖面在最佳条件下预测 25 年的各参数分布场图。

统计各剖面在最佳 WAG 条件下预测 25 年后的注入水、CO_2 驱油总波及体积，各剖面波及体积较水+CO_2 驱油的波及体积均有较大幅度的提高，其中物性较好的 H59-14-8 剖面提高幅度最大，达到了 18.55%（表 6-3-2），从而证明了 WAG 驱替能够有效扩大波及体积，提高原油采收率。

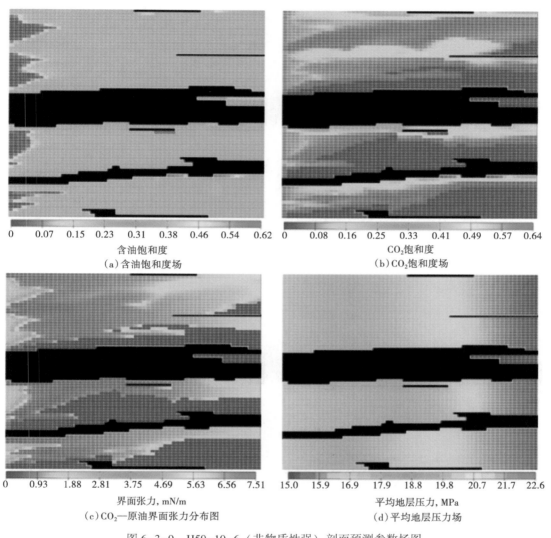

0　0.07　0.15　0.23　0.31　0.38　0.46　0.54　0.62

含油饱和度

（a）含油饱和度场

0　0.08　0.16　0.25　0.33　0.41　0.49　0.57　0.64

CO_2饱和度

（b）CO_2饱和度场

0　0.93　1.88　2.81　3.75　4.69　5.63　6.56　7.51

界面张力，mN/m

（c）CO_2—原油界面张力分布图

15.0　15.9　16.9　17.9　18.8　19.8　20.7　21.7　22.6

平均地层压力，MPa

（d）平均地层压力场

图 6-3-9　H59-10-6（非物质性强）剖面预测参数场图

3）三维地质模型 WAG 驱替比对开发效果的影响

采用三维地质模型应用数值模拟手段，分别研究原始油藏油井不压裂及压裂投产时 WAG 比对开发效果的影响。

（1）原始油藏 WAG 数值模拟方案：黑 59 区块原始油藏地质模型，440m×140m 菱形反九点面积井网，油井 25 口，注入井 6 口，单井日注气（水）40t，连续注气一年后，转 WAG 驱 10 年，然后转水驱 5 年，研究 WAG 比 [注水时间（月）:注气时间（月）] 分别为：1:1，1:2，2:1，2:2，2:3，2:4，3:2，4:2，6:6，12:12 时，对 CO_2 驱油开发效果的影响。

对比不同 WAG 数值模拟方案计算结果，WAG 驱替注入气比例越大，气油比上升越快且上升幅度大。开展 WAG 驱替后，地层压力呈现下降趋势，但注入气比例越大，地层压力保持水平越高。

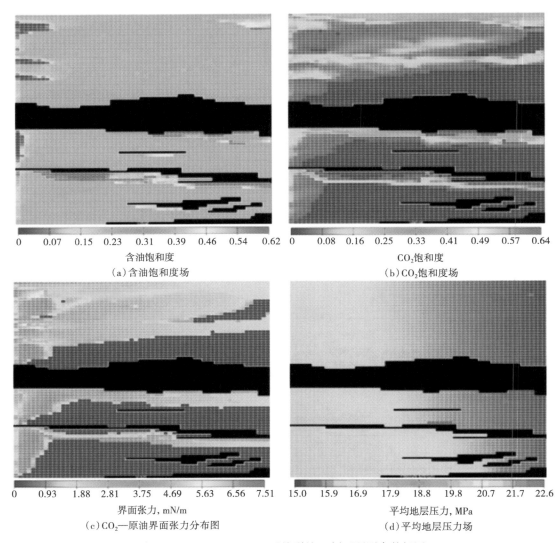

（a）含油饱和度场　0　0.07　0.15　0.23　0.31　0.39　0.46　0.54　0.62　含油饱和度

（b）CO₂饱和度场　0　0.08　0.16　0.25　0.33　0.41　0.49　0.57　0.64　CO₂饱和度

（c）CO₂—原油界面张力分布图　0　0.93　1.88　2.81　3.75　4.69　5.63　6.56　7.51　界面张力，mN/m

（d）平均地层压力场　15.0　15.9　16.9　17.9　18.8　19.8　20.7　21.7　22.6　平均地层压力，MPa

图 6-3-10　H59-12-4（天然裂缝）剖面预测参数场图

分析不同 WAG 比累计产油情况，WAG 比［注水时间（月）:注气时间（月）］分别为 1:1，1:2，2:1，2:2，2:3，2:4，3:2，4:2，6:6，12:12 时，油藏开采 10 年后采出程度相差仅为 0.32%～1.17%。因此，WAG 比对 CO₂ 驱油整体增油效果影响不明显，但对于控气窜效果较佳。从长远效果看，尽可能选择注入气体比例大、矿场易于操作的 WAG 气水比措施，对比数值模拟方案中的各类指标认为，WAG 气水比为 2:2，3:2，2:1，1:1 较合理，具体可根据矿场操作切换需要及 CO₂ 气源情况选择 WAG 气水比。

（2）油井压裂投产 WAG 数值模拟方案：黑 59 区块概念模型，采用 560m×240m 菱形反九点面积井网，油井 15 口，注入井 4 口，注入井小规模压裂，油井常规压裂，单井日注气（水）40t，连续注气 3 年，转 WAG 驱 5 年，然后水驱油 2 年，对比 WAG 比分别为 1:1，1:2，2:1，2:2，2:3，2:4，3:2，4:2，6:6，12:12 时，对开发效果的影响。

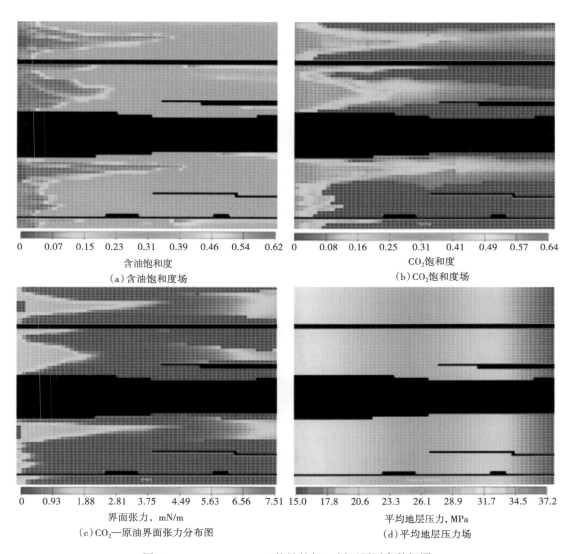

（a）含油饱和度场　含油饱和度　0　0.07　0.15　0.23　0.31　0.39　0.46　0.54　0.62

（b）CO₂饱和度场　CO₂饱和度　0　0.08　0.16　0.25　0.31　0.41　0.49　0.57　0.64

（c）CO₂—原油界面张力分布图　界面张力，mN/m　0　0.93　1.88　2.81　3.75　4.49　5.63　6.56　7.51

（d）平均地层压力场　平均地层压力，MPa　15.0　17.8　20.6　23.3　26.1　28.9　31.7　34.5　37.2

图 6-3-11　H59-14-8（物性较好）剖面预测参数场图

数值模拟计算结果表明：油井压裂条件下，不同 WAG 比驱油表现出的总体开发动态与不压裂时的开发动态具有相似性，从 10 年累计产油看，WAG 比分别为1:1，1:2，2:1，2:2，2:3，2:4，3:2，4:2，6:6，12:12 时，累计产油分别为 $27.42×10^4t$、$27.88×10^4t$、$28.42×10^4t$、$27.33×10^4t$、$28.36×10^4t$、$28.50×10^4t$、$27.56×10^4t$、$27.29×10^4t$、$28.08×10^4t$、$27.96×10^4t$，仅相差（0.09~1.19）$×10^4t$，采出程度相差 0.8%~1.16%。

4）水气交替试验

由于黑 59 区块油藏非均质性严重，天然裂缝发育，且与人工裂缝相互沟通、流度比控制措施滞后等原因，自 2010 年 9 月开始，试验区气油比大幅上升井增多，气窜井达到 6口，直接影响 CO₂ 驱油开发效果。黑 59-12-6 井组 3 口井紧邻断层，储层裂缝发育，较早发生了气窜。采用了泡沫调剖等措施，但由于注入量低，封堵裂缝有效期短，未能长期控制气窜。因此，编制了《大情字井油田黑 59 区块 CO_2 驱油试验区水气交替驱油试注方案》，在黑 59-12-6 井组现场实施 WAG 驱替，探索矿场水气交替注入规律，分析水气交替试验效果，为解决矿场面临的气窜及扩大 CO_2 驱油波及体积等问题奠定基础。

（1）水气交替方案。

累计注入液态 CO_2 0.16HCPV 时开始水气交替，日注 40t 液态 CO_2，日注水 35m³，水气交替段塞为注 1 个月气随后注 1 个月水。

（2）试验效果。

自 2010 年 3 月黑 59-12-6 井组执行油藏工程方案实施 WAG 驱替，气水比为 1:1，前 3 个月注入压力上升 2~3MPa，继续进行水气交替，注入压力保持稳定，井组产液量小幅度上升，产气量下降，控制气窜效果明显。

3. 剖面调整

1）注气井调剖

黑 59-8-4₁ 井周围共 6 口油井，生产层段为青二段和青一段的 7 号、12 号、14 号、15 号和 16 号小层。注气前井组日产液 40.6t，日产油 25.4t，综合含水率为 37.4%。黑 59-8-4₁ 井 2008 年 10 月开始注气，注入压力平稳（11MPa），该井初期配注较大（日注气 65t），2009 年 9 月井组日产液 41.4t，日产油 21.9t，综合含水率为 47.1%。试验井组投注时间短，开井初期井组平均地层压力未达到混相压力（地层压力需高达 20.6MPa），但井组北部油井压力高，南部油井压力低，2009 年 1 月开井后周围油井动态差异大，北部油井效果较好，随着注入量增加，注气效果逐步显现。

从连通数据看，注气层段青一段 7 号、12 号、14 号、15 号和 16 号小层，周围油井主要生产层与注气井连通性较好。

该井组的黑 59-10-4 井 2009 年 3 月 16 日检测到 CO_2 含量上升，气窜现象明显，该井与注气井黑 59-12-6 井及黑 59-8-4₁ 井连通较好。初步判断黑 59-10-4 井气窜可能由 2 口注气井同时控制。同时，由于受储层非均质性与高渗透条带影响，周围油井黑 59-6-4 井和黑 59-8-6 井套压上升，CO_2 含量增加，气窜严重影响生产。黑 59-8-6 井受效主要受黑 59-8-4₁ 井影响，黑 59-8-6 井在周围 3 口井中见到黑 59-8-4₁ 井示踪剂速度最快，浓度最高，见气方向应为黑 59-8-4₁ 井的 14 号小层。因此，为控制该井组气窜，改善 CO_2 驱油开发效果，需对黑 59-8-4₁ 井进行调剖（图 6-3-12）。调剖层位：黑 59-8-4₁ 青一段 7 号、12 号、14 号、15 号和 16 号小层，射开厚度 18.2m。调剖目的：通过对黑 59-8-4₁ 井青一段注入凝胶颗粒堵剂，主要封堵黑 59-10-4 井、黑 59-6-4 井与黑 59-8-6 井高渗透条带，改善平面矛盾，封堵气窜，扩大注入气波及体积，提高原油采收率。调剖方式：全井混调，选用聚合物酸性凝胶体系。

实施效果：2009 年 10 月选用了凝胶与物理颗粒复合体系，该体系对大孔道及裂缝封堵能力强，气窜油井黑 59-8-6 井气油比明显下降，产油量增加，见到较好的封堵效果（图 6-3-13）。

2）机械封堵

黑 59-14-6 井于 2007 年 1 月投产，初期日产液 12.5t，日产油 8.7t，含水率为 30.6%。2007 年 3 月和 4 月，区块注水两个月，2007 年 4 月区块开始注气。注气前黑 59-14-6 井标定日产液 4.5t，日产油 3.2t，含水率为 28.9%。2007 年 4 月至 12 月，区块关井恢复地层

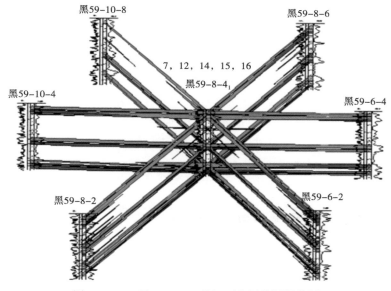

图 6-3-12 黑 59-8-4₁ 井组开发目的层栅状图

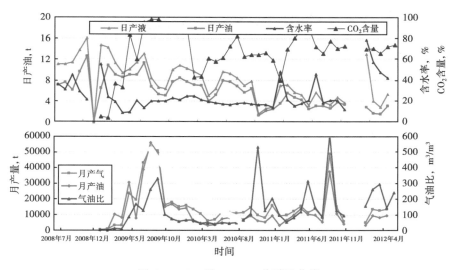

图 6-3-13 黑 59-8-6 井采油曲线

压力。2009 年 1 月，区块开井生产，黑 59-14-6 井日产液 13.9t，日产油 11.1t，含水率为 20.4%。2009 年 4 月，气油比快速上升至 1309m³/t，CO_2 含量为 84%，日产液 2.8t，日产油 2.6t，含水率为 8.9%。2010 年 8 月，产量达到投产以后最低产量，平均日产液 0.8t，平均日产油 0.6t，含水率为 14.2%。2010 年 1 月开始 WAG 驱替，2010 年 9 月初显见效特征，9 月平均日产液 3.2t，平均日产油 2.8t，含水率为 12.5%，气油比和 CO_2 含量呈现下降趋势。但 WAG 驱替对由裂缝导致的气窜井控制气油比有效期短，特别是黑 59-14-6 井气窜影响产量明显，形成的气窜通道也影响井组其他油井 CO_2 驱油效果。因此，需要通过机械封堵的方法，进一步控制该井气窜层位。

（1）气窜层位判断。

①通过沉积微相、物性特征及产液剖面确定气体突破层为7号层。

黑59区块为三角洲前缘相，主要沉积微相为水下分支河道、沙坝、席状砂及远沙坝，黑59-14-6井青一段7号和12号小层主要沉积微相为水下分支河道微相，与周围注气井黑59-12-6井连通性较好（图6-3-14），7号小层物性相对较差，声波时差为210~220μs/m，裂缝发育；而12号和15号小层物性较好，声波时差分别为225μs/m和248μs/m。2009年4月1日的产液剖面测试表明：7号小层产量最高，见到CO_2气体；其次是15号小层；12号小层产量最低。从产量及见CO_2气体综合分析，7号小层为气体突破层位。

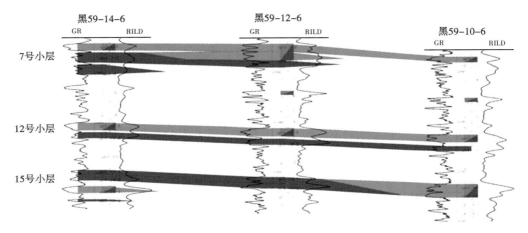

图6-3-14　黑59-14-6井—黑59-10-6井青一段连井剖面图

②井温测试表明气体突破层为7号小层。

从温度测试曲线分析，7号小层实测井温为96℃，12号和15号小层井温为97.4~98℃，7号小层井温与该井整体井温梯度及12号和15号小层井温相比存在较明显的异常，较正常温度低，判断为气体突破层位。

（2）黑59-14-6井封堵层位及方式。

黑59-14-6井7号小层为气体突破层位，该层气体突破后，套压上升，井口产气量大幅度上升，严重影响了油井的正常生产和CO_2气体的有效利用，建议采用机械封堵方法对7号小层进行暂时封堵，验证机械封堵效果。7号小层射开顶底深度为2422.6~2425.4m，射开厚度2.8m。

（3）黑59-14-6井封堵效果。

黑59-14-6井2010年10月对青一段7号小层进行机械封堵，封堵后该井产液量上升，气油比下降，见到一定的效果。

第七章　二氧化碳驱油与埋存潜力评价及战略规划方法

石油企业在采油过程中对于地下储油构造已有比较清晰的认识、注入所需的地面设施也已相当配套，能够降低 CO_2 封存成本；并且国内外实践均已证明，注 CO_2 驱油技术可延长油田寿命 10 年以上。因此，CO_2 驱油与埋存相结合具有特别的优势和吸引力。

另外，我国已成为世界上主要的 CO_2 排放国家之一，在油田周围也分布着大量的集中 CO_2 排放源，如果能将这些排放源排放的 CO_2 与油田开发以最经济、最便捷的方式结合起来，无论对于温室气体减排，还是提高原油采收率，都具有重要的现实意义。

本章主要介绍 CO_2 驱油与埋存油藏筛选方法、潜力评价方法和 CCS-EOR 源汇匹配与战略规划等内容。

第一节　二氧化碳驱油与埋存油藏筛选方法

在现有 CO_2 驱油藏筛选标准的基础上，增加单井产量相关评价指标，如经济极限 CO_2 驱油单井产量等，结合低渗透油藏 CO_2 驱油见效高峰期单井产量预测方法，判断 CO_2 驱油与埋存项目的经济可行性，进而建立 CO_2 驱油与埋存油藏筛选方法。

一、低渗透油藏二氧化碳驱油见效高峰期产量预测方法

根据原油采收率等于波及系数和驱油效率之积这一油藏工程基本原理，建立 CO_2 驱油采收率计算公式，并利用采出程度、采油速度和递减率的相互关系，通过引入 CO_2 驱油增产倍数概念得到低渗透油藏 CO_2 驱油产量预测方法。低渗透油藏 CO_2 驱油增产倍数被定义为见效后某时间的 CO_2 驱油产量与"同期的"水驱油产量水平之比（即虚拟该油藏不注气，而是持续注水开发），可用方程组（7-1-1）表示：

$$\begin{cases} F_{gw} = \dfrac{Q_{og}}{Q_{ow}} = \dfrac{R_1 - R_2}{1 - R_2} \\ R_1 = E_{Dgi}/E_{Dwi} \\ R_2 = R_{e0}/E_{Dwi} \end{cases} \qquad (7-1-1)$$

式中，F_{gw} 为低渗透油藏 CO_2 驱油增产倍数；Q_{og} 为某时间 CO_2 驱油产量水平，m^3/d；Q_{ow} 为同期的水驱油产量水平，m^3/d；R_1 为气水初始驱油效率之比；R_2 为转 CO_2 驱油时广义可采储量采出程度；E_{Dgi} 为气的初始（油藏未动用时）驱油效率；E_{Dwi} 为水的初始驱油效率；R_{e0} 为转 CO_2 驱油时采出程度。

根据 CO_2 驱油增产倍数定义，欲知 CO_2 驱油见效高峰期或稳产期产量，还需知道该时期的水驱油产量；注 CO_2 之前水驱油产量是已知的，若已知水驱油递减规律，即可计算出

相应于 CO_2 驱油见效高峰期的水驱油产量；我国低渗透油藏水驱开发已近 30 年，积累了丰富经验，可借鉴同类型油藏水驱递减规律（指数递减）。假设注气之前一年内的水驱单井产量水平为 q_{ow0}，水驱油产量年递减率为 D_w，从开始注气到见效时间为 t，则 CO_2 驱油见效高峰期单井产量为：

$$q_{ogs} = F_{gw} q_{ow0} e^{-D_w t} \approx F_{gw} q_{ow0} (1 - D_w t) \tag{7-1-2}$$

式中，q_{ogs} 为 CO_2 驱油见效高峰期单井产量，t/d；q_{ow0} 为注气之前一年内水驱油单井产量，t/d；D_w 为水驱油产量年递减率；t 为从开始注气到注气见效的时间，a。

需要指出，气驱见效分为增压见效和见气（注入气）见效两种类型，前者非注气开发所特有。增压见效阶段需要低采油速度（经常部分关井）以起到加速地层压力抬升和防止过早气窜的作用，该阶段从属于气驱正式投产之前；见气见效之后才属于气驱正式投产，按照气驱特点的工作制度进行生产，见气见效后不应该出现产量大起大落。注气见效高峰期产量是指见气见效后的高峰期产量，在实际应用中可取为见气见效后峰值产量出现时间附近一年内的产量平均值。这样取平均值反映了实际开发中以一年为周期工作安排的特点，也是为了消除偶然的人为因素影响和开发方案中分年预测生产指标的需要。

国内外低渗透油藏 CO_2 驱油实践表明，从开始注 CO_2 到见效所需时间通常为数月或一年左右，又由于注 CO_2 能够补充早期地层亏空，从注气开始到见效这段时间产量递减很小，基本可以忽略，因此式（7-1-2）可简化为：

$$q_{ogs} = F_{gw} q_{ow0} \tag{7-1-3}$$

式（7-1-3）这一预测低渗透油藏注 CO_2 见效高峰期产量的方法得到了国内外 24 个注气实例的验证，如图 7-1-1 所示。特低渗透油藏或一般低渗透油藏小井距和扩大井距试验、混相和非混相驱油生产动态均符合该理论。CO_2 驱油增产倍数概念为在理论上把握 CO_2 驱油产量提供了油藏工程依据。

式（7-1-1）中的产量项对时间求导数有：

$$\frac{dQ_{og}}{dt} = F_{gw} \frac{dQ_{ow}}{dt} \tag{7-1-4}$$

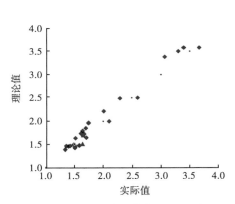

图 7-1-1　24 个油藏的 CO_2 驱油
增产倍数对比

式（7-1-4）表明，CO_2 驱油产量递减特征类似于水驱，并且 CO_2 驱油产量随时间的绝对递减率为水驱油产量绝对递减率的常数倍（即 CO_2 气驱增产倍数）：当气驱增产倍数大于 1.0 时，比如混相驱产量绝对递减率将高于水驱情形，这解释了为什么经常见到混相驱产量曲线比水驱产量曲线陡峭（图 7-1-2）。当然，递减率也可根据矿场经验得到。

二、二氧化碳驱油经济极限单井产量确定方法

并非所有油藏注 CO_2 都能产生经济效益。这里的 CO_2 驱油经济极限单井产量是指 CO_2 驱油产能建设、生产经营投入与产出现值相等时的稳产期平均单井日产油水平，利用技术

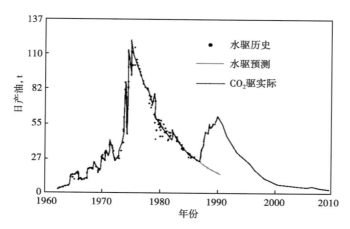

图 7-1-2　Slaughter Estate 单元 CO_2 驱产量变化情况

经济评价方法得到。该经济极限产量并非人为调整油井工作制度得到的一个开发技术界限，而是盈亏平衡时对 CO_2 驱油见效高峰期油井生产能力的要求。对于成熟的气驱油藏管理，见气见效后产量不应该出现大的波动，见效高峰期和稳产年限基本是一致的。将 CO_2 驱油见效高峰期持续时间视作稳产年限，CO_2 驱油见效高峰期产量即为稳产产量。

假设 CO_2 驱油项目稳产年限为 T_s，且试验区年产油按指数递减，则评价期内销售总收入为：

$$I_{c1} = \sum_{j=1}^{T_c} (P_o \alpha_o Q_o r_{co})_j (1+i)^{-j} + \sum_{j=T_c+1}^{T_c+T_s} (P_o \alpha_o Q_o)_j (1+i)^{-j}$$
$$+ \sum_{j=T_c+T_s+1}^{n} \left[P_o \alpha_o Q_o e^{-(j-T_c-T_s)D_g} \right]_j (1+i)^{-j} \qquad (7-1-5)$$

式中，T_s 为稳产年限，a；I_{c1} 为评价期销售总收入，元；j 为 CO_2 驱油项目实施时间，a；T_c 为 CO_2 驱油项目建设期，a；P_o 为油价，元/t；α_o 为原油商品率；Q_o 为稳产期内试验区整体年产油量，t；r_{co} 为建设期与稳产期年产油之比；i 为折现率；n 为项目评价期，a；D_g 为 CO_2 驱油产量年递减率。

若 CO_2 驱吨油生产经营成本为 P_m，则总经营成本为：

$$O_{c1} = \sum_{j=1}^{n} (P_m \alpha_o Q_o)_j (1+i)^{-j} \qquad (7-1-6)$$

式中，O_{c1} 为总经营成本，元；P_m 为 CO_2 驱吨油生产经营成本，元。

若平均单井固定投资 P_w（含钻井、CO_2 驱油注采工程、地面工程建设与非安装设备投资等），并将偿还期利息纳入经营成本，则固定投资贷款及建设期利息为：

$$Q_{c2} = \sum_{j=T_c+1}^{T_c+T} \frac{10000 n_{ow} P_w (1+i_0)^{T_c}}{T} (1+i)^{-j} \qquad (7-1-7)$$

式中，O_{c2} 为固定投资贷款及建设期利息，元；T 为固定投资贷款偿还期，a；n_{ow} 为注采井总数，口；P_w 为单井固定投资，万元；i_0 为固定投资贷款利率。

记固定资产残值率为 r_f，则回收固定资产余值为：

$$I_{c2} = r_f n_{ow} P_w (1 + i)^{-n} \tag{7-1-8}$$

式中，I_{c2} 为回收固定资产余值，元；r_f 为固定资产残值率。

流动资金是一年或一个营业周期内变现或运用的资产，占比很小且开发前期花费的流动资金要在后期回收，分析时可不计流动资金。原油销售税金包括增值税、城市维护建设税和教育费附加，油气资源税业已改为从价计征。将基于油价的综合税率记为 r_t，则应缴纳原油销售税金 O_{c3} 为：

$$O_{c3} = r_t I_{c1} = \sum_{j=1}^{n} (r_t P_o \alpha_o Q_o)_j (1 + i)^{-j} \tag{7-1-9}$$

此外，上缴的石油特别收益金总额为：

$$Q_{c4} = \sum_{j=1}^{n} (P_s \alpha_o Q_o)_j (1 + i)^{-j} \tag{7-1-10}$$

式中，O_{c4} 为石油特别收益金总额，元；P_s 为吨油资源税和特别收益金，元。

将扣除各种税金、特别收益金和吨油操作成本的油价称为净油价 P_{oe}，则：

$$P_{oe} = (1 - r_t) P_o - P_s - P_m \tag{7-1-11}$$

注气项目评价期内总收入为原油销售收入与回收固定资产余值之和；总支出包括生产经营总成本、固定投资及利息、总销售税金、资源税和石油特别收益金。总利润净现值 NPV 等于总收入减去总支出：

$$NPV = (I_{c1} + I_{c2}) - (O_{c1} + O_{c2} + O_{c3} + O_{c4}) \tag{7-1-12}$$

当油藏注气效果差，产量低至一定水平时，总利润净现值将变为零，此时的产量为经济极限产量，即：

$$NPV(Q_{oel}) = 0 \tag{7-1-13}$$

联立式（7-1-5）至式（7-1-13）得经济极限 CO_2 驱油产量：

$$Q_{oel} = \frac{P_w \left[\dfrac{(1 + i_0)^{T_c}}{T} \sum_{j=T_c+1}^{T_c+T} (1 + i)^{-j} - r_f (1 + i)^{-n} \right]}{0.0001 \alpha_o \psi / n_{ow}} \tag{7-1-14}$$

其中，$\psi = \sum_{j=1}^{T_c} P_{oe} r_{co} (1 + i)^{-j} + \sum_{j=T_c+1}^{T_c+T_s} P_{oe} (1 + i)^{-j} + \sum_{j=T_c+T_s+1}^{n} P_{oe} e^{-D_g(j-T_c-T_s)} (1 + i)^{-j}$

若注采井总数和生产井数之间的关系为：

$$n_{ow} = n_o (\lambda + 1) \tag{7-1-15}$$

经济极限单井日产油量记为 q_{ogel}，则：

$$Q_{oel} = 365 n_o q_{ogel} \tag{7-1-16}$$

联立式（7-1-14）至式（7-1-16），可得 CO_2 驱油经济极限单井日产油量计算模型：

$$q_{ogel} = \cfrac{P_w \left[\cfrac{(1 + i_0)^{T_c}}{T} \sum_{j = T_c + 1}^{T_c + T} (1 + i)^{-j} - r_f (1 + i)^{-n} \right]}{0.0365 \alpha_o \psi / (1 + \lambda)} \qquad (7-1-17)$$

为体现 CO_2 驱油特点，将气源价格从生产经营成本中分离出来，并考虑产出气分离与循环注入。若 CO_2 驱油换油率为 u_s，循环注入 CO_2 在产出气中的体积分数为 y_c，则吨油经营成本为：

$$P_m = \left(u_s - \frac{y_c GOR}{520} \right) P_g + P_{mw} \qquad (7-1-18)$$

上述式中，Q_{oel} 为试验区经济极限年产油量，t；n_o 为油井数，口；λ 为注采井数比；q_{ogel} 为 CO_2 驱油经济极限单井产量，t/d；u_s 为 CO_2 驱油换油率，即采出 1t 油所须注入的 CO_2 质量，t；y_c 为循环注入 CO_2 在产出气中的体积分数；P_g 为气价，元/t；P_{mw} 为扣除气价的吨油经营成本，元；GOR 为气油比，m^3/t。

随着油田开发的延续，生产气油比和综合含水率上升，吨油耗气量、耗水量、脱水量和管理工作量均不断增大，导致吨油操作成本增加且构成复杂化，扣除气源价格的吨油操作成本亦递增。

评价期末回收固定资产残值通常不足原值的 2.0%，可予以忽略。根据等比数列求和公式及二项式定理可简化式（7-1-17），并有方程组：

$$\begin{cases} q_{ogel} = \cfrac{(\lambda + 1) P_w (1 + i_0 T_c)}{0.0365 \alpha_o \psi [1 + i (T_c + 1)]} \\ P_{oe} = (1 - r_t) P_o - P_s - \left[\left(u_s - \cfrac{y_c GOR}{520} \right) P_g + P_{mw} \right] \end{cases} \qquad (7-1-19)$$

折现率取值越大，应用式（7-1-19）算出的经济极限单井产量越高；折现率至少应为行业内部收益率，目前为 12.0%，建议取 14%。还须指出，对于已收回水驱油产能建设投资油藏，可采用总量法确定 CO_2 驱油单井投资；未收回投资油藏用增量法确定。

根据国内外注气经验，15 年评价期内换油率取 3.0t/t 的中等偏上水平，建设期按一年计，不同开发阶段生产指标具有不同变化趋势，注气油藏可以划分为未动用—弱动用油藏注气、水驱油到一定程度油藏注气和水驱成熟油藏注气 3 种类型。按最新财税政策计算 3 类油藏的 CO_2 驱油经济极限单井产量，并回归出简化算法。

（1）未动用—弱动用油藏，其特征是未注水或注水时间短，含水率尚未进入规律性快速升高阶段时即开始注气，其 CO_2 驱油经济极限单井产量简化算法为（相对误差绝对值为 4.7%）：

$$q_{ogel} = \frac{P_w}{4000} [23 D_g + 17 e^z + 0.3 x^2 + 1.6 x + (6\lambda - 1.3) e^h] \qquad (7-1-20)$$

其中，$x = (0.01 P_{mw} + 0.028 P_g - 0.0036 P_o)(1 + D_g)$，$h = 0.0015 P_{mw}$，$z = 0.418 - 0.0001 P_o$。

（2）水驱到一定程度油藏，特征是注水数年，含水率已步入规律性快速升高阶段时开始注气，其 CO_2 驱油经济极限单井产量简化算法为（相对误差绝对值为 4.4%）：

$$q_{ogel} = \frac{P_w}{3600}\left[37D_g + 15e^z + 0.3x^2 + 1.6x + (6\lambda - 1.3)e^h\right] \tag{7-1-21}$$

其中，$x = (0.01P_{mw}+0.028P_g-0.0036P_o)(1+D_g)$，$h = 0.0015P_{mw}$，$z = 0.418-0.0001P_o$。

（3）水驱成熟油藏，特征是注水开发多年，含水率规律性升高阶段结束后再开始注气，其 CO_2 驱油经济极限单井产量简化算法为（相对误差绝对值为4.8%）：

$$q_{ogel} = \frac{P_w}{3200}\left[50D_g + 13e^z + 0.3x^2 + 1.6x + (6\lambda - 1.3)e^h\right] \tag{7-1-22}$$

其中，$x = (0.01P_{mw}+0.028P_g-0.0036P_o)(1+D_g)$，$h = 0.0015P_{mw}$，$z = 0.418-0.0001P_o$。

上述3个简化公式在3300元/t$<P_o<$4800元/t（相当于油价为70~110美元/bbl，更低油价难以保证国内大多数低渗透油藏 CO_2 驱油效益开发）、0.05$<D_g<$0.30、1100元/t$<P_{mw}+$2.8$P_g<$2300元/t这一很宽的范围内均适用。由于评价期内扣除气价的吨油成本一般要高于500元，国内 CO_2 价格通常超过200元/t，则 CO_2 驱油吨油成本将超过1100元；经计算，吨油成本高于2300元时，3类油藏经济极限单井日产油量须达到6.0t才有经济效益，如此高的 CO_2 驱油单井产量在国内低渗透油藏很难遇到，故将 CO_2 驱油吨油操作成本上限设为2300元。

三、筛选方法

1. 二氧化碳驱油筛选指标

当产量递减率（据油藏工程法获得）确定时，CO_2 驱油项目评价期经济效益就取决于稳产产量；盈亏平衡时的稳产产量即为经济极限产量。若 CO_2 驱油高峰期单井产量高于经济极限产量，则为经济潜力。当 CO_2 驱油见效高峰期产量低于经济极限产量时，即无经济效益，由此作为判断 CO_2 驱油项目可行性的新指标。

若低渗透油藏 CO_2 驱油见效高峰期单井产量高于 CO_2 驱油经济极限单井产量，即：

$$q_{ogs}>q_{ogel} \tag{7-1-23}$$

将式（7-1-3）代入式（7-1-23），可得：

$$q_{ow0} > q_{ogel}/F_{gw} \tag{7-1-24}$$

式（7-1-24）表明，欲实现有经济效益的 CO_2 驱油开发，注 CO_2 之前的水驱产量不能太低，这意味着油藏物性、原油重度和含油饱和度不能同时过差或过低。在应用式（7-1-24）时，若不能确定混相程度，建议按混相情形计算 CO_2 驱油增产倍数［对于适合 CO_2 驱油藏，若开始注 CO_2 时的地层压力与最小混相压力差别不大时（建议7MPa以内），按混相情形计算 CO_2 驱油增产倍数；差别较大时，则认为难以混相］；适合注 CO_2 的低渗透黑油油藏 CO_2 混相驱油效率取80%，水驱油效率通常在46%~57%之间。

2. 二氧化碳驱油藏筛选方法

Taber曾指出"筛选标准的作用在于从大量油藏中粗略地筛选出更适合注气者，以节省油藏描述和经济评价的昂贵费用"，其所指粗略筛选以现有标准为依据。当出现新的筛选指标时，可深化上述认识。建议国内注气区块筛选应遵循如下程序：

（1）初次筛选或技术性筛选：主要关注油藏条件下实现混相驱油的可能性和注气开发建立有效注采压力系统的可能性，着重考查油藏流体性质和储层物性等静态指标，初次筛选沿用现有筛选标准，见表7-1-1。

表 7-1-1 CO_2 驱油藏初次筛选标准

油藏参数	建议取值
深度，m	> 800
温度，℃	< 121
原始地层压力，MPa	> 8.5
渗透率，mD	> 0.6
地面原油密度，g/cm^3	< 0.89
地层原油黏度，$mPa \cdot s$	< 10
含油饱和度，%	> 35

（2）二次筛选或经济性筛选：仅针对通过初次筛选油藏进行，主要关注混相驱油开发经济效益问题，着重考查 CO_2 驱油经济极限单井产量和 CO_2 驱油见效高峰期单井产量，筛选标准采用式（7-1-24）。其中，CO_2 驱油见效高峰期单井产量利用式（7-1-3）预测；CO_2 驱油经济极限单井产量算法按注气类型在简化计算公式（7-1-20）至公式（7-1-22）中选择，应用时须严格二次筛选指标，比如采用较高递减率和单井投资，确保注 CO_2 项目经济有效。

（3）可行性精细评价：以通过二次筛选的油藏为对象，主要任务是进行油藏描述（着重研究注采连通性）、数值模拟和油藏工程综合研究，编制注气开发方案，全面获得注气工程参数和经济指标，精细评价备选区块的注气可行性。

（4）最优注气区块推荐：主要任务是组织相关学科专家审查（3）中各区块的注气开发方案，论证并推荐最适合注气的区块。

通过上述 4 个步骤，确保最终筛选的注 CO_2 方案经济可行，这一程序可被命名为"注 CO_2 油藏 4 步筛查法"。目前的 CO_2 驱油藏筛选方法经常忽视第 2 个步骤，即经济性筛选，很容易造成注 CO_2 选区失误。

四、应用举例

1. 初次筛选

近年来，中国石油在吉林油田开展了 CO_2 驱油先导试验和扩大试验，目前处于工业化应用阶段，并拟在某地区 17 个区块推广 CO_2 驱油与埋存技术。根据采出程度和油藏物性差别，将 17 个区块分为 5 种类型（划分原则是根据注水时间由短到长、水驱采出程度由低到高而定），5 类油藏同属正常温压系统，原油密度为 $0.855 \sim 0.870 \, g/cm^3$，代表性试验区分别为 F48、H59、H79 南、H79 北小井距和 H46，见表 7-1-2。

根据初次筛选标准（表 7-1-1），5 类油藏均适合 CO_2 驱，覆盖地质储量 $2879 \times 10^4 t$。

表 7-1-2　初次筛选所需油藏静态参数

油藏分类	代表性试验区	埋深 m	渗透率 mD	含油饱和度 %	地层原油黏度 mPa·s	油藏温度 ℃	地质储量 10^4t	采出程度 %
Ⅰ	F48	1700~1850	0.7~1.1	53.0~55.0	3.0~4.0	85.1	530	0~1.0
Ⅱ	H59	2200~2500	1.5~5.0	54.0~56.0	2.0~2.5	98.9	508	3.0~4.8
Ⅲ	H79 南	2100~2500	4.0~15.0	50.0~53.0	2.0~2.4	97.3	425	9.0~12.0
Ⅳ	H79 北小井距	2100~2400	4.0~12.0	45.5~49.5	2.2~2.6	94.2	690	20.0~22.0
Ⅴ	H46	2100~2350	5.0~20.0	45.0~47.5	2.2~2.7	97.8	726	25.0~27.0

2. 二次筛选

1）二氧化碳驱油经济极限单井产量计算

首先根据待评价油藏含水率所处阶段判断属于哪种注气油藏类型，并选择相应的经济极限单井产量计算公式。Ⅰ类和Ⅱ类油藏采出程度低于5.0%，未注水或注水时间很短，油藏含水率尚未进入上升阶段，属于未动用—弱动用油藏，应选择式（7-1-20）计算 CO_2 驱油经济极限单井产量；Ⅲ类油藏采出程度在10%左右，已注水开发4年多，含水率正处于规律性快速升高阶段，属于水驱到一定程度油藏，应选择式（7-1-21）计算 CO_2 驱油经济极限单井产量；Ⅳ类和Ⅴ类油藏采出程度高于20%，属于水驱成熟油藏，应选择式（7-1-22）计算 CO_2 驱油经济极限单井产量。

以Ⅰ类油藏为例，说明计算 CO_2 驱油经济极限单井产量的过程。在 CO_2 驱油工业化推广阶段须建立完善循环注气和集输系统，实现 CO_2 零排放，确保安全生产。测算Ⅰ类油藏单井固定投资400万元；Ⅰ类油藏扣除气价的吨油成本667元，CO_2 价格为240元/t，油价按4180元/t（95美元/bbl）计算；注采井数比为0.28，年递减率取0.18。将扣除气价的吨油成本、气价、油价、递减率、单井固定投资、递减率和注采井数比代入式（7-1-20），可计算出Ⅰ类油藏 CO_2 驱油经济极限单井产量为2.05 t/d。同理，可得到其余4类油藏的 CO_2 驱油经济极限单井产量，见表7-1-3。

表 7-1-3　二次筛选经济极限单井产量计算结果

油藏分类	注采井数比	单井固定投资 万元	年递减率	扣除气价吨油成本 元	经济极限单井产量 t/d
Ⅰ	0.28	400	0.18~0.25	667	2.05
Ⅱ	0.30	450	0.18~0.25	640	2.31
Ⅲ	0.32	340	0.15~0.20	790	2.13
Ⅳ	0.32	280	0.12~0.15	905	2.06
Ⅴ	0.32	280	0.08~0.12	993	2.11

2）二氧化碳驱油见效高峰期单井产量预测

仍以Ⅰ类油藏为例，说明计算 CO_2 驱油见效高峰期单井产量的过程。首先由式（7-1-1）计算 CO_2 驱油增产倍数。将 CO_2 驱油效率80.0%、水驱油效率48.0%和采出程度1.0%代入式（7-1-1），可求得 CO_2 驱油增产倍数为1.68。由于Ⅰ类油藏注气之前一年内平均

单井产量为 $0.7 \sim 1.1$ t/d。据式（7-1-3），CO_2 驱油见效高峰期单井产量为 $1.17 \sim 1.85$ t/d。同理，可得到其他 4 类油藏 CO_2 驱油见效高峰期单井产量，见表 7-1-4。

表 7-1-4　二次筛选 CO_2 驱油见效高峰期产量与经济性筛选结果

| 油藏分类 | 驱油效率，% | | CO_2 驱增产倍数 | 单井产量，t/d | | | CO_2 驱经济性 |
	水驱	CO_2 混相驱		注气前	CO_2 驱见效高峰期	经济极限	
I	48.0	80.0	$1.67 \sim 1.68$	$0.7 \sim 1.1$	$1.17 \sim 1.85$	2.05	较差
II	55.0	80.0	$1.49 \sim 1.50$	$2.5 \sim 2.8$	$3.75 \sim 4.20$	2.31	较好
III	55.1	80.0	$1.54 \sim 1.58$	$1.7 \sim 2.0$	$2.61 \sim 3.16$	2.13	较好
IV	55.2	80.1	$1.71 \sim 1.75$	$0.7 \sim 0.8$	$1.35 \sim 1.45$	2.06	较差
V	55.5	80.3	$1.81 \sim 1.87$	$0.8 \sim 1.0$	$1.68 \sim 1.87$	2.11	较差

3）二氧化碳驱油经济可行性判断

根据 CO_2 驱油藏筛选新指标即式（7-1-24），即可判断各类油藏推广 CO_2 驱油可行性：I 类、IV 类和 V 类油藏经济极限单井产量高于油藏工程预测见效高峰期单井产量，在上述气价下，注气将没有经济效益，不宜实施 CO_2 驱油；仅 II 类和 III 类区块可推广 CO_2 驱油项目，且以 II 类区块最为适宜，见表 7-1-4，二次筛选得到适合 CO_2 驱油地质储量为 933×10^4 t，仅为初次筛选结果的 32.4%。

3. 可行性精细评价和注二氧化碳区块推荐

选择通过二次筛选的区块进行注气可行性精细评价，编制注气开发方案，组织专家委员会论证注 CO_2 参数和生产指标合理性，并推荐最适合 CO_2 驱油的区块。

根据上述"注 CO_2 区块 4 步筛查法"可选出 H59 和 H79 南两个区块。注气实践证明，两区块注气平均单井累计产油量较高，技术经济效果在 5 个代表性注气试验中相对较好。

第二节　二氧化碳驱油与埋存潜力评价方法

对 CO_2 驱油与埋存可能实施的储层进行潜力评价，准确可靠的评价方法是基础。本节将介绍 CO_2 驱油与埋存潜力评价的计算模型及 CO_2 驱油中 CO_2 地质埋存量的计算方法，同时以实例形式介绍了 CO_2 驱油与埋存潜力评价的步骤。

一、二氧化碳驱油与埋存潜力评价模型及埋存量计算方法

CO_2 注入油藏实现提高原油采收率的过程中，会有大量的 CO_2 滞留在地层中，从而实现 CO_2 地质埋存。当地层压力高于最小混相压力时，CO_2 驱油为混相驱油过程；而当地层压力低于最小混相压力时，CO_2 驱油为非混相驱油过程。混相驱油与非混相驱油的提高原油采收率机理有所不同，其地质埋存量也是不同的。这里分别针对以上两种情况建立两种评价模型，并确定相应的计算方法。

1. 二氧化碳混相驱油与埋存潜力评价模型及埋存量计算方法

1）二氧化碳混相驱油与埋存潜力评价模型

CO_2 混相驱油提高原油采收率与埋存潜力评价基本模型的假设条件为：

（1）在地层压力下注入 CO_2 与原油可以实现混相。

（2）CO_2 驱替是等温过程。

（3）黏性指进可用 Koval 系数描述。

（4）当注入方式为水气交替时，水和 CO_2 以一定的比例交替注入。

（5）没有自由气存在。

根据质量守恒方程可以得到：

$$\frac{\partial C_i}{\partial t_D} + \frac{\partial F_i}{\partial X_D} = 0 \tag{7-2-1}$$

其中：$t_D = \int_0^t q\mathrm{d}t/\mathrm{d}V_p$，$X_D = X/L$

式中，下标 $i=1$ 为水组分，$i=2$ 为原油组分，$i=3$ 为注入 CO_2 组分；X_D 为无量纲距离；t_D 为孔隙中的无量纲时间；C_i 为组分 i 的总浓度；F_i 为组分 i 的总流量：

$$C_i = C_{i1}S_1 + C_{i2}S_2 \tag{7-2-2}$$

$$F_i = C_{i1}f_1 + C_{i2}f_2 \tag{7-2-3}$$

式中，C_{ij} 为 j 相中组分 i 的浓度；下标 $j=1$ 为水相，$j=2$ 为油相；S_j 为 j 相饱和度。

f_j 为 j 相分流量：

$$f_j = \frac{Q_j}{Q} \tag{7-2-4}$$

式中，Q_j 为 j 相流量；Q 为油水总流量。

偏微分方程（7-2-1）也可以表示为：

$$\frac{\partial C_i}{\partial t_D} + \left(\frac{\partial F_i}{\partial C_i}\right)_{X_D} \frac{\partial C_i}{\partial X_D} = 0 \tag{7-2-5}$$

$\left(\frac{\partial F_i}{\partial C_i}\right)$ 定义了一个浓度速率，根据相容性条件，同一浓度下所有组分的浓度速率是相等的，即：

$$v_{ci} = \frac{\partial F_i}{\partial C_i} \equiv \lambda, \quad i = 1, 2, 3 \tag{7-2-6}$$

方程（7-2-6）可以表示成特征值问题，利用分流量理论，可解出两个特征速率：

$$\lambda\pm = 0.5\{F_{22} + F_{33} \pm [(F_{22} - F_{33})^2 + 4F_{32} \cdot F_{23}]^{1/2}\} \tag{7-2-7}$$

其中，$F_{23} = \left(\frac{\partial F_2}{\partial C_3}\right)_{c_2}$。

速率 $\lambda\pm$ 定义了两个相似的组分线（方向）：快线和慢线。快线必须给出起始条件（在油藏中），慢线则需明确注入条件。模型首先进行两相闪蒸以及沿着组分线的分流计算。算出快线和慢线后再找到它们的交点（组分线从快线转向慢线的交点），如图 7-2-1 所示。

在模型中，注入 CO_2 的突破和原油采收率需通过修正后的分流理论来计算。修正后的分流理论包括了黏性指进、面积波及系数、纵向非均质性及重力分异等因素的影响，并仍用特征线法求解。

2）二氧化碳混相驱油与埋存量计算方法

（1）采油量和原油采收率的计算。

计算采油量和原油采收率需要用到无量纲时间，模型中计算无量纲时间时引用了 Claridge 关于侵入区域与非侵入区的概念，如图 7-2-2 所示。当面积波及系数计算出来以后，利用侵入区域与非侵入区的概念来计算无量纲时间。

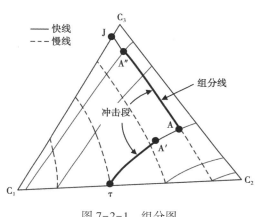

图 7-2-1　组分图

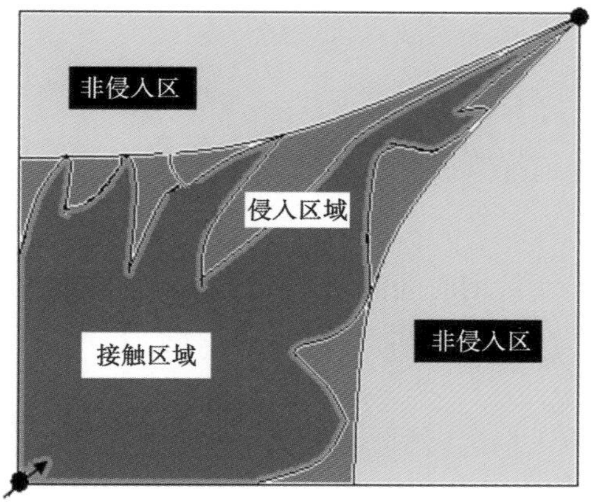

图 7-2-2　五点井网中 1/4 面积内的接触与侵入图

式（7-2-8）为一维模型不考虑非侵入区的无量纲时间：

$$T_{D1} = \frac{vol_{注入（气+水）}}{vol_{侵入区}} \tag{7-2-8}$$

式中，$vol_{注入（气+水）}$为注入的水和 CO_2 的总体积，m^3；$vol_{侵入区}$为注入溶剂侵入的体积，m^3。

因此有：

$$T_{D1} = （1.0 + R_{WAG}）\times C_3 \tag{7-2-9}$$

式中，R_{WAG}为注入水和 CO_2 的体积比，可用式（7-2-10）表示：

$$R_{WAG} = \frac{vol_{注入水}}{vol_{注入气}} \tag{7-2-10}$$

式中，$vol_{注入气}$为注入 CO_2 的体积，m^3；$vol_{注入水}$为注入水的体积，m^3。

如果考虑非入侵区，则：

$$TI_D = T_{D1} \times E_A \tag{7-2-11}$$

式中，TI_D 为"真"无量纲时间；E_A 为面积波及系数。

$$TI_D = \frac{\Delta t \times Q \times 365.0}{V_p} \tag{7-2-12}$$

式中，Δt 为模型计算中的时间步长，a；Q 为总注入速度，m^3/d；V_p 为井网单元体积，m^3：

$$V_p = A \times \phi \times h \tag{7-2-13}$$

式中，A 为井网面积，m^2；ϕ 为孔隙度；h 为储层厚度，m。

在二维模型中，引入第二个无量纲时间 T_{D2}：

$$T_{D2} = \frac{vol_{注入气}}{vol_{井网中注入气}} = \frac{vol_{注入气}}{vol_{注入(水+气)}} \times \frac{vol_{注入(水+气)}}{vol_{井网}} \times \frac{vol_{井网}}{vol_{井网中注入气}} \tag{7-2-14}$$

式中，$vol_{井网中注入气}$ 为井网中进入 CO_2 的体积，m^3；$vol_{井网}$ 为井网的体积，m^3。

因此，当注入气突破以后：

$$T_{D2} = TI_D / [(1.0 + R_{WAG}) \times C_3(I)] \tag{7-2-15}$$

前缘突破时，式（7-2-15）中：

$$T_{D2} = E_A，\quad C_3(I) = C_3(1) \tag{7-2-16}$$

无量纲时间需要用迭代计算。无量纲时间确定以后，突破后油、水、CO_2 的产量分别由式（7-2-17）、式（7-2-18）和式（7-2-19）计算：

$$Q_O(I) = \frac{Q}{B_O} \times [(1.0 - F_{STL}) \times F_2(T_{D1}) + F_{STL} \times F_{OINIT}] \tag{7-2-17}$$

$$Q_{CO_2}(I) = \frac{Q}{B_{CO_2}} \times [(1.0 - F_{STL}) \times F_3(T_{D1}) + F_{STL} \times F_3(I)] \tag{7-2-18}$$

$$Q_W(I) = \frac{Q}{B_W} \times \{(1.0 - F_{STL}) \times F_1(T_{D1}) + F_{STL} \times [1.0 - F_{OINT} - F_3(I)]\} \tag{7-2-19}$$

式中，B_O 为油的体积系数；B_{CO_2} 为 CO_2 的体积系数；B_W 为水的体积系数；F_1 为水的分流量；F_2 为油的分流量；F_3 为 CO_2 的分流量；F_{OINT} 为初始油的分流量。

$$F_1(T_{D1}) = 1.0 - F_2(T_{D1}) - F_3(T_{D1}) \tag{7-2-20}$$

$$F_{STL} = \frac{dE_A}{dT_{D2}} \tag{7-2-21}$$

式中，F_{STL} 代表非侵入区的贡献；$1.0-F_{STL}$ 代表侵入区域的贡献。

在突破之前，油、水、CO_2 三相的产量为：

$$Q_O(I) = F_{OINIT} \times \frac{Q}{B_O} \tag{7-2-22}$$

$$Q_{CO_2}(I) = 0.0 \tag{7-2-23}$$

$$Q_W(I) = \frac{Q}{B_W} \times [1.0 - F_{OINIT} - F_3(I)] \tag{7-2-24}$$

因此，可得原油的阶段采收率为：

$$E_R = \frac{Q_{OT}}{N_{OOIP}} \tag{7-2-25}$$

式中，N_{OOIP} 为原始地质储量，$10^6 t$；Q_{OT} 为从注 CO_2 混相驱油开始计算所得的采油量，$10^6 t$。

（2）二氧化碳埋存量和埋存系数的计算。

在 CO_2 混相驱油模型中，只需得到累计注 CO_2 量和累计产 CO_2 量，便可以根据式（7-2-26）计算 CO_2 埋存量。

$$M_{CO_2} = Q_{CO_2IN} - Q_{CO_2O} \tag{7-2-26}$$

式中，M_{CO_2} 为 CO_2 埋存量，$10^6 t$；Q_{CO_2IN} 为累计注入 CO_2 量，$10^6 t$；Q_{CO_2O} 为累计产 CO_2 量，$10^6 t$。

因此，阶段埋存系数 R_{SCO_2} 为：

$$R_{SCO_2} = \frac{M_{CO_2}}{N_{OOIP}} \tag{7-2-27}$$

2. 二氧化碳非混相驱油与埋存潜力评价模型及埋存量计算方法

CO_2 非混相驱油提高原油采收率与埋存潜力评价基本模型的假设条件为：

（1）在地层压力下注入 CO_2 与原油不能实现混相。

（2）CO_2 驱替是等温过程。

（3）黏性指进可用 Koval 系数描述。

（4）当注入方式为水气交替时，水和 CO_2 以一定的比例交替注入。

（5）没有自由气存在。

根据质量守恒方程，可以得到与 CO_2 混相驱油模型一样的分流理论方程式。但在 CO_2 非混相驱油中，由于注入 CO_2 与原油处于非混相状态，CO_2 与原油之间存在一个油气界面，也就是说，有独立的气相段塞存在。因此，在模型中运用的分流理论必须考虑以单独相态存在的气相。

组分 i 的总浓度 C_i 和总流量 F_i 需要由式（7-2-28）计算获得：

$$C_i = C_{i1}S_j + C_{i2}S_2 + C_{i3}S_3, \ i = 1, \ 2, \ 3 \tag{7-2-28}$$

$$F_i = C_{i1}f_j + C_{i2}f_2 + C_{i3}f_3, \ i = 1, \ 2, \ 3 \tag{7-2-29}$$

式中，下标 $j = 1$ 为水相，$j = 2$ 为油相，$j = 3$ 为气相；S_j 为 j 相饱和度；f_j 为 j 相分流量。根据假设条件，油与水都不挥发到气相中去，则：$C_{33} = 1$，$C_{13} = C_{23} = 0$。

同 CO_2 混相驱油预测模型一样，在 CO_2 非混相驱油模型中，油及注入气的突破和原油采收率也是通过修正后的分流理论来计算。修正后的分流理论包括了黏性指进、面积波及系数、纵向非均质性及重力分异等因素的影响，并仍用特征线法求解。油、气、水三相的产量以及 CO_2 埋存量等计算的方法与 CO_2 混相驱油模型基本类似，只是在影响因素的描述方法上有差别，不再详细描述。

二、二氧化碳在油藏中埋存潜力评价模型与计算方法

CO_2 地质埋存潜力可以分成理论埋存量、有效埋存量和实际埋存量 3 种层次类型。

1. 二氧化碳理论埋存量计算方法

理论埋存量表示在储层孔隙空间中 CO_2 可以完全充填在其中，在地层流体中 CO_2 可以最大的饱和度溶解于其中的埋存量，是地质系统内所能接受的物理极限量。

考虑到溶解圈闭机理问题，根据物质平衡法，CO_2 在油藏中理论埋存量的计算模型为

$$M_{CO_2t} = \rho_{CO_2r} \times \begin{bmatrix} E_R \times A \times h \times \phi \times (1 - S_{wi})/10^6 - V_{iw} + V_{pw} \\ + C_{ws} \times (A \times h \times \phi \times S_{wi}/10^6 + V_{iw} - V_{pw}) \\ + C_{os} \times (1 - E_R) \times A \times h \times \phi \times (1 - S_{wi})/10^6 \end{bmatrix} \quad (7-2-30)$$

式中，M_{CO_2t} 为油藏中 CO_2 理论埋存量，10^6t；ρ_{CO_2r} 为 CO_2 在油藏条件下的密度，kg/m^3；E_R 为原油的采收率，无量纲；B_o 为原油体积系数，m^3/m^3；A 为油藏面积，km^2；h 为油藏厚度，m；ϕ 为油藏孔隙度，无量纲；S_{wi} 为油藏束缚水饱和度，无量纲；V_{iw} 为注入油藏的水量，10^9m^3；V_{pw} 为从油藏产出水量，10^9m^3；C_{ws} 为 CO_2 在水中的溶解系数，m^3/m^3；C_{os} 为 CO_2 在原油中的溶解系数，m^3/m^3。

式（7-2-30）中，CO_2 在油藏条件下的密度 ρ_{CO_2} 可以由状态方程密度图版求出；原始石油地质储量 N_{OOIP} 可以由石油资源量评价或者储量数据库得到；油藏的表面积 A 和油藏的有效厚度 h 可以根据 DZ/T 0217—2005《石油天然气储量计算规范》来确定取值，即采用等值线面积权衡法或采用井点控制面积或均匀面积权衡法求取。油藏岩石的有效孔隙度 ϕ 可直接用岩心分析资料，也可根据测井解释确定，且测井解释孔隙度与岩石分析孔隙度的相对误差不超过±8%，裂缝孔隙型储层必须分别确定基质孔隙度和裂缝、溶洞孔隙度或者采用有效厚度段体积权衡法。对于含水饱和度 S_w 可以通过近似函数法（Lock-up function）或 J 函数法（J-function）来计算得到。采收率 E_R 可以根据油藏类型、驱动类型、储层特性、流体性质和开发方式及井网等情况，应用前文所述的 CO_2 驱油与埋存潜力评价模型计算得到，也可选择经验公式法、类比法和数值模拟法求取。注入水的总体积 V_{iw} 和产出水的总体积 V_{pw} 可以通过产量记录得出。CO_2 在水中的溶解系数 C_{ws} 和 CO_2 在原油中的溶解系数 C_{os} 可以根据实验结果获得，也可通过经验公式计算得到。

2. 二氧化碳有效埋存量计算方法

有效埋存量表示从技术层面（包括地质和工程因素）上考虑了储层性质（包括渗透率、孔隙度和非均质性等）、储层封闭性、埋存深度、储层压力系统及孔隙体积等因素影响的埋存量。

当在油藏中通过 CO_2 驱油提高采收率过程实现 CO_2 地质埋存时，可以用式（7-2-31）计算 CO_2 在油藏中的有效埋存量：

$$M_{CO_2e} = R_{SCO_2} \cdot N_{OOIP} \quad (7-2-31)$$

式中，M_{CO_2e} 为油藏中 CO_2 有效埋存量，10^6t；N_{OOIP} 为原油的地质储量，10^6t；R_{SCO2} 为 CO_2 在油藏中的埋存系数。

CO_2 埋存系数 R_{SCO_2} 受储层平面渗透率、垂向横向渗透率比值 K_v/K_h、平面非均质性、储层沉积韵律、储层厚度、原油黏度、原油密度、CO_2 的注入方式、CO_2 驱油混相条件等因素影响，可以通过前文所述的 CO_2 驱油与埋存潜力评价模型计算得到，也可选择经验公式法、类比法和数值模拟法求取。

式（7-2-32）是连续 CO_2 非混相驱油时 CO_2 埋存系数经验计算模型：

$$R_{SCO_2} = 1.69 - 7.11 \times 10^{-2}A - 2.16 \times 10^{-3}B - 8.05 \times 10^{-4}C -$$
$$3.93D - 1.09E + 3.66 \times 10^{-2}F + 1.05 \times 10^{-2}BD + \qquad (7-2-32)$$
$$2.23DF - 1.91B^2 + 2.91D^2$$

式（7-2-33）是连续 CO_2 混相驱油时 CO_2 埋存系数经验计算模型：

$$R_{SCO_2} = -0.55 + 2.37E - 0.17AD + 9.9 \times 10^{-2}AF +$$
$$0.13DF - 0.32BE - 0.18(A - 0.81)^2 - \qquad (7-2-33)$$
$$1.48(D - 0.59)^2 - 1.2 \times 10^{-5}C^2 -$$
$$0.93(B - 0.58)^2 - 1.38(E - 1.3)^2$$

式（7-2-34）是水与 CO_2 交替非混相驱油时 CO_2 埋存系数经验计算模型：

$$R_{SCO_2} = 0.18 - 3.42 \times 10^{-3}A - 2.56 \times 10^{-3}C - 0.12E + 1.15 \times 10^{-3}B -$$
$$6.58 \times 10^{-4}AE - 7.72 \times 10^{-3}BC - 5.72 \times 10^{-3}CE - \qquad (7-2-34)$$
$$0.19BF + 0.39BE - 4.05 \times 10^{-2}EF$$

式（7-2-35）是水与 CO_2 交替混相驱油时 CO_2 埋存系数经验计算模型：

$$R_{SCO_2} = 1.41 - 0.27AD + 3.1 \times 10^{-3}AC + 0.19AB + 0.21DB -$$
$$0.33FB - 0.45(A - 0.78)^2 - 0.79(D - 0.35)^2 - \qquad (7-2-35)$$
$$0.76(B - 0.54)^2 - 2.3 \times 10^{-5}C - 0.66(E - 1.0)^2$$

其中，$A = K_{xy}/K_z$，$C = \dfrac{K_{rg}^o \mu_o}{K_{ro}^o \mu_g}$

上述式中，A 为渗透率的纵横比；B 为储层的非均质系数；C 为气油的流度比；D 为含水饱和度；E 为注入压力与最小混相压力差和最小混相压力之比；F 为生产压力与最小混相压力差和最小混相压力之比。

3. 二氧化碳实际埋存量计算方法

实际埋存量表示考虑到技术、法律及政策、基础设施和经济条件等因素影响的埋存量，该埋存量随着技术、政策、法规以及经济条件的变化而改变。实际埋存量就如在能源与矿业资源评价中的探明储量，需要针对实际情况进行计算。

三、二氧化碳驱油与埋存潜力评价软件

根据前面所述的理论方法，构建 CO_2 驱油提高石油采收率与埋存潜力评价软件，界面如图 7-2-3 所示。对所收集到的某区块的储层及流体物性、相对渗透率、井网形式及注入方式等参数，应用该软件可以进行 CO_2 驱油提高石油采收率与埋存潜力评价，获得该区块不同时间的注入量（包括水和 CO_2 量）、采出量（包括油、水和 CO_2 量）、含水率、采收率、埋存系数等数据。

以下是 CO_2 驱提高石油采收率与地质埋存潜力评价软件操作流程。

1. 新建项目

进入程序主界面以后，点击新建工具栏上的新建按钮，会弹出一对话框如图 7-2-4

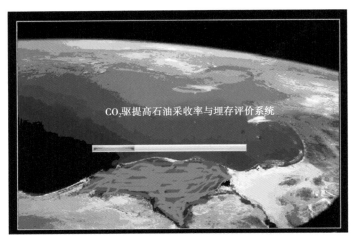

图 7-2-3　CO₂驱提高石油采收率与埋存评价系统界面

图 7-2-4　项目打开与保存对话框

所示，设置项目名称以后保存，如果以输入名称命名的项目已经存在，程序会提示选择另一个项目名称。

2. 数据输入与编辑

新建项目或打开已有项目后，可以看见项目信息功能结构，如图 7-2-5 所示。在项目信息控制区，双击数据输入节点，可以看到 "CO₂驱提高石油采收率与埋存评价系统" 运行所需的数据项，包括储层流体、相对渗透率、井网选择、注入参数、计算步长等数据。

各项详细数据信息描述如下：

第一，储层流体数据。在图 7-2-5 所示的界面中，点击左侧的项目信息功能控制区，选择储层流体数据，在客户区可以看到储层流体数据输入界面。在输入过程中，可以点击

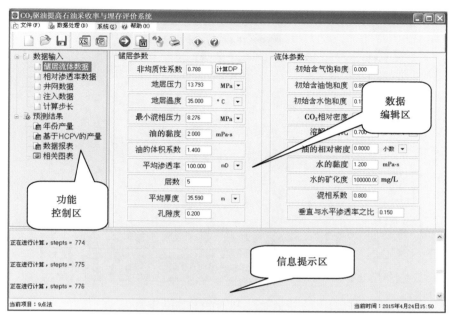

图 7-2-5　输入数据界面

保存按钮保存当前项目信息。

其中 DP 系数可以直接输入，还可以用点击后面的 计算DP 按钮，调出 DP 计算模块，如图 7-2-6 所示。首先需要选择输入的数据类型，选择岩心数据或测井数据，所需数据可以逐项输入，也可以直接点击右侧的加载按钮 加载，加载岩心数据或测井数据，数据最多为 200 条。数据输入以后，点击计算 DP 系数按钮 计算DP系数，可以看到图 7-2-7 所示的计算结果，该结果同时自动输入到储层流体数据中。

图 7-2-6　DP 系数计算模块

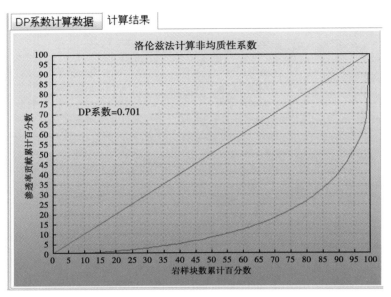

图 7-2-7　DP 系数计算结果

　　运行程序后不打开任何项目，也可以计算非均质系数，可以作为一个独立的程序来运行。直接点击工具栏的 DP 按钮，就可以调出该处理模块。

　　第二，相对渗透率数据。在项目信息功能控制区，选择相对渗透率数据，客户区显示相对渗透率输入界面（图 7-2-8），输入时首先选择计算相对渗透率与输入相对渗透率两种类型之一。如果选择的是计算相对渗透率（界面如图 7-2-8 所示），则需要输入相关参数；如果选择的是输入相对渗透率（界面如图 7-2-9 所示），则要输入油水相对渗透率曲

图 7-2-8　计算相对渗透率数据界面

线数据、油气相对渗透率曲线数据。加载相应数据，并点击确认以后，在右上角会显示出处理后的相对渗透率曲线。

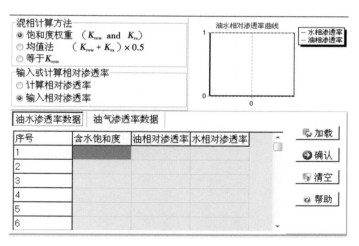

图7-2-9　输入相对渗透率数据界面

第三，井网数据。在项目信息控制区选择井网数据，客户区显示井网数据输入界面，程序中有5点系统、7点系统、反9点系统、2点法、直线排状系统、正4点（反7点）系统等模式可供选择（图7-2-10），也可以自定义井网（图7-2-11）。自定义井网需要输入边界坐标、注入井坐标和生产井坐标。

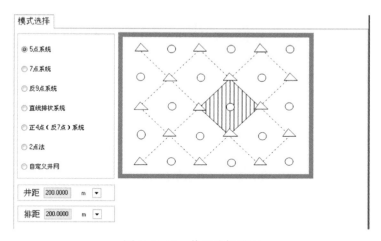

图7-2-10　井网选择界面

第四，注入数据。在项目信息控制区，选择注入数据，客户区显示注入数据输入界面（图7-2-12），最多可以输入4个注入阶段，各注入阶段需要输入图7-2-12中所示数据项。

第五，计算步长。在项目信息控制区，选择计算步长，客户区显示计算步长选择界面（图7-2-13），选择计算时的时间增量，供选择的有每年、每半年、每季度和每月。

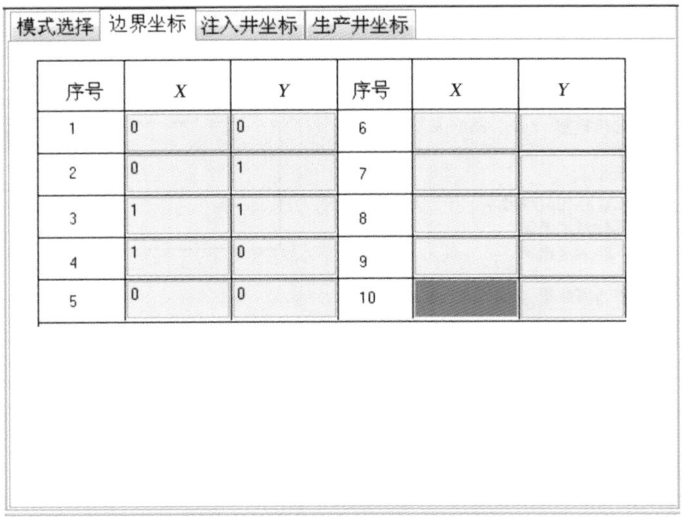

| 模式选择 | 边界坐标 | 注入井坐标 | 生产井坐标 |

序号	X	Y	序号	X	Y
1	0	0	6		
2	0	1	7		
3	1	1	8		
4	1	0	9		
5	0	0	10		

图 7-2-11　自定义井网输入界面

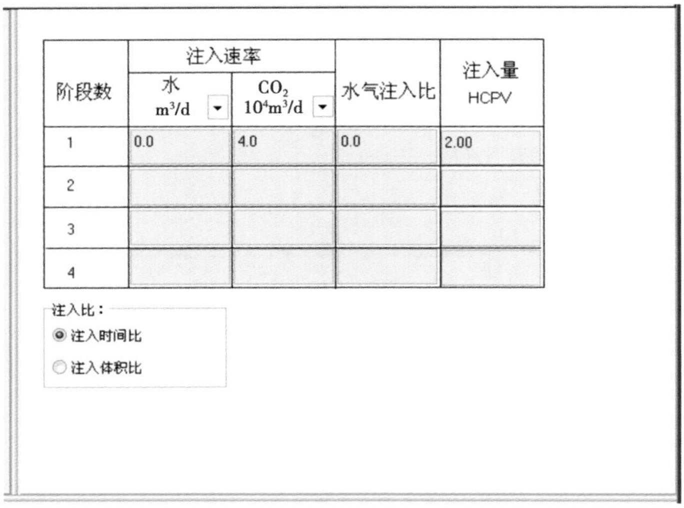

阶段数	注入速率		水气注入比	注入量
	水 m³/d	CO₂ 10⁴m³/d		HCPV
1	0.0	4.0	0.0	2.00
2				
3				
4				

注入比：
◉ 注入时间比
○ 注入体积比

图 7-2-12　注入数据输入界面

计算步长：
◉ 每年
○ 每半年
○ 每季度
○ 每月

图 7-2-13　计算步长选择界面

3. 模拟计算

在数据输入与编辑结束后，可进入图 7-2-14 所示界面，点击计算按钮，就可进行模拟计算，在计算过程中会显示模拟计算进程。

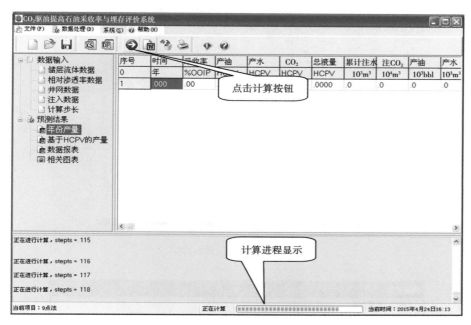

图 7-2-14　模拟计算界面

4. 评价结果显示

在项目控制区点击预测结果节点，展开后，可以看见预测结果如图 7-2-15 所示，可以分为以下几项：

第一，年份产量。点击预测结果中的年份产量节点，客户区可以看到各年注入量、各年产量、累计产量、埋存量等数据。

第二，基于 HCPV 的产量。点击这个节点，客户可以看到以 HCPV 为单位的累计注入量、产油量、产 CO_2 量和产水量等各项数据。

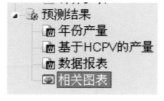

图 7-2-15　计算结果界面

第三，数据报表。一个简易的数据报表，如果需要详细的报表，可以点击工具栏的报表输出按钮，可以方便地把报表输出到 word 文件中，也可以点击工具栏的报表打印按钮直接打印报表。

第四，相关图表。点击相关图标，在客户区可以看到曲线显示界面（图 7-2-16）。在这个界面上有 3 个功能按钮，　设置　　截图　　全屏　，点击设置按钮，弹出画图设置对话框（图 7-2-17），在这里可以选择 Y 轴所显示的曲线名称，程序可以输出的曲线有 26 条，在同一个图上画出过多曲线会很乱，因此程序中最多只能同时显示 5 条曲线。在是否显示坐标值选项中可以选择是否在曲线上显示坐标值，程序默认的是不显示所有点的坐标信息，但是在画图板上，鼠标放到曲线上某个点时会动态地显示该点的详细信息。由于各曲线量

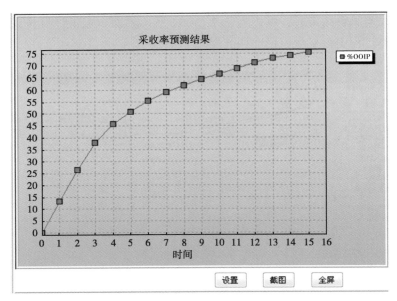

图 7-2-16　曲线显示界面

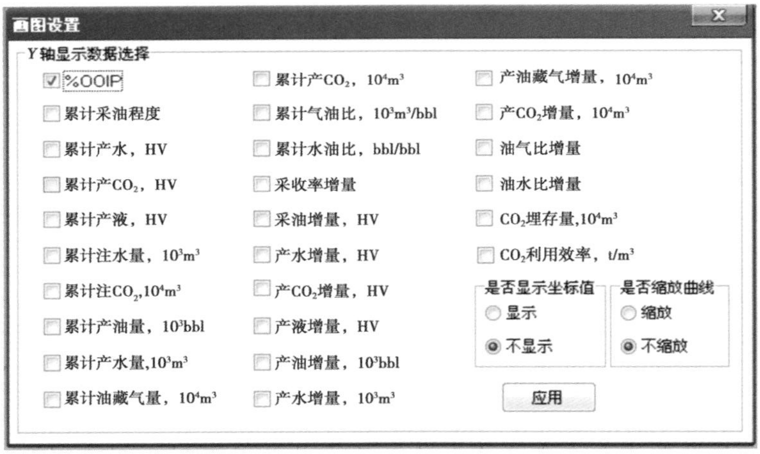

图 7-2-17　画图设置界面

纲不一样，可能有的数据不在一个数量级，比如：累计采出程度曲线上的最大值是 0.57，累计注水量曲线上的最大值为 2000，这样两条曲线如果同时显示，则累计采出程度曲线的形态看似像一条直线（图 7-2-18）。在图板上点住鼠标左键，向右下方拖动，可以使曲线放大。点住鼠标右键，可以拖动曲线，在放大以后便可看到不同阶段的曲线细节。长按鼠标左键，向左上方拖动可以显示原比例曲线。

为了详细了解曲线形态，可在设置里选择缩放曲线，缩放后的效果如图 7-2-19 所示。

单击截图按钮后，选择截图保存目录，可以将当前显示的曲线以 jpg 文件格式保存在电脑里。在画图板上点住鼠标左键，向右下方拖动可以放大图片，向左上方拖动可以还原图片；点住鼠标右键拖动，可以移动图像位置，在图像放大时，可以看到曲线不同部分的细节内容。

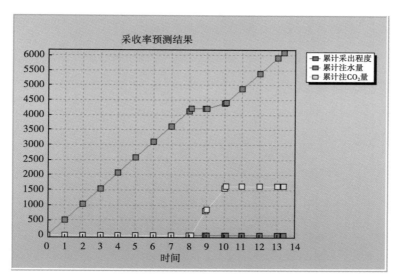

图 7-2-18 未缩放曲线图

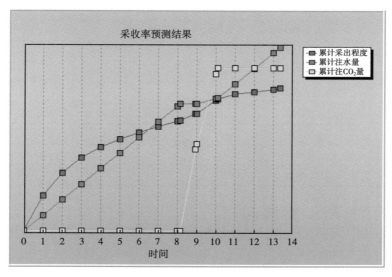

图 7-2-19 缩放后的曲线图

四、二氧化碳驱油与埋存潜力评价实例

根据前面所述的 CO_2 驱油与埋存的理论方法以及评价软件，以长庆油田某区块典型井组实际数据为例，说明 CO_2 驱油与埋存潜力评价过程。

1. 资料收集与整理

针对某一评价油藏，需要收集的资料包括流体参数、储层参数、相对渗透率参数（含油水相对渗透率曲线及数据、油气相对渗透率曲线及数据）及其他数据，见表 7-2-1。

表 7-2-1 参数数据表

类别	变量名	单位	数值
流体参数	油黏度	mPa·s	1.403
	水黏度	mPa·s	1.0
	油相体积系数	m^3/m^3	1.279
	溶解气油比	m^3/m^3	97.5
	原油密度	kg/m^3	0.7295
	地层水矿化度	ppm	35506.0
	CO_2 相对密度		0.7
储层参数	储层温度	℃	80.4
	储层压力	MPa	19.1
	最小混相压力	MPa	18.937
	平面非均质系数		0.7
	平均渗透率	mD	0.58
	总厚度	m	10.5
	孔隙度	%	9.4
	小层数	层	3
	含油饱和度	%	62.0
	含气饱和度	%	0.0
	含水饱和度	%	38.0
	水平与垂向渗透率比		0.1
其他参数	排距	m	480
	井距	m	150
	井网类型		菱形反九点
	储量	t	81022.5

2. 计算最小混相压力，判断是否混相

按式（7-2-36）计算 CO_2 驱油最小混相压力（MMP），判断评价区块是否能够混相。

$$MMP = [-329.558 + (7.727WM \times 1.005^T) - (4.377MW)]/145 \quad (7-2-36)$$

对于长庆油田、大庆油田和吉林油田，MW 可以用式（7-2-37）计算：

$$MW = (\frac{8864.9}{G})^{\frac{1}{1.012}} \quad (7-2-37)$$

对于新疆油田、吐哈油田，MW 可以用式（7-2-38）计算：

$$MW = (\frac{12880}{G})^{\frac{1}{1.012}} \quad (7-2-38)$$

$$G = \frac{141.5}{\gamma_o} - 131.5 \quad (7-2-39)$$

式中，MMP 为 CO_2 驱油的最小混相压力，MPa；T 为地层温度，℉；γ_o 为原油地面密度，kg/m^3。

收集到该区块的原油地面密度为 $0.831kg/m^3$，地层温度为 177.5 ℉[1]，然后根据上面公式可以计算得到 CO_2 驱油的最小混相压力为 18.937MPa。该区块的平均地层压力为 19.1MPa，因此，该区块可以实现 CO_2 混相驱油。

3. 选择确定适合二氧化碳驱油与埋存的油藏

按表 7-2-2 筛选适合 CO_2 驱油与埋存的油藏，确定出混相驱油藏和非混相驱油藏，并进行 CO_2 地质埋存适宜性评价。通过对收集到长庆油田某区块的油藏资料评价表明，该区块适宜进行 CO_2 混相驱与地质埋存。

表 7-2-2 CO_2 驱油与埋存的油藏筛选标准

筛选项目		混相驱		非混相驱	枯竭油藏	对应因素
原油性质	原油重度，°API	>25		>11	>11	混相能力
	原油黏度，mPa·s	<10		<600	—	混相特征、注入能力
	原油组成	C_2—C_{10} 含量高				混相能力
储层特征	油藏深度，m	900~3000		>900	>900	混相能力
	平均渗透率，mD	不考虑				注入能力
	油藏温度，℃	<90				混相能力
	含油饱和度，%	>30		>30	—	EOR 潜力
	变异系数	<0.75		<0.75	—	波及效率
	纵横向渗透率比值	<0.1		<0.1	—	浮力效应
	地层系数，m^3	10^{-13} ~ 10^{-14}		10^{-13} ~ 10^{-14}		可注入性
	含油饱和度，孔隙度	>0.05		>0.05	—	埋存能力
	油藏压力，MPa	原始注入 p_i>MMP	水驱后注入 $p_{current}$>MMP	—	—	混相条件
盖层特征	盖层封闭性	盖层裂缝不发育				安全性
	盖层逸出量	★				安全性
经济因素	CO_2 成本	★		★	★	经济可操作性
	运输成本	★		★	★	经济可操作性
	地面成本	★		★	★	经济可操作性

4. 确定提高原油采收率及二氧化碳地质埋存系数

按本节所介绍的理论和方法，应用评价模型进行计算，获得油藏进行 CO_2 驱油提高石油采收率的潜力及地质埋存系数。

根据该区块典型井组的油藏及流体资料，输入 CO_2 驱提高石油采收率与埋存评价系统，如图 7-2-20 至图 7-2-22 所示。评价结果如图 7-2-23 所示。应用该系统可以计算得到水驱油的原油采收率为 20.63%，CO_2 驱油的原油采收率为 33.8%，CO_2 埋存系数为

---

[1] $1\,℉ = \dfrac{9}{5}℃ + 32$。

0.299，通过 CO_2 驱油可以比水驱油提高原油采收率 13.17%。

图 7-2-20　长庆油田某区块典型井组的储层和流体基本参数

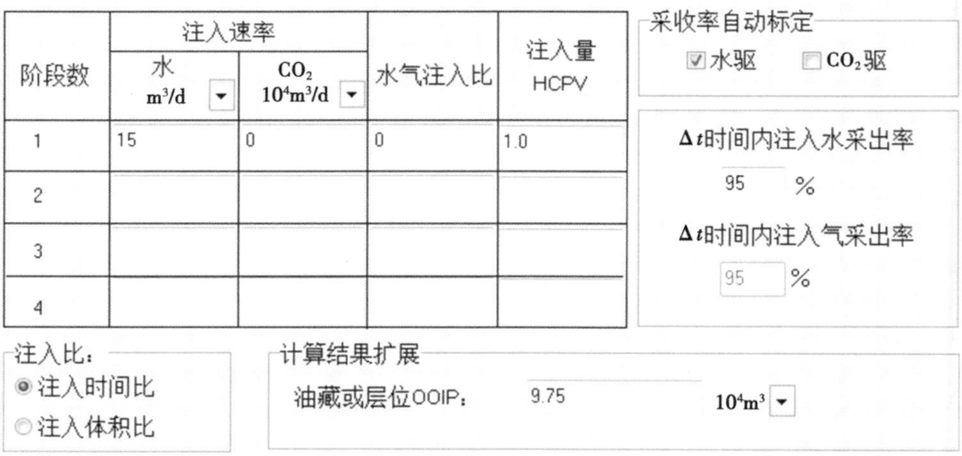

| 阶段数 | 注入速率 | | 水气注入比 | 注入量 |
	水 m³/d	CO_2 10⁴m³/d		HCPV
1	15	0	0	1.0
2				
3				
4				

采收率自动标定
☑ 水驱　☐ CO_2驱

Δt时间内注入水采出率
95 ％

Δt时间内注入气采出率
95 ％

注入比：
◉ 注入时间比
◯ 注入体积比

计算结果扩展
油藏或层位OOIP：　9.75　10⁴m³

图 7-2-21　长庆油田某区块典型井组的水驱油注入参数

5. 确定增油量及二氧化碳埋存量

按本节所介绍的理论和方法，确定不同类型 CO_2 埋存量计算方法，并应用评价软件计算确定增油量及 CO_2 埋存量。

针对该区块典型井组的油藏及流体资料，以及上一步计算得到的 CO_2 埋存系数，通过 CO_2 驱油可以比水驱油提高原油采收率 13.17%，应用评价系统可以计算确定增油量为10670.6t，CO_2 理论埋存量为 96902.9t，有效埋存量为 24225.7t。

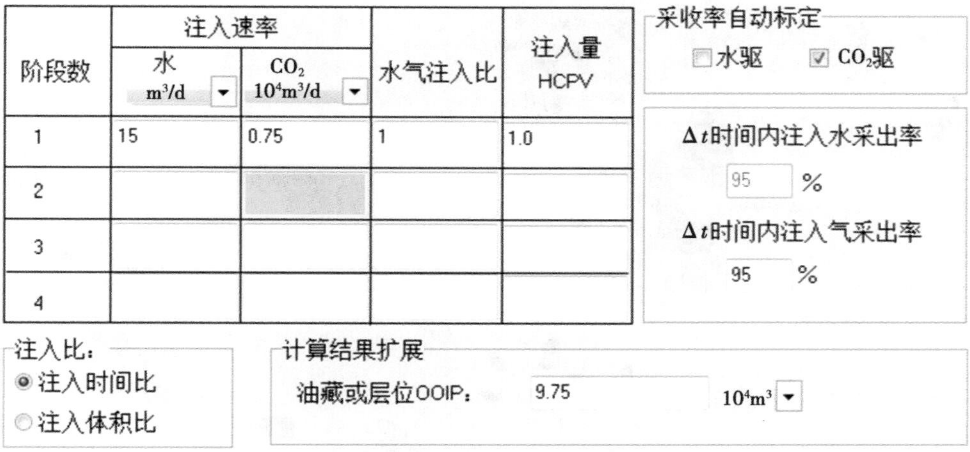

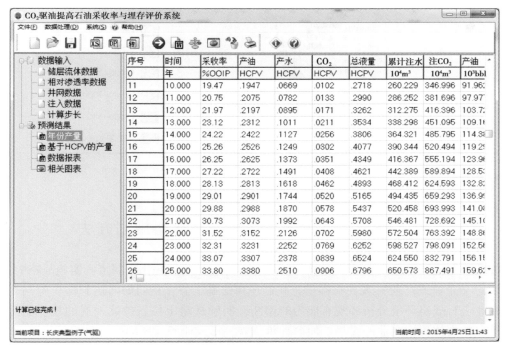

图 7-2-22 长庆油田某区块典型井组的 CO_2 驱油注入参数

序号	时间	采收率	产油	产水	CO_2	总液量	累计注水	注 CO_2	产油
0	年	%OOIP	HCPV	HCPV	HCPV	HCPV	10^4m^3	10^4m^3	10^3bbl
11	10.000	19.47	.1947	.0669	.0102	.2718	260.229	346.996	91.96
12	11.000	20.75	.2075	.0782	.0133	.2990	286.252	381.696	97.97
13	12.000	21.97	.2197	.0895	.0171	.3262	312.275	416.396	103.7
14	13.000	23.12	.2312	.1011	.0211	.3534	338.298	451.095	109.1
15	14.000	24.22	.2422	.1127	.0256	.3806	364.321	485.795	114.3
16	15.000	25.26	.2526	.1249	.0302	.4077	390.344	520.494	119.2
17	16.000	26.25	.2625	.1373	.0351	.4349	416.367	555.194	123.9
18	17.000	27.22	.2722	.1491	.0408	.4621	442.389	589.894	128.5
19	18.000	28.13	.2813	.1618	.0462	.4893	468.412	624.593	132.8
20	19.000	29.01	.2901	.1744	.0520	.5165	494.435	659.293	136.9
21	20.000	29.88	.2988	.1870	.0578	.5437	520.458	693.993	141.0
22	21.000	30.73	.3073	.1992	.0643	.5708	546.481	728.692	145.1
23	22.000	31.52	.3152	.2126	.0702	.5980	572.504	763.392	148.8
24	23.000	32.31	.3231	.2252	.0769	.6252	598.527	798.091	152.5
25	24.000	33.07	.3307	.2378	.0839	.6524	624.550	832.791	156.1
26	25.000	33.80	.3380	.2510	.0906	.6796	650.573	867.491	159.6

图 7-2-23 长庆油田某区块典型井组的 CO_2 驱油与埋存评价结果

6. 分析评价结果

对 CO_2 驱油与埋存潜力评价结果进行整理与统计分析，作出各油藏 CO_2 驱油与埋存潜力评价结果的分布图。图 7-2-24 为长庆油田各油藏 CO_2 驱油地质埋存潜力评价结果分布示意图。

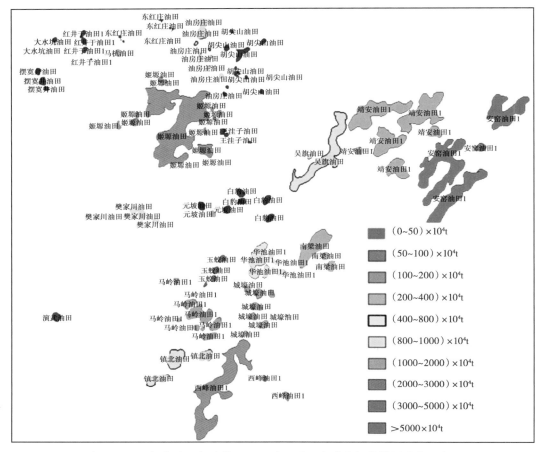

图 7-2-24　长庆油田各油藏 CO_2 驱油地质埋存潜力评价结果分布示意图

第三节　二氧化碳驱油与埋存战略规划方法

战略规划是指依据企业或产业外部环境和自身条件及其变化来制定和实施战略的过程，回答我们（企业或产业）现在在哪里、我们现在往哪里去、我们如何达到那里等问题，来帮助企业进行战略环境分析和现有能力的诊断，明确战略定位、持续发展的核心能力和资源需求，从而体现出企业的愿景、使命和价值观，形成业务发展的指导思想。

其方法为通过外部因素分析，了解宏观环境和市场及行业环境，分析企业内部能力，在综合分析内外部环境后，明确战略方向及市场定位，辨析自身资源存在的差距，了解企业内部优势与劣势，帮助企业迎接未来的挑战，提供企业未来明确的目标及方向，据此制定整体战略规划。

一、战略规划方法概述

战略规划内容主要包括战略环境分析、目标与原则的确定及战略规划方案制订三部分，从以下三个方面进行详细论述。

1. 战略环境分析

战略环境分析是战略管理过程的第一个环节，也是制定战略的开端。战略环境分析的目的是展望企业（或产业）的未来，这是制定战略的基础。战略是根据环境制定的，是为了使企业（或产业）的发展目标与环境变化和企业（或产业）能力实现动态平衡。

战略环境中的信息类型有政府机关方面的信息、科学技术方面的信息和市场方面的信息，也可分为外部环境信息和内部环境信息。

外部环境分析是为确定企业（或产业）使命和愿景，并拟定公司中长期战略发展规划的框架。外部环境可分为宏观环境和微观环境两个层次。宏观环境因素包括政治环境、经济环境、技术环境和社会文化环境；微观环境因素包括市场需求、竞争环境和资源环境等，其涉及行业性质、竞争者状况、消费者、供应商、中间商及其他社会利益集团等多种因素，这些因素会直接影响企业的生产经营活动。

内部环境包括企业的物质环境和文化环境，它反映了企业所拥有的客观物质条件和工作状况以及企业的综合能力，是企业系统运转的内部基础。因此，企业内部环境分析也可称为企业（或企业在某一产业）内部条件分析，其目的在于掌握企业实力现状，找出影响企业生产经营的关键因素，辨别企业的优势和劣势，以便寻找外部发展机会，确定企业战略。如果说外部环境给企业提供了可以利用的机会，那么内部条件则是抓住和利用这种机会的关键。只有在内外环境都适宜的情况下，企业才能健康发展。内部环境分析主要包括以下两方面：

（1）企业资源分析。企业的任何活动都需要借助一定的资源来进行，企业资源的拥有和利用情况决定其活动的效率和规模。企业资源包括人、财、物、技术、信息等，可分为有形资源和无形资源两大类。

（2）企业能力分析。企业能力是指企业有效地利用资源的能力。拥有资源不一定能有效运用，因而企业有效地利用资源的能力就成为企业内部条件分析的重要因素。

2. 战略目标与原则

1）战略目标

企业在明了内外环境现状的基础上，进行企业历史演进与国内外先进水平纵横比较和标杆学习之后，就要描述未来景象，提出未来规划期的理想目标。

战略目标是对企业战略经营活动预期取得的主要成果的期望值，战略目标的设定也是企业宗旨的展开和具体化，是企业宗旨中确认的企业经营目的、社会使命的进一步阐明和界定，也是企业在既定的战略经营领域展开战略经营活动所要达到水平的具体规定。

企业的战略目标应是多元化的，既包括经济目标，又包括非经济目标；既包括定性目标，又包括定量目标；既包括满足企业生存和发展所需要的项目目标，又包括满足与企业有利益关系的各个社会群体所要求的目标。一般包括市场、技术改进与发展、提高生产力、利润和社会责任等方面的目标。

2）战略原则

根据业务发展的指导思想，结合本企业或产业目前和未来内外环境、资源特点，以及业务发展形势分析的结论，提出业务发展计划编制原则。在这些原则约束下，选择相对合理的发展轨迹，积极又稳妥地推进企业或产业的进程。战略原则可从以下几方面考虑确定：

第一，企业文化与价值原则，即确立企业经营战略要贯彻和反映企业文化中蕴含的经营理念、企业精神、宗旨与价值观；

第二，以企业现有基础为原则，即从现有企业基础起步，要符合企业的内在条件，充分发挥优势，扬长避短，并营造新的优势资源；

第三，前瞻性原则，即战略要有前瞻性，要预测到未来规划期内社会、经济、科技、环境、市场诸多方面的重大变化将带来的影响，以便考虑相应对策，从而使战略有相当的适应性；

第四，阶段性及局部与整体利益兼顾原则，即战略规划应划分为若干个战略阶段和设定一些战略控制点，渐进式地逼近终极目标，在该进程中，短期利益与长远利益结合，局部与整体利益兼顾。

3. 编制战略规划方案

战略规划方案是根据环境分析的结果，并通过一定的步骤和方法，为实现企业战略目标所制定的政策策略和行动计划方案。

1）战略规划方案编制步骤

根据战略规划目标，并按照规划的原则，分以下步骤进行战略规划方案编制。

步骤一：准备参数，确定评价指标。参数包括技术性参数（如产量剖面、埋存量等），还包括经济性参数（如油价、贴现率、税率等）；评价指标包括实物量指标（如累计产量）和价值量指标（如净现值等）。

步骤二：建立评价模型。根据业务单元级次（如项目、油区、总公司）和评价的目的，分别建立经济模型和优化模型，经济模型用于项目的评价，优化模型用于资源的优化配置。

步骤三：情景模式的构建。首先，分析企业或产业发展过程中可能的变化因素，并确定几个关键因素作为情景要素，然后按这些要素在时间序列中发生的可能性进行组合，形成战略规划的情景模式框架。

步骤四：计算与优化。使用已准备的技术、经济参数和建立的评价模型，计算出评价指标及所需的结果。

步骤五：整合形成规划方案。按照已确定的规划指标，对不同业务单元（项目、油区）进行不同情景下的评价或优化，再将其放入情景模式中，按阶段性及局部与整体利益兼顾的原则进行整合，形成公司级的总体战略规划方案。

2）战略规划方案编制方法

战略规划方案编制方法有多种，所采用的方法因规划的行业特点不同而各异。对于 CO_2 捕集、驱油与埋存这种产业的规划，其规划因级次（如总公司和分公司级）和规划内容的特点，在规划编制中可采用以下两种方法。

（1）运筹学方法：主要为数学规划的方法。这种方法是指在一定的约束条件下，为达到预定的目标，充分协调各种资源之间的关系，以便最有效、最经济地利用资源。具体实施步骤主要包括：建立适合规划特点的数学模型；确定目标函数；设计约束条件；求解模型，得到规划的最优解。

（2）整体综合法：是在系统分析的基础上，对规划的各构成部分及各主要因素进行全面平衡，以求系统整体化的一种方法。整体综合法把任何一项规划都看成一个整体，它不追求局部和单项指标的最优化，而是追求整体功能的最佳发挥。

以上为战略规划一般性方法和内容的概述，具体可根据行业特点及相关信息资源的状况，来确定分析的内容及采用的方法，以下是针对碳捕集、运输、利用及埋存（CCUS）产业特点列述的有关内容和方法。

二、外部环境分析

外部环境分析的目的在于通过环境分析，评估产业发展状况，认识企业的机会，为CCUS战略规划积累数据和论据。

1. CCUS 产业现状及前景

1）全球气候变化问题及温室气体减排的迫切性

全球气候正经历一次以全球变暖为主要特征的显著变化，CO_2 是其中对气候变化影响最大的气体，全球气候变化对自然生态系统造成重大影响，进而威胁到人类社会的生存和发展。为应对温室气体减排的需要，形成了 CO_2 埋存技术，并逐渐形成了 CCUS 产业。以下四个方面的问题是 CCUS 产业发展的重要环境背景：

第一，CO_2 气体排放水平及主要来源。全球约 90% 的 CO_2 排放来源于化石能源的消耗，它产生的增温效应占所有温室气体总增温效应的 63%，并且仍在以每年 3% 的速度增长。由于全球对化石能源的强烈依赖短期内无法改变，化石能源燃烧带来的 CO_2 排放不可避免，因此针对集中排放源的碳捕集技术便成为一个新的课题。

第二，国际社会对减排的承诺目标。发达国家提出减少温室气体排放的量化指标，在国际气候谈判所设立的减排愿景基础上，世界上许多国家也提出了各自的减排目标。例如，欧盟计划在 2050 年之前将总体温室气体排放在 1990 年水平上减少 80%～95%，并将努力实现 2030 年减排 40% 的阶段性目标。2020 年将单位 GDP 的 CO_2 排放在 2005 年水平上减少 40%～45%。

第三，中国减排的压力。中国已量化温室气体减排目标，计划到 2020 年单位国内生产总值 CO_2 排放比 2005 年下降 40%～45%。作为以煤为主要能源的国家，预计到 2020 年，煤电仍将占中国发电结构的 60% 左右，面对国内火电装机的比例达到了 3/4 的现状，未来中国控制燃煤发电污染物排放的任务将更加艰巨。因此，为了使煤电得到可持续发展，中国有必要探索煤电 CO_2 的减排技术。

第四，CO_2 气体减排的迫切性及 CCUS 的产生。针对气体减排的迫切性，为了尽可能减少以 CO_2 为主的温室气体排放，减缓全球气候变暖趋势，人类正在通过持续不断的研究以及国家间合作，从技术、经济、政策、法律等层面探寻长期有效的解决途径。近年来兴起的 CO_2 捕获与封存技术，成为研究的热点和国际社会减少温室气体排放的重要策略。

2）国内外已有 CCUS 项目状况与特点

随着行业内和各国政府对 CCUS 技术的可行性有着越来越多的共识，该产业自 2000 年起迅速发展，目前已成为广受重视的解决气候变化的重要技术。目前，美国、加拿大、澳大利亚以及一些欧洲发达国家都制定了 CCUS 技术发展规划，并投入大量资金开展了相应的研发、示范与部署项目。在外部环境分析中应调查以下几方面的内容：

第一，CCUS 项目的数量与分布状况，其中包括世界上各个国家和地区的项目数量及其变化趋势，以及项目分布状况等。

第二，CCUS 项目规模的大小及项目类型，如项目的捕集量及捕集对象的行业领域（电力行业或水泥、钢铁等工业行业）；项目的埋存量及埋存类型（EOR、枯竭油气田或深部盐水层）。

第三，不同阶段项目状况，即项目所处的阶段，如运行中、可行性研究、预可行性研究以及立项等不同阶段项目状况。

第四，国内 CCUS 项目状况，如项目所处的阶段、规模、捕集对象的行业类型以及项目的埋存量和埋存类型等情况。

第五，中外项目特点对比，如项目规模、排放源类型、运输距离及埋存类型等特点对比。

3）CCUS 产业在减排中的作用与地位

CCUS 是应对全球气候变化的技术途径之一，它是将 CO_2 从工业或相关能源产业的排放源中分离出来，压缩后输送封存在地质构造中或投入新的生产过程中，使之长期与大气隔绝的一个过程。其技术的可行性、成熟度及与其他减排手段比较的特点，决定了该产业在减排中的作用和地位。在此部分论述的内容应包括以下几方面：

第一，涉及捕集、运输与埋存 3 个主要的产业环节的技术状况和成熟度。

第二，与其他减排技术比较，如风能、核能、太阳能及生物能等，其减排潜力及长期减排成本等特点。

第三，CO_2 的资源化利用及与化石燃料系统的结合度。

第四，CCUS 产业在减排中的作用与地位。从减排量、长期减排成本以及与化石燃料系统的结合度等方面的优势，考查该产业在减排中的作用和地位。

第五，CCUS 产业在中国减排中的作用与地位。中国作为一个以火电为主的 CO_2 排放大国，未来能源供应仍然严重依赖于煤炭，在此情况下，CCUS 技术更具战略意义。

2. 石油生产企业在 CCUS 产业中的定位

CCUS 是一个跨电力、煤炭、石油天然气、运输、化工等多个行业的产业，各行业（企业）所参与产业链的环节及所构成的产业模式以及对减排量贡献的大小，成为企业在产业中定位的重要依据。

1）已有的 CCUS 产业链模式

按 CCUS 产业捕集、运输、利用及埋存各环节的组合关系，可将产业模式进行分类，例如，国内外目前将 CCUS 产业模式分为如下 3 类：

第一类——CU 型：产业环节组合为捕集—利用，即对排放的 CO_2 进行捕集，其捕集的 CO_2 直接利用于化学品、制冷、饮料等。

第二类——CTUS 型：产业环节组合为捕集—运输—利用并埋存，用于 CO_2 驱油。

第三类——CTS 型：捕集—运输—埋存，将 CO_2 注入盐水层项目。

2）各种产业链模式在二氧化碳埋存中所占比例

不同的产业链模式表明了 CO_2 利用与是否永久性埋存的状况，尤其是在涉及利用的模式，以及既利用又可永久埋存的模式中，石油企业所能参与的程度和在减排量中所占比例，意味着未来石油企业在 CCUS 产业中的地位。例如，在运行及执行阶段的大规模综合性项目，从项目的个数及捕集埋存量来看，均以捕集—运输—利用+埋存（CO_2-EOR）CTUS 模式的项目为主；而在计划阶段，捕集—运输—埋存于盐水层或废弃油气田的 CTS 模式下的项目增多。

3）中外石油公司在 CCUS 产业中参与的状况

在低碳发展的大环境下，一些石油公司积极投身于节能、降耗、温室气体减排的项目中，同时有选择、有重点地发展新能源，注重营利性和战略性，试图在新的发展条件下谋求新的盈利机会和再造公司价值，例如，挪威国家石油公司、道达尔集团、雪佛龙集团、英国石油公司（BP）和英荷壳牌石油公司等著名跨国企业已投入 CCUS 全过程或其中部分环节，或已经宣布 CCS 技术研发计划，期待在不久的将来能实现该技术的商业化运作。

4）石油企业在 CCUS 产业中的优势与定位

可从石油企业 CO_2-EOR 项目在 CO_2 利用量上所占的比例，在产业链中运输及埋存上已有技术上的成熟程度及自身的优势，CO_2-EOR 对产业发展的引领和推进作用等方面，阐明石油企业在 CCUS 产业中的优势与定位。

例如，目前全球回收的 CO_2 约有 40% 用于生产化学品，35% 用于油田三次采油，10% 用于制冷，5% 用于碳酸饮料，其他应用占 10%；而中国某些大城市或省份，用于化学品、制冷、饮料和食品保鲜等方面的 CO_2 用量很有限，如上海每年的 CO_2 用量为（15～18）× 10^4t，广东一年大概可以有 12×10^4t 的用量，而国内某油田 2～3 个 CO_2-EOR 试验区的 CO_2 埋存量即能达到这样的水平。可见，在 CCUS 产业链的利用环节中，CO_2-EOR 可提供较大的利用空间，因此 CO_2-EOR、EGR（提高天然气采收率）将在中国 CO_2 利用中占有重要地位，并且石油企业在 CO_2-EOR 和未来更大规模的盐水层埋存上又有着其自身行业所具有的优势。

3. 碳捕集与埋存的减排成本现状及未来变化趋势分析

CCUS 的广泛应用取决于技术成熟度、成本和整体潜力，而在较为成熟的技术前提下，成本就成为商业化应用的关键因素。采用 CCUS 技术的减排成本主要有捕集、运输和埋存 3 项成本，其中捕集成本的高低很大程度上决定着减排成本的高低，因各排放源排放浓度的不同，减排成本差异很大。因此，需通过了解成本状况，尤其是捕集成本及未来变化趋势来阐明产业发展的可行程度。成本分析应包括以下三方面的内容：

第一，国内外碳捕集与埋存的减排成本现状，其中包括不同排放源类型的捕集成本的分析和国际不同机构、组织所做出的成本预测。

第二，降低碳捕集成本的新技术，包括能量损耗、新工艺、吸附技术、分离技术及新溶剂等方面的改进。目前，世界上很多研究机构或公司正在研究 CO_2 捕集的一些新技术，如脱除 CO_2 溶剂、基于氨的新工艺、新的吸附技术和分离 CO_2 的膜法技术，其中一些已取得成功的实验结果，有望降低未来的捕集成本。

第三，对未来国内外降低减排成本的可能途径。目前高额的投资及昂贵的成本成为阻碍 CCUS 产业大规模商业化发展的瓶颈，但随着 CCUS 项目的不断增加，项目规模的扩大、技术的提高、政策的激励及碳金融市场的发展，这一瓶颈有望得到改善或解决。例如：随着 CCUS 实施规模的扩大，技术进一步改进完善，效益提高，成本可能在学习效应的影响下降低；还可通过分享运输和封存基础设施实现规模的经济效益，形成产业聚集体以降低成本；分散 CCUS 产业链风险，完善融资机制及金融和保险部门持续参与，可降低资金成本。

4. 国内外相关政策与市场

CCUS 产业和技术发展与清晰的政策信号密切相关，它是激励企业投资的主要驱动力，尤其在产业发展的早期，政策的走向也直接决定 CCUS 项目的规模，而规模又与 CO_2 的市场需求相辅相成。另外，碳交易把气候变化这一科学问题和减少碳排放这一技术问题与可持续发展这个经济问题紧密地结合起来，因此，碳交易是促进和维持 CCUS 产业发展的重要机制。在产业战略规划编制中，通过国内外相关政策与碳交易市场环境的分析为战略规划情景设计提供依据。

1）政府激励政策或组织机构的支持

政策的激励或组织机构的支持包括投资或补贴、公共基金、税收减免、CO_2 价格担保、投资贷款担保或低息贷款等方面。

（1）政府或组织机构的投资补贴或投资。例如，《美国复苏与再投资法案》中有 34 亿美元拨款与 CCS 相关，其中 18 亿美元直接用于支持包括"未来发电 2.0 计划"在内的 CCS 示范项目。

（2）公共基金。例如，戴拿密斯（DYNAMIS）项目集合了包括 12 个欧洲国家，32 个企业、非政府组织以及学术界成员在内的合作伙伴。

（3）CO_2 价格担保。例如，英国《能源法案》的草案中引进的差价合约（CfD）用于 CCS 项目。

（4）税收减免。例如，《减碳科技桥法 2008》，对包括 CCS 设备安装、CO_2 运输、封存以及驱油等项目进行最高到 30 美元/ t CO_2 的税收减免，旨在鼓励私营企业对 CCS 的投资及研发。

（5）提供补贴。例如，美国参议院通过的 7000 亿美元救市方案中，该救市方案对每吨 CO_2 的捕集与地质封存提供 20 美元的信贷，对捕集 CO_2 并提高原油采收率减免每吨原油 10 美元的税收。

（6）政府对投资贷款的担保或低息贷款。例如，Kemper 是第二轮"清洁煤电倡议（CCPI）"项目，债务担保从 45% 增加到 80%，其中一半贷款的利率从 5.5% 降为 4.5%。

2）限制碳排放的公约及政策

（1）排放量限制，包括国际社会应对气候变化达成的协议、公约和议定书等，如《哥本哈根协议》《联合国气候变化框架公约》及《京都议定书》等确立的总量限制。另外，还包括在总量限制下，国家对 CO_2 排放具体的限制标准，如澳大利亚新南威尔士州设计了一个严格的履约框架，企业的 CO_2 排放量每超标 1 个碳信用配额将被处以 11.5 澳元的罚款。

（2）征收碳税，即根据化石燃料燃烧后的 CO_2 排放量，针对化石燃料的生产、分配或使用征收的税费。目前实施碳税政策的国家有丹麦、芬兰、德国、荷兰、挪威、瑞典、瑞士、英国和日本等国家，如挪威政府对于公司排放到大气中的每吨 CO_2 征收约 50 美元/t 的碳税；中国国家发展和改革委员会和财政部在 2010 年联合发布《中国碳税税制框架设计》。

3）碳交易市场

碳交易（即温室气体排放权交易）也就是购买合同或者碳减排购买协议（ERPAs），其基本原理是，合同的一方通过支付另一方获得温室气体减排额。买方可以将购得的减排额用于减缓温室效应，从而实现其减排目标。碳交易市场的分析包括以下三方面。

第一，碳市场类型及特点，如按运行机制，碳交易类型可分为两类：一类为基于配额的碳交易，即买家在"限量与贸易"体制下购买减排配额；另一类为基于项目的交易额，是买主向可证实降低温室气体排放的项目购买减排额，如清洁发展机制（CDM）。

第二，碳交易市场，包括：国内外碳交易发育地区（如欧洲市场、北美市场、中国市场）；各地区碳交易市场的交易量、交易额及交易价格；各地区碳交易价格变化趋势及对未来价格的预期。

第三，清洁发展机制（CDM），碳捕集与封存技术已被纳入清洁发展机制，对发达国家而言，CDM提供了一种灵活的履约机制，而对于发展中国家来说，通过CDM项目可以获得部分资金援助和先进技术。清洁发展机制项目特点、项目的交易量、交易额及交易价格、CDM项目交易价格变化趋势及对未来价格的预期是分析的主要内容。

5. CCUS 产业面临问题

碳捕集与封存产业面临的问题包括产业本身存在的问题，如缺乏投资、高额成本及跨行业合作等；外部相关环境问题，如政策支持少，缺少价格信号或财政激励，长期债务风险，缺乏一个全面的监管制度及公众的认知度低等。

三、源汇分析

1. 二氧化碳排放源分析

CO_2 排放源是 CCUS 产业链起始环节，排放源的空间分布决定了与汇（油田）的距离远近，排放企业类型决定了排放浓度的高低，进而影响排放成本。对这些问题分析研究的目的：一是确定油田（或油区）附近 CO_2 供给源的来源成本，作为源汇资源优化配置时输入的参数；二是提出各油区 CO_2 供给源的来源成本特点，为战略规划中确定各阶段备选油区或油田提供供给源。

1）排放源分类

国内外 CO_2 排放源主要包括火电、炼油、气体处理、合成氨、钢铁厂、乙烯、环氧乙烷、制氢等类型。

针对战略规划，涉及的油田（或油区）附近的 CO_2 排放源的调查，可采用各行业企业年鉴的企业年产量，再根据 CO_2 的排放因子来计算各企业 CO_2 的排放量。目前，调查中涉及 8 个主要的行业，分别是热电厂（装机容量较大的企业）、水泥、钢铁、煤化工、炼化、聚乙烯、合成氨、电石，其中主要的 CO_2 排放企业为热电厂、煤化工、水泥以及钢铁。

2）各行业二氧化碳排放量计算

CO_2 排放量的计算主要是依据国际通用的政府间气候变化专门委员会（IPCC）提供的方法，其计算公式为：

$$E_{CO_2} = EF \times P_c \times a \qquad (7-3-1)$$

式中，E_{CO_2} 表示 CO_2 排放量，$t（CO_2）/a$；EF 表示 CO_2 排放因子，$t（CO_2）/t（产品）$；P_c 表示产品年产能，$t（产品）/a$；a 表示产能利用系数。

排放量计算中，排放因子的确定是关键，它是燃料类型、燃烧效率、工艺工程、技术水平、减排程度以及技术进步等诸多因素的函数。中国能源活动排放源设备体系庞大而分散，逐一实测确定受到经济条件的约束。作为初步研究，对各工业部门分别采用排放因子

的平均值来计算 CO_2 排放量，表 7-3-1 为七类排放源的平均排放因子。

表 7-3-1 七类排放源的排放因子

行业	火电	水泥	钢铁	合成氨	炼化	聚乙烯	电石
排放因子	1	0.882	1.27	3.8	0.219	2.541	5.2

对于煤化工，由于其产品的不同导致了排放因子的不同，以下采用的是参考 IPCC 1999 年公布的中国非能源利用行业 CO_2 排放因子，并结合林泉发表的研究结果中介绍的具体工艺特点加以调整而得到的排放因子（表 7-3-2）。

表 7-3-2 煤化工行业排放因子

产品	甲醇合成	烯烃合成	煤直接液化	煤间接液化
排放因子	2	6	2.1	3.3

3）二氧化碳排放源分布

根据收集的 CO_2 排放点的坐标，按排放量、排放浓度及排放企业类型，采用 ArcGis 或其他绘图软件绘制排放点分布图，如图 7-3-1 所示，并总结其分布特征。

八个主要行业 CO_2 排放源

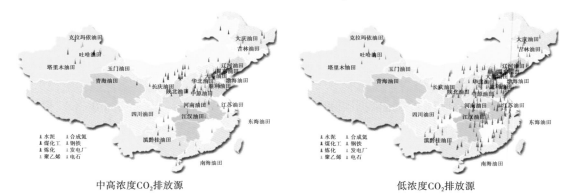

中高浓度 CO_2 排放源　　　　　低浓度 CO_2 排放源

图 7-3-1 中国 CO_2 排放源位置分布示意图

4）二氧化碳排放源成本（二氧化碳来源成本）估算

CO_2 来源成本主要包括捕集成本、压缩成本和运输成本。目前，对电厂及工业企业

CO_2 捕集投资的估算有工程量法、回归法及规模指数法（规模因子法）3 种，以下采用规模指数法；压缩及运输成本的计算采用了美国加利福尼亚大学 Davis 分校 David L. McCollum 和 Joan M. Ogden 研究的方法。

高浓度的排放源，如煤化工、合成氨和电石，其捕集成本较低，可视为零；煤电厂、水泥、钢铁及炼化属低浓度排放源，聚乙烯为中浓度排放源，其投资与运营成本计算公式如下：

（1）捕集成本计算。

①捕集投资计算。

$$\text{低浓度：} \text{CAPEX}_{\text{L-capture}} = 7071Q_{\text{L-capture}}^{0.67}$$
$$\text{中浓度：} \text{CAPEX}_{\text{M-capture}} = 427Q_{\text{M-capture}}^{0.67} \tag{7-3-2}$$

②捕集运营费计算。

$$\text{低浓度：} \text{OPEX}_{\text{L-capture}} = 424Q_{\text{L-capture}}^{0.67} + 152Q_{\text{L-capture}} + 130$$
$$\text{中浓度：} \text{OPEX}_{\text{M-capture}} = 26Q_{\text{M-capture}}^{0.67} + 51Q_{\text{M-capture}} + 130 \tag{7-3-3}$$

（2）压缩成本计算。

计算压缩成本分别按压缩量小于 $300 \times 10^4 \text{t/a}$ 和不小于 $300 \times 10^4 \text{t/a}$ 两种情况考虑，其投资与运营成本计算公式如下：

①压缩投资计算。

$$\text{小于} 300 \times 10^4 \text{t/a：} \text{CAPEX}_{<300\text{-compress}} = 66.41Q_{<300\text{-compress}}^{0.29} + 2758.07Q_{<300\text{-compress}}^{0.40} +$$
$$2.74Q_{<300\text{-compress}} + 47.67$$
$$\text{不小于} 300 \times 10^4 \text{t/a：} \text{CAPEX}_{\geqslant 300\text{-compress}} = 108.64Q_{\geqslant 300\text{-compress}}^{0.29} + 4180.45Q_{\geqslant 300\text{-compress}}^{0.40} +$$
$$2.74Q_{\geqslant 300\text{-compress}} + 47.67$$
$$\tag{7-3-4}$$

②压缩运营费计算。

$$\text{小于} 300 \times 10^4 \text{t/a：} \text{OPEX}_{<300\text{-compress}} = 3.98Q_{<300\text{-compress}}^{0.29} + 165.48Q_{<300\text{-compress}}^{0.40} +$$
$$40.87Q_{<300\text{-compress}} + 2.86$$
$$\text{不小于} 300 \times 10^4 \text{t/a：} \text{OPEX}_{\geqslant 300\text{-compress}} = 6.52Q_{\geqslant 300\text{-compress}}^{0.29} + 250.83Q_{\geqslant 300\text{-compress}}^{0.40} +$$
$$40.87Q_{\geqslant 300\text{-compress}} + 2.86$$
$$\tag{7-3-5}$$

（3）运输成本计算。

运输投资计算：

$$\text{CAPEX}_{\text{transport}} = 22.85Q_{\text{transport}}^{0.35} L_{\text{transport}}^{1.13} \tag{7-3-6}$$

运输运营费计算：

$$\text{OPEX}_{\text{transport}} = 1.37Q_{\text{transport}}^{0.35} \times L_{\text{fransport}}^{1.13} \tag{7-3-7}$$

式中，CAPEX 为建设投资，万元；OPEX 为运营费，万元/a；Q 为捕集量、压缩量和运输量，$10^4 t/a$；M-capture 为中浓度排放源捕集；L-capture 为低浓度排放源捕集；<300-compress 为压缩量小于 $300×10^4 t/a$；≥300-compress 为压缩量不小于 $300×10^4 t/a$；transport 为管道运输；L 为运输距离，km。

5）计算二氧化碳来源成本

根据上述公式，按不同浓度和汇（油田）CO_2 需求量分别计算排放点及油田井口（到站）成本。

排放点成本包括捕集成本和压缩成本两部分，按油区计算油田或油区附近选用的排放点成本，其结果如图 7-3-2 所示，由此可以分析来源成本与排放源类型及规模大小的关系等。

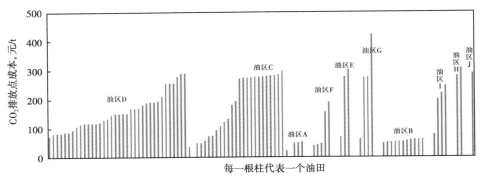

图 7-3-2　各油区选用排放点成本（捕集+压缩）分布图

排放源到站成本包括捕集成本、压缩和运输成本三部分，按油区计算油田或油区附近选用的排放点成本，呈现其结果（图 7-3-3）并分析其特点。

如图 7-3-3 所示，从各油区对比看，油区 A 和油区 B 油田附近 CO_2 供给源为高浓度排放源，且规模较大，因此，其来源成本较低，多在 75 元/t 以内；油区 C 附近多为中低浓度的排放源，因此，仅约一半油田的排放源到站成本小于 200 元/t，其他则多在 300 元/t 左右。

CO_2 来源成本较低的油区可作为近期开展 CCUS 的对象。

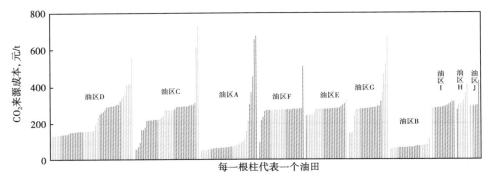

图 7-3-3　各油区不同油田 CO_2 来源到站成本（捕集+压缩+运输）分布图

2. 二氧化碳驱油与埋存潜力分析

CO_2 驱油与埋存潜力分析包括技术及经济两方面，技术评价最终要提供 CO_2 驱油的产量剖面和 CO_2 埋存量；经济上重点评价各油田对 CO_2 成本的承受能力。

1）对油区二氧化碳驱油与埋存潜力进行评价

评价的内容包括建立 CO_2 驱油与埋存潜力评价模型、进行潜力（产量剖面和埋存量）计算，并对各油区埋存潜力及增油潜力特点进行分析。该部分内容在上节已经详细说明，不再冗述。

2）二氧化碳承受成本计算与分析

采用 CO_2 驱油的油田，因各油田自身条件，如油藏埋深、产量、产量递减速度、CO_2 注入量及循环率等因素的不同，其经济性存在较大差异，因而所能承受的 CO_2 来源成本亦不相同。为进行源汇的优化配置，需估算各油田对 CO_2 成本的承受能力，其评估方法及步骤如下：

（1）财税制度与计算参数假设。

承受成本计算是在一定油价、贴现率及现行财税制度，如各种税收和一定折旧年限规定下进行的，因此，需做相应的设定，例如：油价为 60 美元/bbl；税费中的增值税为 17%，城建税为 7%，教育费附加为 3%，资源税为 0.035%，所得税为 25%；贴现率为 12%，特别收益金起征点为油价 65 美元/bbl，税率为 20%~40%，实行 5 级超额累进从价定率计征；折旧年限为 10 年。

（2）二氧化碳驱油承受成本计算。

以现行财税制度建立经济评价模型，用现金流量法计算油田 CO_2 承受成本（表 7-3-3）。经济评价模型采用常规经济评价方法建立，不再赘述。

表 7-3-3　某油区油田区块 CO_2 承受成本

油田	CO_2 承受成本，美元/t						
	40 美元/bbl	50 美元/bbl	60 美元/bbl	70 美元/bbl	80 美元/bbl	90 美元/bbl	100 美元/bbl
油田 1	−69	−67	−65	−63	−61	−58	−55
油田 2	51	87	124	157	184	206	229
油田 3	70	119	168	212	247	277	306
油田 4	−2	23	47	70	88	103	119
油田 5	−9	12	34	54	70	84	98
油田 6	101	158	216	267	308	344	378
油田 7	23	51	80	106	127	146	164
油田 8	4	27	51	72	89	104	118
油田 9	27	55	83	108	129	147	164
油田 10	24	48	72	94	111	126	140
油田 11	0	23	46	67	84	98	112
油田 12	38	71	104	133	157	178	198
油田 13	−143	−130	−117	−105	−96	−87	−79
油田 14	−60	−48	−37	−26	−17	−8	0

油田	CO_2 承受成本，美元/t						
	40 美元/bbl	50 美元/bbl	60 美元/bbl	70 美元/bbl	80 美元/bbl	90 美元/bbl	100 美元/bbl
油田 15	−30	−12	5	20	33	45	56
油田 16	−130	−134	−138	−141	−143	−145	−146
油田 17	−98	−100	−103	−105	−106	−108	−109
油田 18	−14	6	26	43	58	71	83
油田 19	−14	7	27	45	60	73	85
油田 20	12	36	61	82	100	115	129
油田 21	−57	−48	−40	−32	−25	−19	−13
油田 22	134	193	252	305	348	384	419

（3）承受成本的影响因素。

首先确定油田对 CO_2 承受成本的影响因素，并找出影响的幅度、趋势和特点。

①油价对 CO_2 承受成本的影响。

现以油区 C 为例讨论油价对 CO_2 承受成本的影响，从计算结果看出以下三个特点（图 7-3-4）：

第一，油价上涨可以增加收入，从而提高 CO_2 成本承受力，当油价每增加 10 美元/bbl 时，承受成本增加 12~92 元/t。

第二，承受力越高的油田，增长幅度越大。

第三，同一油田，油价从低到高承受力增长的幅度（油价每增加 10 美元/bbl）不同，油价在 65 美元/bbl 以下时，增长幅度相对较大；油价在 65 美元/bbl 以上时，因需缴纳特别收益金，增长幅度减小。

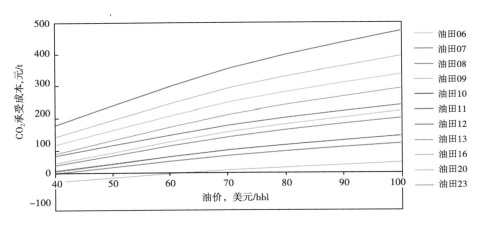

图 7-3-4　油区 C 各油田对 CO_2 承受成本随油价变化曲线

②贴现率对 CO_2 承受成本的影响。

在评价油田承受 CO_2 成本时所使用的贴现率对承受成本有一定的影响，贴现率越高，计算出的承受力越低。评价中，可根据决策时不同目的考虑不同的贴现率，但每一贴现率都应代表一定的经济意义，如图 7-3-5 中，分别采用行业贴现率（12%）、行业中特殊油田（如低渗透）开发的贴现率（10%）、社会平均贴现率（8%）及无风险利率（5.58%）来评价油田对 CO_2 的承受能力。例如油区 C，贴现率对 CO_2 承受成本的影响如下：

第一，当贴现率由行业收益率 12% 降为 10% 时，CO_2 承受成本的增量为 3~47 元/t，平均每吨增加 27 元；当以社会平均收益 8% 计算时，CO_2 承受成本的增量为 5~100 元/t，平均增加 56 元/t；当以无风险资金成本 5.58% 计算时，CO_2 承受成本的增量为 7~167 元/t，平均增加 95 元/t。

第二，原承受能力越高，降低贴现率带来的增量越小。

第三，对贴现率敏感的程度与油田产量剖面特点有关，在评价期中产量变化大、递减快者，其承受成本对贴现率更为敏感。

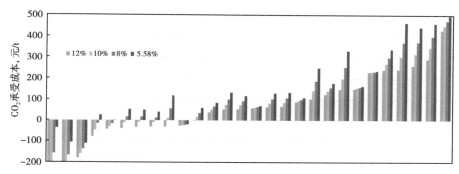

图 7-3-5　油区 C 不同贴现率下 CO_2 承受成本对比图（油价为 60 美元/bbl）

（每一组柱代表一个油田）

③投资变化对 CO_2 承受成本的影响。

投资变化对 CO_2 承受成本的影响包括投资变化对承受成本增量改变的幅度及对投资变化敏感度两方面，例如，油区 C 不同投资递减率下，CO_2 承受成本呈现以下特点：

a. 投资降低，承受成本增量呈线性增长；投资减少 20%，承受成本提高 3~42 元/t；投资减少 30%，承受成本提高 5~64 元/t（图 7-3-6）。

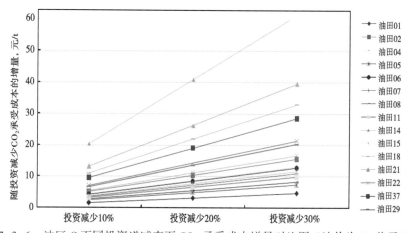

图 7-3-6　油区 C 不同投资递减率下 CO_2 承受成本增量对比图（油价为 60 美元/bbl）

b. 承受能力越大，对投资的降低越敏感，即投资减少带来的承受能力的增量越大；承受能力低者，随着投资降低，其承受能力提高的增量小（图 7-3-6）。

④优惠政策对 CO_2 承受成本的影响。

根据与 CCUS 有关的优惠政策的调研，选择与埋存有关的政策作为变化因素进行计算与评价。现以油区 A 为例，分别以免除资源税和给予埋存补贴［15 美元/t（CO_2）］与现有状况下油田的承受成本进行对比。

计算结果表明，资源税和埋存补贴对 CO_2 承受成本影响明显，承受成本增加 10~100 元/t，无承受能力的油田（承受成本为负值）有所减少（图 7-3-7）。

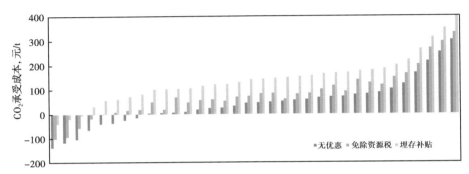

图 7-3-7　油区 A 有无优惠政策 CO_2 承受成本对比图

（每一组柱代表一个油田）

（4）汇（油田）分类。

根据各油区不同油田 CO_2 承受成本计算结果，按承受能力对油田进行统计分类，从而了解各油区不同油田承受能力状况以及公司埋存与增油的潜力状况（表 7-3-4、图 7-3-8）。

表 7-3-4　各油区 CO_2 承受能力统计表（以油价为 60 美元/bbl 计算）

油区	类别	技术可行	经济可行			
			类型Ⅳ （<0 元/t）	类型Ⅲ （0~200 元/t）	类型Ⅱ （200~400 元/t）	类型Ⅰ （>400 元/t）
油区 A	油田个数	34	8	23	3	
	占总数比例,%	100	24	68	9	
油区 B	油田个数	24	6	14	4	
	占总数比例,%	100	25	58	17	
油区 C	油田个数	39	11	14	9	5
	占总数比例,%	100	28	36	23	13
油区 D	油田个数	50	12	28	10	
	占总数比例,%	100	24	56	20	
油区 E	油田个数	25	8	11	5	1
	占总数比例,%	100	32	44	20	4

油区	类别	技术可行	经济可行			
			类型Ⅳ （<0 元/t）	类型Ⅲ （0~200 元/t）	类型Ⅱ （200~400 元/t）	类型Ⅰ （>400 元/t）
油区 F	油田个数	27	8	14	5	
	占总数比例,%	100	30	52	19	
油区 G	油田个数	12	4	4	4	
	占总数比例,%	100	33	33	33	
油区 H	油田个数	6	1	3	2	
	占总数比例,%	100	17	50	33	
油区 I	油田个数	7	4	3		
	占总数比例,%	100	57	43		
油区 J	油田个数	6	2	2	2	
	占总数比例,%	100	33	33	33	
合计	油田个数	223	60	113	44	6
	占总数比例,%	100	27	51	20	3

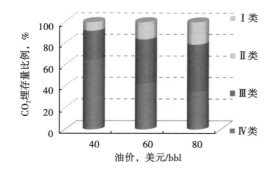
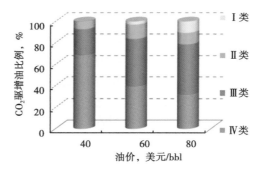

图 7-3-8　公司级不同承受能力类型油田 CO_2 埋存量与增油量构成图

3. 二氧化碳承受成本与来源成本差值分析及填补空白可能的途径

对于 CO_2 承受成本与来源成本差值分析，其目的在于：一是提供油区中可供源汇配置的经济可行油田或区块；二是从设定的可能变化因素进行差值的敏感性分析，作为寻求政策扶持的依据。

1）二氧化碳承受成本与来源成本差值分析

单从 CO_2 来源成本或油田承受成本的高低，不能确定项目的经济可行与否，需要看两者的差值，即油田 CO_2 承受成本减来源成本之差，以下简称为成本差值。成本差值大于零，项目有经济效益，正值越大表示盈利能力越强；差值小于零的油田，则经济上不可行。

例如油区 B，尽管大部分油田承受成本大于零，表明具有一定承受能力，但与到站来源成本相比，则多数油田成本差值小于零，表明经济上是不可行的（图 7-3-9）。这种承受能力与来源成本之间形成了空白，成为 CCUS 产业推进和发展的瓶颈。

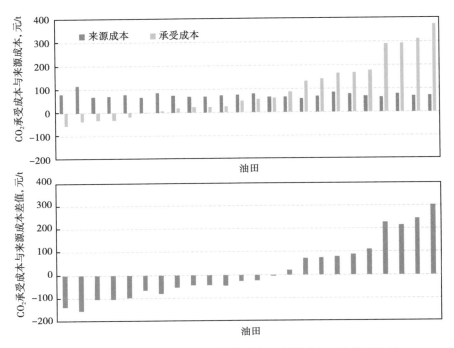

图 7-3-9　油区 B 各油田 CO_2 承受成本、来源成本与差值对比图

2）填补空白可能的途径

由图 7-3-10 可见，在现行条件下，经济可行的油田（成本差值大于 0）不足半数，这一现象成为 CCUS 产业推进与发展的瓶颈。这之间的差距需要寻求技术、政策及市场等方面的途径来填补，才能推进产业在该油区的发展。根据前面调研的结果，可通过以下两方面的途径逐步改善这种状况：

一是从 CO_2 来源环节考虑未来成本降低的趋势对成本空白的填补，根据调研结果，在此项研究中，捕集成本分别降低 20% 和 30% 进行来源成本的计算。

二是从油田埋存环节考虑可能的政策优惠，通过减免资源税或给予一定的埋存补贴，能够较大幅度提高公司 CCUS 的发展规模，尤其在低油价时影响更为显著；并且对于某些油区，必须靠政策扶持产业才能开展。此项研究中，分别假设免除资源税和给予埋存补贴，在此条件下评估各油田对 CO_2 的承受能力。

以油区 A 和油区 B 为例，从前面述及的 CO_2 来源方面减小供给成本，在埋存方面提高承受成本的能力，如此可以使经济可行的油田有较大幅度的增加（图 7-3-10）。油区 A 经济可行油田个数从原来的 24% 增加到 74%，油区 B 经济可行油田个数从原来的 46% 增加到 92%。

四、CCUS 战略规划情景设计与规划目标和原则

1. 战略规划情景设计

战略规划的制定通常是在高度不确定的环境中进行的，因而，需对产业的发展做出必要的战略情景设计，对所有可能发展路径进行剖析，并与现有的资源和能力进行匹配，从

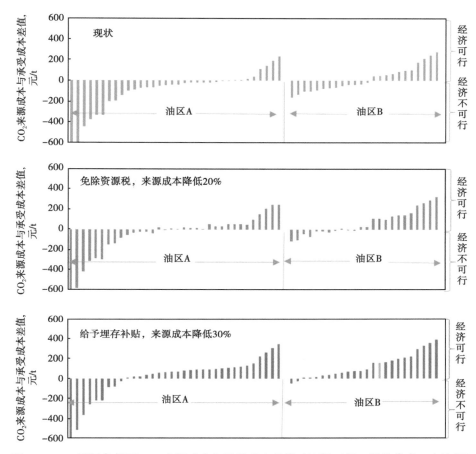

图 7-3-10　不同条件下 CO_2 来源成本与承受成本差值对比图（每一根柱代表一个油田）

而确定企业的发展方向及路径，也就是根据假设几种可能出现的不同未来情景来制定规划。

　　根据国内外有关 CCUS 技术的发展状况、政策、碳定价调研及成本瓶颈打破的途径，并通过 CO_2 驱油承受成本及 CO_2 来源成本的测算，以及对 CCUS 技术本身的发展、公共资金的支持、碳税及碳交易市场的发育等，这些填补经济空白有效途径的分析，确定产业发展战略规划情景要素，构建 CO_2-EOR 战略规划情景框架。例如，可设定以下两方面的情景要素。

　　第一，与 CO_2 来源成本有关的情景要素：现状、排放点成本降低 20%、排放点成本降低 30%。

　　第二，与埋存有关的情景要素：现状、免除资源税、给予 15 美元/t（CO_2）埋存补贴或碳交易市场发育，交易价格达 15 美元/t（CO_2）。

　　将这些情景要素进行组合，分别形成了情景 I、情景 II 和情景 III，再纳入 CCUS 产业发展的时期序列，如近期、中期、远期三阶段，构成图 7-3-11 所示的产业战略规划情景模式。

　　近期——情景 I：产业处于示范阶段，维持现有的 CO_2 捕集技术与成本水平，目前的油气开发财税政策。

中期——情景Ⅱ：产业进入早期商业化阶段，CO_2 捕集技术进步使来源成本降低 20%，对 CO_2-EOR 给予免除资源税的优惠。

远期——情景Ⅲ：产业进入成熟商业化阶段，CO_2 来源成本随着捕集技术的成熟和所取得的经验而降低来源成本 30%，对 CO_2-EOR 给予 15 美元/t（CO_2）埋存补贴优惠或碳交易市场发育，交易价格为 15 美元/t。

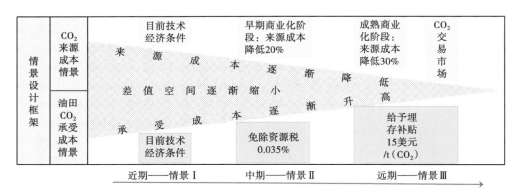

图 7-3-11　CCUS 规划情景模式示意图

2. 规划目标和原则

1）制订战略规划原则

针对企业参与的 CCUS，根据产业的特点，可遵循下列战略规划原则：

（1）与环境（CO_2 减排）协调发展的原则。

（2）政府引导企业为主的原则：发挥政府鼓励、引导和支持作用。

（3）积极且审慎稳步推进 CCUS 的发展原则，其中积极的含义是有条件的区块先行实施，提出并争取优惠政策；谨慎的含义是承受能力差的油田区块等待优惠政策或油价上升再行实施。

（4）近期部署兼顾中、远期发展设想，统一规划、分步实施的原则。

（5）油田开发盈利兼顾 CO_2 埋存。

2）战略规划目标

在调研的基础上，从产业（企业）与外部环境关系的研究和对未来发展趋势的预测，拟定战略规划目标，将企业在 CCUS 产业发展的宗旨具体化，形成规划目标，例如：

（1）提升公司在 CCUS 产业链中的作用与地位，扩展企业发展领域；

（2）调整优化企业资产，提高公司持续发展的能力；

（3）对提高油田的动用率和采收率起到积极促进作用；

（4）达到预算目标（CO_2 埋存、增油、投资回报），例如最终 CO_2 埋存争取达 $20 \times 10^8 t$、增油 $8.5 \times 10^8 t$ 及收益率大于 10%。

五、战略规划方案编制

经企业内外部环境分析，清晰了解与产业有关的商业环境，然后对外部环境的变化影响和内部资源能力评估进行综合比较，从而确定企业的战略规划。

　　CCUS 是多环节、多行业和多学科的产业，又涉及技术、经济、环境及社会多个层面，产业的发展需要统筹规划，排放源和碳汇点有相对分布位置关系、规模大小及经济性好与差（图 7-3-12）等问题，因此，需要进行有效的资源优化与配置。在此项研究中，采用数学规划方法建立优化模型，根据研究或决策支持问题的需要进行求解，解决诸如：管道如何布局可以达到成本最低的效果，在众多排放源中选取哪些排放源作为供给源，选取哪些油田进行 CO_2-EOR 可取得最佳的经济效益等问题。

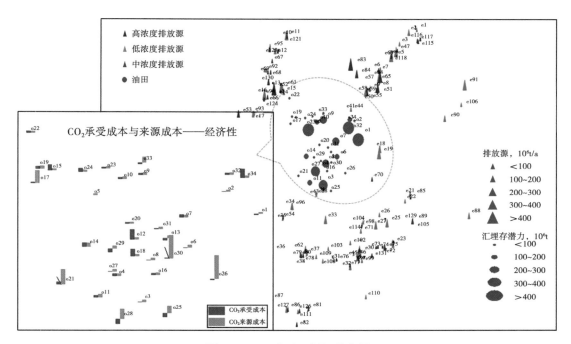

图 7-3-12　油区 A 源汇分布图

1. 建立源汇优化配置模型

资源配置优化模型包括目标函数和约束方程，基本数学模型为：

$$\min\ (\max)\ f\ (x,\ y)\begin{cases}CO_2\ \text{来源成本最低}\\ CO_2-EOR\ \text{收益最大}\\ CO_2\ \text{埋存量最大}\\ CO_2-EOR\ \text{增油量最大}\end{cases} \quad (7-3-8)$$

$$\text{s.t.}\ g\ (x,\ y)\begin{cases}\text{节点物质平衡}\\ \text{管道单向流动限制}\\ \text{捕集量限制}\\ \text{埋存量限制}\\ \text{经济性限制}\end{cases} \quad (7-3-9)$$

式中，f 为目标函数；g 为约束条件；x 为连续变量；y 为 0，1 二进制变量。

1）目标函数

根据此项研究涉及问题的需要，分别建立了 4 个目标函数，在实际问题中可依需要任选其一。

（1）追求 CO_2 来源成本最低：

$$\min \text{Total\_Cost}_{\text{source}} = \sum_{i=1}^{N} \left[C_{\text{capture}}(i) + C_{\text{compress}}(i) \right] + \sum_{i=1}^{N} \sum_{j=1}^{N} C_{\text{transport}}(i, j)$$

$$(7\text{-}3\text{-}10)$$

（2）追求 CO_2-EOR 收益最大：

$$\max \text{Net\_profit} = \sum_{i=1}^{N} \text{profit}_{\text{EOR}}(i) - \left\{ \sum_{i=1}^{N} \left[C_{\text{capture}}(i) + C_{\text{compress}}(i) \right] + \sum_{i=1}^{N} \sum_{j=1}^{N} C_{\text{transport}}(i, j) \right\}$$

$$(7\text{-}3\text{-}11)$$

（3）追求 CO_2 埋存量最大：

$$\max \text{Total\_}Q_{\text{storage}} = \sum_{i=1}^{N} Q_{\text{storage}}(i)$$

$$(7\text{-}3\text{-}12)$$

（4）追求 CO_2-EOR 增油量最大：

$$\max \text{Total\_}Q_{\text{production}} = \sum_{i=1}^{N} Q_{\text{production}}(i)$$

$$(7\text{-}3\text{-}13)$$

2）约束方程

（1）节点物质平衡：

$$Q_{\text{capture}}(i) + \sum_{j=1}^{N} Q(j, i) = \sum_{j=1}^{N} Q(i, j) + Q_{\text{storage}}(i)$$

$$(7\text{-}3\text{-}14)$$

（2）管道单向流动限制：

$$Y_{\text{pipe}}(i, j) + Y_{\text{pipe}}(j, i) \leqslant 1$$

$$(7\text{-}3\text{-}15)$$

（3）捕集量限制：

$$Q_{\text{capture}}(i) \leqslant Q_{\text{source}}(i)$$

$$(7\text{-}3\text{-}16)$$

（4）埋存量限制：

$$Q_{\text{storage}}(i) = Q_{\text{demand}}(i) \text{ 或 } \sum_{i=1}^{N} Q_{\text{storage}}(i) \geqslant b$$

$$(7\text{-}3\text{-}17)$$

（5）经济性限制：

$$\left\{ \begin{array}{l} \sum_{i=1}^{N} \text{Profit}_{\text{EOR}}(i) - \left\{ \sum_{i=1}^{N} \left[C_{\text{capture}}(i) + C_{\text{compress}}(i) \right] + \sum_{i=1}^{N} \sum_{j=1}^{N} C_{\text{transport}}(i, j) \right\} \geqslant 0 \\ \qquad\quad \text{或 } \text{Cost}_{\text{load-oilfield}}(i) \geqslant \text{Cost}_{\text{source-oilfield}}(i) \\ \qquad\qquad\qquad\qquad \text{或其他} \end{array} \right.$$

$$(7\text{-}3\text{-}18)$$

式中，Total_Cost$_{source}$为累计CO_2来源成本，万元；Cost$_{load-oilfield}$$(i)$为油田$i$对$CO_2$承受成本，元/t；Cost$_{source-oilfield}$$(i)$为$CO_2$到油田$i$（井口）来源成本，元/t；$C_{capture}$$(i)$为排放源$i$捕集成本，万元；$C_{compress}$$(i)$为排放源$i$压缩成本，万元；$C_{transport}$$(i, j)$为从节点$i$到节点$j$的运输成本，万元；$Q_{capture}$$(i)$为节点$i$的$CO_2$捕集量，$10^4$t/a，节点为油田时为0；$Q_{source}$$(i)$为节点$i$的$CO_2$排放量，$10^4$t/a，节点为油田时为0；$Q(i, j)$为节点$i$流向节点$j$的流量，$10^4$t；$Q(j, i)$为节点$j$流向节点$i$的流量，$10^4$t；Total_$Q_{storage}$为各油田$CO_2$埋存量总和，$10^4$t/a；$Q_{storage}$$(i)$为节点$i$的$CO_2$埋存量，$10^4$t/a，节点为排放源时为0；$Q_{demand}$$(i)$为油田$iCO_2$需求量，$10^4$t/a，节点为排放源时为0；Total_$Q_{production}$为各油田产油增量总和，$10^4$t；$Q_{production}$$(i)$为油田$i$$CO_2$-EOR增油量，$10^4$t；Net_Profit为各油田无$CO_2$成本时的收益总和，万元；Profit$_{EOR}$$(i)$为油田$i$无$CO_2$成本时的收益，万元；$Y_{pipe}$$(i, j)$为节点$i$到$j$之间是否存在管道的0-1变量；$Y_{pipe}$$(j, i)$为节点$j$到$i$之间是否存在管道的0-1变量；$N$为节点数，包括所有的$CO_2$排放源和油田；$b$为给定的埋存量，$10^4$t。

以上目标函数可根据问题的需要任选其一，与约束方程组合构成优化模型，在约束方程中除式（7-3-14）、式（7-3-15）和式（7-3-16）以外，其他约束方程应与目标函数对应选择使用。

2. 源汇的优化配置

分别以不同目标及约束条件对各油区进行源汇的优化配置。在一个多环节的产业中，出于不同的研究或决策考虑，需要建立不同的目标或同一目标不同约束，或不同目标不同约束的规划模型。如CCUS产业链是由排放源的捕集、运输及油田埋存3个环节构成，产业所涉及的除3个环节各自的技术经济问题外，还要考虑整个产业链所带来的经济效益、社会效益和环境效益等问题。现以油区B（含有24个油田，油田附近有45个CO_2排放源）为例讨论从不同角度考察优化配置问题，分别建立相应的规划模型进行源汇优化配置。

（1）站在石油生产企业的角度，以油田收益最大化为目标进行源汇优化配置。

其优化问题为：在一定财税政策条件下，现有24个油田中经济性差异较大，且到油田的CO_2来源成本各有不同，源汇如何配置使油田CO_2-EOR收益最大。

针对上述问题，建立以油区收益最大为目标的规划模型进行源汇配置，优化的路径如图7-3-13（a）所示。

（2）从排放源的捕集及运输环节考虑，以来源成本最低为目标进行源汇配置。

其优化问题为：在一定财税政策条件下，现有排放源45个，供给24个油田实施CO_2-EOR并埋存CO_2，但各油田埋存量不同，油区周围排放源排放量及距油田的远近各异，CO_2管网如何配置使CO_2来源成本最低。

针对上述问题，以来源成本最低为目标，以24个油田均埋存为约束，建立规划模型进行资源的配置，优化的路径如图7-3-13（b）所示。

（3）从石油生产和石油供给角度考虑，以获得最多的石油产量为目标进行资源配置。

其优化问题为：在一定财税政策条件下，现有24个油田通过实施CO_2-EOR可获得一定石油产量，并埋存CO_2，但各油田产量增量不同，油区周围排放源排放量及距油田的远近各异，选用哪些CO_2排放源，CO_2管网如何配置使产量增量最大，并保持收支平衡。

针对上述问题，以产量增量最大为目标，以 CO_2-EOR 收支平衡为约束，建立规划模型进行资源配置，优化的路径如图 7-3-13（c）所示。

（4）从减排的环境保护角度考虑，最大限度地埋存 CO_2。

其优化问题为：在一定财税政策条件下，现有 24 个油田通过实施 CO_2-EOR 埋存一定量的 CO_2，但各油田埋存量不同，周围排放源到油田的 CO_2 来源成本各异，CO_2 运输管网如何配置使相关企业在不亏损的前提下 CO_2 埋存量最大。

针对上述问题，以 CO_2 埋存量最大为目标，以 CO_2-EOR 收支平衡为约束，建立规划模型进行资源配置，优化的路径如图 7-3-13（d）所示。

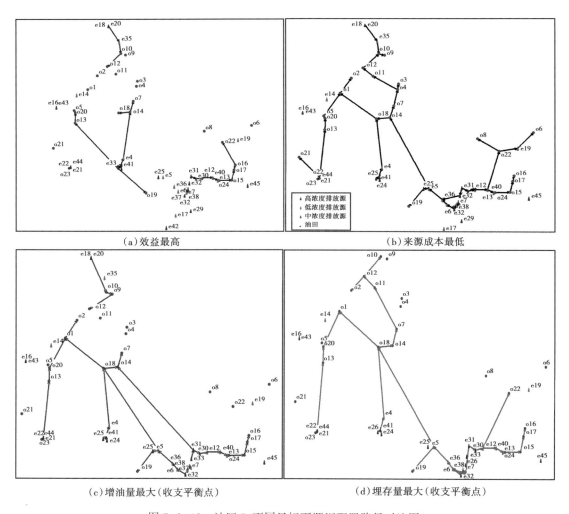

图 7-3-13　油区 B 不同目标下源汇配置路径对比图

以图 7-3-13（c）排放源 e20 输送 CO_2 的路径为例，其输送方向及路径如下：由排放源 e20 输送 CO_2 到油田 o10，再由油田 o10 输送到油田 o9，继而终止于油田 o12。

以上是单目标的优化，也可根据需要建立多目标的规划模型，每一目标按其重要次序给予权重。以下的战略规划方案是按单目标进行的优化配置。

3. 公司 CCUS 战略规划方案

以企业经济效益最佳为目标的优化配置为例，论述战略规划方案的主要步骤：

（1）按 3 种情景对各油区经济可行的油田进行筛选。

（2）进行各油区分阶段的源汇配置。

（3）公司级分阶段整体部署。

对公司内各油区，按一定的目标和约束分 3 个阶段在相应情景下进行源汇匹配，得到以下 3 方面的结果：

（1）选用的排放源、油田、每个源汇节点 CO_2 流入流出量，如图 7-3-14 所示，图中的数据为运输量，例如，排放源 e15 每年向油田 o22 输送 $21 \times 10^4 t$ CO_2。

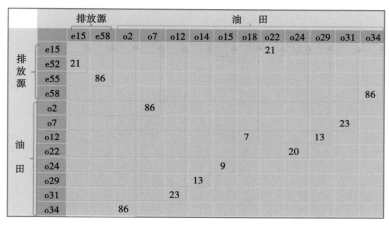

图 7-3-14　优化配置各源汇节点流量图（单位：$10^4 t/a$）

（2）管道的路径，如图 7-3-15 所示。

（3）达到的效果，即 CO_2 埋存量及 CO_2-EOR 增油量，如图 7-3-16 所示。

1）各油区 CCUS 战略规划方案

根据确立的 CCUS 战略规划目标，从石油企业的角度考虑资源优化配置目标和约束，对各油区进行源汇配置（以油价为 60 美元/bbl 计算相关指标）。现以油区 A 为例述及如下：

近期规划是在情景Ⅰ下，即在现有来源成本水平和财税政策条件下，启用有承受能力的油田，并兼顾中期、远期所进行的源汇配置，以油田收益最大为目标，以油田承受成本不小于现有来源成本为约束建立优化模型。优化配置的路径如图 7-3-15（a）所示，动用油田 8 个，开发期累计埋存 CO_2 $1600 \times 10^4 t$，增油 $1300 \times 10^4 t$（图 7-3-16）。

中期规划是在情景Ⅱ下，即对 CO_2 驱油并埋存的项目给予免除资源税的优惠，并且随着 CO_2 捕集技术的提高，来源成本降低 20%。以油田收益最大为目标，以油田承受成本不小于来源成本为约束建立优化模型。优化配置的路径如图 7-3-15（b）所示，累计动用油田 19 个，开发期累计埋存 CO_2 $2.49 \times 10^8 t$，累计增油 $1.42 \times 10^8 t$（图 7-3-16）。

远期规划是在情景Ⅲ下，即对 CO_2 驱油并埋存的项目给予 15 美元/t（CO_2）的埋存补贴优惠，并且随着产业进入成熟商业化阶段，CO_2 捕集技术提高，来源成本与示范阶段相比降低 30%。以油田收益最大为目标，以油田承受成本不小于来源成本为约束建立优化模

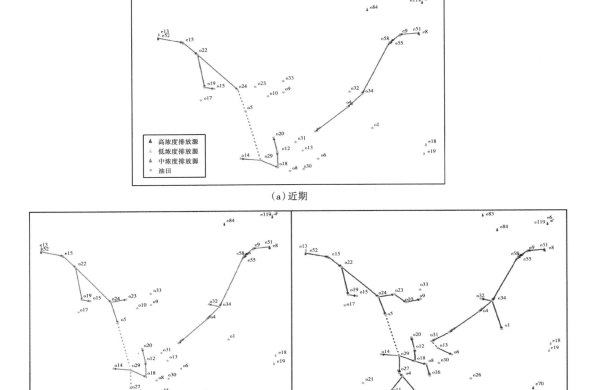

图 7-3-15　油区 A 各规划期源汇配置路径图

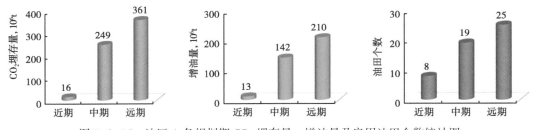

图 7-3-16　油区 A 各规划期 CO_2 埋存量、增油量及启用油田个数统计图

型。优化配置的路径如图 7-3-15（c）所示，累计动用油田 25 个，开发期累计埋存 CO_2 $3.61×10^8t$，累计增油 $2.1×10^8t$（图 7-3-16）。

2）公司整体 CCUS 战略规划方案

根据对未来可能情景发展的预期及各油区自身的特点，按照前述战略规划的原则将 3 种油价（40 美元/bbl、60 美元/bbl、80 美元/bbl）和 3 种不同的情景按近期、中期和远期的时间序列，排列整合形成以下 3 个 CCUS 发展的战略规划方案。

方案Ⅰ（基础）：在油价一定（60 美元/bbl）条件下，未来中、远期有优惠政策或碳交易市场发育前提下，编制规划方案（表 7-3-5）。

表 7-3-5　CO_2 驱油与埋存战略规划方案Ⅰ统计表

油区	近期（油价 60 美元/bbl，情景Ⅰ）			中期（油价 60 美元/bbl，情景Ⅱ）			远期（油价 60 美元/bbl，情景Ⅲ）		
	CO_2 累计埋存量 10^6t	CO_2 驱油累计增油量 10^4t	油田个数	CO_2 累计埋存量 10^6t	CO_2 驱油累计增油量 10^4t	油田个数	CO_2 累计埋存量 10^6t	CO_2 驱油累计增油量 10^4t	油田个数
油区 A	16.1	1265	8	249.3	14238	19	360.5	21006	25
油区 B	85.2	4029	10	142.7	7375	14	483.0	26002	22
油区 C	381.8	14187	11	392.2	14652	14	635.2	19420	20
油区 D	28.5	438	2	77.9	3334	4	91.0	3700	5
油区 E				104.0	3789	17	230.8	8012	27
油区 F				31.2	1993	7	38.1	2230	8
油区 G							88.2	3895	9
油区 H							18.0	696	3
油区 I							30.0	1227	2
油区 J							22.4	1204	2
合计	511.6	19919	31	997.3	45381	75	1997.2	87392	123

近期：在现有财税政策和成本下，对油区 A、油区 B、油区 C 和油区 D 中经济可行的油田区块投入开发，共动用油田 31 个，开发期累计 CO_2 埋存量 $5.12×10^8$t，累计增油 $1.99×10^8$t；

中期：随着产业的发展进入早期商业化阶段，CO_2 捕集技术提高，成本降低 20%，并且国家有政策上的扶持，给予资源税的减免，使得经济可行的油田增加。在此期间可扩大已实施 CO_2-EOR 油区中的油田数量，并加入油区 E 和油区 F 两油区，累计动用油田增加到 75 个，开发期累计 CO_2 埋存量增至 $9.97×10^8$t，累计增油 $4.54×10^8$t；

远期：CCUS 产业进入成熟的商业化阶段，CO_2 捕集技术进一步提高，成本降低 30%，并且国家政策上的扶持力度加大，给予 15 美元/t（CO_2）埋存补贴或碳交易市场的发育，进一步增加了经济可行的油田数量。在此期间可扩大已实施 CO_2-EOR 油区中的油田数量，并加入油区 G、油区 H、油区 I 和油区 J 4 个油区，如此累计动用油田增加到 123 个，开发期累计 CO_2 埋存量增至 $19.97×10^8$t，累计增油 $8.74×10^8$t。

方案Ⅱ（乐观）：各阶段油价逐步升高，从 40 美元/bbl、60 美元/bbl 升至 80 美元/bbl，未来中、远期有优惠政策或碳交易市场发育，在以上假设下编制规划方案（表 7-3-6）。

近期：当前油价为 40 美元/bbl，在现有财税政策和成本下，对油区 A、油区 B 和油区 C 三油区中经济可行的油田区块投入开发，共动用油田 10 个，开发期累计 CO_2 埋存量为 $1.11×10^8$t，累计增油 $0.56×10^8$t。

中期：同方案Ⅰ的中期规划。

远期：油价进一步升高，达到 80 美元/bbl，CCUS 产业进入成熟的商业化阶段，CO_2 捕集技术进步，成本降低 30%，政策扶持力度加大，给予 15 美元/t（CO_2）埋存补贴或有碳交易市场的发育，进一步增加了经济可行的油田数量。在此期间可扩大已实施 CO_2-EOR

油区中的油田数量，并加入油区 G、油区 H、油区 I 和油区 J 4 个油区，这样，累计动用油田增加到 152 个，开发期 CO_2 累计埋存量达 $22.95 \times 10^8 t$，累计增油 $10.13 \times 10^8 t$。

表 7-3-6　CO_2 驱油与埋存战略规划方案 II 统计表

油区	近期（油价 40 美元/bbl，情景 I）			中期（油价 60 美元/bbl，情景 II）			远期（油价 80 美元/bbl，情景 III）		
	CO_2 累计埋存量 $10^6 t$	CO_2 驱油累计增油量 $10^4 t$	油田个数	CO_2 累计埋存量 $10^6 t$	CO_2 驱油累计增油量 $10^4 t$	油田个数	CO_2 累计埋存量 $10^6 t$	CO_2 驱油累计增油量 $10^4 t$	油田个数
油区 A	2.8	501	4	249.3	14238	19	360.5	21006	25
油区 B	26.9	1433	4	142.7	7375	14	496.0	26956	23
油区 C	81.6	3639	2	392.2	14652	14	718.5	21711	25
油区 D				77.9	3334	4	92.1	3754	7
油区 E				104.0	3789	17	295.5	10050	38
油区 F				31.2	1993	7	47.3	2885	10
油区 G							175.9	10599	14
油区 H							44.6	1631	5
油区 I							41.2	1591	3
油区 J							22.4	1204	2
合计	111.3	5573	10	997.3	45381	75	2294.4	101387	152

　　方案 III（悲观）：各阶段油价逐步升高，从 40 美元/bbl、60 美元/bbl 升至 80 美元/bbl，但未来中、远期没有优惠政策或碳交易市场不发育前提下所编制的规划方案（表 7-3-7）。

表 7-3-7　CO_2 驱油与埋存战略规划方案 III 统计表

油区	近期（油价 40 美元/bbl，情景 I）			中期（油价 60 美元/bbl，情景 I）			远期（油价 80 美元/bbl，情景 I）		
	CO_2 累计埋存量 $10^6 t$	CO_2 驱油累计增油量 $10^4 t$	油田个数	CO_2 累计埋存量 $10^6 t$	CO_2 驱油累计增油量 $10^4 t$	油田个数	CO_2 累计埋存量 $10^6 t$	CO_2 驱油累计增油量 $10^4 t$	油田个数
油区 A	2.8	501	4	16.1	1265	8	67.0	5145	17
油区 B	26.9	1433	4	85.2	4029	10	145.2	7586	14
油区 C	81.6	3639	2	381.8	14187	11	583.4	17285	17
油区 D				28.5	438	2	48.5	1450	3
油区 E				24.4	1332	8	75.0	3166	18
油区 F				3.0	125	1	28.2	1576	5
油区 G							47.9	2212	5
油区 H							3.3	128	1
油区 I									
油区 J							8.6	371	1
合计	111.3	5573	10	539	21376	40	1007.1	38919	81

近期：同方案Ⅱ近期规划。

中期：因捕集项目数量有限，CO_2 捕集技术提高的程度亦有限，因此，成本无明显降低，并且国家也无政策上的扶持，只有油价逐步升高，达到 60 美元/bbl，增加经济可行油田到 40 个，开发期 CO_2 累计埋存量增至 $5.39×10^8$ t，累计增油 $2.14×10^8$ t。

远期：除油价外，其他条件与中期相近，只是油价提高到 80 美元/bbl，增加经济可行油田到 81 个，开发期 CO_2 累计埋存量增至 $10.07×10^8$ t，累计增油 $3.89×10^8$ t。

六、战略规划要点及建议

根据前面产业环境分析、情景设计、源汇优化配置及油区与公司规划方案的结果，提出战略规划要点及建议。

1. 战略规划要点

企业 CCUS 各阶段战略规划概括如下：

（1）起步阶段（近期）。

在起步阶段，以来源成本较低且承受能力强的油田区块为主要对象，重点开发 CO_2 来源成本较低的油区 A 和油区 B；积累经验，争取政策的优惠；在产业链中，参与油公司擅长的 CO_2 管道运输及埋存。

（2）扩大阶段（中期）。

在中期的扩大阶段，在有优惠政策或油价上涨的前提下，扩大 CCUS 应用油区，加入东部油区 E 和油区 F；若无优惠政策或油价上涨，可维持原有项目或在原油区内选择承受能力次一级的区块投入开发，但要达到 10%的内部收益率，仍然参与企业擅长的 CO_2 管道运输及埋存，但依国家对减排强制与否，考虑开展企业内部排放源的捕集项目。

（3）全面开展阶段（远期）。

在远期全面开展阶段，在有政策激励或碳市场完善以及较高的油价情景下，全面展开 CCUS 应用的油区，加入其余油区。并全面参与 CCUS 捕集、运输及埋存产业链各环节，技术上在国内领先，市场上占有一定的份额。

通过实施上述战略规划，达成企业在 CCUS 产业中的愿景，肩负国家石油公司的使命，并承担一定的社会责任，实现企业自身的价值：

① 承担社会责任，充分利用石油企业在运输及埋存领域的自身优势，在落实国家温室气体减排承诺的重要举措中，参与 CO_2 减排，担负 CO_2 减排的社会责任。

②占领技术市场，推进 CO_2 捕集、驱油与埋存，带动多领域多学科技术与装备的研发和攻关，积累工程经验，锻炼人才队伍，抢占未来世界碳减排技术市场，在技术市场竞争中掌握主动，并为企业创造新的商业机会。

③ 提供基础设施，CO_2 驱油与埋存量不仅是对温室气体减排的直接贡献，而且为 CO_2 大规模的盐水层埋存提供经验、技术及基础设施，如管网等。

④提高企业可持续发展的能力，一方面扩大企业的业务领域，在 CCUS 技术大规模推广之后，将 CO_2 封存在盐水层可能成为石油公司未来的一项新业务；另一方面，建设和运行 CO_2 捕集、驱油与埋存项目，也是国内保持老油田稳产增产的现实需要。

2. 建议

（1）加强国家层面对 CCUS 技术发展的政策指导和宏观协调，引导资源有效配置；完善 CCUS 项目管理的相关法律法规。

（2）建立能促进跨行业、跨企业协调合作的机制和管理体系，打破行业间合作的僵局，需要政府强有力的推动，形成企业合作机制，协调各企业间的利益分配，促成跨行业合作，形成产业（捕集—埋存）整体化、可持续的商业模式。

（3）给予政策激励，如减税及对 CO_2 减排进行补贴等来提高 CCUS 运行收益，加速 CCUS 市场化的进程和商业化应用。

（4）培育市场机制，使 CO_2 通过市场机制进行交易，以实现 CCUS 项目的扩大化和商业化，如碳税政策、强制性标准和法规、CCUS 进入碳市场、确保碳价等。

（5）加强 CO_2 埋存监测，目前 CO_2 埋存监测技术尚不成熟，依然面临着一些关键性技术的挑战，必须通过更深入的基础研究和技术突破，才能保证长期监测的精确性和可靠性。

第八章　吉林油田二氧化碳驱油矿场试验

2005 年，吉林探区发现高含 CO_2 的长岭气田。如何高效开发该类气藏和解决产出 CO_2 去向，成为亟待解决的关键问题。邻近长岭气田的大情字井油田能够实现 CO_2 混相驱油。鉴于吉林大情字井油田具有开展 CO_2 混相驱油的有利条件，自 2007 年以来，相继开展了 CO_2 驱油与埋存重大科技专项和重大开发试验。2008 年开展了黑 59 区块先导试验，2010 年开展了黑 79 南扩大试验，2012 年开展了黑 79 北小井距试验，2014 年在黑 46 区块实施了 CO_2 混相驱油工业化应用。

第一节　油藏地质开发特征

一、构造特征

大情字井油田位于松辽盆地南部中央坳陷区长岭凹陷中部。总体构造格局为北北东向的长轴向斜，断层比较发育，构造圈闭多为受反向正断层控制的断鼻构造，圈闭面积一般为 $0.5 \sim 6km^2$，闭合幅度一般为 $5 \sim 30m$，多小于 20m，其中较大的圈闭为黑 47、黑 79、黑 46、花 9（图 8-1-1、图 8-1-2）。

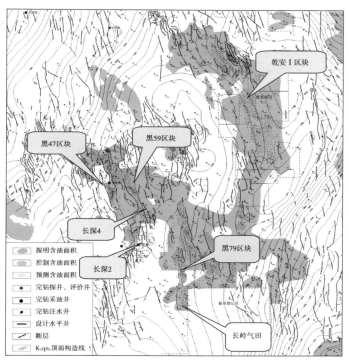

图 8-1-1　　大情字井油田开发部署图

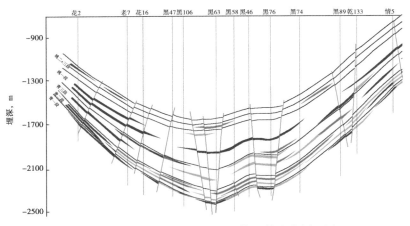

图 8-1-2　大情字井油田花 2—情 5 井油藏剖面图

二、储层特征

1. 地层层序及层组划分

青一段：是主要含油层，为三角洲前缘沉积，总体表现为下粗上细的正旋回沉积特征；根据隔夹层分布划分为 4 个砂组，16 个小层。青二段：划分为 5 个砂组，24 个小层；主要含油层为Ⅳ、Ⅴ砂组。青三段：划分为 12 个砂组，42 个小层，大情字井油田Ⅹ—Ⅻ砂组在局部发育油层（表 8-1-1）。

表 8-1-1　大情字井油田地层层序表

项目 地层		厚度范围 m	岩性描述	沉积相	与下部接触关系
下白垩统	嫩江组 五	60~100	棕红色、灰绿色、灰色泥岩，含粉砂质泥岩、泥质粉砂岩薄层	河湖过渡相	整合
	四	250~300	以灰色、深灰色泥岩为主，间夹粉砂质泥岩、泥质粉砂岩，偶见紫红色泥岩		整合
	三	100~130	泥质为主，含砾砂质泥岩		整合
	二	90~100	上部为大段灰黑色泥岩；底部为灰黑色、褐灰色油页岩，为区域标志层	深湖相	整合
	一	60~70	以大段灰黑色泥岩为主，局部具油页岩和绿灰色泥质粉砂岩薄层		整合
	姚家组 二、三	75~85	以大段紫红色泥岩为主，夹粉砂质泥岩	滨浅湖	整合
	一	55~65	以棕红色、紫红色泥岩为主，含粉砂质泥岩，泥质粉砂岩		整合
	青山口组 二、三	460~580	上部以紫红色泥岩为主，偶见灰绿色泥岩，间夹杂色粉砂质泥岩、泥质粉砂岩、粉砂岩；中部主要为紫色、灰黑色、暗紫色、灰绿色泥岩与杂色粉砂质泥岩、泥质粉砂岩、粉砂组成不等厚互层，偶见浅灰色粉砂质泥岩	三角洲相	整合
	一	100~120	灰色、灰褐色粉砂岩（局部含钙）与灰黑色、黑色泥岩互层，见介形虫及黄铁矿		整合
	泉头组 四	80~110	主要为灰黑色、紫红色泥岩与灰色、褐灰色粉、细砂岩组成略厚互层，上部偶见灰绿色泥岩		整合

2. 储层沉积特征及砂体展布

1）沉积特征

青山口组高台子油层为滨浅湖背景下的三角洲前缘亚相，主要发育水下分支河道、河口坝、漫溢沉积与河道间等微相。

2）渗透性砂体展布特征

储层砂体受沉积微相控制，由南西向北东逐渐减薄，呈条带状展布。主力油层青一段12号小层连片发育；次一级主力油层7号、9号小层呈条带展布，局部井区连片发育；非主力油层2号、4号和6号小层呈窄条带状展布。

3. 油藏控制因素及油层发育特征

1）油藏控制因素及油藏模式

条带状砂体与构造、断层配置，为油气富集提供了良好的圈闭条件。近物源端储层砂体发育连片，在断鼻内油气富集成藏；远物源端砂体条带性明显，断层控制形成断层岩性油藏；沉积前端砂岩上倾尖灭，形成岩性油藏或透镜状油藏。

2）油层发育特征

西部以断层构造油藏为主，油层在构造有利部位较为集中，油层厚度较大，但是分布范围较小。东部油藏类型主要为岩性构造、断层岩性、岩性油藏，油层厚度相对较小，但是分布范围相对较大。总体上主力油层单层发育规模较小，但纵向叠加连片。

4. 储层岩矿及物性特征

储层岩性以粉砂岩为主，胶结物以灰质和泥质为主；胶结类型为孔隙式和孔隙—再生式胶结；孔隙类型以原生粒间孔（含微孔隙）和次生溶孔为主；青一段孔隙度为单峰正偏态特征，主峰孔隙度介于10%～16%之间；渗透率的分布表现为双峰特征，青一段储层物性最好，砂岩平均渗透率为3.5mD，油层平均渗透率为4.5mD（黑59区块为3.0mD），平面上近物源区储层物性好，沉积前端储层物性明显变差。

5. 储层裂缝特征

大情字井油田多以剪切裂缝为主，缝面很少有充填物，表明多数裂缝在地下以潜在缝的形式存在。走向多为东西方向。成像测井资料表明，本区天然裂缝的方向主体是近东西向，但是也有少数北西西和北西方向，裂缝发育较为普遍。平面上中央断裂带断层发育，两翼不发育。

6. 储层微观渗流特征

主力含油层青一段储层孔隙度为单峰正偏态特征，主峰孔隙度分布在10%～16%范围内，但渗透率的分布表现为双峰特征。与其他含油层段相比，青一段储层物性最好，油层平均渗透率为4.5mD。

与吉林其他油田相比，大情字井油田储层储集性能中等，孔喉结构细，分选好。相对渗透率曲线表现为低渗透储层渗流特征：束缚水饱和度和残余油饱和度较高，为30%～35%，两相共渗区窄，为35%～38%。

三、流体性质及温度、压力系统

原油密度为0.7877～0.8295t/m³，地层原油黏度为1.82～9.34mPa·s；青一段油层中部埋深2350m，油层压力一般为20.3～24.4MPa，平均为22.8MPa；油层温度一般为93～

104℃，平均为97.3℃。因此，该区压力系数一般为0.96~1.01，地温梯度一般为4.0~4.3℃/100m，属正常的温度、压力系统。

四、水驱开发效果

1. 总体开发概况

大情字井油田位于吉林省乾安县境内，紧邻长岭气田。长岭气田距离黑59区块20.9km，距离黑79区块2.5km，距离黑46区块11.1km。

大情字井油田于2000年开始大规模投入勘探工作量，该油田是向斜构造背景下形成的大型复杂岩性油藏，成藏机制复杂，油气富集区分布零散，油藏埋深2350m，储量丰度低，储层渗透率低，平均为4.5mD，含油饱和度低，油井采用压裂方式投产，单井产能低，一般为5t/d，初期含水率高，大于40%。

经过12年的开发，大情字井油田开发目标逐渐由优质资源向低品位转移，开发目标区储量丰度从初期的（80~100）×10^{4}t/km^{2}降低到（20~30）×10^{4}t/km^2；有效厚度从初期的17m降低到5m；动用储层的物性也越来越差，从初期的5mD降低到2mD；含水率不断攀升，2009年新井平均综合含水率达到69%。资源品质的变差，使新井产能由开发初期的8~9t/d降低到2~3t/d，同时由于钻井成本的增加和开发井不断加深，大情字井油田开发效益越来越差，开发形势越来越严峻。

截至2010年底，大情字井油田总井数为1754口，其中油井1370口，水井384口。开井1448口，其中油井开井1130口，水井开井318口。平均单井日产液6.1t，日产油1.9t，综合含水率为68.8%，含水上升率为2.34%，递减率为14.2%，平均地层压力为17.0MPa，为原始地层压力的79.1%；采出程度为8.73%，标定采收率为21.9%。

2. 黑46区块开发规律

1）开发历程

黑46区块油藏类型为岩性构造油藏，2000年开辟了水驱油开发试验区，2001年对试验区进行了完善。2002年，随着油藏认识的不断深入，围绕黑46试验区开始了滚动开发。

2）开发现状

截至2010年12月，黑46区块总井数为252口，其中采油井188口，注水井64口。采油井开井173口，注水井开井55口，日产液991t，日产油266t，综合含水率为73.1%，累计产油100.1×10^{4}t，采出程度为10.5%，采油速度为1.02%。日注水1716m^3，月度注采比为1.4，累计注水310.2×10^{4}m^3，累计注采比为0.96。

3）开发规律

（1）黑46区块符合低渗透油藏水驱油开发规律。

①开发阶段评价。可采储量采出程度为51.0%，综合含水率为73.4%，地质储量采油速度为1.01%，剩余可采储量采油速度为9.8%，处于初步进入中高含水开发阶段。

②稳产能力评价。从递减看，自然递减较为稳定，随着开发时间延长有逐年减缓的趋势。

③采收率评价。从含水率与采出程度关系曲线看，黑46区块含水率总体沿标准曲线变化。水驱油最终采收率标定为21.0%。

（2）黑46区块注水滞后，随着累计注采比上升，压力逐渐升高，地层能量得到恢复，地层压力为原始地层压力的72.8%。

平面上储层物性差、注采关系不完善的井区压力水平低；多向受效、储层物性好的井区注采关系敏感，地层压力保持水平较高。

油层间青一段Ⅲ砂组压力水平高，其他油层压力低。

（3）受到储层物性和平面非均质状况影响，油井产能及注水见效差异明显。

①产能特征。储层发育、物性好的井区油井产能高；物性差的井区产液量低，含水率高。

②见效规律。砂体主流线方向首先见效，产液量保持较高水平，含水率上升快。

第二节　总体开发方案设计

一、油藏工程方案

1. 开发原则

大情字井油田筛选的CO_2驱油区块一般为低孔隙度、特低渗透率、注水开发补充地层能量存在一定困难油藏，对该类区块制定了如下开发原则：

（1）满足长岭气田产出CO_2埋存和CO_2驱油产出CO_2的循环利用，达到CO_2零排放的要求。

（2）以保持地层压力，实现CO_2混相驱油为前提，优化注气速度、采液速度等油藏工程设计指标。

（3）遵循"科学设计、有序实施、注重效益"的总体方针，优化部署，降低投资。各年度安排上综合考虑气源与区块部署，通过优化年度方案部署，发挥地面设备利用效率，尽量减少工程量，降低投资。

2. 开发层系优选

大情字井油田开发主要目的层为青山口组高台子油层，自下向上划分为青一段、青二段和青三段3个层段。青一段油层中部埋深2350m，油层压力一般为20.3~24.4MPa，平均为22.8MPa，油层温度一般为93~104℃，平均为97.3℃；青二段油层中部埋深为2250m，油层压力一般为20.2~23.6MPa，平均为22.0MPa，油层温度一般为90~97℃，平均为93.8℃；青三段油层中部埋深2120m，油层压力一般为20~22MPa，平均为21.0MPa，油层温度一般为83~90℃，平均为87.9℃；根据前期实验结果，大情字井油田原油与CO_2最小混相压力为22.3MPa，因此主要对能实现混相驱油的青一段进行推广，兼顾局部青二段原始地层压力较高的区块。

3. 地质模型

1）地质模型工区

根据大情字井油田筛选的CO_2驱油区块的地质特征，在油藏精细描述、室内实验研究的基础上，按照储层沉积流动特征将4个主力层划分为42个流动单元，精细刻画各流动单元的连通性及储层物性，采用随机建模方法分别建立构造模型、岩相模型和属性模型，最终建立概念地质模型。经过对模型反复验证，储量符合程度较高，与推广区块基本地质认识相一致。

2）建模流程

地质建模工作是充分利用现有数据源，依托随机建模理论进行细致的方案设计。

构造模型是建模过程中最基础的部分，是所有的相模型和属性模型的网格框架基础。

相模型是在构造模型三维网格内构建的离散化数据体，用于表征沉积相或者岩石岩性类别的空间分布。沉积相、岩相的分布是有其内在规律的，相的空间分布与层序地层之间、相与相之间、相内部的沉积层之间均有一定的成因关系。

属性模型一般是建立在相模型背景之上，表征岩石物理属性变化的网格数据体。属性模型是地质建模工作的主要目标，也是油藏描述的核心内容。通过对于相背景控制下的属性模型的构建可以明确储量分布、有利区带分布、开发井网部署，是进行开发方案数值模拟的基础。

3）小层精细划分与对比

在研究区地层划分已到小层级别，多数区块储层非均质性极强，常规的层序划分已不能满足高精度的数值模拟研究的需要，因此在研究区引入流动单元概念，建立了新的小层精细划分与对比方法。流动单元是在侧向上和垂向上连续的、具有相同影响参数的储集岩体，每一个流动单元通常代表一个特定的沉积环境和流体流动特征，开展小层流动单元精细划分，目的是精细刻画砂泥之间的连通关系，建立尽可能细地反映储层非均质性，又要尽量减少网格，适宜于油藏数值模拟的地质模型，然后通过计算机模拟，为油气开发提供指导。

小层精细划分与对比方法，是以取心井为标准井，建立骨架剖面，通过点线面进行对比；根据骨架剖面向周围井辐射，进行全区小层对比，并通过点—线—面进行检验，确保全区闭合。具体可分 5 步完成：

（1）取心井段流动单元划分。

（2）未取心井段流动单元划分。

（3）建筑结构模型的建立。

（4）建立参数模型：通过研究建筑结构要素不同部位的主要渗流特征，在建筑结构预测模型的基础上，预测井间渗流参数，做出渗流参数模型。

（5）建立流动单元模型：按已定的流动单元阈值对井间各点进行参数处理，确定其流动单元类型，将结构要素骨架预测模型与参数模型相叠合勾绘流动单元边界，填入流动单元类型符号，形成流动单元模型。

4）构造模型

概念地质模型的构造模型要求构建大情字井油田构造特点，建模工区面积为 $2.3km^2$，井数 25 口，网格数为 147×290×79，共 3367770 个，网格精度为 25m×25m×0.25m，网格方向与断层方向一致。

通过地震解释得到青一段顶面构造图，反映出区块构造形态。本次构造建模以 38 口井的分层数据作为层面上井点控制，井间以大层的地震解释构造面为趋势，完成工区内青一段顶面构造模型搭建工作。搭建起大层的构造模型后，利用层面管理器，根据各小层分层数据，运用平均滑动算法生成 42 个小层构造面。绘制地层厚度图，通过地层厚度及各小层分层数据，构建各小层的构造模型。

在断层处理过程中，原则上断层模型要与钻井断点位置完全吻合，同时钻井断点位置的对比要十分准确。在构造模型的基本控制面应该做到可分辨、对比出的最小沉积单元等地质时间沉积界面，目的是为了细致地反映出单砂体的三维形态。在研究区内，这种基本沉积单元是小层，只有准确控制住小层的构造形态，才能准确地完成属性模型计算。

5）岩相模型

大情字井油田筛选的 CO_2 驱油区块含油性受控于沉积微相类型，在不同沉积微相内，储层参数的分布规律是不同的，有时具有相当大的差异。然而，人们在储层参数预测中，往往没有充分考虑沉积相对储层参数分布的控制作用，而是将收集到的井点参数加在一起，应用常规的插值方法或统一的变异函数模型进行模拟，这样做出的储层参数分布常常出现围绕井点的"牛眼"现象，无法体现地质参数分布的非均质性，因而影响了储层模型的精度。

沉积微相研究主要利用已有成果，首先建立沉积相分布模型；其次，建立不同相的岩石物性模型。研究思路是同一沉积微相或岩相具有相近的岩石物性，在相同的微相内建立岩石物性分布参数模型，会较大地提高预测精度，利用随机约束方法建立属性模型。

由于有精细构造模型做基础，属性模型可以达到较高的分辨率和精确性。大情字井油田青二段Ⅴ砂组和青一段各小层常规测井砂、泥岩解释精度较高，因此，岩性解释模型以吉林油田测井公司解释模型为主进行解释。单井岩性解释分为砂岩和泥岩两种，在该区沉积微相带控制基础上，选用适用性最强的随机模拟算法序贯指示模拟，并逐个小层进行数据分析，确定各层砂岩主变程方向变差函数，主变程为南偏西30°左右，最终得到全区各小层三维岩相分布模型，各小层砂岩分布均以西南物源为主，从西南向东南砂体逐渐减薄。

6）地震约束储层

建模过程中如何提高井间与边部的预测精度，是需要攻关的难题。研究表明，利用地震资料，不仅能提高构造模型的精度，而且开展地震约束储层地质建模，可以增加模型的井间确定性信息，降低因数学方法插值和模拟带来的井间不确定性，提高模型忠实于地下实际情况的程度。主要体现在：（1）采用地震解释的断层和构造层面有利于建立准确的构造模型，该构造模型能够准确确定插值和模拟的边界，是建立储层属性模型的基础；（2）地震数据作为第二变量或趋势约束条件参与建模计算，能够约束井间插值、外推和模拟；（3）增加随机建模中的确定性因素，减少模型的不确定性，使得随机建模具有确定性的趋向。

现代储层建模的一个重要策略是相控建模，在建立储层物性参数模型之前，建立储层相模型至关重要。地震资料可以两种数据形式、两种约束方式对沉积相或砂体的边界进行约束：（1）以地震反演等数据体及采用体约束的方式进行约束；（2）以地震层面属性或井震联合绘制的小层沉积相带图等二维数据及采用平面趋势的方式进行约束。

7）属性模型

储层三维建模的最终目的是建立能够反映地下储层物性（孔隙度、渗透率、饱和度和净毛比）空间分布的参数模型。由于地下储层物性分布的非均质性与各向异性，用常规的少数井点进行插值的确定性建模，不能够反映物性的空间变化。因此，应用地质统计学和随机过程的相控随机模拟方法，是定量描述储层岩石物性空间分布的最佳选择。

在小层单元精细划分与对比的基础上，纵向上分层已十分精细，最小厚度可达到0.25m，能够很好地反映砂、泥岩薄互层的岩性特征，可以细致地描述出单砂体及砂体内部的空间形态，原则上纵向网格不再细分。最后，利用岩相模型对岩石物理模型的计算进行约束，采用随机地质统计法计算属性模型，以保障不同模型之间的一致性。

从建模的效果上看，纵向上能够很好地反映储层非均质性，精细刻画高渗透条带，满足精细数值模拟的需要。

8）储量拟合

采用容积法，分层、分段、分类进行储量计算。按网格进行储量计算，充分考虑了储层空间非均质性的影响，从而提高了计算的精度。储量拟合计算是依据蒙特卡洛算法，为和储量密切相关的属性模型的参数提供随机波动模拟，每一次的储量计算都有一些变化，总计进行 40 次模拟，得到比较接近正态分布的一系列储量计算结果。对概念模型各主力小层储量进行拟合，拟合的地质模型储量为 $102.70×10^4$t，评价和开发阶段计算地质储量约为 $100.24×10^4$t，误差未超过 3%。

4. 数值模拟研究

在已建的地质模型中选取含油范围进行网格粗化，建立用于数值模拟计算的三维地质数据体，粗化的算法采用算术平均法和几何平均法，粗化渗透率采用几何平均法，其他参数采用算术平均法，模型基本上保留了原来地质模型的砂泥岩和孔隙度分布。

基于对大情字井油田筛选的 CO_2 驱油区块储层流体组分特点、流体相态特征、流体物性等方面的综合分析结果，应用 Eclipse 软件中的 PVTi 相态模拟模块，通过拟合回归计算，生成组分模拟器计算所需的流体相态模型。

1）模型的确定

地下流体的组成实际上是非常复杂的，可能含有成百上千的组分。对于大多数油藏，基本上可以把地下流体分为两个组分，即油组分和气组分。油组分以液相的形式存在，气组分以气相的形式存在。两个组分会发生物质交换，即气组分会溶解到油相，油组分也会从气相中挥发。这两个组分之间的物质交换可以用溶解油气比和（或）挥发气油比来表示。溶解油气比和挥发气油比都是压力的函数。地下油气相的密度可以通过地面油气相的密度、溶解油气比以及体积系数来计算。油气相的体积系数也是压力的函数，同样地下油气相的黏度也是压力的函数。这就是我们所熟悉的黑油模型。

对于黑油模型，任何注入气都没有区别。但实际上，在注 CO_2 驱替过程中，对应不同的油藏最小混相压力是不同的，会造成驱替状态的不同，因此需要应用组分模型区分注入气与油的组成，才能更好地模拟驱替过程。

2）流体参数

流体参数是黑油模型和组分模型数据输入差别最大的地方。黑油模型输入的是油、气的体积系数，黏度、油气比与压力的关系，这些关系都是以数据表的形式输入，软件在计算时直接查这些数据表，再做相应的内插和外插值，但不做其他计算。组分模型完全不同，组分模型输入的是 EOS 状态方程参数。这些参数包括各个组分的命名、临界温度、临界压力、临界 Z 因子、分子量、偏心因子、OMEGAA、OMEGAB、参考密度、参考温度、二元相关系数、体积偏移等。同时需要输入相应的状态方程、油藏温度、组分的组成或组分组成随深度（压力）的变化。如果黏度计算采用 LBC 相关式，那么还需要输入 LBC 系数。如果模拟混相驱，则需要输入等张比容来计算油气相界面张力。油气的地面密度不需要输入，只需要输入水的地面密度，EOS 状态方程就会计算油气相的地面密度。

　　如果地面 EOS 状态方程参数与地下不同，那么可以输入地面条件下的 EOS 状态方程参数。模型在做地面分离器计算时，会应用地面条件下的 EOS 状态方程。

　　3）生产控制

　　组分模型对每口生产井或井组，需要定义生产井或井组对应的分离器条件。软件应用地面分离器条件计算井的地面油气产量。如果注气的话，不仅需要指定注入量控制，还需要指定注入气的组分。如果是气回注，则只需要指定回注哪个井或井组的气，气的组分会自动计算。

　　4）相态参数拟合

　　流体相态模拟研究主要是确定状态方程及其参数。状态方程选择了 PR 方程，该方程考虑了分子密度对分子引力的影响，适用于含 CO_2 等较强极性组分体系的气液平衡计算。

　　为准确评价油气藏地层流体相态特征及注入溶剂与地层流体之间传质过程中的相态特征变化，对 PVT 相态实验进行拟合，使状态方程相态模拟的结果符合油气藏流体实际相态变化过程，同时为运用数值模拟技术正确设计注入方案、预测油气田注气开采动态提供合理的 PVT 参数场。

　　相态参数的拟合选用 Eclipse 数值模拟软件的相态模拟分析模块 PVTi。PVTi 是与油气藏模拟一体化的相态分析软件，模拟相态特征和油气藏流体性质，确定油气藏特征和流体组分变化，形成完整的 PVT 拟合数据，包括流体重馏分特征化、组分归并、实验室数据回归拟合、相图计算等。对于分析分离器油和气、压缩系数确定、等组分膨胀、等容衰竭、分离器测试等过程，是一个有力的工具。

　　在回归过程中，对状态方程参数进行敏感性分析，选取敏感性参数作为回归计算特性参数。通过调整状态方程参数，使流体样品中的计算结果与实验观察值更加趋于一致。

　　（1）拟组分划分。

　　应用状态方程进行实验室实验项目的研究时，首先需要修改有关状态方程的各种参数，根据前人的研究，在拟合过程中所需调整的参数为临界温度 T_c、临界压力 p_c、偏心因子 ω、状态方程常数 Ω_a、状态方程常数 Ω_b、二元相互干扰系数 K_{ij} 及分子量 MW 等。然后应用状态方程进行所需要的实验研究项目计算，包括等组分膨胀、等容衰竭、差异分离等，通过对以上参数调整及对实验项目的拟合，在不影响模拟结果的前提下，按组分性质相近的原则，把原油井流物中的组分归并为 9 个拟组分。在参数优化过程中重点考虑对原油性质和流动性质影响较大的饱和压力、等组分膨胀实验和多次脱气实验的拟合程度。

　　（2）饱和压力拟合。

　　实验室对黑 79 区块黑 79-29-41 井复配后的地层流体进行饱和压力测试，地层流体在93.7℃时饱和压力值为 7.160MPa。通过相态模拟软件对饱和压力进行拟合，从相态模拟软件的输出结果可以看出，计算饱和压力为 7.161MPa，吻合程度较好。

　　（3）等组分拟合。

　　等组分膨胀实验（CCE）也称作瞬时蒸发的压力—容积关系，其主要反映原油膨胀能力，实验过程为流体单位体积的改变，导致作用在流体上的压力改变，但是单元的总组分保持不变。黑 79 区块黑 79-29-41 井在 93.7℃下地层流体等组分膨胀拟合效果较好。

　　（4）差异分离实验拟合。

　　差异分离实验（DL）是模拟地层原油在降压开采过程中原油性质变化的方法之一。脱气降压过程中，气体偏差因子、气体体积系数和流体密度的拟合程度良好。

（5）混相特征分析。

不同类型烷烃气的混相驱油和非混相驱油通常可以用拟三角相图来表示，大量的研究表明，混相条件与三角相图中注入流体、油藏原油、临界切线的相对位置有关。如果注入流体点与油藏原油点位于临界切线的左边，则过程为非混相；如果注入流体点与油藏原油点位于临界切线的两边，则过程为一次接触混相或多次接触混相。

（6）拟组分临界特征参数。

通过对参数调整及对实验项目的拟合，得出拟组分的临界特征参数，使得拟组分的性质与全组分的性质一致或接近。

5）组分属性关键影响因素

（1）组分的临界压力、临界温度、偏心因子影响饱和压力和液体析出量，因此在拟合饱和压力和液体析出量时，可以回归组分的临界压力、临界温度或偏心因子。

（2）组分的体积偏移（Volume Shift）影响压缩因子和液体密度，在拟合压缩因子和液体密度时回归组分的体积偏移。

（3）在回归时可以让组分的体积偏移取决于组分的临界压力、临界温度、偏心因子，这样调整组分的临界压力、临界温度或偏心因子时也影响压缩因子和液体密度。

（4）组分的临界压缩因子或临界体积影响 LBC 的黏度，在用 LBC 方法计算黏度时，应回归组分的临界压缩因子或临界体积。黏度回归是单独进行的，需先把其他测量结果拟合好后再对黏度进行单独回归，黏度回归不影响其他结果。

（5）二元相关系数的回归较为重要，也容易出错，不合理的回归在进行组分模拟时会导致严重的收敛性问题。

（6）组分的 Omega 属性也是可以进行回归的。

6）模型初始化

组分模型同黑油模型一样，可以采用平衡初始化方法，手工建立初始场分布方法和拟合初始含水率分布方法。

（1）平衡初始化方法。

模型的平衡初始化步骤为：

①计算过渡带高度。由油水界面和油气界面深度以及相对渗透率曲线提供的最大毛细管压力计算。

②计算每一个网格初始的油相、水相、气相压力分布。首先，将在流体属性部分提供的油、气、水地面密度折算为地下密度。基于参考点的深度和对应压力以及油水界面、油气界面深度、过渡带高度，结合油、气、水地下密度计算其他深度处的油、气、水相压力。

③由每个网格的油、气、水压力计算油水和油气毛细管压力。

④计算饱和度分布。这部分计算主要用提供的相对渗透率曲线端点值。将油水界面以下的含水饱和度设为在油水相对渗透率曲线中提供的最大含水饱和度，通常为 1。将油气界面以上的含气饱和度设为提供的油气相对渗透率曲线的最大值。油气界面以上的含水饱和度为束缚水饱和度。油区的含油饱和度等于 1 减去束缚水饱和度。过渡带的含油和含水饱和度由提供的毛细管压力曲线得到。

⑤通过状态方程来计算保证初始组分分布的平衡。

⑥指定参考深度，参考深度对应的压力、油水界面、油气界面信息。同时，指定初始油相或气相对应某深度或随深度变化的组分组成。如果油气界面在油藏内（初始是油气两相分布），参考深度应该设在油气界面，同时参考深度对应的压力应该等于饱和压力。

（2）拟合初始含水率分布。

黑 46 等 CO_2-EOR 推广应用区块在注 CO_2 之前基本处于水驱开发中期，含水率为 51%~82%，平均采出程度为 11.8%，地层压力一般为 14~18MPa，因此气驱初始数学模型水驱含水率为 70%，采出程度为 12.7%，地层压力为 16.2MPa。

在此基础上，对推广区块动态拟合到当前的开发状况，使后期的 CO_2 驱油数值模拟研究更精确，进而利用数值模拟方案优化油藏工程参数，再结合黑 59、黑 79 南矿场试验认识，综合确定合理的注采参数。

5. 油藏工程方案设计思路

根据黑 59 区块 CO_2 驱油先导试验暴露出的问题，结合规划区块实际油藏特点（单层开发、高含水、较高采出程度），油藏工程方案设计注重解决以下几个方面的问题：

（1）尽快补充试验区地层能量使之实现混相驱替。

（2）有效控制气窜，延长见效时间。

（3）更为合理地设计水气交替注入参数。

方案设计思路：初期降低采油速度，平稳注气尽快补充地层能量，将地层压力提高到混相压力以上，保持 CO_2 混相驱油开发。待部分油井见气后，采取 WAG 开发模式，优化水气交替的段塞大小、注采井工作制度等参数，最终提出一套经济、有效、可操作性强的油藏工程方案。

6. 驱替方式确定

通过对国内外 CO_2 驱替方式的调研，结合前期试验取得效果以及试验区储层条件、开发特点，提出"混合水气交替联合周期生产抑制气窜技术（HWAG-PP）方案设计思路"。HWAG-PP 代表的相关含义如下：

（1）混合水气交替（HWAG），先注入一个大 CO_2 段塞，然后再逐步减小段塞或交替周期，实施水气交替的做法被称为混合水气交替。

（2）周期生产（PP），即生产井的间开间关。

（3）HWAG-PP，在注入井实施混合水气交替（HWAG）扩大波及体积的基础上，联合油井的周期生产（PP）进一步控制气窜。

依据国内外 CO_2 驱油现场试验取得的经验，认为采用连续注入 CO_2 和水气交替（WAG）注入方式为最佳驱替方式。在实践中发现，在进行水气交替注入之前，注入大量的 CO_2 开发效果更好。CO_2 段塞越大，增油效果越好。

结合前期试验取得的经验，同时通过数值模拟研究表明：WAG 驱替可以有效延缓气窜，较大幅度提高原油采收率，连续注气由于后期气窜，导致石油采收率低于 WAG 驱替。

因此，驱替方式确定为先注入一个大 CO_2 段塞，然后实施 WAG 注入，油井通过注采调控，保持混相状态。

7. 注采井网确定

1）井网方式确定

考虑大情字井油田裂缝在地下的开启度很小，一般是孔隙级别的渗流，在地下为闭合缝，并未构成有效的储集空间，同时油井均为压裂投产，以此为依据利用数值模拟手段对井网方式进行优选。

在前期地质认识和现有资料的基础上，考虑裂缝的存在和油井压裂投产，设计反九点、反七点和五点法 3 种井网部署方案进行对比，分析日产量、累计产量和气油比变化规律，对注采井网进行优化。

对反九点、反七点和五点法 3 种井网方式进行数值模拟方案对比，反九点井网初期产量高，气油比比较稳定，但随着开发时间延长，气油比上升较快，最终采收率低于其他两种井网，但考虑到反九点法后期可调整为五点法（五点法累计产油量最高），因此，最终井网确定为反九点法。

2）井排距确定

（1）采用均质模型确定井排距。

采用气驱方式开发，地下原油黏度降低，流体流动性变好。注气井附近，CO_2 以超临界状态流动；混相带中 CO_2 与原油形成混相物质，流体黏度一般小于原始状态的 40%；未混相带与原始油带，流体黏度下降一般是原始状态的 45%~100%。

综合考虑气驱开发时油藏中不同部位流体黏度变化情况，利用大情字井油田均质模型对合理井排距进行测算。水驱方式可以建立有效驱替关系的最大排距一般为 225m，气驱方式可以达到良好驱替状态的最大排距大致为 380m。

（2）采用非均质性模型确定井排距。

为进一步研究 CO_2 驱油过程中储层纵向非均质程度对波及体积的影响，在对推广区块主力小层砂体、有效砂体精细解剖的基础上，结合沉积相、储层物性分布等研究成果，分析了试验区主力层的沉积特征，从动态反应中提取定量参数，建立了油藏初始条件和人工压裂条件下主力砂层的 4 个二维机理模型，探索层间非均质性对 CO_2 驱油波及体积和最终采收率的影响。4 个模型中剖面 1 由于天然裂缝的存在，油藏非均质性最强，渗透率级差达到 200；剖面 2 由于所代表的油藏类型处于沉积微相变化带，渗透率级差为 60，油藏非均质性中等偏强；其他两个模型渗透率级差都小于 10，油藏非均质性较弱。

根据推广区块初始油藏条件下各个主力砂层的实际物性和各渗透率级别所占的储量比例，对 4 种油藏特征的二维机理剖面模型中各渗透率级别的网格进行储量分区，为不同物性条带的波及体积和原油采收率的计算提供方便。

在现有 4 个剖面模型基础上，根据目前井距及 CO_2 驱油最大极限井距，分别对 55~65m、95~115m、150~180m、215~260m、300~350m、500m、800m、1100m 井距情况条件下 25 年的采出程度进行对比，确定各类型油藏 CO_2 驱油开发的最佳井距。

当排距大于 260m 时，受储层非均质性影响采出程度明显降低。因此，综合考虑单井控制储量和驱替效率，气驱合理排距确定为 215~260m。

3）气驱井网与水驱井网匹配关系

已开发区块井网以菱形反九点法为主，井距为 600~480m，排距为 140~200m，现有井网水驱控制程度高，一般在 90% 以上，水驱油开发能够实现有效驱替。研究结果表明，水驱开发方式排距应小于 225m，目前 160m 左右的排距较为合理。

CO_2 驱油是采用水气交替方式在已开发区实施。因此，井网既要满足 WAG 驱替要求，又要考虑调整的可行性，结合以上合理井排距研究结果，确定黑 46 等推广区块主体采用原井网。

8. 注入压力

大情字井油田青一段、青二段油层中部深度为 2214~2444m，油层破裂压力为 42.0~53.3MPa。注液态 CO_2 时井筒内为气液混合流体，平均密度为 0.75~0.8g/cm³，摩阻损失小于 0.5MPa，根据注水、注气液柱密度差异，注气井口最大注入压力高于注水压力 4~5MPa。计算井口注水最大压力为 16.8~29.4MPa，井口最大注气压力为 22.9~34.0MPa。

黑 59 区块为了控制气的突破，扩大波及体积，尽可能提高原油采收率，在黑 59-12-6 井组进行水气交替（WAG）驱替试验。2010 年 1 月，黑 59-12-6 井开始进行 WAG 驱替，段塞比为注一个月水后注一个月 CO_2，已注入 4 个不完整周期，初期连续注气转 WAG 驱替时，注入压力较之前水驱油时注水压力上升 8MPa 左右，注水较注气压力低 3~4MPa，注入压力稳定在 15~16MPa 范围，不再出现持续攀升趋势。

由于井筒 CO_2 密度变化较大，为保证注气井井底压力低于油层破裂压力，设置 1~2MPa 保险差，因此，综合考虑油层破裂压力和注入井实际注入能力，确定规划的各区块注气压力不超过 22~25.4MPa，注水压力不超过 19.0~22.4MPa。

9. 注采参数优化设计

1）注气井单井日注量优化

CO_2 日注量决定地层压力恢复或升高的水平，决定注气早期是混相驱油、非混相驱油还是近混相驱油。若日注气量过少，气驱油提高采收率不明显，甚至达不到水驱油采收率；而日注量高于某一合理值后，气窜加速，原油采收率不再增加。同时，考虑经济效益，合理日注量、原油采收率与经济评价指标具有密切的相关关系，因此，有必要确定合理日注量。

在前期地质认识和现有资料的基础上，考虑注入能力和注采比，在黑 46 等推广区块水驱油含水率为 70%基础上，对单井注气量进行优化，设计日注入量 20t、30t、40t、50t 和 60t 5 个方案进行对比。

从数值模拟结果看，单井日注气 20t 时，地层难以恢复到混相压力；单井日注气 30~40t，地层压力可以有效恢复；但单井日注气 40~60t，气油比上升较快，原油采收率上升幅度变缓，气窜早，增油置换率较低。

黑 59 矿场试验表明：实施连续注气，单井日注气量在 30t 左右时，注气 5 个月后地层压力可恢复到混相压力以上，并在注采过程中保持相对稳定。

综合考虑大情字井油田推广区块油井产液量、油水井数比，将单井日注气量设计为 30t。

2）前置段塞量确定

在确定单井日注气量 30t 基础上，对前置段塞进行优化，前置段塞设计分别为 4 个月、6 个月、8 个月、1 年、2 年和 3 年（0.036HCPV、0.054HCPV、0.072HCPV、0.11HCPV、0.22HCPV、0.33HCPV）6 个方案。

利用数值模拟对比了 6 种方案前置段塞，从计算结果看，连续注气 2~3 年气体突破严重，气体突破后地层压力保持水平低，油井产量下降快；连续注气 4 个月地层压力无法达到混相压力；连续注气 6~8 个月地层压力可以达到混相压力，气油比也可以得到有效控制。前置段塞分别为 4 个月、6 个月、8 个月、1 年时，比前置段塞为 2 年、3 年时的气油比上升慢,这 4 个方案气油比只在初期有一定差别。从产量上看,日产油初期变化不明显,后期由于前置段塞为 2 年、3 年时气体突破,日产油呈现明显下降趋势。从地层压力变化看,只有连续注气 6 个月的方案,地层压力保持混相压力之上的时间较长。

从矿场试验分析,黑 79 南注气时间较长的 6 个井组,自 2010 年 6 月注气,平均单井日注气 30t,相当于连续注气 5 个月,地层压力接近混相压力,为 21.4MPa 左右(混相压力为 22.1MPa)。因此,认为连续注气 6 个月地层压力可达到混相压力。

因此,日注气 30t,连续注气 6 个月为最优方案。

3)水气交替(WAG)阶段合理气水比确定

气水比是影响 WAG 驱替效果的主要因素之一,气水比太高,会导致气窜,影响开发效果,而气水比太小,在相同的 CO_2 注入量下,延长注入时间,影响开发效果。因此,研究气水比对优化 WAG 的驱替效果和经济效益具有重要意义。

(1)WAG 阶段气段塞注入体积确定。

在方案设计中注水、注气速度均为 30t/d,在 WAG 之前先连续注气 6 个月,优化最佳气水比。方案设计 7 种不同气水比,分别对 1 月气:1 月水(1:1)、2 月气:1 月水(2:1)、3 月气:1 月水(3:1)、1 月气:2 月水(1:2)、3 月气:2 月水(3:2)、2 月气:3 月水(2:3)和 4 月气:2 月水(4:2)七个方案进行对比,主要分析油井产量、气油比控制以及注入压力上升幅度。

通过方案对比,WAG 驱替过程中,气水比越小,气油比上升速度和幅度越低,但气水比为 1:1、2:1、4:2 和 3:2 时,区块日产油相差不大。

气水比为 1:1 方案,气油比较低,更有利于控制气窜,CO_2 的有效利用率较高,地层压力保持水平较高。

同时考虑黑 59 区块已开展黑 59-12-6 井组 WAG 驱替试验,采用气水比为 1:1,已初步明确了注入压力上升规律。

因此,考虑到气水比低时注入压力上升速度及幅度慢。确定大情字井油田推广应用区块气水比为 1:1。

(2)WAG 水段塞阶段合理日注水量的确定。

参照黑 59 区块注气试验区经验,开发初期日产液 7.5t,日产油 2.5t,日产水 5.0t,含水率为 67%,采注井数比为 4.24,初期采出液体地下体积为 35.46m³,考虑保持注采平衡,水井平均单井日注水量应为 35.46m³,同时考虑区块平均单井日注水 30t 左右。

综合确定 WAG 阶段日注水量为 30t。

4)合理采油速度确定

采油速度是影响气驱油开发效果和经济效益的主要因素之一。采油速度高,初期产量高,但容易引起气窜和地层压力下降,影响较长时期混相效果,导致后期的产量降低。而采油速度低,可以减缓气窜,但初期的产量低,影响经济效益。因此,有必要开展气驱油采油速度优化。

黑 59 区块 CO_2 驱油先导试验证实,过高的采油速度可导致早期突破,合理控制采油速度可保证充分混相,延缓气突破。黑 59 区块开井生产初期产量增幅 100%(采油速度为 3.9%),出现气油比快速上升趋势,后调控为产量增幅 30%(采油速度为 2.3%),气油比和 CO_2 含量下降,产量保持稳定。

因此，大情字井油田 CO_2 驱油采油速度控制在 2%以内。

5）流压控制水平

黑 59 区块地层条件下，CO_2 与原油混相后饱和压力由 7.01MPa 上升至 15.02MPa，为保证油井井底不脱气，影响混相状态，混相油井的井底流压应控制在 15.02MPa 以上。

黑 59 试验区黑 59-8-6 井，投产层位为青一段 7 号、12 号和 14 号小层，位于相对较高渗透条带的主流线上，与注气井建立稳定注采关系，自 2009 年 1 月开井后，通过控制油井流压，减小注入井与采出井间驱替压差，有效抑制气油比上升，调整流压后，气油比、套压和 CO_2 含量均保持较低水平，在混相期间控流压生产保持了混相状态，实现了平稳生产。

因此，大情字井油田推广应用区块混相时油井的合理流压应控制在 15MPa 左右。

10. 二氧化碳驱油项目开发部署

区块优选原则：

（1）未开发区油藏控制因素复杂，短期难以整体动用，只能在已开发区推广。

（2）考虑到裂缝对气驱油开发效果的影响，应选择在东坡和西坡裂缝不发育区块推广。

（3）根据前期试验，储层物性影响气驱油效果，因此选择物性相对较好的区块。

（4）从效益上综合考虑，应选择在区块相对集中的区域。

（5）为了实现碳平衡，大情字井油田推广区块的规模应满足长岭气田产出的 CO_2 和 CO_2 驱油产出的 CO_2 全部注入地下。

根据以上原则，选择黑 59、黑 79 南、黑 79 北、黑 75、黑 46、黑 56、黑 96、黑 71、黑 47、黑 60、花 9 等 11 个区块，油井 697 口，注气井 171 口（图 8-2-1）。

二、钻采工程方案

针对大情字井油田 CO_2 驱油项目，参考黑 59 区块和黑 79 区块 CO_2 驱油现场试验的成功经验和做法，进行钻采工程方案设计。

1. 钻井工程方案

大情字井油田 CO_2 驱油总体开发方案的编制是在以往施工的基础上，继续应用已形成的适合吉林油田的钻井完井配套技术，同时针对防 CO_2 腐蚀，在套管、套管头选择及水泥浆体系方面做了大量研究，最终确定方案技术路线。

1）水泥浆设计

针对防 CO_2 腐蚀，研究出具有微膨胀、低滤失、低渗透、短过渡和高强度等防腐防窜特点的 F11F 防腐防窜水泥浆体系。首浆（600m 至油顶以上 300m）为高强度低密度水泥浆体系；尾浆（油顶以上 300m 至设计井深 2400m）为 F11F 防腐防窜水泥浆体系。

2）套管选择

采油井：油层段及上部未封固部分使用气密封螺纹套管，中部使用常规长圆套管；油层套管油层顶以上 100m 至井底选用 ϕ139.7mm×P110×9.17mm 套管，上部采用 ϕ139.7mm×J55×7.72mm+ϕ139.7mm×P110（BGC）×7.72mm 套管串［上部 P110（BGC）×7.72mm 套管串长 800m］。

注气井：全井使用气密封螺纹［ϕ139.7mm×P110（BGC）×9.17mm］套管。

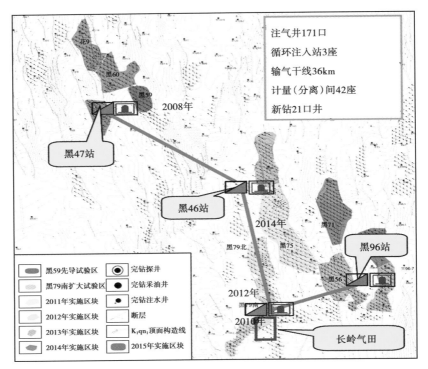

图 8-2-1 大情字井油田 CO_2 驱油工业化应用部署图

3）完井井口装置

为满足后期注气采油要求，套管头设计采用 CC 级、卡瓦式连接，并保证套管附件及套管头坐封头的扣型与套管扣型相同。

2. 注气工程方案

考虑 CO_2 的特殊性，重点满足 CO_2 防腐及气密封要求，进行 CO_2 驱油注气工程方案设计。

1）注入井防腐方法及措施

结合注入工艺的特点和黑 59、黑 79 区块 CO_2 驱油现场试验经验，从优化管柱结构、选用耐腐蚀材料和注油套环空保护液等来防止和延缓 CO_2 对管材的腐蚀。

（1）关键部位使用耐蚀材质，选用 CC 级防腐井口、抗 CO_2 渗透胶筒材料封隔器。

（2）采取措施避免与 CO_2 接触，使用气密封封隔器和气密封油管，避免 CO_2 与套管接触。

（3）加注缓蚀剂防腐，封隔器以上油套环空加缓蚀剂；水气交替时，油管注入缓蚀剂预膜段塞。

（4）加强腐蚀监测，通过测井径、磁通量等检测套管腐蚀情况；在代表性的部位安装测腐挂片或腐蚀环，定期监测井内油管腐蚀情况。

2）井口选择

为防止 CO_2 对井口腐蚀影响（腐蚀阀板、阀体而影响密封）及满足试验注入温度、压力的需求，注入井口选择 CC 级 35MPa 标准气井井口，温度级别 L—U（-46~121℃），采用金属注脂密封。

（1）笼统注气和井下配注器分层注气井口。注气井口全部选择锻件闸阀，双翼对称结构（9 个阀），连接为法兰连接，主通径安装安全阀，并配套地面控制系统。

（2）同心双管分注井口。注气井口全部选择锻件闸阀，双翼不对称结构（9 个阀），出于安全考虑，在注气一侧安装有两个阀，连接为法兰连接。

3）注入井油管选择

为保证注气过程中管柱的气密性，选择 BGT-1 特殊螺纹接头 P110 油管。

4）注气工艺管柱设计

大情字井油田 CO_2 驱油项目设计采用笼统注气工艺、同心双管两层分层注气工艺和井下配注器三层分层注气工艺。同心双管分层和井下配注器分层注气工艺先开展现场试验，试验成功后再推广应用。

（1）笼统注气工艺管柱。

笼统注气工艺管柱主要由 $2\frac{7}{8}$in P110-BGT-1 油管+变螺纹短节+滑套+气密封封隔器（13Cr）+变螺纹接头+$2\frac{7}{8}$in P110-NU 油管+剪切球座+腐蚀测试筒+引鞋（内径为 $\phi62mm$）等组成。

（2）同心双管分层注气管柱。

同心双管分注管柱由 $2\frac{7}{8}$in 油管柱和 1.900in 中心管柱组成。$2\frac{7}{8}$in 油管柱主要由 $2\frac{7}{8}$in P110 油管、2 只封隔器、中间油管承接短节、伸缩管、井下插入式短节、球座及引鞋等组成；1.900in 中心管柱由 1.900in 油管、中间承接环、井下插入式密封段等组成。地面配套 CC 级 35MPa 分注井口、压力表、流量计等。

（3）井下配注器分层注气管柱。

井下配注器分层注气工艺是利用封隔器和配注器组合，通过封隔器封隔不同层位，调节井下配注器的气嘴尺寸，实现分层注入。管柱主要由气密封油管、气密封封隔器、配注器、剪切球座、腐蚀测试筒、丝堵等组成。

3. 采油工程方案

采油井工程设计主要考虑 CO_2 防腐需求，同时考虑 CO_2 从油井突破后的采油生产需要，油井举升工艺满足控套防气举升要求。

1）采油井防腐方法及措施

根据室内实验和黑 59、黑 79 区块现场试验结果，关键部件采用耐腐蚀材料，配合加注缓蚀剂实现防腐。

（1）关键部位使用耐蚀材质，选用 CC 级防腐井口，抽油泵、阀门球、阀门座等使用不锈钢材质。

（2）重点采取缓蚀剂防腐，采用平衡罐配合加药车加入缓蚀剂。

（3）加强腐蚀监测，安装测腐挂片或腐蚀环，使用弱极化腐蚀监测技术，定期监测井内油管腐蚀情况；周期检测井下缓蚀剂返出浓度，评价缓蚀效果。

2）井口选择

由于 CO_2 驱油井气突破时间不确定，突破后产气量、CO_2 含量和压力不确定，因此注气井周围油井井口依据气井井口选择标准，应满足抗压和耐腐蚀要求，试验区块涉及的一线采油井均采用 CC 级 21MPa 井口。

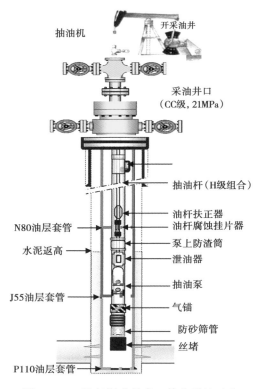

图 8-2-2　防气举升控套一体化采油工艺

抽油机

开采油井

采油井口
（CC级、21MPa）

抽油杆（H级组合）

N80油层套管

油杆扶正器
油杆腐蚀挂片器

水泥返高

泵上防渣筒

泄油器

J55油层套管

抽油泵

气锚

防砂筛管

丝堵

P110油层套管

3）采油工艺设计

设计采用防气举升控套一体化采油工艺，井下安装气举阀。采油工艺管柱结构为：N80 油管+气举阀+N80 油管+泵上防渣筒+抽油泵+泄油器+气锚（气液分离器）+腐蚀测试筒+尾管+丝堵等（图 8-2-2）。

4）采油配套设备及工具选择

（1）抽油机选择。

从含水率、泵挂条件下所受载荷分析表明，当下泵深度大于 1600m 时，最大载荷为 7.8~8.4t，最大扭矩为 37kN·m，这时需选择十型节能型抽油机，型号为 CYJ10-4.2-53HB。

（2）抽油杆选择。

抽油杆按等强度理论进行杆柱设计，结果表明，采用 HL 级 22mm 和 19mm 二级杆组合在下泵深度为 1600m 左右时，能够满足强度要求，同时具有较高的利用率，应力系数在 0.8 左右，这时的杆比例为 22mm×35%+19mm×65%；抽油杆应考虑抗 CO_2 腐蚀。

（3）油管选择。

参考该区块其他井的泵挂设计，根据不同区块确定区块泵挂，为减少气窜影响提高泵效，并考虑防腐加药、气液分离和测试需要，泵下加尾管到油层顶部。井深 2300m 以上使用 P110，2300m 以内使用 N80 油管，根据不同区块井深设计泵挂和选择油管，使用普通平式油管螺纹（使用密封脂），并采用内涂层或内衬油管。

（4）抽油泵选择。

除首选防腐耐磨泵外，阀门球、阀门座等运动件采用合金钢材料。其他方面，抽油泵的选择既要满足不同区块油井产液量的要求，又要满足试验开发生产在不同时期排液的需要。对于产液量低于 5t/d 的井，采用 ϕ32mm 泵即可满足产液量的要求，对于产液量大于 5t/d 的井，采用 ϕ38mm 泵即可满足产液量的要求。

（5）光杆，H 级 GG28 光杆，长度为 8m，不锈钢材质。

（6）气锚（气液分离器）。

考虑到 CO_2 驱油重大开发试验后期 CO_2 突破后，为降低 CO_2 对泵效的影响，采油井使用耐 CO_2 腐蚀的气锚或者气液分离器。

4. 注采井生产管理

1）注气井生产管理

（1）注气前进行井况评价，如果井况不合格，进行井况治理。主要开展固井质量评价、测井径、测试井筒腐蚀、油层验窜等工作。

（2）注气过程中，定期监测油压和套压等生产动态，定期检测环空缓蚀剂液面并补加环空缓蚀剂，加强注气井环空带压管理。

2）采油井生产管理

（1）CO_2 突破后，当能量达到可自喷生产时，利用自喷生产。

（2）采用井下气举控套采油工艺，控制套压在 2MPa 以内。

（3）采油井采取合理工作制度，控制气窜。

（4）选择有代表性的采油井定期进行腐蚀情况测试和井况测试。

三、地面工程方案

1. 建设背景及技术路线

1）项目建设的背景

吉林油田黑 59 区块 CO_2 驱油先导性试验，已经取得了较好的效果，同时也形成了地面工程系列相关配套技术。进行 CO_2 驱油扩大试验可以实现：

（1）长岭气田扩能后新增 CO_2 埋存与循环利用，保障长岭气田高效、环保、安全生产。

（2）利用 CO_2 驱油技术实现提高低渗透油田的动用率和采收率，较大幅度提高老油田采收率的目标，并可在同类油田推广应用。

2）技术路线

（1）气源：初期气源以长岭气田净化处理厂伴生的 CO_2 为主，待 CO_2 在油井产出后，将产出气和长岭气田伴生的 CO_2 全部循环注入。

（2）注入井口：能够实现水、气交替注入，满足分层注气需求。

（3）注入管网及注入管线敷设方式：采用枝状与射状管网结合、单管多井高压注入工艺。注入管线敷设方式为埋深 -2.0m，不保温。

（4）采油井口：阀门、管线更新为不锈钢材质。

（5）单井集油及集油支干线：采用小环状掺输流程，利用原有单井玻璃钢管线。集油支干线采用气液同输及气液分输，管线尽量利用原有旧管线。

（6）油井计量及掺输计量间：实现单环计量，掺输水设计量表。掺输计量间采用不锈钢阀门及管线，取消翻斗，建计量分离器。

（7）气液分离操作间：建设生产分离器实现气液分离。分离器采用不锈钢内衬，气液分别计量，液相设置含水率分析仪。

（8）产出气管线敷设方式：采用枝状管网，与注入管线同沟敷设，埋深为 -2.0m，保温。

（9）产出液：分别进入已建集输系统，在各个接转站建腐蚀监测系统。

（10）自动控制：采用 DCS 控制系统，注入单元、产出气循环利用单元、采油井及注入井的参数均能远传至中心控制室。

2. 总体布局及总体建设规模

根据油井及站场的布局，扩大集输及注入半径为 10km，减少循环注入站站场，将大情字井油田东坡、西坡分开设计。最终建设接转站 5 座，循环注入站 3 座。

3. 新建循环注入站方案

1）平面布局

新建循环注入站均依托已建接转站建设。根据接转站的油气设施布置特点，各站需要建设产出气预处理系统、压缩机房（含产出气压缩机、注入压缩机）、脱水装置、注入计量阀组间、中心控制室等。

注入部分：包括注入计量阀组间。

产出气循环利用部分：包括产出气预处理及增压两个操作单元。

中心控制室：主要是对注入井、采油井、注入计量阀组间、产出气分离处理及注入站进行数据采集及监控，结合产出气分离处理及注入站共同建设。

2）系统流程

根据油藏工程的开发指标预测，将 CO_2 驱油产出气进行除液、除颗粒处理，处理后气体进入压缩机 2 级增压，压力可以达到 2.5MPa，在产出气压缩机出口进行变温吸附脱水，脱水计量后与管道输送来的纯净 CO_2 混合，进入注入压缩机，压缩机需要 3 级增压，最终增压到 25~28MPa，为站外注入井提供超临界 CO_2。

4. 注入系统方案

1）站外工艺流程

结合超临界注入站，站外 CO_2 注入流程采用单干管枝状配注流程，利用注水系统实现水气交替注入开发。

2）注入管网

根据超临界注入站位置，站外管网以各个超临界注入站为中心呈放射状布置。新建超临界注入间及单井管线、井口工艺。

3）注入井口工艺

根据油藏提供情况，注入井分为笼统注气和两层分层注气两种注入工艺。

5. 油气集输系统方案

1）站外单井集输流程

将注入井同平台及周围一个井距范围内的油井井口进行改造，站外油井利用原有的小环状掺输流程及集输管线。

2）单井集油管线

为降低工程投资，仍然采用小环状掺输流程、单井集输管线。由于气油比增高，串接 3 口井后的集输管线需要扩建，串接多于 3 口井集油环，需要拆环处理。

3）集输支干线

采用枝状管网，实现气液分输与混输相结合，埋深为 -2.0m，保温，与注入管线同沟敷设。通过室内论证、先导试验及扩大试验现场应用，设计采用芳胺环氧高压玻璃钢管材。

4）计量间及气液分离操作间

利用原来已建设施，站外建有计量间及计量间与分离操作间合建两种情况。

掺输计量间：采用不锈钢阀门及管线，取消翻斗，在计量间内建设计量分离器，对环总液量进行计量，设掺输水计量表，通过减差实现环产液的计量。

气液分离操作间：在支干线末端设置气液分离操作间，操作间内设置生产分离器，将计量间来的油气混输液体进行气液分离，实现气液分输，降低管道输送摩阻，达到产出气循环利用的目的。在气液相进行计量，同时建设缓蚀剂加注装置。

6. 二氧化碳输送干线、管道输送能力及管材

1）二氧化碳输送干线

根据站场分布，需建设输送管线 2 条，为地面工程的循环注入站提供注入气源。

2）管道输送能力及规模

根据技术路线论证结论，各循环注入站注入相态均为超临界态，管线采用气相输送。

3）管材的选择

输送气态 CO_2 水露点为−10℃，在输送温度下对碳钢材质基本没有腐蚀性，因此，输送管线采用国家标准 GB 9711.1—1997《石油天然气工业输送钢管交货技术条件　第 1 部分：A 级钢管》碳钢材质。

7. 腐蚀控制措施

1）注入系统

注入纯 CO_2 没有腐蚀性，因此单井、站内管线采用耐低温钢材。

2）采油井口

腐蚀因素分析：介质为油、水、CO_2 气，温度为 20℃左右，压力为 0.3~1.3MPa，一旦 CO_2 突破，存在腐蚀。

控制措施：将井口阀门、集输管线更换为不锈钢材质。

3）注入井口

腐蚀因素分析：介质为水、CO_2，温度为−20~40℃，注入压力为 3~23MPa，气水交替时腐蚀严重。

控制措施：井口阀门管线更换为不锈钢材质。

4）集油/掺水管线

腐蚀因素分析：介质为油、水、CO_2 气，温度为 35℃左右，压力为 0.3~1.3MPa，一旦 CO_2 突破，存在腐蚀。

控制措施：采用芳胺类玻璃钢管材。

5）掺输注入计量间

腐蚀因素分析：介质为油、水、CO_2 气，温度为 35℃左右，压力为 0.3~1.3MPa，一旦 CO_2 突破，存在腐蚀。

控制措施：分离器、管线及阀门采用不锈钢材质。

四、经济效益评价

围绕油藏工程、钻井工程、采油工程和地面工程的部署及设计，在对 CO_2 驱油试验阶段实际投资及操作成本进行深入分析的基础上，坚持费用与效益相对应的原则，进行吉林大情字井油田 CO_2 驱油总体开发方案的经济评价。

吉林大情字井油田 CO_2 驱油总体开发方案经济评价，根据各工程方案的技术特点、工程量以及概算进行投资测算；根据地面工程方案采用的工艺技术，结合大情字井油田 CO_2 驱油区块实际操作成本和建设项目经济评价参数（2010）标准进行操作成本估算。

按照"有无对比法"的经济评价方法，用"增量效益"指标衡量 CO_2 驱油投资项目的经济性。"有项目"是指 CO_2 驱油开发方案，"无项目"是指原有基础井网继续水驱油开发方案，用增量效益与增量费用进行增量分析。

第三节　试验效果分析与评价

一、黑59二氧化碳驱油先导试验区

1. 试验区概况

1）油藏地质特征

黑 59 CO_2 驱油先导试验区位于松辽盆地南部中央坳陷区长岭凹陷中南部，主要储层为青一段的 7 号、12 号、14 号和 15 号小层，青一段顶面为一个向北东东倾斜的断背斜构造，构造西高东低，西边被两条近南北向倾角较小、幅度较低的正断层所切割，东边被两条正断层所隔挡，构成了试验区基本的构造格架；各含油小层主要储层沉积微相是三角洲前缘水下分支河道、席状砂。砂体展布以从西南向东北条带状展布为主；储层裂缝相对发育，天然裂缝以东西向为主，为高角度裂缝和垂直裂缝，同时由于应力不平衡，也产生一些诱导缝，形成高角度裂缝与诱导缝隙并存，同时微裂缝也较发育；储层物性差，为低孔隙度、低渗透率储层，储层有效孔隙度为 8%～15%，平均为 12.77%，渗透率为 0.24～9.85mD，平均 3.57mD；储层非均质性较强，主力层 7 号、12 号、14 号和 15 号小层层内变异系数分别为 0.69，0.65，0.43 和 0.56；区块地层原油密度为 $0.7615g/cm^3$，地层原油黏度为 $1.85mPa \cdot s$，地层原油体积系数为 1.1723，饱和压力为 7.01MPa，单次脱气气油比为 $36.7m^3/m^3$，地面脱气原油密度为 $0.8503g/cm^3$，储层原油含 $C_1 + N_2$ 18.7%，$C_2 + C_{10}$ 32.57%，C_{10+} 48.37%；天然气组分以 CH_4 为主，含量为 53.5%，C_2H_6 含量为 18.9%，C_3H_8 含量为 12.3%，N_2 含量为 6.3%，CO_2 含量为 1.1%，不含 H_2S；青一段地层压力平均为 24.3MPa，压力系数为 0.99；地层温度为 98.9℃，地温梯度为 3.97℃/100m。属正常的温度、压力系统，油藏驱动类型主要为溶解气驱和弹性驱。

2）试验方案要点

2007 年 11 月完成大情字井油田黑 59 区块 CO_2 驱油藏工程方案编制，当时试验方案只包括 5 个井组，16 口油井，为完善井组，外扩 3 口井，油井数达到 19 口。注气后为调整边部井注采关系，在试验区南增加黑 59-1 试验井组，试验区含油面积扩大为 2.2km，目前黑 59 区块 CO_2 驱油试验区共有 6 个井组，25 口油井（图 8-3-1）。

基本油藏工程设计参数：5 个试验井组，16 口油井，采用反七点面积井网，井排距为 440m×140m；主要注气层位为青一段 7 号、12 号、14 号、15 号小层及青二段 24 号小层，采用一套层系开发；初期日注 240～280t 液态 CO_2，连续注入 0.26HCPV 后转水气交替注入；15 年评价期 CO_2 驱油采出程度为 33.2%（水驱油采出程度为 20.7%），比水驱油高 12.5 个百分点，最终采收率为 37.1%（水驱油最终采收率为 22.7%），比水驱油提高 14.4 个百分点。

2. 试验进展

2008 年 1 月，黑 59 试验区平均地层压力为 14.5MPa，为原始地层压力（24.15MPa）

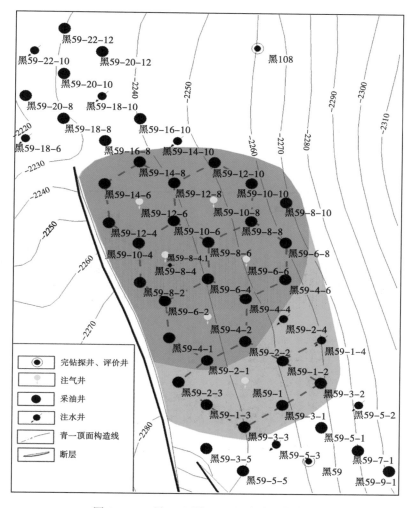

图 8-3-1　黑 59 区块 CO_2 驱试验区井位图

的 60%。为提高地层压力，实现 CO_2 混相驱油（最小混相压力为 22.3MPa），保证试验效果，采取超前注气及注采调控等措施，试验进程主要分为 3 个阶段。

（1）第一阶段（2008 年 3 月至 2009 年 12 月）：累计注气 $4.57×10^4$ t，部分油井关井恢复地层能量。

在注气站建成之前，2008 年 3 月份 5 口井注水；2008 年 4 月底，黑 59-6-6 井和黑 59-12-6 井开始注气；2008 年 6 月底，黑 59-10-8 井和黑 59-4-2 井开始注气；2008 年 10 月中旬，黑 59-8-4_1 井开始注气。北部黑 59-12-6、黑 59-6-6、黑 59-10-8 和黑 59-8-4_1 四个井组油井停产恢复地层能量，南部黑 59-4-2 井组 4 口井正常生产；2008 年 10 月中旬，北部井组试开井评价产能及混相状态；2008 年 12 月，试验区全部油井关井恢复地层能量。

（2）第二阶段（2009 年 1 月至 2009 年 9 月）：油井全面开井，动态特征差异大，部分油井控液生产。

2009 年 1 月，全部油井陆续开井生产；2009 年 3 月，南部黑 59-4-2 井组 4 口油井关井恢复能量；2009 年 9 月，试验区南部黑 59-1 井由注水转注气；2009 年 3 月，部分气油比高的油井控液生产。

（3）第三阶段（2009 年 10 月至 2013 年 10 月）：明确注采关系，试验调剖与水气交替技术，进行注采调控，控制气窜，稳定生产；开展井网调整，解决因注入井井况影响引起的注采矛盾问题，同时为工业化推广确定合理的井网提供参考。

截至 2013 年 10 月底，黑 59 区块累计注入 CO_2 24.8×10^{4}t，折合注入体积 0.31HCPV，日注气 53.2t，日产油 34.9t，平均单井日产油 1.9t，平均 CO_2 含量为 49.9%，气油比为 95.3m^3/t（图 8-3-2）。

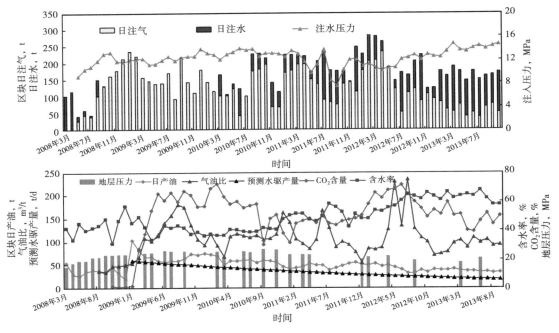

图 8-3-2　黑 59 试验区注采曲线

3. 取得的认识

黑 59 CO_2 驱油先导试验区取得了以下认识：

（1）CO_2 混相驱油拓宽了低渗透油藏有效开发的技术界限。

启动压力梯度实验表明，采用 CO_2 驱油技术地层原油更易流动，可将水驱油动用油层物性下限降至 0.2mD，流度下限降至 0.05mD/（mPa·s），有效拓宽了低渗透油藏有效开发的技术界限。

大情字井油田未动用难采储量主要分为两种类型：一是高含水低阻油层，一般位于富集区块的边部，由于含水饱和度较高，投产后含水率一般大于 70%，含水率上升快，单井日产油低于 1.0t，常规开采经济效益差；另一类是薄差油层，由于储层物性较差，渗透率一般小于 1mD，油层厚度一般小于 2.0m，压裂投产单井日产油低于 1.0t，稳产状况差，目前不具备大规模开发条件。

为完善井网，黑 59 区块边部新钻黑 59-8-10 井和黑 59-6-8 井，分别代表大情字井油田难采储量的两种类型，区块注气实现混相后，两口井产油量上升明显，含水率大幅下降，注气稳定阶段，两口井稳产效果较好。

黑 59-8-10 井：投产青一段 14 号、15 号小层，复合射孔投产，水驱标定日产油 3.4t，含水率为 70.9%，该井 14 号、15 号小层是大情字井油田典型的高含水油层，孔隙度为 12.0%，渗透率为 2.5mD，电阻为 15mΩ。黑 59-10-8 井于 2008 年 7 月开始注气，2009 年 2 月黑 59-8-10 井完钻投产后日产油 4~5t，含水率为 11.2%，后因注气量不足，产量呈下降趋势，恢复注气量后，日产油回升至 3.9t，含水率为 10.2%，2011 年 9 月补孔后，日产油 6.8t，含水率为 9.7%，CO_2 驱油效果较好。

黑 59-6-8 井：投产青一段 7 号、12 号小层，压裂投产，标定水驱日产油 1.9t，含水率为 73.6%，该井 7 号、12 号小层是大情字井油田典型的薄差油层，孔隙度为 10.5%，渗透率为 0.72mD，电阻为 25mΩ，有效厚度为 1.6m。黑 59-6-6 井于 2008 年 6 月开始注气，2009 年 2 月黑 59-6-8 井完钻投产后日产油 2~4t，含水率由 60% 逐渐降至 42%，后因发生气窜，产量略呈下降趋势，含水率小幅上升（图 8-3-3）。

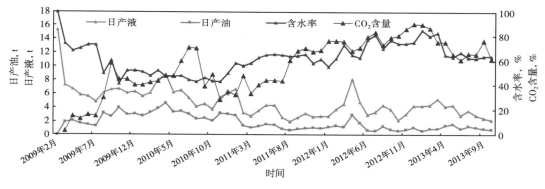

图 8-3-3 黑 59-6-8 井采油曲线

（2）地面原油组分含量变化明显。

原油组分分析表明，CO_2 驱油初期产出原油以轻质组分增加为主，驱替中期以重质组分增加为主，气体突破后，产出原油组分含量接近注气前原油组分。产出原油组分含量的变化说明注气前后地层原油性质发生明显变化。黑 59 区块 CO_2 驱油试验区油井黑 59-12-8 井产出原油密度（20℃）为 0.8625g/cm³，黏度为 26.35mPa·s，注水区块油井黑 59-11-3 井产出原油密度为 0.8475g/cm³，原油黏度为 10.91mPa·s（表 8-3-1），在注气过程中，原油密度、黏度先降后升，表现为先混相后抽提。

（3）陆相低渗透、非均质、高混相压力油藏，CO_2 驱油井见效差异明显强于水驱。

通过对黑 59 区块 CO_2 驱油开发动态与压力、组分、高压物性等监测资料进行综合研究，建立了黑 59 区块 CO_2 驱油混相判别标准：油井地层压力达到最小混相压力之上，产出脱气原油中 C_1—C_{18}、C_{19}—C_{31} 组分含量分别为 48% 和 12%，地层原油组分、性质发生变化，饱和压力上升，油井日常动态表现为：增油降水或增油含水率平稳，CO_2 含量和气油比上升至突破值以内。

表 8-3-1　黑 59 区块注气与注水区地面原油性质对比表

区块	井号	取样时间	密度（50℃/20℃）g/cm³	黏度（50℃）mPa·s	凝点 ℃	初馏点 ℃	饱和烃 %	芳香烃 %
黑 59 北 CO_2 驱	黑 59-6-4	2011.10.10	0.8436/0.8625	26.35	35	75	68.87	10.65
黑 59 南水驱	黑 59-11-3	2011.10.10	0.8280/0.8475	10.91	24	77	71.18	7.48

参考油井地层压力测试、井流物分析及试井解释资料，对 5 个井组 19 口油井的混相状态进行判别，结果表明试验区实现全面混相。受储层非均质性影响，混相状态也有一定的差别，储层物性好的油井，注气后压力传导速度快，CO_2 与原油接触充分，原油大量产出后能量补充较快，混相状态稳定；而储层物性差的油井，油井产出一段时间后，地层能量补充较慢，地层压力下降，混相状态消失，但通过控制产量或增加注入量，地层压力上升至混相压力之上，仍可重新实现混相。

根据储层发育状况，将黑 59 试验区 5 个井组 19 口油井分成 3 类，裂缝性储层油井有 3 口，连通好的储层油井 9 口，连通差的储层油井 7 口，3 类油井产液、产油能力存在一定的差别。

裂缝性储层：主要是位于裂缝发育区或河道主流线的油井，包括黑 59-14-6 井、黑 59-12-4 井和黑 59-10-4 井，注气初期产液强度大幅上升，是注气前产液强度的 1.8 倍，开井后 3~4 个月（注入烃类体积 0.07HCPV）时，出现气体突破，CO_2 含量大于 80%，气油比大于 1000m³/t，但随着气体突破，产液强度大幅度下降，甚至低于未实现混相驱油井，这类油井后期实施注采调控，产量很难恢复到气体突破前的水平。

连通好的储层油井：主要位于储层物性较好、非均质程度较弱的井区，这类油井包括黑 59-14-8 井、黑 59-12-8 井、黑 59-10-8 井、黑 59-10-10 井、黑 59-6-2 井、黑 59-8-6 井、黑 59-4-4 井、黑 59-2-1 井、黑 59-2-2 井，注气后产液强度是注气前的 1.5 倍，随着 CO_2 驱油进行，气油比和 CO_2 含量保持相对较低水平，产液强度保持相对较高水平且稳定，后期由于受注气量不足影响，这类油井出现产液、产油下降趋势，含水率上升，CO_2 含量上升。

连通差的储层油井：主要位于物性较差或注采连通较差的井组，这类油井包括黑 59-10-6 井、黑 59-8-2 井、黑 59-8-8 井、黑 59-6-4 井、黑 59-6-8 井、黑 59-4-6 井、黑 59-4-1 井，注气后产液指数先大幅尖峰状上升，后快速递减，并保持较低水平且稳定。

（4）试验高注低采的注采井网模式，扩大 CO_2 波及体积，提高开发效果。

自 2011 年 5 月以来，注气井黑 59-12-6 井、黑 59-8-4₁ 井、黑 59-10-8 井、黑 59-4-2 井先后出现井筒冻堵、套管错断等井况问题。黑 59-12-6 井和黑 59-8-4₁ 井已封井，黑 59-10-8 井待封井，黑 59-4-2 井待大修。受注入井井况影响，2012 年试验区约欠注 CO_2 量 $3.1×10^4t$，地层压力由 2011 年 4 月的 22.8MPa 下降到 2012 年 8 月的 18.9MPa，低于最小混相压力（22.3MPa），5 个井组 19 口油井日产油从 50t 持续下降到 31t，2012 年 10 月通过补压、重压、调参、转注黑 59-14-6 井和黑 59-10-4 井等措施，产量有一定的恢复，日产油稳定在 40t 左右，但注采矛盾依然未解决，因此有必要对区块注采井网进行整体优化，提高试验区开发效果，同时为工业化推广确定合理的井网提供参考。

高部位注气、低部位采油的井网模式，可有效扩大 CO_2 波及体积，提高开发效果。以此设计理念为指导，以精细油藏描述为基础，对试验区进行调整：油井转注气井 3 口，油井转注水井 1 口，水井转抽 1 口，注气井转注水井 1 口。

①油井转注气井（黑 59-8-8 井、黑 59-4-1 井、黑 59-4-4 井）。

黑 59-8-8 井周围油井黑 59-10-10 井动用青一段 7 号、12 号、14 号和 15 号小层，黑 59-8-10 井动用青一段 14 号和 15 号小层，黑 59-6-8 井动用青一段 7 号和 12 号小层，黑 59-8-6 井动用青一段 7 号、12 号和 14 号小层，黑 59-10-6 井动用青一段 7 号、12 号和 14 号小层，井间连通性较好，该井转注后能够建立起注采关系。由于黑 59-8-8 井周围油井均未动用青一段 3 号小层和青二段 21 号小层，因此需对该层位进行封堵。

黑 59-4-1 井周围井黑 59-2-1 井动用青一段 7 号、12 号、14 号、15 号和 16 号小层，黑 59-2-2 井动用青一段 7 号、9 号、12 号、14 号和 15 号小层及青二段 24 号小层，黑 59-6-2 井动用青一段 12 号、15 号和 16 号小层及青二段 17 号、18 号和 21 号小层，井间连通性较好，该井转注后能够建立起注采关系。黑 59-4-1 井注气层位为青一段 7 号、12 号、14 号、15 号和 16 号小层。

黑 59-4-4 井周围井黑 59-2-2 井动用青一段 7 号、9 号、12 号、14 号和 15 号小层及青二段 24 号小层，黑 59-2-4 井动用青一段 7 号和 12 号小层及青二段 24 号小层，黑 59-4-6 井动用青一段 7 号和 12 号小层，黑 59-6-4 井动用青一段 7 号和 12 号小层及青二段 21 号和 23 号小层，井间连通性较好，该井转注后能够建立起注采关系。黑 59-4-4 井注气层位为青一段 7 号、12 号、14 号、15 号和 16 号小层及青二段 21 号小层。

②油井转注水井（黑 59-12-10 井）。

黑 59-12-10 井为试验区边部井，与之邻近的黑 59-10-10 井动用青一段 7 号、12 号、14 号和 15 号小层，黑 59-12-8 井动用青一段 7 号、9 号、12 号、14 号和 15 号小层及青二段 24 号小层，黑 59-14-8 井动用青一段 7 号、12 号和 14 号小层，主力层位均与本井相应层位连通较好，因此本井转为注水井既可对周围油井提供能量补充，又可有效封闭区块边部，抑制 CO_2 的逸散，提高 CO_2 利用率。黑 59-12-10 井需对封堵层位进行解封，注水层位为青一段 7 号、12 号、14 号和 15 号小层。

③注水井转抽（黑 59-2-4 井）。

黑 59-2-4 井与黑 59-4-4 井间连通性较好，可建立较好的注采关系。

④注气井转注水井（黑 59-1 井）。

黑 59-1 井组注气以来，注气利用率低，周围油井 CO_2 驱动态见效反应不明显，因此，将黑 59-1 井转为注水井。其周围油井黑 59-2-3 井动用青一段 7 号、12 号、14 号、15 号和 16 号小层及青二段 18 号和 21 号小层，黑 59-2-3 井动用青一段 7 号、8 号、12 号和 15 号小层及青二段 24 号小层，黑 59-3-1 井动用青一段 7 号、8 号、9 号、12 号、14 号和 15 号小层及青二段 23 号和 24 号小层，为了完善注采关系，需对青一段 1 号和 2 号小层及青二段 17 号、18 号、21 号、23 号和 24 号小层解封，分四段注水。

⑤注入量。

3 口转注气井的注气层位主要为青一段 7 号、12 号、14 号和 15 号小层，结合试验区稳定注入时期 5 口注气井的实际注入速度（平均为 37.9t/d），为加快能量补充，设计 3 口转注气井初期注气量为 40t/d，之后根据油井压力恢复状况对注气速度进行适当调整，但最低注气量应不小于30t/d。边部注水井黑59-14-10井的注入速度为30m³/d，可有效补充地层能量和抑制CO₂逸散，因此转注水井黑59-12-10井的注入速度初期设计为30m³/d，后期根据周围油井动态进行调整。

⑥效果预测。

通过数值模拟，对原注采井网、调整后注采井网进行对比，结果表明，调整井网后地层压力逐渐上升，至2014年地层压力将恢复到混相压力以上；日产油大幅上升，其中连续注气方式日产油上升幅度较大，但是下降速度也较快，WAG注入方式日产油上升幅度较小，但保持稳定时间长，预测两种方式的原油采收率与原井网方式对比均可提高5%，通过方案比选WAG注入方式稳定生产时间较长，考虑后期气窜影响，优选WAG注入方式。

4. 试验效果

黑59CO₂驱油先导试验区通过贯彻"保混相、控气窜、提效果"的技术原则，执行整体注采调控、试验水气交替、局部进行调剖等技术政策，取得了较好的效果，在井况恶化前基本保持稳产态势（图8-3-4）。2013年10月，在相同采出程度下，与水驱油相比，采油速度提高0.6%，单井产量提高61%，累计增油3.1×10⁴t，原油采收率可达到29.5%，较水驱油提高10.4%。

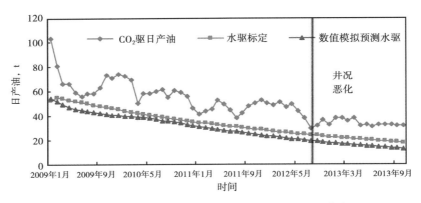

图8-3-4 黑59 CO₂驱油先导试验区增油对比曲线

二、黑79南二氧化碳驱油扩大试验区

1. 试验区概况

1）油藏地质特征

黑79区块南位于大情字井油田向斜构造的东翼斜坡上，构造相对简单，断层不发育；开发主要目的层为青一段2号小层，局部发育青一段1号小层，油层中部埋深为2350m。主力小层青一段2号小层裂缝不发育，储集砂体主要为三角洲前缘水下分支河道沉积，储层物性好，平均孔隙度为18.0%，平均渗透率为13.4mD，由于水下分支河道各部分水动力条件及沉积序列差别，储层物性平面、层间、层内非均质性较强，计算青一段2号小层的储层变异系数为0.49～1.74，属中—强非均质性。区块油藏类型为岩性油藏（图8-3-5）。

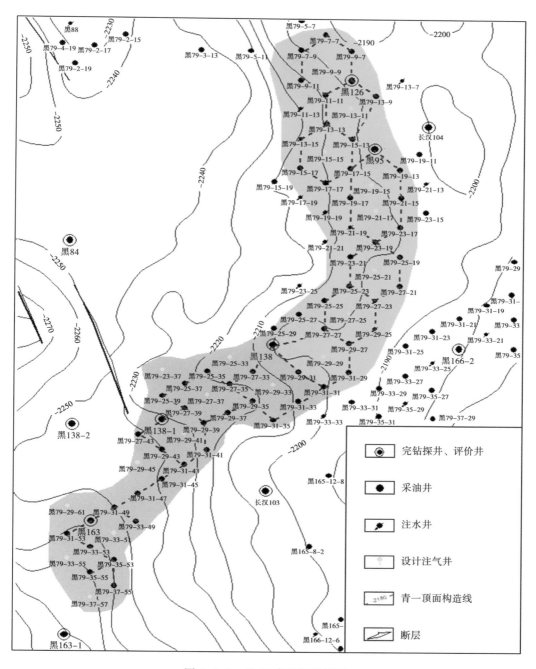

图 8-3-5　黑 79 南井位部署图

黑 79 南地面原油密度为 0.8546g/cm³，原油黏度（50℃）为 8.3mPa·s，凝点为 30℃。黑 79-29-41 井高压物性资料表明，地层原油密度为 0.7757g/cm³，地层原油黏度为 2.08mPa·s，地层体积系数为 1.1491，溶解气油比为 31.4m³/m³，饱和压力为 7.16MPa；地层水矿化度为 11737.7mg/L，氯离子浓度为 4481.6mg/L，水型为 NaHCO₃ 型，pH 值在 7

左右；油层中部埋深为2350m，原始地层压力为23.11MPa，油层温度为97.3℃，压力系数为0.98，地温梯度为4.1℃/100m，属正常的温度、压力系统。

原油组分组成：C_1—N_2为19.01%（摩尔分数），CO_2+C_2—C_{10}为34.99%（摩尔分数），C_{11+}为46.00%（摩尔分数）。CO_2—原油最小混相压力为22.1MPa。

黑79南多数生产井复合射孔投产，部分生产井小规模压裂投产，按水驱油开发时间可分为北部和南部。北部2002—2003年采用480m×160m菱形反九点面积井网注水开发，共有8个井组，31口采油井。南部2006—2007年采用480m×160m菱形反九点面积井网注水开发，共有10个井组，29口油井。2010年6月，区块开始注气前，北部的采出程度和含水率分别为20.6%和69.5%，南部采出程度和含水率分别为40.4%和15.2%。

2）试验方案要点

黑79区块南CO_2驱油扩大试验区设计注气层位为青一段2号小层，北部压裂区采用480m×160m反七点面积井网，南部复合射孔区采用480m×160m菱形反九点面积井网，方案设计油井60口，注气井18口，先连续注气一年，地层压力恢复到混相压力附近后，开展WAG注入，WAG气水比为1:1，单井日注入量（水、液态CO_2）为40t，设计CO_2总注入量为131.4×10⁴t（0.5PV左右）；注气期间油井连续生产，局部气窜井组采用30d开井、15d关井的间开方式控制生产，注气阶段注采比为2.0，注水阶段为1.35:1；采油速度控制在4%以下；方案预测累计增油32.48×10⁴m³，提高原油采收率13.5%，CO_2置换率为0.20t/t。

2. 试验进展

黑79南CO_2驱油扩大试验区的实施进度与长岭气田脱出纯CO_2量关系密切。2010年3月，地面工程全面改造完成，开始在南部5个井组进行试注气，经调试，2010年6月黑79-37-57井、黑79-29-51井、黑79-33-51井、黑79-29-45井和黑79-29-41井5个井组开始正式注气，单井日注气40t，2010年8月25日由于气源问题暂时停注，5个井组累计注气1.2986×10⁴t，5口注气井于2010年8月26日转注水，至2010年10月又转注气，10—12月新增黑79-33-55、黑79-29-33和黑79-29-29三个注气井组，由于注采敏感，单井日注量由40t调整至25~40t，2011年3—4月新增黑79-27-37、黑25-33和黑23-37三个注气井组，注气井组达到11个，2011年6月下旬，由于长岭气田地面检修，注气井暂时转为注水，2011年10月恢复注气，2011年12月后，北部6个井组陆续投注。2013年8月，针对试验区高产气、油井能量不足等问题，开展综合治理，制订了针对不同类型注采井，以"周期注采、水气交替、保持注采能力"为原则的注采调控方案，保证试验区产量稳中有升，目前累计注气井组达到17个，区块累计注气27.7×10⁴t。

3. 取得的认识

黑79南CO_2驱油扩大试验区是水驱油开发中期转CO_2驱油的物性较好、单层开发的油藏，目前已注气17个井组，累计注气27.7×10⁴t，注气时间较长的11个井组折合体积0.23HCPV，累计注采比为0.95，注采反应敏感，与黑59区块原始油藏CO_2驱油和黑59-1井组水驱油后转CO_2驱油开发规律既有相似之处，又有明显差异（图8-3-6）。

（1）注入能力较强，注气压力低于注水压力。

黑79南CO_2驱油初期平均单井日注气40t，基本上能够实现平稳注入，注气压力较水驱油时注水压力低2~3MPa。

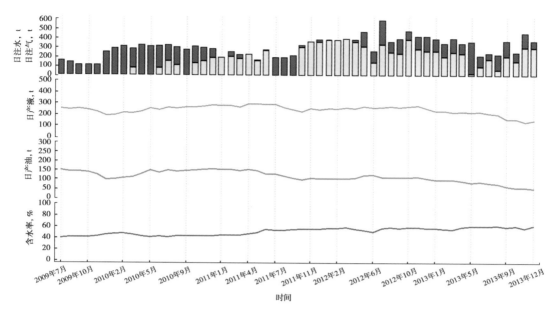

图 8-3-6　黑 79 南 CO_2 驱油扩大试验区 11 个井组注采综合曲线

（2）注气后地层压力上升快，地层压力保持水平高。

南部最早注气的 4 个井组区域地层压力恢复速度快，注气后地层压力恢复速度为 10.2MPa/a，油井生产过程中地层压力保持水平较水驱时高，南部地层压力为 28.3MPa，中部地层压力为 19MPa，北部注气时间短，地层压力相对较低。

（3）油井注采反应敏感，动态特征与黑 59 试验区有明显差异。

黑 79 南 CO_2 驱油试验区开发动态表现较为复杂，按动态反应可大致分为 3 个阶段。

①第一阶段：油井快速见效，产量大幅上升。

试验区在压力快速上升的同时，油井产液、产油量反应敏感，注气 3 个月后，在 6 个井组 17 口油井中，有 10 口井产液、产油量出现大幅上升，2010 年 9 月 17 口油井日产油 109t，由注气前标定的日产油 89t 上升到 109t，单井增油幅度为 24.3%～93.8%。自 2010 年 10 月减少注气量并对油井控流压生产后，日产量仍保持在 109t 左右，此时未出现气突破迹象，平均 CO_2 含量为 1.23%，平均气油比为 36.6m³/m³，接近油藏原始状态 CO_2 含量和气油比。

②第二阶段：部分井含水率快速上升，产量大幅下降，气油比上升。

井组注气 0.1HCPV（原油采出程度为 18%～20%）时，部分油井逐渐出现含水率上升现象，注气时间较长的 6 个井组 17 口油井中有 9 口油井出现过含水率快速上升现象，17 口油井平均含水率由 2011 年初的 36.2% 上升至 55.2%。由于含水率的大幅度上升，对油井进行控制生产，日产液、日产油快速下降。

③第三阶段：实施注采综合调控，产量有回升趋势。

2013 年以来，对试验区进行了全面调整，南部以调为主，通过优化注采关系，扩大 CO_2 波及体积，提高 CO_2 利用率；北部以控为主，对见效明显井控流压生产，提高地层压力，实现混相驱替。另外，实施水气交替防控气窜。

综合调控阶段，全面分析了注采动态，认为影响试验效果的主要问题是注入井欠注、油井气窜导致的能量不足和举升能力下降。针对这些问题，制订了"一井一策"阶段调控方案，对欠注井提压解堵，对近井地带堵塞油井进行解堵，对举升能力下降井加深泵挂，对能量不足井转注，对特高含水井周期生产。

通过注采调控，总体控制了含水率上升和气窜趋势，采油速度提高1%，目前单井增油20%，累计增油1.97×10⁴t。

（4）含水率上升原因分析。

基于地震属性反演、油藏监测、原始油藏油水分布规律认识等，结合动态分析，重新认识油藏：黑79南2号小层实际上存在4个隔挡性较强的物性变化带，将砂体分割成5个单坝体。

以单坝体Ⅱ和单坝体Ⅲ的界线确认为例：

①从储层发育及物性看，黑79-25-33井、黑79-27-33井和黑79-29-33井虽然砂岩纵向多套单砂体叠合连片，但处于物性变化带上。从油井产出状况来看，黑138—黑79-29-35井一线形成分界，界线东侧油井高含水，西侧油井低含水。

②从注采反应分析，黑79-29-33井注水对黑79-27-33井形成较好的能量补充，黑79-25-33井注水后，黑79-27-33井动态没有变化（图8-3-7）。初步判断，黑79-27-33井主要受注水井黑79-29-33井影响，即黑79-27-33井与黑79-29-33井属同一个沉积体，且与黑79-25-33井储层连通性较差。

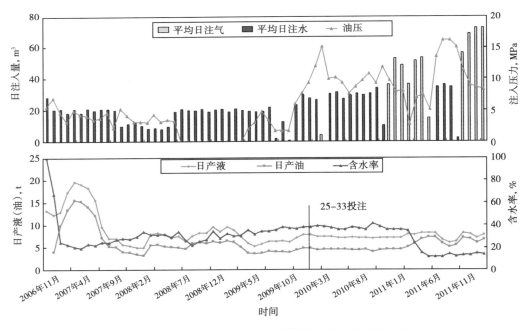

图8-3-7　黑79-27-33井与周围油井注采敏感性分析

黑79-29-33井液相示踪剂监测表明，黑79-27-35井、黑79-29-35井和黑79-31-35井均未检测到示踪剂，证明这3口油井与黑79-29-33井间有明显的沉积界面，对注入液体形成有效隔挡。黑79-29-33井在注入气相示踪剂时，周围油井均检测，且含量和运移速度均相差不大。以上监测结果证实了在黑 79-29-33 与黑 79-29-35 等井之间的沉积界面对液相遮挡性强，但对气相遮挡性不强。

5 个单坝体中，南部单坝体以构造控制为主，北部 4 个单坝体以岩性控制为主，不同单坝体油井产液能力、含水率各不相同，油水系统相对独立。

单坝体 I：以构造控制为主，往南接近油水界面，东西两侧为物性边界（声波时差小于 210μs/m），因此，南部及东西两侧油井初期含水率在 90% 以上，这些区域注气会加速地层水或束缚水向试验区内部推进，引起周围油井含水率快速上升。

单坝体 II—V：均以岩性控制为主，主要由于边部储层物性差，束缚水含量较高，导致油井初期含水率为 70%~90%，这些区域注气，也会促使束缚水向试验区内部推进，引起周围油井含水率快速上升。

通过对油藏特征的重新认识，结合油藏监测和动态分析，将油井含水率上升原因归为 3 类：第一类井位于油藏含水率较高区域，包括黑 79-37-55 井、黑 79-35-55 井、黑 79-31-53 井和黑 79-31-41 井，这类井主要由于边水推进或 CO_2 驱动超低渗透储层中的束缚水导致油井含水率上升，表现为产液缓慢上升，含水率突升；第二类井位于试验区内部油藏含水率较低的区域，水驱阶段见效较为稳定，包括黑 163 井、黑 79-31-49 井、黑 79-31-45 井、黑 79-29-43 井、黑 79-29-39 井、黑 79-27-39 井和黑 79-25-37 井，这类井主要由于前置水段塞受到后续 CO_2 的驱替使油井含水率上升，表现为产液、含水率持续稳定上升；第三类井主要为顺砂体方向或近东西向油井，这类井在注气前已有上升趋势或部分油井含水率已经开始上升，包括黑 138-1 井、黑 79-33-53 井和黑 79-33-49 井，这类井是由于已形成的窜流通道导致含水率上升，表现为产液量、含水率突升（图 8-3-8）。

（5）油井产量下降原因分析。

通过动态分析可知，造成油井产量下降的原因主要有以下几类：第一类是井筒或近井地带堵塞造成供液能力下降，表现特征为区域地层压力高，套压、产气量较高，动液面、产液量较低；第二类为高产气造成举升能力下降，表现特征为产气量较高，影响举升工艺，致使产液量较低；第三类为区域地层压力低造成能量不足，表现特征为套压、动液面和产气量处于较低水平，产液量下降；第四类是特高含水，表现特征为含水率在 90% 以上，产气量、套压较低，产油量处于较低水平。

针对试验区高产气、油井能量不足等问题，新增黑 79-27-25 和黑 79-25-21 两个井组开展水气交替，防止或控制周围油井气窜，恢复黑 79-25-33 井注气，补充区域地层能量。

针对试验区不同原因造成产量下降的油井分别采取措施，对高产气油井采取周期采油、加深泵挂、安装防气泵等措施控制气窜，对特高含水油井采取周期采油方式扩大 CO_2 波及体积，对因地层堵塞供液能力下降油井采取酸化解堵措施，最终保证产油量稳中有升。

4. 试验效果

2011 年，黑 79 南 CO_2 驱油扩大试验区初期取得了较好效果，增油明显，产油量上升。后由于含水率快速上升，产油量有较大幅度下降，通过对黑 79 南含水率上升规律及原因的研究，针对区块的平面矛盾和不同类型注采井，以"周期注采、水气交替、保持注采能力"为原则开展注采调控，以保证试验区开发效果。

自 2013 年 8 月实施注采综合调控方案以来，产量有回升趋势，通过注采调控，总体控制了含水率上升和气窜趋势，采油速度提高 1%，单井增油 20%，累计增油 $1.97×10^4$ t，高

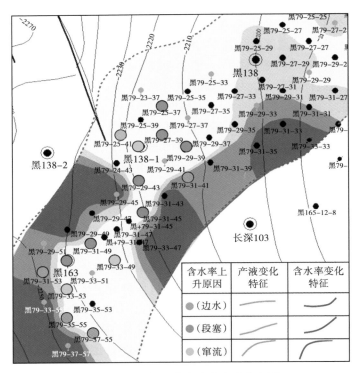

图 8-3-8 黑 79 南含水率上升分布图

（底图颜色由浅到深含水率变化范围依次为 10%~30%，30%~50%，50%~80% 和 80%~95%）

含水井 CO_2 驱油后恢复产油能力，证实了低渗透已注水油藏通过实施 CO_2-EOR 提高原油采收率是可行的。

三、黑 79 北小井距试验区

1. 试验区概况

1）油藏地质特征

黑 79 北位于大情字井油田向斜构造的东翼斜坡上，青一段顶面构造特征为受反向正断层遮挡的断鼻构造，油藏类型为岩性构造油藏，油气富集受构造控制，为层状构造油藏，存在油水界面，但由于储层物性的差异，造成油水界面不规则，物性变化影响油气的分布。

黑 79 北主要目的层为青一段 7 号、8 号、9 号、11 号、12 号、14 号、15 号小层和泉四段 4 号、5 号小层，青一段为西南物源方向，泉四段物源方向为东南、西南，均为三角洲前缘沉积，各小层主要表现为河口坝及河口坝侧缘沉积。青一段油层主要分布在 7 号、12 号小层，7 号小层油层厚度为 2~4m，12 号小层油层厚度为 4~6m，其次为 8 号、9 号、11 号、14 号、15 号小层，平均单层有效厚度为 2m，其他小层油层零星分布。泉四段油层主要分布在 4 号和 5 号小层，受岩性、物性控制，主要集中在区块的北部，平均单层有效厚度为 1~3m。

黑 79 北部青一段油层平均孔隙度为 13.0%，平均渗透率为 4.5mD；各含油层系储层平面非均质性较强，主力层 7 号和 12 号小层渗透率变异系数分别为 1.49 和 0.82；纵向非均质性不强，层间变异系数为 0.43。

黑 79 区块地面原油性质较好，原油密度为 0.8546g/cm³，原油黏度（50℃）为 8.3mPa·s，凝点为 30℃。借鉴邻区黑 79 区块南黑 79-29-41 井高压物性资料表明：地层原油密度为 0.7757g/cm³，地层原油黏度为 2.08mPa·s，地层体积系数为 1.1491，溶解气油比为 31.4m³/m³，饱和压力为 7.16MPa。

地层水矿化度为 11737.7mg/L，氯离子含量为 4481.6mg/L，水型为 $NaHCO_3$ 型，pH 值在 7 左右。

青一段、泉四段油层中部埋深为 2400m，平均油层压力为 23.6MPa，压力系数为 0.98，油层温度平均为 97.3℃，地温梯度为 3.2℃/100m，属正常的温度、压力系统。

2）试验方案要点

试验方案包括 10 个井组，有 10 口注气井、19 口油井，采用 80m×240m 反七点井网，试验注气层位为青一段 11 号和 12 号小层，设计注气总量为 1.3HCPV（图 8-3-9）。

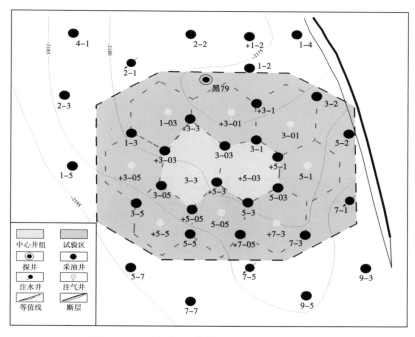

图 8-3-9　黑 79 北小井距 CO_2 试验区井位图

2. 试验进展

为了快速全面科学评价 CO_2 混相驱油开发效果和提高原油采收率的潜力，于 2011 年 9 月确定建立小井距 CO_2 试验区。2012 年 7 月试验区开始注气，2012 年 10 月试验区全面注气，截至 2015 年 4 月，累计注气 8.9×10⁴t，折合体积 0.27HCPV。

3. 取得的认识

（1）通过密井网精细解剖，明确剩余油分布规律。

①沉积微相分布特征。

试验区 11 号和 12 号小层为多期砂体叠置形成的河口坝，利用取心、测井资料，通过小层精细对比，进一步将 11 号和 12 号小层划分出 11-1，11-2，12-1，12-2，12-3 和 12-4 六个单砂体。其中，12-1，12-2 和 12-3 单砂体最发育，是区块主要产油层，其次为 11-1 和 11-2 单砂体，12-4 单砂体不发育。

12-1 单砂体沉积微相：12-1 单砂体主要发育前缘沙坝主体和前缘沙坝侧缘两种微相类型，呈土豆状分布，主体间储层连通性好，沙坝主体与侧缘之间储层连通性变差。

12-2 单砂体沉积微相：12-2 单砂体主要发育河口坝主体和河口坝侧缘两种微相类型，是试验区砂体最发育的层位，西北部最为发育，储层间连通性好，东南部储层变差，主要为河口坝侧缘，夹层发育，对储层连通性影响很大。

12-3 单砂体沉积微相：12-3 单砂体主要发育前缘沙坝主体和前缘沙坝侧缘两种微相类型，主体呈点状分布，发育范围小，整体砂体发育较薄。

②非均质性。

砂体物性分布主要受相带控制，试验区 11 号小层平均孔隙度为 10.6%，平均渗透率为 1.7mD；12 号小层平均孔隙度为 15.1%，平均渗透率为 8mD，各单砂体间储层物性差异较大，且平面变化快，储层发育较好的西北部储层物性较好。

根据取心资料、微地震前缘分析，试验区裂缝相对发育，裂缝以东西向为主，缝面无填充物，在地下呈闭合状态。

③剩余油分布规律认识。

平面剩余油分布规律认识：试验区 11 号和 12 号小层采出程度分别为 12.31% 和 25.6%，注气前日产液 8.4t，日产油 1.2t，含水率为 85.7%，整体处于高含水阶段（图 8-3-10），平面上远离水井区域油井含水率相对较低，是剩余油富集区域。

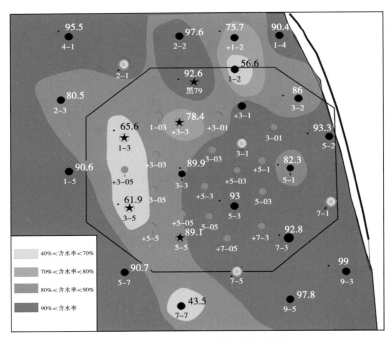

图 8-3-10　注气前含水率分布图

纵向剩余油分布规律认识：利用黑 79-3-03 井 12 号小层化验含油饱和度与测井曲线建立四性关系，通过对比分析，储层物性较差的部位剩余油饱和度较高（图 8-3-11）。

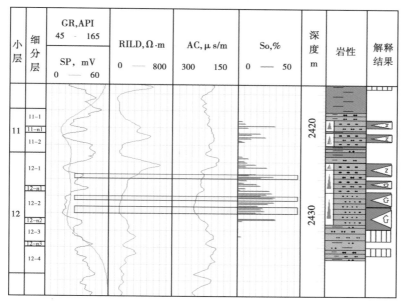

图 8-3-11　黑 79-3-03 井四性关系图

新井测井资料表明，12 号小层各单砂体以强水淹为主（图 8-3-12）；而黑 79-5-03 井饱和度测井资料显示，剩余油饱和度为 28%。

（2）CO_2 注入能力强，地层压力恢复速度快。

试验区注气后，注气压力低于注水压力（12MPa），平均为 10MPa，实施水气交替后，低渗透或层间级差大的注气井注入压力上升，平均上升

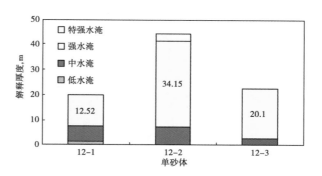

图 8-3-12　新井各水淹层统计

3.7MPa，说明水气交替可促进强非均质储层中低渗透层的动用；注气后地层压力恢复较快，注气前地层压力 17.6MPa，注气 4 个月后地层压力上升至 23.5MPa，此后地层压力一直保持在 22MPa 以上，高于最小混相压力。

（3）储层非均质性强，油井见效差异明显。

①层间物性差异导致储层产出能力不同。

2012 年 6 月，对新井黑 79-3-03 井和黑+79-5-3 井分别投产青一段 11 号和 12 号小层，平均渗透率分别为 0.4mD、7.0mD，投产 4 个月后日产液分别为 0t 和 6t。投产结果表明，储层物性较好的 12 号小层产出能力较强，物性较差的 11 号小层没有产出能力。

② 储层平面的物性变化影响油井开采效果。

试验区主力储层西部较东部物性好，从油井动态反应上看，在注入井注入量相同的情

况下，西部油井见效最多，有 5 口油井见到良好驱替效果，表现为含水率下降，产油量上升，并有 4 口油井发生气窜，CO_2 含量达到 45%~100%；东部 4 个注气井组基本未见到明显注气效果，产液、产油量保持稳定（图 8-3-13、图 8-3-14）。

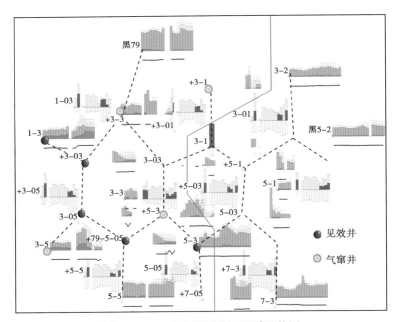

图 8-3-13　小井距试验区开采现状图

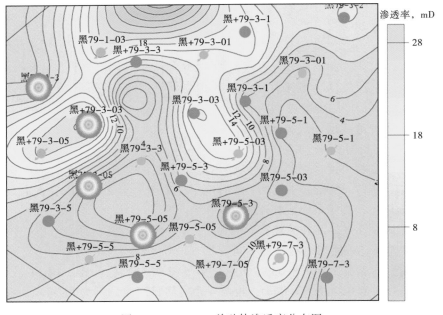

图 8-3-14　12-2 单砂体渗透率分布图

在见效区域，与注入井连通较好且处于同一高渗透条带的油井见效时间较短，其中，新井黑+79-3-03井与注入井储层连通性较好（图8-3-15），CO_2注入量达到1970t时见到气驱效果，表现为含水率下降，产油量上升，而黑79-3-05井与注入井连通性较差（图8-3-16），见效时间较晚，CO_2注入量达到3660t时才见到气驱效果。

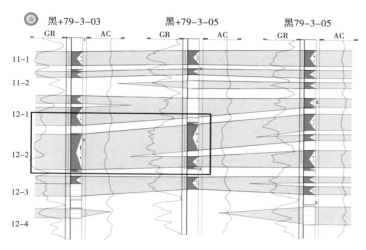

图8-3-15　黑+79-3-03井与注气井砂岩连通图

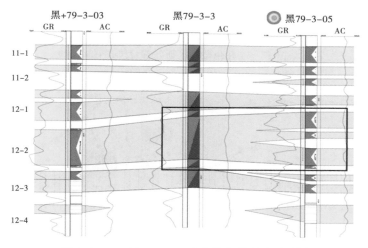

图8-3-16　黑79-3-05井与注气井砂岩连通图

③压裂老井见气量与压裂规模具有相关性。

试验区老井投产方式为压裂投产，压裂规模对气体运移方向具有明显影响。高产气井压裂规模较大，其中黑+79-3-1井和黑79-3-5井压裂加砂量分别为20m³和32m³，高于其他油井，两口油井注气后产气量上升较快。

④近东西向油井气窜较快。

试验区裂缝方位为近东西向，黑+79-3-3井与注入井黑79-1-03井和黑+79-3-01井呈近东西向，受东西向裂缝影响，注气1个月后发生气窜，CO_2含量为100%。

357

（4）CO_2 驱油效率显著提高。

试验区新井投产后初期含水率为 100%，投产 3~4 个月后见到气驱效果，表现为含水率下降，产油量上升（图 8-3-17）；老井注气后表现为产液上升，含水率下降（图 8-3-18）。

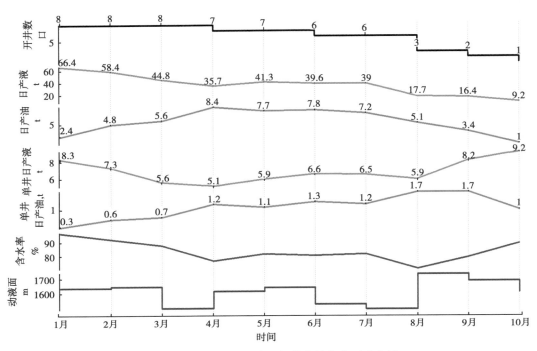

图 8-3-17　小井距试验区新井首月拉齐开采曲线

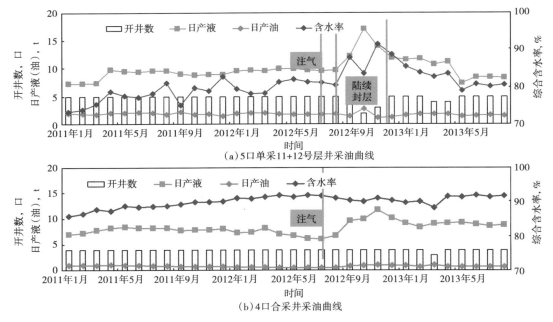

图 8-3-18　小井距试验区老井开采曲线

4. 试验效果

根据产量标定，预测水驱状态下老井采油速度为 0.49%，对应 CO_2 驱油实际采油速度为 0.87%，预测新井采油速度为 0.24%，对应 CO_2 驱油实际采油速度为 0.57%，预测试验区采油速度较水驱油提高了 0.71%（图 8-3-19），证实了 CO_2 驱油通过提高驱油效率，在水驱油基础上可以进一步提高原油采收率。

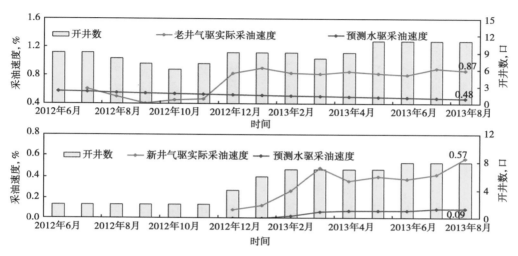

图 8-3-19　小井距试验区气驱与水驱采油速度对比图

四、黑 46 工业化应用区块

1. 区块概况

1）油藏地质特征

黑 46 区块位于大情字井油田东坡，构造特征为受南北向反向正断层遮挡的断背斜构造，受断层遮挡或岩性上倾尖灭富集成藏，含油性受物性影响较大，平面变化快，属于岩性构造油藏。

黑 46 区块发育的储层有青一段 6 号、7 号、9 号、11 号、12 号和 14 号小层及泉四段的 3 号、4 号、5 号和 6 号小层，其中青一段 7 号和 12 号小层为区块的主力油层，有效厚度大，分布范围广。其中，南部主要为青一段 7 号、9 号、11 号和 12 号小层，中部主要为青一段的 8 号、9 号、11 号和 12 号小层及泉四段的 3 号、4 号和 5 号小层，北部主要为青一段的 6 号、9 号、12 号、14 号和 15 号小层及泉四段的 3 号、4 号和 5 号小层。

统计区块 4 口取心井 397 块岩石样品的孔隙度及其对应渗透率，青一段孔隙度为 5%～18.8%，平均为 10.98%，渗透率为 0.01～20.21mD，平均为 3.12mD；泉四段孔隙度为 5.0%～18.8%，平均为 10.7%，渗透率为 0.02～14.1mD，平均为 1.5mD。各含油层系储层平面非均质性强，主力层 7 号和 12 号小层平面渗透率变异系数分别为 0.88 和 0.86；层间非均质性强，主力油层间 7 号和 12 号小层层间渗透率变异系数分别为 4.44 和 4.25。

从区块取心资料未观察到明显的裂缝，但薄片观察可见各种开启的裂隙，如岩石裂隙、颗粒裂隙和胶结物裂隙等。这些裂隙大都经历了一定溶蚀，尽管数量上它们所占的比例并不大，但是由于它们的出现，可大大提高储层渗透率。

黑 46 区块地面原油性质较好，原油密度为 0.851g/cm³，原油黏度（50℃）为 10~30mPa·s，凝点为 26~40℃。高压物性资料表明：地层原油密度为 0.7877~0.8295g/cm³，地层原油黏度为 1.82~9.34mPa·s，原油体积系数为 1.10416，溶解气油比为 31.4m³/m³，饱和压力为 6.5MPa。

地层水矿化度为 10000~23000mg/L，氯离子含量为 3000~11000mg/L，水型为 NaHCO₃ 型，pH 值在 7 左右。

青一段、泉四段油层中部埋深为 2400m，平均油层压力为 23.9MPa，压力系数为 0.89，平均油层温度为 96.7℃，地温梯度为 4.2℃/100m，属正常的温度、压力系统。

2）水驱油开发效果

黑 46 区块于 2000 年开辟水驱油开发试验区，采用 300m 正方形反九点井网试验开发，2001 年对试验区进行了完善，2003 年对试验区进行加密，井网为 106m×212m 正方形五点，2004—2006 年围绕黑 46 区块中部和南部井进行了滚动外扩，井网为 150m×600m 菱形反九点，2006 年开始逐步动用黑 46 区块北部，井网形式为 140m×440m 反七点。

区块共有采油井 188 口，注水井 64 口，平均日产液 7.12t，日产油 1.13t，综合含水率为 83.9%，累计产油 123.7×10⁴t，采出程度为 13%，采油速度为 0.63%。平均单井日注水 28.1m³，注水压力为 14.9MPa，月注采比为 1.16，累计注水 524.99×10⁴m³，累计注采比为 1.1。

区块注水开发地层能量保持较好，2013 年区块笼统测压为 16.3MPa，为原始地层压力的 68.2%。2013 年分层测压，Ⅰ 段（青一段 6 号和 7 号小层）平均地层压力为 17.8MPa，Ⅱ 段（青一段 12 号小层）平均地层压力为 18.4MPa，Ⅲ 段（青一段 14 号小层）平均地层压力为 12.8MPa。从分层测压结果看，由于层间的强非均质性，各层吸水能力差异较大，层间压力差别较大。

黑 46 区块不同部位油井产状相差较大，构造高部位油井初期日产液 12~14t，日产油 8~10t，含水率为 20%~40%；构造低部位初期含水率在 70% 以上；局部区域受储层物性差影响（情东 31-17 井区域），初期含水率在 70% 以上。构造低部位的情东 25-21 等 10 口井由于高含水停产。

黑 46 区块水驱效果较好，主要见效方向为顺砂体和东西向，且日产油、含水率变化趋势总体变化不大，体现整体见效均匀。

3）试验方案要点

（1）水驱油转 CO₂ 驱油井网。

利用数值模拟对比反九点法、反七点法和五点法 3 种面积井网，结果表明，反九点法面积井网由于其油水井数比较高，采出程度和置换率较高，因此初期采用反九点法面积井网，突破后转五点法井网。

大情字井油田 CO₂ 驱油最适合的井网形式为反九点法面积井网，其次为反七点法面积井网，适合的井距为 400~640m，适合的排距为 160~240m。

黑 79 北井网为 160m×480m 反九点法面积井网，水驱油控制程度为 86.3%；黑 46 南部井网为 150m×600m 反九点法面积井网，黑 46 中部井网为 212m×424m 反九点法面积井网，水驱控制程度为 84.7%，两个区块井距为 424~600m，排距为 140~212m，井排距均在 CO₂

驱油适应的井排距范围内，且井网对储量控制程度较高，因此确定各区块 CO_2 驱油采用水驱井网。

（2）确定转注 CO_2 井。

根据数值模拟研究和以上对各区块转 CO_2 驱油井网适应性的分析结果，确定注 CO_2 井时应遵循以下几点原则：

第一，以水驱井网为基础，注水井转注 CO_2，注水井井况不能满足注 CO_2 要求的，寻找邻近注水井或油井转注，注 CO_2 井的选取应以能控制更多的油井为目标；

第二，CO_2 与原油密度差会引起超覆作用，油藏局部微构造会加剧重力超覆效应，减少垂向波及系数，因此在井网调整时应充分考虑采取高部位注 CO_2、低部位采油的注采模式；

第三，以提高 CO_2 利用率为目的，含油边界（断层附近）或低含油饱和度井区的注水井不转注 CO_2。

在黑 79 北储层发育状况和注水见效规律分析的基础上，根据水驱油转 CO_2 驱油井网调整原则确定：黑 79 北转注气井 4 口，全部由现注水井转注；采油井 39 口，其中一线采油井 25 口，二线采油井 14 口；注水井 10 口，其中一线注水井 7 口，二线注水井 3 口。

在黑 46 区块储层发育状况和注水见效规律分析的基础上，根据水驱油转 CO_2 驱油井网调整原则确定：黑 46 区块转注气井 26 口，其中注水井转注气 21 口，油井转注气 5 口；采油井 139 口，其中一线采油井 132 口，二线采油井 7 口；注水井 23 口，其中一线注水井 7 口，二线注水井 16 口，观察井 1 口（图 8-3-20）。

（3）注采参数优化设计。

数值模拟研究表明：连续注气（日注气 40t）至 0.16~0.2HCPV 时油井气油比出现大幅度上升；黑 79 南试验区在注气 0.18HCPV 时，气油比开始上升，同时产液量出现大幅下降。

综合数值模拟、矿场试验，以连续注气方式为主，在夏季气量不足时部分井进行水气交替维持地层能量，油井出现明显气窜后转水气交替控制气窜，确定连续注气至 0.16HCPV 时转为水气交替注入，控制气窜，扩大 CO_2 波及体积。

①合理注 CO_2 总量。

调研 CO_2 驱油文献和试验实例，参照黑 59 区块和黑 79 区块试验经验，设计注入量为 0.4HCPV、0.6HCPV、0.8HCPV、1.0HCPV 和 1.2HCPV，利用数值模拟进行对比。

从模拟结果看，当注入量小于 0.6HCPV 时，累计产油量随着注入量的增加而大幅提高，当注入 0.8HCPV 后，累计产油量基本不增加，换油率呈直线下降趋势；综合确定最佳注入总量为 0.8HCPV。

②合理日注 CO_2 量。

日注 CO_2 量决定地层压力恢复的速度和保持的水平，决定注 CO_2 早期是混相驱、非混相驱还是近混相驱。注入速度低，油藏可能达不到混相状态，CO_2 驱油提高原油采收率效果较差；注入速度过高，又会加速气窜，既影响开发效果，还会造成 CO_2 的无效循环。

根据黑 59、黑 79 区块的 CO_2 驱油试验经验，综合考虑黑 79 北、黑 46 区块开发现状，在注气总量 0.8HCPV 基础上，利用数值模拟对 0.05HCPV、0.06HCPV、0.07HCPV、0.08HCPV 和 0.09HCPV5 个年注入速度方案进行计算对比。

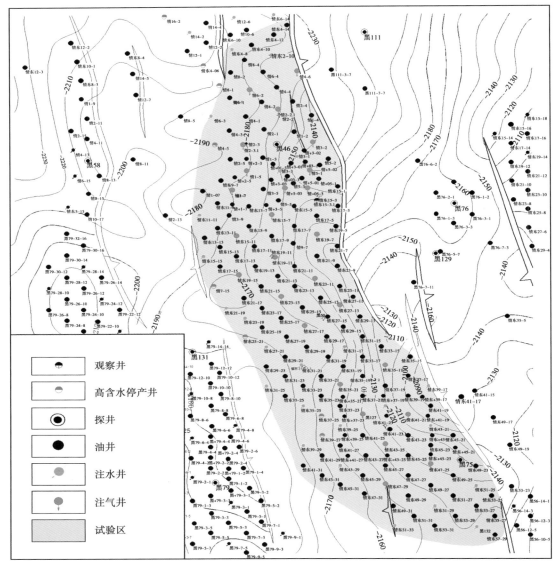

图 8-3-20　黑 46 区块构造井位部署图

　　根据数值模拟结果，当年注入速度小于 0.07HCPV 时，累计产油量及换油率随着注入速度提高而增加，年注入速度大于 0.07HCPV 后，提高原油采收率上升幅度变缓甚至降低，换油率也不再增加；因此确定最佳的年注入速度为 0.07HCPV，折合单井日注 $CO_2$38.8t。

　　黑 59 区块矿场试验表明，在 2009—2011 年稳定注气阶段，按照注采比 1.8~2.0，既可保证地层压力在最小混相压力之上，并且能有效防止气窜，使气油比处于较低水平。参照黑 59 区块试验区经验，按月注采比为 1.8 计算，考虑实施区块的油井产量及油水井数比，计算黑 46 区块合理的单井注 CO_2 速度为 41t/d，黑 79 北合理的单井注 CO_2 速度为 45t/d。

另外，统计黑59区块稳定注气阶段的平均注气强度为1.9t/m。黑46和黑79北注入井平均射开砂岩厚度分别为23.96m和21.35m，参照黑59区块注气强度，计算黑46和黑79北区块单井合理日注CO_2量分别为45.5t和40.6t。

综合以上结果，确定黑46、黑79北平均单井日注CO_2量为40t。

③WAG阶段合理气水比。

进行水气交替是防止和控制气窜的有效手段，对水气交替的气水比（交替周期及注入量）进行合理设计，是保障水气交替效果的重要环节。气水比太高，防控气窜的效果可能不理想；气水比太小，相当于注气量减少，可能影响混相效果。方案主要通过室内实验和对比矿场试验对黑46、黑79北合理的气水比进行设计。

通过室内实验，分别对1:1（注一个月气再注一个月水，下同），2:1和1:2三个气水比方案进行对比。

实验结果表明，在气水比为2:1时，注入端和采出端的压力差最小，并且在后期保持稳定。也就是说，2:1的气水比更容易建立起注采关系，利于在较长的时间内保持较高的地层压力。同时气水比为2:1时，气油比的值及变化规律基本与1:1时相近，可以认为，二者控制气窜的能力是接近的。综合考虑保持地层压力的能力和控气窜的能力，实施过程中应该首选气水比2:1，根据动态反应，可以向气水比1:1和1:2逐渐调整。

以2:1的气水比在黑59-6-6井组进行了现场试验，于2012年6月开始实施水气交替，从试验效果看，气油比得到控制，日产油呈上升趋势。

综合确定水气交替驱油的气水比为2:1，后期根据各井组的动态特征进行优化调整。

④流压控制水平。

黑59区块原始地层压力为24.2MPa，矿场试验前地层压力下降到14.5MPa，地层原油饱和压力为7.01MPa。开展CO_2驱试验后地层压力升高到24.2MPa，地层原油饱和压力升高到15.02MPa。为保持地层压力，开展了确定流压控制水平的数值模拟研究。对8MPa、10MPa、12MPa、15MPa和18MPa5种流压控制方案进行比选，结果表明，流压控制在12~15MPa之间，可有效保持地层压力，保证混相驱替。

小井距试验区黑79-1-3井位于高渗透条带的主流线上，与注气井连通性较好，2012年7月注气后该井见效明显，为了保持持续的混相效果，于2013年2月开始控制流压至12MPa生产，减小注采井间的驱替压差，有效抑制了气油比上升，保持了混相状态，实现了高效、平稳生产。

因此，确定合理流压应控制在12~15MPa之间。

⑤注入压力。

统计试验区的注入压力变化规律，连续注气阶段注入压力低于水驱油的注水压力，在实施水气交替后，注CO_2压力较水驱油时的注水压力最高上升8MPa，注水压力较注CO_2压力平均低3~4MPa，试验区最高注入压力为15~16MPa，未持续攀升。

由于井筒CO_2密度变化较大，为保证注气井井底压力低于油层破裂压力，设置1~2MPa保险差，综合考虑油层破裂压力和注入井实际注入能力，预测各区块注气压力不会超过22~25.4MPa。

（4）开发指标预测。

①黑46区块。

实施 CO_2 驱油地质储量 $570×10^4t$，共有 26 口转注气井，注入方式为混注，平均单井日注气（水）40t，连续注气至 0.16HCPV 时转水气交替，气水比为 2:1，累计注气 $316.7×10^4t$，稳定注气井组注气孔隙体积 0.82HCPV，2018 年最大年产油量将达到 $8.28×10^4t$，评价期累计产油 $91.34×10^4t$，累计增油 $65.71×10^4t$，较水驱油可提高原油采收率 11.5%。

②黑 79 北。

实施 CO_2 驱油地质储量 $101×10^4t$，共有 4 口转注气井，注入方式为混注，平均单井日注气（水）40t，连续注气至 0.16HCPV 时转水气交替注入，气水比为 2:1，累计注气 $31×10^4t$，折合 0.402HCPV，2018 年最大年产油量将达到 $1.18×10^4t$，评价期累计产油 $11.35×10^4t$，累计增油 $8.73×10^4t$，较水驱油可提高原油采收率 8.64%。

③CO_2 注采平衡。

方案实施过程中立足长岭气田 CO_2 供应量和 CO_2 驱油伴生气量，通过调整进度，累计注 CO_2 $371.8×10^4t$，可实现 CO_2 的全部埋存。

2. 试验进展

黑 46 区块试验区于 2014 年 10 月开始注 CO_2，到 2015 年 4 月累计注气 $9.6×10^4t$，折合地下烃类孔隙体积 0.03HCPV，平均地层压力为 13.4MPa，区块日产液 853.4t，日产油 126.4t，含水率为 85.2%。

黑 46 区块 Ⅰ 区：19 注 83 采，累计注气 $5.2×10^4t$。2015 年 4 月注入 10 口井，平均日注 CO_2 285.8t，注入压力为 12.0MPa。日产液 480.4t，日产油 81.5t，含水率为 83.0%。产量上升井主要集中在中部，初步见到增油的趋势。

黑 46 区块 Ⅱ 区：8 注 55 采，累计注气 $4.4×10^4t$。2015 年 4 月注气 6 口井，平均日注 CO_2 162.4t，注入压力为 10.7MPa。日产液 373t，日产油 44.9t，含水率为 87.9%。产量趋于平稳，局部油井波动，产气量较高。

3. 取得的认识

（1）黑 46 区块试验区注入能力强，水井转注气井，注入压力一般为 12~16MPa，油井转注气井，注入压力一般为 4~8MPa。

（2）黑 46 区块试验区注采反应敏感，注气 2 个月，局部油井见到混相效果，其中情 4-6 井含水率由 98% 下降至 70% 左右，日产油由 0.2t 上升至 2.0t。

第四节 经验启示及潜力前景

一、经验与启示

历经自 2008 年以来近 8 年的 CO_2 驱油开发试验工作，可以从中得到以下经验与启示：

（1）在油田附近有 CO_2 气源，能够保障气源在较长时期得到稳定供应，CO_2 成本也需保持较低水平。

（2）CO_2 驱油开发应主要在能够混相且储量规模较大的油田实施，在非混相油田实施的效果和效益要差很多。

（3）在方案设计中，应依据 CO_2 注入采出平衡统筹安排规模和进度；借鉴国内外油田 CO_2 驱油开发经验，优选区块，优化井网和注采参数，开展经济效益和社会效益评价，并提出井控和 HSE 要求。

（4）目前，对于陆相低渗透油田 CO_2 驱油开发规律的认识还比较有限，应切实加强 CO_2 驱油藏监测、动态跟踪分析评价和注采调控，对方案进行跟踪调整。

（5）随着矿场试验的逐步深入，将相继出现注入井应力腐蚀管断，采油井产出液含气量上升造成举升及计量困难，集输系统产出气增加后气液分离难度增大，以及水气交替后注入压力上升等多种矿场问题，需做好技术防范和解决预案。

（6）应坚持试验先行，按先导试验、扩大试验和工业化推广的步骤逐步扩大。

（7）CO_2 驱油技术是老油田持续提高采收率的有效手段，是开发新油田和致密油的重要攻关方向。

（8）在 CO_2 驱油提高原油采收率的同时，还可以实现 CO_2 的有效地质埋存，经济效益和社会效益可同时兼得，具有广阔的推广应用前景。

二、潜力及前景分析

1. 气驱开发技术需求及可行性

1）吉林油田气驱开发技术需求

（1）已开发低渗透老油田和特低渗透油藏。

已开发油田含水率为 85.7%，可采储量采出程度为 63.9%。目前标定采收率为 23.5%，整体进入中高采出程度阶段，稳产难度大。

已开发油田可分为 3 类：①中高渗透老油田，例如扶余、红岗；②低渗透老油田，例如新立、新民；③特低渗透新开发油田，例如大情字井、大安、海坨子。针对 3 类已开发油田，需要大力攻关改善水驱油配套技术，积极探索气驱开发技术。

已开发低渗透老油田逐步进入中高含水开发阶段，应用常规水驱油开发技术，进一步提高原油采收率空间有限。

"十五"以来，开发的特低渗透油藏单纯依靠水驱保证原油稳产难度大，对气驱提高原油采收率技术需求迫切。例如，英台、八面台油田储层物性差（0.5~5mD），水驱油难以建立有效驱替关系，注入压力高，压力保持水平低，仅为 65.9%。开发效果差，水驱油采收率仅为 12.7%。

（2）待开发低渗透薄油层和超低渗透油藏。

待开发储量以中部组合低渗透薄油层和扶余超低渗透油藏为主，油层薄，储量丰度低，储层致密，含油饱和度低，单井产量低，无法实现效益动用。

中部组合低渗透薄油层，主要分布在乾安地区。油层厚度一般为 1~3m，储层发育不连续，采用常规直井开发，效益油层钻遇率低、单井控制可采储量少，应用常规技术已无法实现效益勘探和规模开发。

扶余超低渗透油藏，主要分布在中央坳陷周边地区。储层致密，渗透率一般小于 0.5mD，可动流体饱和度低，油层平面和纵向非均质性强，采用常规注水开发方式，单井产能低，原油采收率低，效益开发难度大（表 8-4-1）。

2）全面推进气驱开发可行性分析

（1）气驱开发的优势。

①注入能力明显好于水驱油，吸气指数是吸水指数的 4~6 倍。

②地层压力保持水平高，可以保持在原始地层压力的 90%~110%。

③驱油效率高，可以达到 70% 以上。

④油层动用程度提高，油层动用下限降低，达到 0.2mD，可以有效动用小孔喉内的残余油，实现低渗透差油层的有效驱替。

⑤提高单井产量 30%~60%，提高原油采收率 4%~15%。

表 8-4-1 待开发储量特点

油层	资源特点	开发难点
扶余油层	叠置河道沉积，单层 3~5m，渗透率<0.5mD，流度<0.1mD/（mPa·s），饱和度<50%	千米井深产能<0.5t/d
中部组合萨尔图/葡萄花/高台子	储层呈条带状、透镜状，单一薄油层 1~3m，渗透率为 0.5~10mD，流度<0.1mD/（mPa·s），饱和度<50%	油层钻遇率<30%，千米井深产能<0.8t/d

（2）全面推进气驱开发的可行性。

①全面推进气驱开发具有资源和技术基础。吉林油田拥有丰富的 CO_2 资源，适合气驱的油藏储量规模较大，国外具有成熟的气驱开发技术可供借鉴。

②吉林油田基本形成 CO_2 混相驱油技术，矿场试验效果较好，经济上可行。大情字井油田 CO_2 混相驱矿场试验证实，陆相低渗透油藏 CO_2 混相驱油效果明显好于水驱，矿场试验采油速度持续保持在 2% 以上，单井产量与水驱对比可提高 25%，利用数值模拟预测原油采收率将提高 10% 以上。

③吉林油田全面推进气驱开发的态势正在形成。CO_2 吞吐技术在老油田应用效果明显，大安黑帝庙油层单井组空气驱试验初步见到效果。目前，正在实施大情字井油田 CO_2 混相驱工业化推广，英台油田方 118 区块空气驱先导试验，以及大情字井油田黑 168 区块水平井 CO_2 吞吐试验。

2. 气驱开发技术应用潜力分析

1）二氧化碳驱开发油藏潜力分析

吉林油区有 3 个油田可以实现混相驱油，分别为大情字井油田、长春油田和莫里青油田。有 3 个油田可以实现近混相驱油。混相驱和近混相驱石油资源占 39.9%。混相驱资源主要集中在长岭凹陷和红岗阶地。另外，一些非混相驱资源在技术上有 CO_2 驱油开发需求（图 8-4-1）。

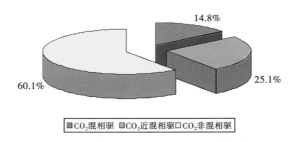

图 8-4-1 吉林油区探明储量 CO_2 驱混相状况图

大情字井油田是具有较强非均质性的复杂岩性油藏，具有得天独厚的气源优势，根据油层的发育情况，已开发区大多适合 CO_2 驱油。

莫里青油田构造倾角大，扇体沉积储层复杂多变，储层敏感性强，地层压力与混相压力接近，在有气源稳定供应的情况下可有效应用稳定重力驱。

对于近混相的油田，可以利用高注低采的稳定重力驱的方式实施 CO_2 驱油，以解决乾安老油田采收率低、大安—海坨子油田开发效果差的实际问题。

2）空气驱开发油藏潜力分析

根据空气驱的驱油机理，在注气过程中需要发生稳定的低温氧化反应，才能取得较好的效果，因此对油藏温度要求较为严格。根据这一条件空气驱最好在埋深大于1850m的油藏实施，目前正在研究助燃剂可将埋藏深度拓宽到1500m。

对比国外空气驱技术应用实例（油藏温度均大于80℃），吉林油田适合空气驱的资源主要分布在乾安、大安—海坨子和英台—八面台地区（表8-4-2）。

表8-4-2　空气驱开发潜力评价结果表

气驱类型	适合空气驱油田	不适合空气驱油田
CO_2 混相驱	大情字井、长春、莫里青	
CO_2 近混相驱	乾安、海坨子、大安	
CO_2 非混相驱	八面台、新庙、两井、红岗（高台子层）、英台老区、四方坨子、一棵树、南山湾、孤店	大老爷府、新立、新民、红岗（萨尔图层）等

3. 气驱开发整体部署

（1）气驱开发以 CO_2 混相驱油技术为引领，逐步拓宽气驱类型。根据技术成熟度，近期以 CO_2 混相驱油为主体，以顶部注气 CO_2 近混相驱油和空气驱油作为技术储备，以周期注气采油和 CO_2 吞吐作为新区水平井能量补充的重要方式。

（2）优化资源配置，提高经济效益。在长岭气田周边优先考虑开展 CO_2 驱油，距离 CO_2 气源较远或 CO_2 气源不足时，考虑开展空气驱油。在西南大情字井和乾安等油田形成 CO_2 驱油开发区，在西北英台和大安等油田形成空气驱油开发区。

（3）根据 CO_2 注采平衡，统筹安排规模进度。气驱开发应在矿场试验的基础上逐步扩大规模，确保平稳推进、规模应用。

参 考 文 献

［1］ Whorton L P, Brownscombe E R, Dyes A B. Method for producing oil bymeans of carbon dioxide ［P］: US, Patent 2623596, December 1952.

［2］ 胡文瑞. 中国低渗透油气的现状与未来 ［J］. 中国石油企业, 2009 (6): 56-58.

［3］ 董云龙. 低渗透资源将是中国未来油气发展的主流 ［EB/OL］. 中国石油新闻中心, 2009-03-26. http://news.cnpc.com.cn/system/2009/03/26/001230359.shtml.

［4］ 郑军卫, 庾凌, 孙德强. 低渗透油气资源勘探开发主要影响因素与特色技术 ［J］. 天然气地球科学, 2009, 20 (5): 651-656.

［5］ 王丽, 卜祥福, 伍锐东. CO_2 混相驱提高原油采收率的研究现状及发展前景 ［J］. 石油化工应用, 2010, 29 (2-3): 4-7.

［6］ 延吉生, 孟英峰. 我国低渗透油气资源开发中的问题和技术需求 ［J］. 西南石油学院学报, 2004, 26 (5): 46-50.

［7］ Costas Panayiotou. Interfacial tension and interfacial profiles: an equation-of-state approach ［J］. Journal of Colloid and Interface Science, 2003 (267): 418-428.

［8］ Dittmar D, Fredenhagen A, Oei S B. Interfacial tensions of ethanol-carbon dioxide and ethanol-nitrogen. Dependence of the interfacial tension on the fluid density-prerequisitesand physical reasoning ［J］. Chemical Engineering Science, 2003 (58): 1223-1233.

［9］ Miqueu C, Mendiboure B, Graciaa A, et al. Modelling of the surface tension of pure components with them gradient theory of fluid interfaces: a simple and accurate expression for the influence parameters ［J］. Fluid Phase Equilibria, 2003 (207): 225-246.

［10］ Do D D, Ustinov E, Do H D. Phase equilibria and surface tension of pure fluids using a molecular layer structure theory (MLST) model ［J］. Fluid Phase Equilibria, 2003 (204): 309-326.

［11］ Stephane Vitu, Romain Privat, Jean-Noel Jaubert, et al. Predicting the phase equilibria of CO_2+ hydrocarbon systems with the PPR78 model (PR EOS and k_{ij} calculated through a group contribution method) ［J］. Journal. of Supercritical Fluids, 2008 (45): 1-26.

［12］ Andy Eka Syahputra, Jyun-Syung Tsau, Reid B Grigg. Laboratory Evaluation of Using Lignosulfonate and Surfactant Mixture in CO_2 Flooding ［C］. SPE 59368, 2000: 2-9.

［13］ Khataniar S, Kamath V A, Patil S L. et al. CO_2 and Miscible Gas Injection for Enhanced Recovery of Schrader Bluff Heavy Oil ［C］. SPE 54085, 1999: 2-4.

［14］ Yin Y R, Yen A T. Asphaltene Inhibitor Evaluation in CO_2 Floods: Laboratory Study and Field Testing ［C］. SPE 59706, 2000: 2-7.

［15］ Brinkman F P, Kane T V, Mc Cullough R R. Use of Full-Field Simulation to Design a Miscible CO_2 Flood ［J］. SPE Reservoir Eval. &Eng., 1999, 2 (3): 230-237.

［16］ Baris Guler, Peng Wang, Mojdeh Delshad. Three- and Four-Phase Flow Compositional Simulations of CO_2/NGL EOR ［C］. SPE 71485, 2001: 2-9.

［17］ Qamar M Malik, Islam M R. CO_2 Injection in the Weyburn Field of Canada: Optimization of Enhanced Oil Recovery and Greenhouse Gas Storage with Horizontal Wells ［C］. SPE 59327, 2000: 2-16.

［18］ Wang Xiaowei, Arden Strycker. Evaluation of CO_2 Injection with Three Hydrocarbon Phases ［C］. SPE 64723, 2000: 2-11.

［19］ Nicole M Dingle, Kristianto Tjiptowidjojo, Osman A Basaran, et al. A finite element based algorithm for determining interfacial tension (γ) from pendant drop profiles ［J］. Journal of Colloid and Interface Science, 2005, 286 (2): 647-660.

［20］ Youssef Touhami，Graham H Neale，Vladimir Hornof，et al. A modified pendant drop method for transient and dynamic interracial tension measurement ［J］. Journal of Colloid and Interface Science，1996（112）：31-41.

［21］ 於俊杰，郝郑平，朱玲，等. 发达国家温室气体减排现状及对我国的启示 ［J］. 环境工程学报，2008，2（9）：1281-1288.

［22］ Khatib A K，Earlougher R C. CO$_2$ Injection as an Immiscible Application for Enhanced Recovery in Heavy Oil Reservoirs ［C］. SPE 9928-MS，1981：1-10.

［23］ Whorton，L P，Brownscombe E R，Dyes A B. Method for producing oil by means of carbon dioxide ［P］：US，2623596. 1952-12-30.

［24］ 张德平 . CO$_2$ 驱采油技术研究与应用现状 ［J］. 科技导报，2011，29（13）：75-79.

［25］ Fong W S，Sandler S I，Emanuel A S. A Simple Predictive Calculation for the Viscosity of Liquid Phase Reservoir Fluids with High Accuracy for CO$_2$ Mixtures ［J］. SPE Journal，1996，1（3）：243-250.

［26］ Chang Yih-Bor，Coats Brian K，Nolen James S. A Compositional Model for CO$_2$ Floods Including CO$_2$ Solubility in Water ［C］. SPE 35164，1996：189-201.

［27］ Cicek O. Compositional and Non-Isothermal Simulation of CO$_2$ Sequestration in naturally Fractured Reservoirs/Coalbeds：Development and Verification of the Model ［C］. SPE 84341-MS，2003.

［28］ 高海涛 . 低渗透油藏 CO$_2$ 驱油渗流规律宏观描述研究 ［D］. 东营：中国石油大学（华东），2009.

［29］ Todd M R，Longstaff W J. The Development，Testing，and Application of a Numerical Simulator for Predicting Miscible Flood Performance ［J］. Journal of Petroleum Technology，1972，24（7）：874-882.

［30］ Zhang Maolin，Mei Haiyan，Sun Liangtian，et al. A K-Value Compositional Model for a Retrograde Condensate Reservoir ［C］. SPE 39982-MS，1998.

［31］ Van-Quy N，Simandoux P，Corteville J. A Numerical Study of Diphasic Multicomponent Flow ［J］. SPE Journal，1972，12（2）：171-184.

［32］ Metcalfe R S，Fussell D D，Shelton J L. A Multicell Equilibrium Separation Model for the Study of Multiple Contact Miscibility in Rich-Gas Drives ［J］. SPE Journal，1973，13（3）：147-155.

［33］ Fussell D D，Yanosik J L. An Iterative Sequence for Phase-Equilibria Calculations Incorporating the Redlich-Kwong Equation of State ［J］. SPE Journal，1978，18（3）：173-182.

［34］ Coats Keith H. An Equation of State Compositional Model ［J］. SPE Journal，1980，20（5）：363-376.

［35］ Nghiem L X，Fong D K，Aziz K. Compositional Modeling With an Equation of State（includes associated papers 10894 and 10903）［J］. SPE Journal，1981，21（6）：687-702.

［36］ 施文，桓冠仁，李福恺 . 一维三相全组份混相驱模型及其应用 ［J］. 石油学报，1995，16（4）：75-82.

［37］ 刘昌贵，孙雷，李士伦 . 多相渗流的几种数学模型及相互关系 ［J］. 西南石油学院学报，2002，24（1）：64-66.

［38］ 沈平平，黄磊 . 二氧化碳—原油多相多组分渗流机理研究 ［J］. 石油学报，2009，30（2）：247-251.

［39］ Rubin Barry，Barker J W，Blunt M J，et al. Compositional Reservoir Simulation With a Predictive Model for Viscous Fingering ［C］. SPE 25234-MS，1993：15-24.

［40］ Blunt M J，Barker J W，Barry Rubin，et al. Predictive Theory for Viscous Fingering in Compositional Displacement ［J］. SPE Reservoir Engineering，1994，9（1）：73-80.

［41］ Bennion D B，Bachu S. Dependence on Temperature，Pressure，and Salinity of the IFT and Relative Permeability Displacement Characteristics of CO$_2$ Injected in Deep Saline Aquifers ［C］. SPE 102138-MS，2006.

［42］ LaForce T，Johns R T. Effect of Quasi-Piston-Like Flow on Miscible Gasflood Recovery ［C］. SPE 93233-

MS, 2005.

[43] Tara LaForce, Russell T Johns. Composition Routes for Three-Phase Partially Miscible Flow in Ternary Systems [J]. SPE Journal, 2005, 10 (2): 161-174.

[44] LaForce T, Cinar Y, Johns R T, et al. Experimental Confirmation for Analytical Composition Routes in Three-Phase Partially Miscible Flow [C]. SPE 99505-MS, 2006.

[45] 秦积舜, 陈兴隆, 张可. CO_2—原油在多孔介质中复杂流态的运动方程 [C]. 郑州: 中国力学学会2009学术大会, 2009.

[46] 张烈辉, 张红梅, 鲁友常. 模拟混相驱动态的拟四组分模型 [J]. 西南石油学院学报, 1999, 21 (4): 64-66.

[47] 朱维耀, 鞠岩. 强化采油油藏数值模拟基本方法 [M]. 北京: 石油工业出版社, 2002.

[48] 侯健. 一种基于流线方法的 CO_2 混相驱数学模型 [J]. 应用数学和力学, 2004, 25 (6): 635-642.

[49] 张小波. 蒸汽—二氧化碳—助剂吞吐开采技术研究 [J]. 石油学报, 2006, 27 (2): 80-84.

[50] 郭平, 李苗. 低渗透砂岩油藏注 CO_2 混相条件研究 [J]. 石油与天然气地质, 2007, 28 (5): 687-692.

[51] 程林松, 李春兰, 陈月明. CO_2 在水中溶解的数值模拟方法 [J]. 石油大学学报: 自然科学版, 1998, 22 (2): 38-40.

[52] 杨永智, 沈平平, 宋新民, 等. 盐水层温室气体地质埋存机理及潜力计算方法评价 [J]. 吉林大学学报: 地球科学版, 2009, 39 (4): 744-748.

[53] John J Carrol, Wang Shouxi, 汤林. 酸气回注——酸气处理的另一种途径 [J]. 天然气工业, 2009, 29 (10): 96-100.

[54] 杨俊兰, 马一太, 曾宪阳, 等. 超临界压力下 CO_2 流体的性质研究 [J]. 流体机械, 2008, 36 (1): 53-57.

[55] 梁国斌. CO_2 压缩机缸体腐蚀原因分析及处理 [J]. 化肥设计, 2002, 40 (6): 39-41.

[56] 仵元兵, 胡丹丹, 常毓文. CO_2 驱提高低渗透油藏采收率的应用现状 [J]. 新疆石油天然气, 2010, 6 (1): 36-39, 54.

[57] 杨彪, 于永, 李爱山. CO_2 驱对油藏的伤害及其保护措施 [J]. 石油钻采工艺, 2002, 24 (4): 42-44.

[58] 许志刚, 陈代钊, 曾荣树. CO_2 地质埋存渗漏风险及补救对策 [J]. 地质论评, 2008, 54 (3): 373-386.

[59] 吴志良, 张勇, 唐人选. 复杂断块油田 CO_2 驱油动态监测技术应用与分析 [J]. 石油实验地质, 2009, 31 (5): 542-546.

[60] 程杰成, 雷友忠, 朱维耀. 大庆长垣外围特低渗透扶余油层 CO_2 驱油试验研究 [J]. 天然气地球科学, 2008, 19 (3): 402-409.

[61] 曹雅萍, 龙华, 王运萍, 等. 井间气体示踪监测技术在齐40块蒸汽驱中的应用 [J]. 石油钻采工艺, 2004, 26 (增刊): 12-14.

[62] 鲜波, 熊钰, 孙良田. 油藏多孔介质中气体示踪剂运移特征研究 [J]. 海洋石油, 2010, 26 (4): 52-55.

[63] 张进铎. 井间地震技术在油气藏开发中的应用 [J]. 中国石油勘探, 2007 (4): 42-46.

[64] 陈小宏, 易维启. 时移地震油藏监测技术研究 [J]. 勘探地球物理进展, 2003, 26 (1): 1-6.

[65] 刘新茹, 张向林. 油藏监测技术概述 [J]. 石油仪器, 2008, 22 (3): 31-33.

[66] 张凯, 姚军, 刘均荣. 油藏动态实时监测与调控 [J]. 石油矿场机械, 2010, 39 (4): 4-8.

[67] 杜灵通. 无机成因二氧化碳气藏研究进展 [J]. 大庆石油地质与开发, 2005, 24 (2): 1-4.

[68] 李潇菲. 聚合物驱的经济评价方法研究 [D]. 青岛: 中国石油大学 (华东), 2009.

[69] 马继红, 郭登峰, 马玉容, 等. 聚合物驱经济评价完善调研 [J]. 内蒙古石油化工, 2011 (3): 90

[70] 胡永乐. 二氧化碳驱油与埋存技术文集 [C]. 北京: 石油工业出版社, 2016.

[71] 何艳青，张焕芝. CO_2 提高石油采收率技术的应用与发展 [J]. 石油科技论坛，2008（3）：24-26.

[72] 胡志红. 论"增量法"在聚合物驱经济评价中的应用 [J]. 现代企业文化，2010（2）：7-8.

[73] 杨雪雁，张广杰. 油田开发调整项目的经济评价与决策方法 [J]. 石油勘探与开发，2006，33（2）：246-249.

[74] 张凤麟. 煤层气项目综合经济评价模型研究 [J]. 中国矿业，2009，18（4）：1-3，7.

[75] 李士伦，张正卿，冉新权，等. 注气提高石油采收率技术 [M]. 成都：四川科学技术出版社，2001.

[76] 郭平，苑志旺，廖广志. 注气驱油技术发展现状与启示 [J]. 天然气工业，2009，29（8）：92-96.

[77] 计秉玉，王凤兰，何应付. 对 CO_2 驱油过程中油气混相特征的再认识 [J]. 大庆石油地质与开发，2009，28（3）：103-109.

[78] 杨永智，沈平平，张云海，等. 中国 CO_2 提高石油采收率与地质埋存技术研究 [J]. 大庆石油地质与开发，2009，28（6）：262-267.

[79] 沈平平，廖新维. 二氧化碳地质埋存与提高石油采收率技术 [M]. 北京：石油工业出版社，2009.

[80] 李士伦，孙雷，郭平，等. 再论我国发展注气提高采收率技术 [J]. 天然气工业，2006，26（12）：30-34.

[81] 张旭，刘建仪，易洋. 注气提高采收率技术的挑战与发展——注空气低温氧化技术 [J]. 特种油气藏，2006，13（1）：6-9.

[82] 张旭，刘建仪，孙良田，等. 注空气低温氧化提高轻质油气藏采收率研究 [J]. 天然气工业，2004，24（4）：78-80.

[83] 曹维政，罗琳，张丽平，等. 特低渗透油藏注空气、N_2 室内实验研究 [J]. 大庆石油地质与开发，2008，27（2）：113-117.

[84] 王杰祥，徐国瑞，付志军，等. 注空气低温氧化驱油室内实验与油藏筛选标准 [J]. 油气地质与采收率，2008，15（1）：69-71.

[85] 张霞林，张义堂，吴永彬. 油藏注空气提高采收率开采技术 [J]. 西南石油学院学报，2007，29（6）：80-84.

[86] 李士伦，周守信，杜建芬，等. 国内外注气提高石油采收率技术回顾与展望 [J]. 油气地质与采收率，2002，9（2）：1-5.

[87] 赵彬彬，郭平，李闽，等. CO_2 吞吐增油机理及数值模拟研究 [J]. 大庆石油地质与开发，2009，28（2）：117-120.

[88] 曹学良，郭平，杨学峰. 低渗透油藏注气提高采收率前景分析 [J]. 天然气工业，2006，26（3）：100-102.

[89] 李士伦，郭平，戴磊，等. 发展注气提高采收率技术 [J]. 西南石油学院学报，2000，22（3）：41-45.

[90] 侯启军，邵明礼，李晶秋，等. 松辽盆地南部深层天然气分布规律 [J]. 大庆石油地质与开发，2009，28（3）：1-5.

[91] Word Resouses Insitute. Word Resouces 1996-1997 [M]. London：Oxford University Press，1996：326-327.

[92] Burke P A. Synopsis：Recent Progress in Understanding of CO_2 Corrosion [J]. Corrosion，1985（4）：25.

[93] Gale J. Geological Storage of CO_2：What's Known，Where Are the Gaps，and What More Needs to Be Done [M] in：Greenhouse Gas Control Technologies：Vol. I. Amsterdam：Elsevier，2003：207-212.

[94] Gaspar A T F S，Lima G A C，Suslick S B. CO_2 Capture and Storage in Mature Oil Reservoir：Physical Description，EOR and Economic Valuation of a Case of a Brazilian Mature Field [C]. SPE 94181，2005.

[95] Holt T J，Lindeberg E G B，Taber J J. Technologies and Possibilities for Larger-Scale CO_2 Separation and

Underground Storage［C］. SPE 63103, 2000.

［96］ Orr F M Jr. Storage of Carbon Dioxide in Geologic Formations［C］. SPE 88842, 2004.

［97］ 克林斯 M A. 二氧化碳驱油机理及工程设计［M］. 北京：石油工业出版社, 1989.

［98］ Koval E J. A Method for Predicting the Performance of Unstable Miscible Flooding［J］. Soc. Pet. Eng. J. , 1963, June：145-154.

［99］ Paul G W, Lake L W, Gould T L. A Simplified Predictive Model for Miscible Flooding［C］. SPE 13238, 1984 .

［100］ Hirasaki G J. Application of the Theory of Multicomponent Multiphase Displacement to Three-Component, Two-Phase Surfactant Flooding［J］. Soc. Pet Eng. J. , 1981（April）：191-204.

［101］ Dykstra H, Parsons R L, The Prediction of Oil Recovery by Waterflood, Secondary Recovery of Oil in the United States［M］. 2nd ed. API, 1950：160-174.

［102］ 陈铁龙. 三次采油［M］. 北京：石油工业出版社, 2000.

［103］ 姜继水, 宋吉水. 提高石油采收率技术［M］. 北京：石油工业出版社, 1999.

［104］ Dicharry R M, Perryman T L, Ronquille J D. Evaluations and Design of a CO_2 Miscible Flood Project-SACROC Unit, Kelly-Snyder Field［J］. Journal of Petroleum Technology, 1973, 25（11）：1309-1318.

［105］ Langston M V, Hoadley S F, Young D N. Definitive CO_2 Flooding Response in the SACROC Unit［C］. SPE/DOE 17321, 1988.

［106］ Hawkins J T, Benvegnu A J, Wingate T P, et al. SACROC Unit CO_2 Flood：Multidisciplinary Team Improves Reservoir Management and Decreases Operating Costs［J］. SPE Reservoir Engineering, 1996, 11（3）：141-148.

［107］ Holm L W, O'Brien L J. Factors To Consider When Designing a CO_2 Flood［C］. SPE 14105, 1986.

［108］ Holt T J, Lindeberg E G B, Taber J J. Technologies and Possibilities for Larger-Scale CO_2 Separation and Underground Storage［C］. SPE 63103, 2000.

［109］ Bears D A, Wied R F, Martin A D, et al. Paradis CO_2 Flood Gathering, Injection, and Production Systems［J］. Journal of Petroleum Technology, 1984, 36（8）：1312-1320.

［110］ Bachu S, Shaw J. Evaluation of the CO_2 sequestration capacity in Alberta's oil and gas reservoirs at depletion and the effect of underlying aquifers［J］. Journal of Canadian Petroleum Technology, 2003, 42（9）：51-61. 2003.

［111］ 李士伦, 张正卿, 等. 注气提高石油采收率技术［M］. 成都：四川科学技术出版社, 2001.

［112］ 路向伟, 路佩丽. 利用 CO_2 非混相驱提高石油采收率的机理及应用现状［J］. 石油地质与工程, 2007, 21（2）：58-61.

［113］［美］小斯托卡 F I. 混相驱开发油田［M］. 北京：石油工业出版社, 1989.

［114］ 李相远, 李向良. 低渗透稀油油藏二氧化碳选井标准研究［J］. 油气地质与采收率, 2001, 8（5）：66-68.

［115］ 王娟, 郭平, 张茂林, 等. 油藏注烃气影响因素研究［J］. 西南石油大学学报, 2007, 29（4）：69-70.

［116］ 杨永智. CO_2 地质埋存及提高石油采收率评价体系研究［D］. 北京：中国石油大学（北京）, 2007.

［117］ 气候组织. CCS 在中国现状-挑战和机遇［EB/OL］. 2011. http：//fs. tangongye. com/upload/files/20130426/3E2370CEC97BB4A2. pdf.

［118］ 国际能源署. 技术路线图-CO_2 捕集在工业中的应用［EB/OL］. 2011. https：//www. iea. org/publications/freepublications/publication/ccs_industry_cn. pdf.

［119］ 气候组织. CCUS 在中国：18 个热点问题［EB/OL］. 2011-04. http：//www. theclimategroup. org. cn. /

uploads/publications/CCUS_ in_ China. pdf.

［120］ DOE/NETL. Cost and Performance Baseline for Fossil Energy Plants ［EB/OL］. 2010－11. http：// www. pdfdrive. net/cost－and－performance－baseline－for－fossil－energy－plants－volume－3a－e－ 25267393. html.

［121］ IEA Cost and Performance of Carbon Dioxide Capture from Power Generation ［EB/OL］. 2011. http：// www. oecd－ ilibrary. org/docserver/download/5kgggn8wk051－en. pdf？ expires＝1500343824&id＝ id&accname＝guest&checksum＝F1160902DB32ACB2AA74ED0F254120DC.

［122］ Global CCS Institute. The Global Status of CCS ［EB/OL］. 2013. http：//hub. globalccsinstitute. com/ sites/default/files/publications/115198/Global－Status－CCS－2013. pdf.

［123］ McKinsey&Company. Carbon Capture ＆ Storage：Assessing the Economics ［OL］. 2008. http：// sa. indiaenvironmentportal. org. in/files/CCS_ Assessing_ the_ Economics. pdf.

［124］ Sadia P Raveendran. The Role of CCS as a Mitigation Technology and Challenges to its Commercialization ［R/OL］. MIT Technology and Policy Program, 2013. http：//citeseerx. ist. psu. edu/viewdoc/download？ doi＝10. 1. 1. 353. 8007&rep＝rep1&type＝pdf.

［125］ PIESSENS K, LAENEN B. Policy Support System for Carbon Capture and Storage ［EB/OL］. Belgian Science Policy, 2008－09. http：//www. belspo. be/belspo/SSD/science/Reports/PSS－CCS% 20Summary. pdf.

［126］ Alexander G Kemp, Dr Sola Kasim. The Economics of CO_2－EOR Cluster Developments in the UK Central North Sea/Outer Moray Firth ［C］. NORTH SEA STUDY OCCASIONAL PAPER, No. 123, 2012－01.

［127］ NETL. Carbon Dioxide Enhanced Oil Recovery ［ED/OL］. 2010－03. http：//utdallas. edu/～metin/Merit/ CarbonDioxideEnhancedOilRecovery. pdf.

［128］ THE UK CARBON CAPTURE AND STORAGE COST REDUCTION TASK FORCE. CCS Cost Reduction Taskforce ［OL］. 2013. https：//www. gov. uk/government/uploads/system/uploads/attachment_ data/file/ 201021/CCS_ Cost_ Reduction_ Taskforce_ －_ Final_ Report_ －_ May_ 2013. pdf.

［129］ IEA Technology Roadmap－Carbon capture and storage ［EB/OL］. 2013. http：//hub. globalccsinstitute. com/sites/default/files/publications/109576/iea－2013－ccs－roadmap. pdf.

［130］ UNIDO. Carbon capture and storage in industry application ［ED/OL］. 2011－12. http：// www. energy. gov. za/files/media/presentations/2011/20111201_ UNIDO_ Nguyen. pdf.

［131］ David L McCollum, Joan M Ogden. Techno－Economic Models for Carbon Dioxide Compression, Transport, and Storage ＆ Correlations for Estimating Carbon Dioxide Density and Viscosity ［R］. UCD－ITS－RR－06－ 14, 2006.

［132］ 王遥. 碳金融全球视野与中国布局 ［M］. 北京：中国经济出版社, 2010.

［133］ Frank Jotzo, Dimitri de Boer, Hugh Kater. 中国碳价格调研 （2013）［R］. 中国碳论坛, 2013.

［134］ 吴伟忠. 微地震监测技术在油藏注水开发中的应用 ［J］. 特种油气藏, 2009, 16 （增）：175－177.